U0813944

宏观场论

施国良　张国雄　编

中国地质大学出版社

内容简介

本书是作者根据多年的教学经验写成的。全书共分九章：引力场、静电场、媒质中的稳定电场、解势场问题的方法及典型例题、稳定电流磁场、磁介质中的稳定电流磁场、电磁场强度、电磁场势、交变电磁场的解法及典型例题。本书具有严密的体系，着重场和场源分布的研究和物理概念的阐述，注重运用理论解决问题的方法，并注意分析思路，有较强的启发性。

本书可作为高等院校应用地球物理专业的教材，也可供电机、电讯等有关专业科技人员参考。

图书在版编目(CIP)数据

宏观场论/施国良，张国雄编. —2 版. —武汉：中国地质大学出版社，2008.8 （2019.1重印）
ISBN 978-7-5625-2280-5

Ⅰ. 宏…
Ⅱ. ①施…②张…
Ⅲ. 场论
Ⅳ. O412.3

中国版本图书馆 CIP 数据核字(2008)第 119890 号

宏观场论 施国良 张国雄 编

责任编辑：方 菊 技术编辑： 责任校对：戴 莹

出版发行：中国地质大学出版社(武汉市洪山区鲁磨路 388 号) 邮政编码：430074
电 话：(027)67883511 传真：67883580 E-mail：cbb @ cug.edu.cn
经 销：全国新华书店 http://www.cugp.cn

开本：787 毫米×1092 毫米 1/16 字数：352 千字 印张：13.75
版次：1987 年 10 月第 1 版 2008 年 8 月第 2 版 印次：2019 年 1 月第 5 次印刷
印刷：武汉市教文印刷厂 印数：2 001—3 000 册

ISBN 978-7-5625-2280-5 定价：29.80 元

如有印装质量问题请与印刷厂联系调换

前 言

中国地质大学(原北京地质学院)有多年的场论教学历史。薛琴访教授编著的《场论》,成书于1964年,先后由中国工业出版社和地质出版社出版,曾在全国范围内广泛使用。结合现在的教学需要,这次由施国良编写前四章,张国雄编写后五章(封面、内封上作者姓名以所编章节为序排列)。

场论(地球物理专业用)与物理、数学、物探专业课、电动力学等的关系都比较密切。为了处理好这些关系,编者总结出一个原则:场论应该以明确的物理概念为基础,灵活地使用数学工具,适当地结合专业实际,在明确物理概念的基础上运用数学;在运用数学中加深对物理概念的理解。编者在编写中注意遵守这个原则,且主观上力求建立完整的体系,深入阐述基本概念,采用比较灵活的方法,使本书易于为读者所接受。

本书在编写和出版的过程中,得到各方面的帮助和鼓励。黄择言教授和付良魁教授审阅了本书并提出了许多宝贵意见。学校领导和基础课部的同志们非常支持这次编写工作。在此一并致以谢意。

因水平有限,本书难免有不妥之处。敬希有关方面的专家、学者、老师、读者提出宝贵意见,使本书逐步趋于完善。

作 者

1986 年夏

第二版前言

本书自1987年10月出第一版以来，已被国内多所理工科院校作为本科教材使用，这表明本教材所选择的内容和深度基本符合课程教学大纲的要求，所以这次修改时基本内容没有变动。这次修订是依据教学过程发现的问题和读者所提意见，由编者作了适当修改，并增加习题答案部分，以帮助读者学习教材内容。

限于编者水平有限，本书不当之处，欢迎读者和专家批评指正。

最后，编者对关心和支持本书改进和出版的所有同志表示衷心感谢。

编　者

2008年8月

目　　录

（注：* 为选学内容）

第一章 引 力 场

§1.1 场和场源

1. 万有引力定律

任何两个物体之间都存在相互作用的引力. 对于两个质点间相互作用的引力,其大小与此两个质点的质量的乘积成正比,与两者之间的距离的平方成反比.

如图 1.1-1 所示. 用 m_1 表示第一个质点的质量,m_2 表示第二个质点的质量,$\boldsymbol{r}_{12}$ 表示从第一个质点到第二个质点的矢径,$\boldsymbol{f}_{12}$ 为第二个质点所受的力. 万有引力定律用公式表示如下

$$\boldsymbol{f}_{12}=-k\frac{m_1m_2}{r_{12}^2}\left(\frac{\boldsymbol{r}_{12}}{r_{12}}\right)$$

或

$$\boldsymbol{f}_{12}=-k\frac{m_1m_2}{r_{12}^3}\boldsymbol{r}_{12} \tag{1.1-1}$$

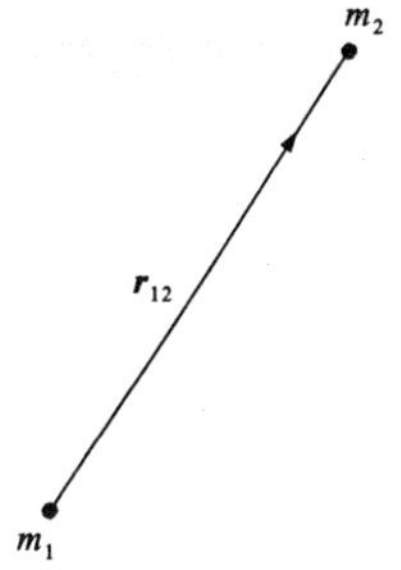

图 1.1-1

式中 k 为万有引力常数,在国际单位制中,$k=6.67\times10^{-11}\,\mathrm{m^3\cdot kg^{-1}\cdot s^{-2}}$. 负号说明 $\boldsymbol{f}_{12}$ 与 $\boldsymbol{r}_{12}$ 方向相反,即所受之力为引力. 第一个质点所受的力 $\boldsymbol{f}_{21}$,其大小与 $\boldsymbol{f}_{12}$ 的大小相同,方向相反,即 $\boldsymbol{f}_{21}=-\boldsymbol{f}_{12}$.

类似于两个电荷之间的相互作用力,两个物体之间的万有引力也是通过场作用的,不是超距作用. 当有物体存在时,就有与它共存的引力场,二者紧密联系. 引力场的空间分布决定于物体的质量分布,**一定的质量分布对应一定的引力场分布**. 因此我们通常说**"质量是引力场的场源"**,或者说**"质量产生引力场"**.

在电学中有"电荷"和"电量"两个概念,与之对应,也应该有"质荷"和"质量"两个概念,但是习惯上不用"质荷"这个名词. 本书中所讲的质量有时指"质荷",有时是指"质荷之量".

在引力场中,我们放入某种质量分布的物体,那么该物体就受到力的作用. 它所受的力与质量的大小和分布有关,就是说**"质量在引力场中受力的作用"**. 引力场与质量的关系为:

(i)质量产生引力场;

(ii)质量在引力场中受力的作用.

根据上述概念,万有引力定律表示式(1.1-1)中的 $\boldsymbol{f}_{12}$,我们应作如下理解:第一个质点产生引力场,第二个质点在此引力场中受力的作用,这个力就是 $\boldsymbol{f}_{12}$. 同样,第二个质点产生引力场,第一个质点在此引力场中受力的作用,这个力就是 $\boldsymbol{f}_{21}$.

2. 引力场场强度的定义

如上所述,有引力场存在时,放入场中的质量就会受到力的作用. 将质量为 m_0 的试验质点放在引力场中某点上,测出它所受的力为 $\boldsymbol{f}$,$\boldsymbol{f}$ 既与该点的引力场有关,又与 m_0 的大小有关.

质量不同的试验质点在该点所受力的大小也不同，但比值 f/m_0 却是不变的. 因此，我们可以引入一个描述引力场性质的物理量——引力场场强度，用 $\boldsymbol{F}$ 表示之. 场中某点的场强度，其大小、方向与放在该点的单位试验质量所受之力相等，即

$$\boldsymbol{F}=\frac{\boldsymbol{f}}{m_0} \tag{1.1-2}$$

这里须说明以下几点：

(i)试验质点是测量仪器的简化；

(ii)试验质点就是指它的几何尺寸相对来说很小；

(iii)在我们所研究的引力场中并不要求试验质点的质量 m_0 小(质点的质量简称点质量，但点质量不等于小质量)；

(iv)场强度是从试验质量受力而引入的，场强度不是力；

(v)引力场中各点的场强度一般是不同的，它是空间位置的矢量函数 $\boldsymbol{F}(x,y,z)$.

3. 质量分布的类型

物体有各种不同的形状，质量的分布更是千差万别，但是我们可以**把质量的分布归结为四种类型：点质量、体质量、面质量和线质量**. 如图 1.1-2 所示.

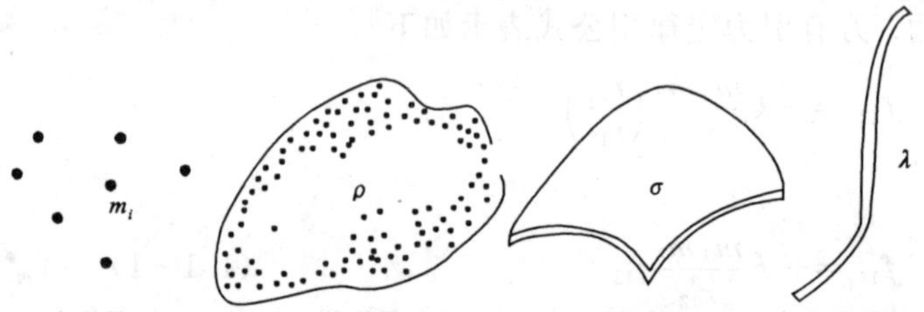

图 1.1-2

体质量用体密度 ρ 表示其分布. 设 Q 为物体上的一点，作一包围该点的封闭面 S，S 面包围的体积为 ΔV，包围的质量为 Δm. 当 ΔV 趋于零时，比值 $\Delta m/\Delta V$ 的极值为在 Q 点的体密度，即

$$\rho=\lim_{\Delta V\to 0}\left(\frac{\Delta m}{\Delta V}\right) \tag{1.1-3}$$

一般来说，各点体密度 ρ 也是不同的，它是空间位置的标量函数.

同理我们可以定义面密度 σ 和线密度 λ，它们也是描述质量分布的物理量. 在均匀物质中，各点密度是相同的.

点质量、面质量、线质量实质上都是体质量. 在一定的条件下，可以把某些分布看作点质量、面质量、线质量. 它们不是几何的点、面、线. 例如一张均匀的薄纸，可以看作是面质量. 如果已知其密度为 σ，厚为 d，就可算出其体密度 $\rho=\sigma/d$.

4. 正演问题和反演问题

一定的质量分布对应着一定的引力场分布，因此需要我们解决下列两个方面的问题.

(i)正演问题　已知场源质量的分布，求出相应的场的分布；

(ii)反演问题　已知场的分布，求出场源质量的分布.

只有掌握了场的基本规律和特征，并运用数学工具，才能较好地解决一些正反演问题. 作为基础课的场论，主要是研究正演问题.

§1.2 场强度公式

1. 点质量场的场强度

如图 1.2－1 所示. 在 $Q(\xi,\eta,\zeta)$ 点上放置一点质量 m，它在周围空间产生引力场. $P(x,y,z)$ 是引力场中某一点，下面来确定这一点的场强度 $\boldsymbol{F}$.

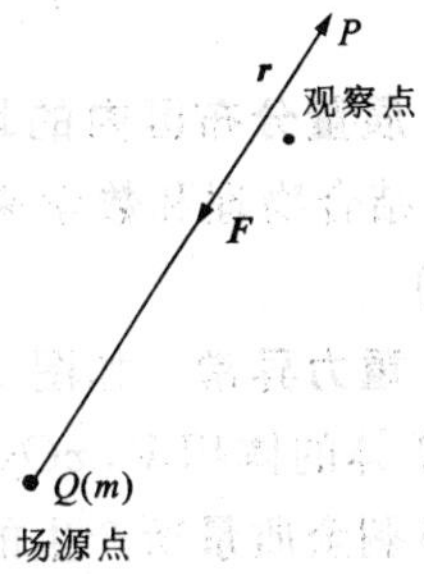

图 1.2－1

设 $\boldsymbol{r}$ 为从 Q 到 P 的矢径，Q 点为场源点，P 点为观察点，则

$$\boldsymbol{r}=(x-\xi)\boldsymbol{i}+(y-\eta)\boldsymbol{j}+(z-\zeta)\boldsymbol{k}$$

$$r=\sqrt{(x-\xi)^2+(y-\eta)^2+(z-\zeta)^2}$$

为了测出 P 点的场强度，我们将试验质量 m_0（简化的仪器）放在 P 点上，它受到力 $\boldsymbol{f}$ 的作用. 根据万有引力定律 $\boldsymbol{f}=km_0m\boldsymbol{r}/r^3$ 及场强度的定义 $\boldsymbol{F}=\boldsymbol{f}/m_0$，就得出点质量在引力场中任一点的场强度为

$$\boldsymbol{F}=-k\frac{m}{r^3}\boldsymbol{r} \tag{1.2-1}$$

（1.2－1）式即点质量场的场强度公式. 由此式可知，点质量场中任一点场强度的大小，与场源质量的大小成正比，与观察点到场源点距离的平方成反比. 场强度的方向指向场源点，即与矢径 $\boldsymbol{r}$ 的方向相反.（1.2－1）式也是导出其他质量分布场的场强度公式的基础.

2. 体质量分布场的场强度

如果质量连续以体密度 $\rho(\xi,\eta,\zeta)$ 分布在空间一体积 V 中（图 1.2－2），每个体积元中的质量 $\mathrm{d}m=\rho\mathrm{d}V$. 如果观察点 P 在质量分布区 V 之外（也不在其边缘），那么场源中任一点 Q 处的质量 $\mathrm{d}m$ 满足点质量场的条件. 根据点质量的场强度公式，得到 Q 点的质量为 $\mathrm{d}m$ 时产生的场在 P 点的场强度为

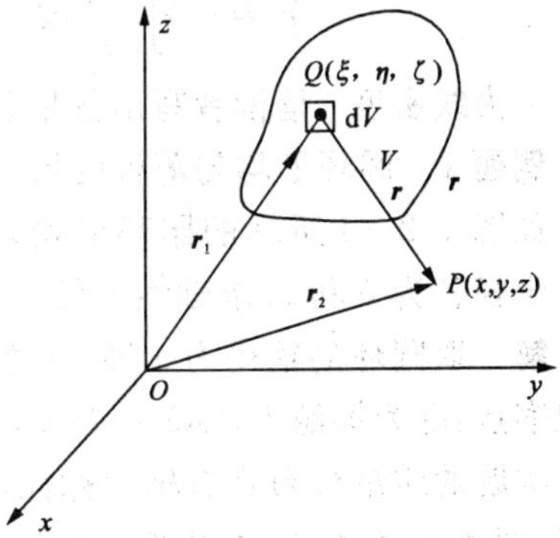

图 1.2－2

$$\mathrm{d}\boldsymbol{F}=-k\frac{\mathrm{d}m}{r^3}\boldsymbol{r}=-k\frac{\rho\boldsymbol{r}}{r^3}\mathrm{d}V$$

式中，$\boldsymbol{r}$ 为从 Q 点到 P 点的矢径；$\boldsymbol{r}_1$、$\boldsymbol{r}_2$ 分别为由原点 O 至 Q 点和 P 点的矢径.

根据场的叠加原理，得出整个体质量所产生的场在 P 点的场强度为

$$\boldsymbol{F}=-k\int_V\frac{\rho\boldsymbol{r}}{r^3}\mathrm{d}V \tag{1.2-2}$$

式中

$$\boldsymbol{r}=\boldsymbol{r}_2-\boldsymbol{r}_1=(x-\xi)\boldsymbol{i}+(y-\eta)\boldsymbol{j}+(z-\zeta)\boldsymbol{k}$$

$$r=|\boldsymbol{r}|=\sqrt{(x-\xi)^2+(y-\eta)^2+(z-\zeta)^2}$$

因此，（1.2－2）式可写为

$$\boldsymbol{F}=-k\int_V\frac{\rho[(x-\xi)\boldsymbol{i}+(y-\eta)\boldsymbol{j}+(z-\zeta)\boldsymbol{k}]}{r^3}\mathrm{d}V$$

显然场强度 $\boldsymbol{F}$ 沿直角坐标轴 x,y,z 的三个分量为

$$\left.\begin{aligned} F_x &= -k\int_V \frac{\rho(x-\xi)}{r^3}\mathrm{d}V \\ F_y &= -k\int_V \frac{\rho(y-\eta)}{r^3}\mathrm{d}V \\ F_z &= -k\int_V \frac{\rho(z-\zeta)}{r^3}\mathrm{d}V \end{aligned}\right\} \tag{1.2-3}$$

质量分布区内的场强度　质量分布区内也存在引力场. 结合物理和数学来考虑,可知它的场强度也是处处有限的.

重力异常　如图 1.2-3 所示. 设矿体的剩余密度①为 ρ',矿体的体积 V,xOy 平面为地平面,取 Oz 轴垂直向下. 矿体剩余质量所产生的引力场场强度沿 z 轴的分量即为重力异常,以 Δg 表示之. 由(1.2-3)式,得

$$\Delta g = -k\int_V \frac{\rho'(z-\zeta)}{r^3}\mathrm{d}V \tag{1.2-4}$$

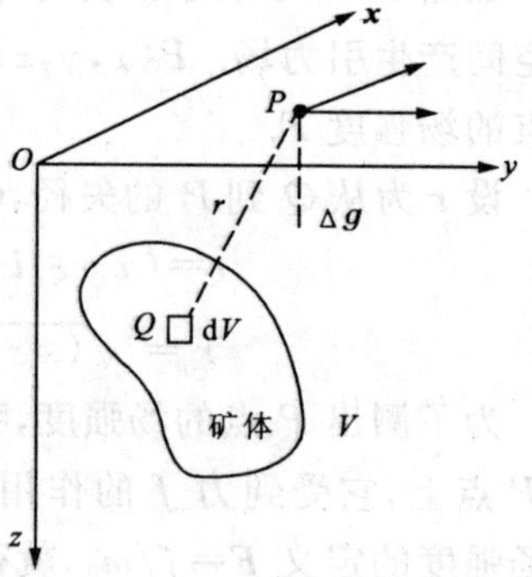

图 1.2-3

3. 面质量、线质量场的场强度

由同样方法,求得面质量场的场强度公式为

$$\boldsymbol{F} = -k\int_S \frac{\sigma \boldsymbol{r}}{r^3}\mathrm{d}S \tag{1.2-5}$$

式中 σ 为面密度. 线质量的场强度公式为

$$\boldsymbol{F} = -k\int_L \frac{\lambda \boldsymbol{r}}{r^3}\mathrm{d}l \tag{1.2-6}$$

式中 λ 为线密度. 请读者写出分量公式.

例题 1　圆环形均匀薄板的场.

如图 1.2-4 所示的圆环形均匀薄板,已知其面密度为 σ,内外半径各为 b 和 a. 求轴线上任一点 P 的引力场场强度.

解　取圆环的轴线为 z 轴,环之中心 O 为原点. $P(0,0,z)$ 为观察点,Q 为场源点,$OQ=R$,$QP=r$.

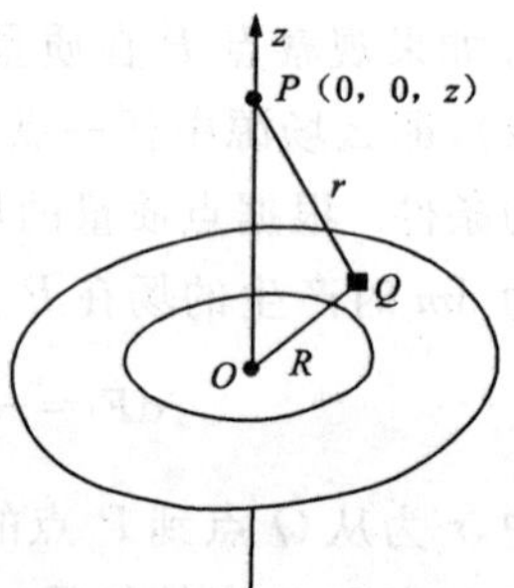

图 1.2-4

本题的质量分布具有轴对称性,故 P 点的场强度应与 z 轴平行,即 $\boldsymbol{F}=F_z\boldsymbol{k}$. 用场强度公式来计算

$$F_z = -k\int_S \frac{\sigma(z-\zeta)}{r^3}\mathrm{d}S$$

本题中 σ 为常量,$\zeta=0$,$r=(z^2+R^2)^{1/2}$,$\mathrm{d}S=2\pi R\mathrm{d}R$,代入上式,得

$$F_z = -2\pi k\sigma z\int_b^a \frac{R\mathrm{d}R}{(z^2+R^2)^{3/2}}$$

积分后,得

$$F = F_z = 2\pi k\sigma z\left[\frac{1}{(z^2+a^2)^{1/2}} - \frac{1}{(z^2+b^2)^{1/2}}\right] \tag{1.2-7}$$

---

① 剩余密度 ρ' 即相对密度,例如密度为 ρ 的矿体在密度为 ρ_0 的围岩之中,那么矿体的剩余密度 $\rho'=\rho-\rho_0$. 剩余密度与矿体体积的乘积等于矿体的剩余质量.

讨论：

(1)显然(1.2-7)式中 F 为负值，表明 $\boldsymbol{F}$ 的方向与 z 轴方向相反.

(2)(1.2-7)式中，当 $b\to 0$ 时，均匀圆盘轴上点的场强度大小为

$$F=2\pi k\sigma z\left[\frac{1}{(z^2+a^2)^{1/2}}-\frac{1}{|z|}\right] \tag{1.2-8}$$

式中 a 为圆盘的半径.

当 $z>0$ 时，且 $z\to +0$，$F|_{z\to+0}=-2\pi k\sigma$，

当 $z<0$ 时，且 $z\to -0$，$F|_{z\to-0}=+2\pi k\sigma$.

故有

$$F|_{z\to-0}-F|_{z\to+0}=4\pi k\sigma \tag{1.2-9}$$

(1.2-9)式说明，过质量面时，场强度不连续，其突变量正比于面质量密度.

(3)(1.2-7)式中，当 $b\to 0$，而 $a\to\infty$，我们得到无限大均匀薄板的场强度大小为

$$F=-2\pi k\sigma\frac{z}{|z|} \tag{1.2-10}$$

无限大均匀薄板板面之上下方都是均匀场，场强度的方向垂直指向板面，其大小为

$$|F|=2\pi k\sigma \tag{1.2-11}$$

(4)(1.2-7)式中，当 $b\neq 0$，$a\to\infty$，我们得到有圆孔的均匀大薄板轴上点的场强度大小为

$$F=-2\pi k\sigma\frac{z}{(z^2+b^2)^{1/2}} \tag{1.2-12}$$

例题 2 求水平走向无限长垂直带状矿体的 Δg.

如图 1.2-5 所示. 已知水平走向的带状矿体两端无限延伸，带面与地面垂直，带的上下边缘离地面的深度分别为 h_1 和 h_2，剩余质量分布均匀，面密度为 σ'. 求地面上任一点 P 的 Δg.

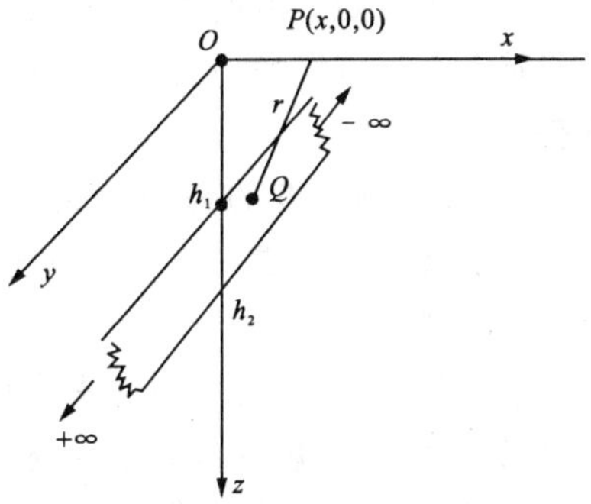

图 1.2-5

解 取 z 轴垂直向下，原点 O 在地面上，P 点在 Ox 轴上. $Q(0,\eta,\zeta)$ 为场源上任一点，Q 点处面积元 $\mathrm{d}S=\mathrm{d}\eta\mathrm{d}\zeta$，$r=[(x-0)^2+\eta^2+\zeta^2]^{1/2}$. P 点的重力异常为

$$\begin{aligned}\Delta g&=-k\int_S\frac{\sigma'(z-\zeta)}{r^3}\mathrm{d}S\\&=-k\sigma'\int_{-\infty}^{+\infty}\int_{h_1}^{h_2}\frac{\mathrm{d}\eta(-\zeta)\mathrm{d}\zeta}{[(x-0)^2+\eta^2+\zeta^2]^{3/2}}\end{aligned}$$

积分后得

$$\Delta g=k\sigma'\ln\frac{x^2+h_2^2}{x^2+h_1^2} \tag{1.2-13}$$

§1.3 引力场的第一定律(一)

1. 力线、通量

引力场是客观存在的，但是它摸不着看不见，只能用仪器逐点测量. 为了形象地、全貌地

描述引力场的空间分布和变化，更好地研究它，我们引入引力场力线的概念．力线与描述场的物理量——场强度的关系如下．

(1)力线上任一点的切线方向与该点的场强度方向相同．如果力线上的线元矢量为 $\mathrm{d}\boldsymbol{l}$，那么 $\mathrm{d}\boldsymbol{l}$ 应与该处的场强度 $\boldsymbol{F}$ 平行，即 $\mathrm{d}\boldsymbol{l}/\!/\boldsymbol{F}$，从而得到力线的微分方程式为

$$\frac{\mathrm{d}x}{F_x}=\frac{\mathrm{d}y}{F_y}=\frac{\mathrm{d}z}{F_z} \tag{1.3-1}$$

式中，$\mathrm{d}x,\mathrm{d}y,\mathrm{d}z$ 为 $\mathrm{d}\boldsymbol{l}$ 的三个分量．将上式写成下列两个微分方程式

$$\frac{\mathrm{d}x}{\mathrm{d}z}=\frac{F_x}{F_z},\quad \frac{\mathrm{d}y}{\mathrm{d}z}=\frac{F_y}{F_z}$$

积分后得到两个曲面方程式

$$f_1(x,y,z)=C_1,\ f_2(x,y,z)=C_2$$

两曲面的交线即为力线．

例题 1 求一点质量场的力线方程．

解 设点质量 m 位于坐标原点上．它的场的场强度三个分量为

$$F_x=-k\frac{mx}{r^3},\quad F_y=-k\frac{my}{r^3},\quad F_z=-k\frac{mz}{r^3}$$

其中 $r=(x^2+y^2+z^2)^{1/2}$．因此力线的微分方程式为

$$\frac{\mathrm{d}x}{\mathrm{d}z}=\frac{x}{z},\quad \frac{\mathrm{d}y}{\mathrm{d}z}=\frac{y}{z}$$

积分后得力线方程为

$$x=C_1z,\ y=C_2z$$

其中 C_1、C_2 为常数．由此可知，一个点质量场的力线为从无穷远到质点上的直线簇，见图 1.3-1，**它们始于无穷远，终于点质量 m 上．**

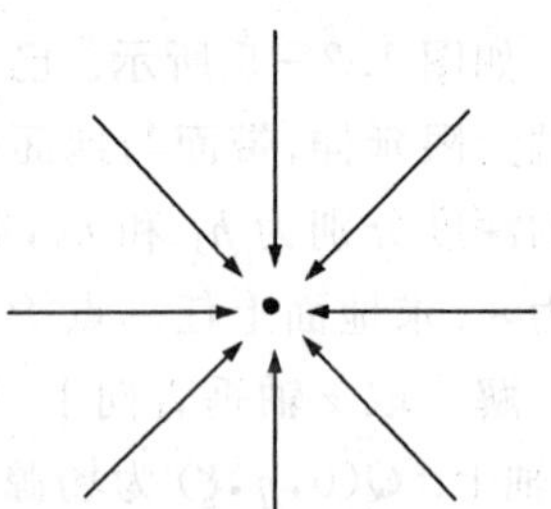

图 1.3-1

(2)力线与场强度的另一个关系是某处力线的稀密程度与该处场强度的大小成正比．场强度较大的地方，力线较密，反之力线较稀．

有了此关系，可以对力线的密度作如下的规定：如果场中某点的场强度为 $\boldsymbol{F}$，想象经过该点做一与场强度垂直的面积元 $\mathrm{d}S'$，规定通过它的力线数为

$$\mathrm{d}N=F\mathrm{d}S'$$

或写为

$$F=\frac{\mathrm{d}N}{\mathrm{d}S'} \tag{1.3-2}$$

通过某个面的力线数简称为过此面的通量．根据上式我们将过 S 面的通量表示为

$$N=\int_S \boldsymbol{F}\cdot\boldsymbol{n}\mathrm{d}S \tag{1.3-3}$$

式中 $\boldsymbol{n}$ 是沿 $\mathrm{d}S$ 面法线方向的单位矢量．

2. 第一定律的积分形式

先研究点质量场中的通量．如图 1.3-2 所示．设此点质量 m 位于 Q 点上，过 P 点的面积元为 $\mathrm{d}S$，它的法线方向的单位矢量为 $\boldsymbol{n}$，Q 点到 P 点的矢径为 $\boldsymbol{r}$，$\boldsymbol{r}$ 与 $\boldsymbol{n}$ 的交角为 α，$\mathrm{d}S'$ 为 $\mathrm{d}S$ 在

垂直于 $\boldsymbol{r}$ 的平面上的投影，则过 dS 面的通量为

$$dN = FdS' = -km\frac{dS'}{r^2} = -km\frac{\cos\alpha dS}{r^2}$$

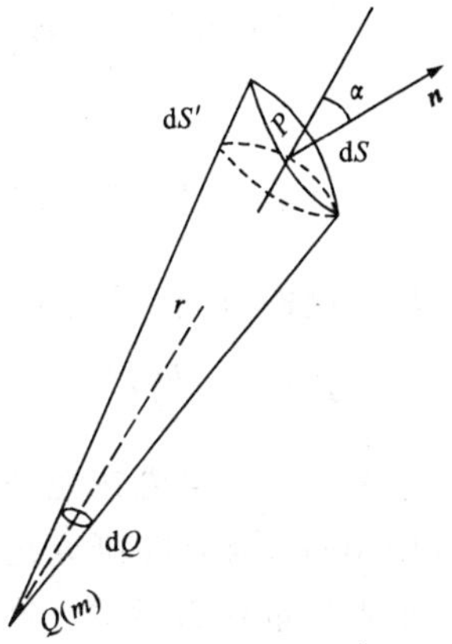

图 1.3-2

式中 $\frac{\cos\alpha dS}{r^2}$ 为 dS 面对 Q 点所张的立体角 $d\Omega$，因此通量为

$$dN = -km\,d\Omega$$

可以看出立体角有正负之分，当 $\alpha < 90°$ 时，$d\Omega$ 为正；当 $\alpha > 90°$ 时，$d\Omega$ 为负. 通量也有正负之分.

如果假想做一个封闭面 S 包围质量 m，那么过此面 S 的通量：

$$N = \oint_S \boldsymbol{F}\cdot\boldsymbol{n}dS = -km\int_S d\Omega = -4\pi km$$

如果所作的封闭面 S 不包围质量 m，如图 1.3-3 所示，整个封闭面 S 可以分成 S_1 和 S_2 两部分，(由于我们对封闭面取外法线)S_1 对 Q 点所张的立体角为 $+\Omega$，而 S_2 对 Q 点所张的立体角为 $-\Omega$，因此过此封闭面的通量为

$$N = \oint_S \boldsymbol{F}\cdot\boldsymbol{n}dS = 0$$

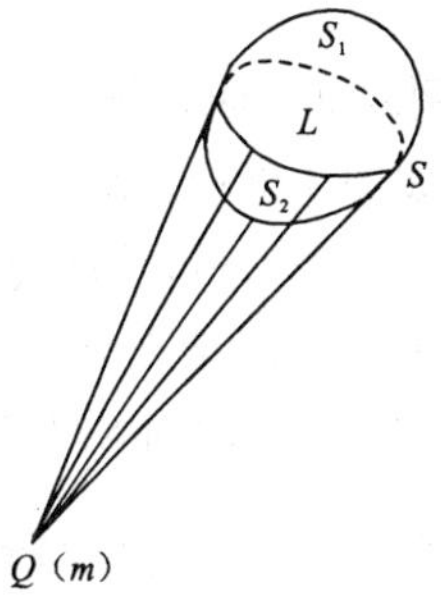

图 1.3-3

总之，过封闭面的净通量为

$$N = \oint_S \boldsymbol{F}\cdot\boldsymbol{n}dS = \begin{cases} -4\pi km & \text{，当点质量在封闭面之内} \\ 0 & \text{，当点质量在封闭面之外} \end{cases}$$

第二种情况说明进封闭面的力线数与出封闭面的力线数相等，净通量为零；第一种情况说明进入封闭面的力线数为 $4\pi km$ 条.

根据场的叠加原理，可以把以上的结果推广到多个点质量的场以及其他质量分布的场. 又因点质量、面质量、线质量实质上也是体质量，因此可以将所得之规律用公式表示如下：

$$\oint_S \boldsymbol{F}\cdot\boldsymbol{n}dS = -4\pi k\int_V \rho dV \tag{1.3-4}$$

此式称为第一定律的积分表示式. 它说明在引力场中任意作一封闭面，过此封闭面的净通量等于它所包围的质量的 $4\pi k$ 倍. 负号表示净通量是进入的通量. 第一定律说明终止于质量 m 上的力线数为 $4\pi km$ 条.

例题 2　薄球壳的场.

质量分布均匀的薄球壳，已知其体密度为 ρ，内外半径分别为 a 和 b，求壳内外的引力场场强度.

解　因为是薄球壳，$a \approx b$，场源上任一点到球心的距离均近似为 a. 按面质量考虑，其面密度应为 $\sigma = \rho(b-a)$. 总质量为

$$m = \int_V \rho dV = \int_S \sigma dS = 4\pi a^2\rho(b-a)$$

先用第一定律求壳外某点 P 的场强度.

如图 1.3-4 所示. 以球壳之中心 O 为心，以 O 到 P 的距离 r 为半径作球面，这个面称为高斯面 S. 由第一定律，得

$$\oint_S \boldsymbol{F}\cdot\boldsymbol{n}\mathrm{d}S = -4\pi k\int_V \rho\mathrm{d}V - 4\pi r^2 F$$
$$= -4\pi k\cdot 4\pi a^2\rho(b-a)$$

即 $$F = k\frac{4\pi a^2\rho(b-a)}{r^2}$$

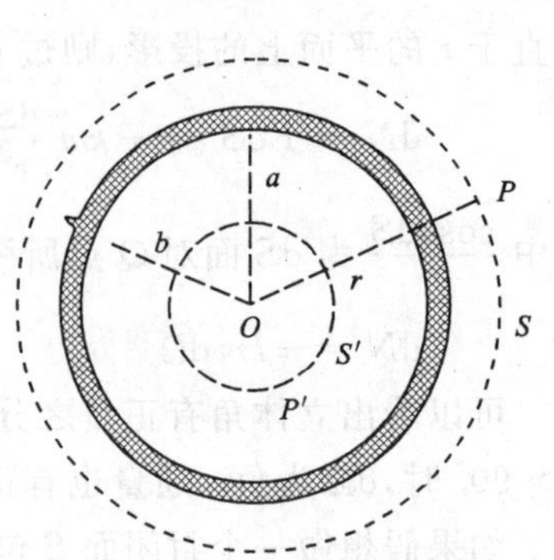

图 1.3-4

考虑场强度的方向，写成矢量式为

$$\boldsymbol{F} = -k\frac{m}{r^3}\boldsymbol{r} \qquad (r > b) \tag{1.3-5}$$

此结果表明均匀球壳在壳外的场与质量集中于球心的点质量场相同. 因此在研究这种壳外引力场时，我们可以用一个点质量代替球壳. 这给我们以启发：**不同的场源分布，在某区域中，它们的场有可能相同.**

同样用第一定律，可得球壳内的场强度为零，即

$$\boldsymbol{F} = 0 \qquad (r < a) \tag{1.3-6}$$

例题 3 球对称分布的球体的场强度.

如图 1.3-5 所示. 已知球体的半径为 a，质量按球对称分布 $\rho = \rho(r)$，求球内任一点 P 的场强度.

解 球内某点 P 与球心 O 的距离为 r_i. 今以 O 为心，以 r_i 为半径作一球面 S. S 面所包围的质量为

$$m_i = \int_0^{r_i}\rho(r)4\pi r^2\mathrm{d}r = 4\pi\int_0^{r_i}\rho(r)r^2\mathrm{d}r$$

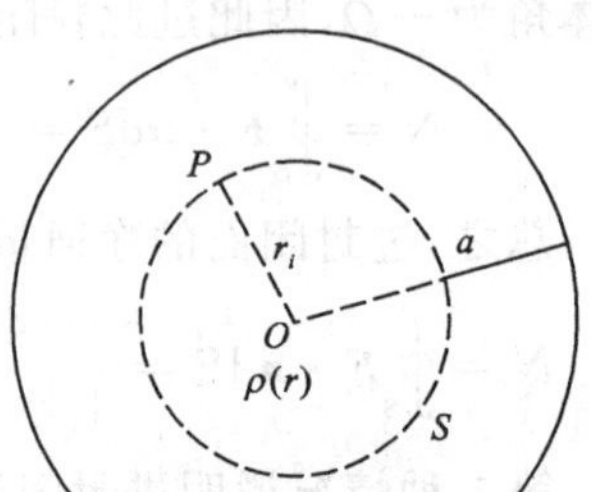

图 1.3-5

根据例题 2 的结果，P 点的场强度就等于位于 O 点的点质量 m_i 的场的场强度，即

$$\boldsymbol{F} = -k\frac{m_i}{r_i^3}\boldsymbol{r}_i = -\frac{4\pi k\boldsymbol{r}_i}{r_i^3}\int_0^{r_i}\rho(r)r^2\mathrm{d}r \tag{1.3-7}$$

例题 4 矿体的引力场过地面的通量.

设地下球形矿体半径为 a，球心 O' 离地平面的深度为 h，质量分布均匀，剩余质量密度为 ρ，求与矿体剩余质量对应的过地面的通量.

解 如图 1.3-6 所示. $OP = R$，$O'P = r$，$OO' = h$，z 轴垂直向下. 在地面任一点 P 的重力异常为

$$\Delta g = -k\frac{M(-h)}{r^3} = k\frac{hM}{r^3}$$

其中总剩余质量 $M = 4\pi a^3\rho/3$.

相应的过地面通量为

$$N = -\int_0^{\infty}\Delta g\cdot 2\pi R\mathrm{d}R = -k\pi M\int_0^{\infty}\frac{2R\mathrm{d}R}{(R^2+h^2)^{3/2}}$$

积分后得 $$N = -2\pi kM \tag{1.3-8}$$

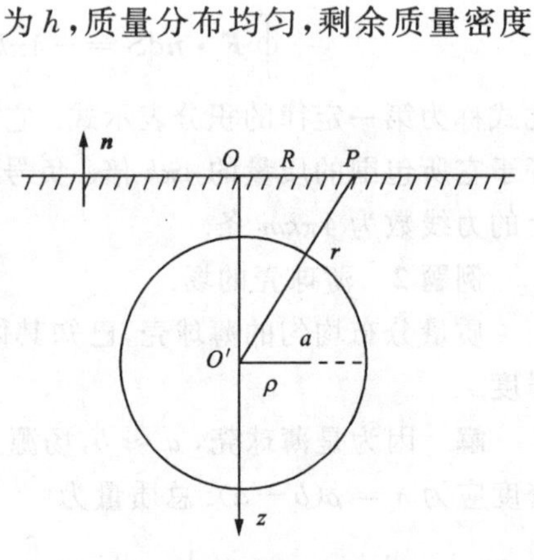

图 1.3-6

结果说明，过地面的通量等于终止于质量 M 上的总力线数的 1/2.

讨论：

(1)由于体质量分布可以看作是由许多质量组成，因此对于任意形状的有限分布的矿体，(1.3-8)式仍然是正确的.

(2)在地面上的 Δg 我们可以测量出来，因此可以近似地算出通量 N，从而估计出矿体的剩余质量 M.

§1.4 引力场的第一定律(二)

1. 场强度的散度

设 P 为引力场中某任一点，设想作一个小封闭面 S 包围 P 点，S 面所包围的体积为 ΔV，过 S 面的净通量可表示为 $\oint \boldsymbol{F}\cdot\boldsymbol{n}\mathrm{d}S$，它等于 S 面内的力线端点数. 当 $\Delta V\to 0$ 时，比值 $\oint_S \boldsymbol{F}\cdot\boldsymbol{n}\mathrm{d}S/\Delta V$ 的极限称为场强度在 P 点的散度，用 $\nabla\cdot\boldsymbol{F}$ 表示之，即

$$\nabla\cdot\boldsymbol{F}=\lim_{\Delta V\to 0}\frac{\oint_S \boldsymbol{F}\cdot\boldsymbol{n}\mathrm{d}S}{\Delta V} \tag{1.4-1}$$

散度的大小表明力线端点的疏密程度. 散度还有正负之分，但是在引力场中，场强度的散度只能为负或为零，所以场中某处 $|\nabla\cdot\boldsymbol{F}|$ 愈大表明该处力线**终点**愈密，即有较多的力线会聚于此.

2. 第一定律的微分形式

将第一定律积分形式用于上面所述的封闭面 S，并设 ρ 为 S 面内的质量密度，因此有

$$\oint \boldsymbol{F}\cdot\boldsymbol{n}\mathrm{d}S=-4\pi k\int_{\Delta V}\rho\mathrm{d}V$$

用 ΔV 除以上式的两边，然后两边取 ΔV 趋于零时的极限，即得

$$\lim_{\Delta V\to 0}\frac{\oint \boldsymbol{F}\cdot\boldsymbol{n}\mathrm{d}S}{\Delta V}=\lim_{\Delta V\to 0}\frac{-4\pi k\int_{\Delta V}\rho\mathrm{d}V}{\Delta V}$$

根据散度的定义和质量密度的定义，上式表示为

$$\nabla\cdot\boldsymbol{F}=-4\pi k\rho \tag{1.4-2}$$

此式即为第一定律的微分形式，它说明引力场中某点的场强度散度等于该点质量密度的 $4\pi k$ 倍. 在质量分布区之外 $\rho=0$，那么 $\nabla\cdot\boldsymbol{F}=0$；在质量分布区之内 $\rho\neq 0$，$\nabla\cdot\boldsymbol{F}\neq 0$. (1.4-2)式中的负号仍然是表示力线终止于质量上，而不是始于质量. **引力场力线始于无穷远，终止于质量上，第一定律正是这一性质的定量表述.**

以上是根据散度和质量密度的意义，从第一定律的积分形式得出其相应的微分形式. 我们也可以用数学中的散度定理达到目的.

$$\begin{cases}\oint_S \boldsymbol{F}\cdot\boldsymbol{n}\mathrm{d}S=-4\pi k\int_V \rho\mathrm{d}V & \text{(第一定律积分式)}\\ \oint_S \boldsymbol{F}\cdot\boldsymbol{n}\mathrm{d}S=\int_V \nabla\cdot\boldsymbol{F}\mathrm{d}V & \text{(数学中的散度定理)}\end{cases}$$

由以上式子可得 $\int_V(\nabla\cdot\boldsymbol{F}+4\pi k\rho)\mathrm{d}V=0.$

式中 V 是任意的，所以得到 $\nabla\cdot\boldsymbol{F}=-4\pi k\rho$.

例题 1 在 $0<z<2a$ 的区域中，引力场的场强度为 $\boldsymbol{F}=-2\pi kC_0(z^2-2a^2)\boldsymbol{k}$，其中 C_0 为常量. 求质量密度.

解 先求出场强度的散度. 在直角坐标系中，散度的表达式为

$$\nabla\cdot\boldsymbol{F}=\frac{\partial F_x}{\partial x}+\frac{\partial F_y}{\partial y}+\frac{\partial F_z}{\partial z}$$

本题中，$\boldsymbol{F}=F_z\boldsymbol{k}=-2\pi kC_0(z^2-2a^2)\boldsymbol{k}$，因此

$$\nabla\cdot\boldsymbol{F}=\frac{\partial F_z}{\partial z}=-4\pi kC_0 z$$

根据微分形式的第一定律，得 $-4\pi kC_0 z=-4\pi k\rho$，即得质量的体密度为 $\rho=C_0 z$.

例题 2 已知某种球质量对称分布在区域 $r<a$ 中，$F_r=-4\pi k\rho_0\left(\frac{r}{3}-\frac{r^3}{5a^2}\right)$，式中 ρ_0 为常量. 求此区域中的质量密度.

解 由于质量分布具有球对称性，因此场也应具有球对称性，场强度只有 F_r 分量，$F_\theta=F_\phi=0$. 在球坐标中，散度的表达式为

$$\nabla\cdot\boldsymbol{F}=\frac{1}{r^2}\frac{\partial}{\partial r}(r^2F_r)+\frac{1}{r\sin\theta}\frac{\partial}{\partial\theta}(\sin\theta F_\theta)+\frac{1}{r\sin\theta}\frac{\partial F_\phi}{\partial\phi}$$

由此式算出本题场强度的散度为

$$\nabla\cdot\boldsymbol{F}=\frac{1}{r^2}\frac{\partial}{\partial r}(r^2F_r)=-\frac{4\pi k\rho_0}{r^2}(r^2-r^4/a^2)$$

根据第一定律 $\nabla\cdot\boldsymbol{F}=-4\pi k\rho$，得出

$$\rho=\rho_0\left(1-\frac{r^2}{a^2}\right)$$

§1.5 引力场的第二定律

1. 第二定律的积分形式

如图 1.5-1 所示. 在 Q 点放置点质量 m，已知点质量场的场强度为 $\boldsymbol{F}=-k\frac{m}{r^3}\boldsymbol{r}$. 试验质量 m_0 在此场中所受之力为

$$\boldsymbol{f}=m_0\boldsymbol{F}=-k\frac{m_0m}{r^3}\boldsymbol{r}$$

将试验质量 m_0 从 A 点移到 B 点场力所作之功为

$$A=\int_L\boldsymbol{f}\cdot\mathrm{d}\boldsymbol{l}=-km_0m\int_L\frac{\boldsymbol{r}\cdot\mathrm{d}\boldsymbol{l}}{r^3}=-km_0m\int_L\frac{\cos\beta\mathrm{d}l}{r^2}$$

$$=km_0m\int_{r_A}^{r_B}\mathrm{d}\left(\frac{1}{r}\right)=km_0m\left(\frac{1}{r_B}-\frac{1}{r_A}\right)$$

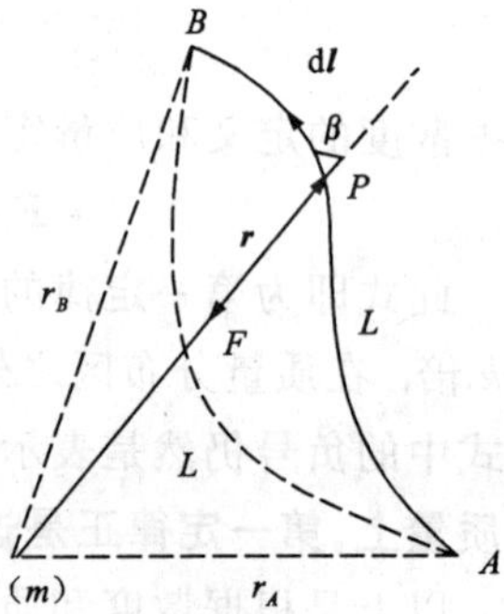

图 1.5-1

所得结果说明在点质量场中移动试验质量，场力所作之功与路径无关，它只与始末点位置有关. 根据场的叠加原理我们可以将此结果推广到任何质量分布的场中，并以公式表示如下

$$\int_{P_0}^{P}\boldsymbol{F}\cdot\mathrm{d}\boldsymbol{l}=U^*(P)-U^*(P_0)\tag{1.5-1}$$

上式表示在任何引力场中移动单位试验质量，场力所作之功与路径无关，只与始末点位置有关. 式中 P_0 点为始点，P 点为末点，U^* 为空间位置的标量函数. (1.5-1) 式就是第二定律的积分形式.

如果将单位试验质量沿某一任意的封闭回路 L 移动一周，那么场力之功应表示为$\oint_L\boldsymbol{F}\cdot$

d$\boldsymbol{l}$,我们称之为场强度沿 L 回路的环流. 由(1.5－1) 式容易证明引力场中环流恒为零,即

$$\oint_L \boldsymbol{F}\cdot \mathrm{d}\boldsymbol{l}=0 \tag{1.5-2}$$

(1.5－1)式和(1.5－2)式是完全等效的,都是第二定律的积分形式.

2. 第二定律的微分形式

设 P 为引力场中某任一点. 在过 P 点而且与 yOz 平面平行的面上,作一围绕 P 点的小封闭回路 L,它所围绕的面积为 ΔS. L 的绕向为逆时针,ΔS 的法线沿 x 轴方向. 当 ΔS 趋于零,比值$\left(\oint_L \boldsymbol{F}\cdot \mathrm{d}\boldsymbol{l}\right)/\Delta S$ 的极限称为场强度旋度沿 x 轴的分量,用符号$(\nabla\times\boldsymbol{F})_x$ 表示之,即

$$(\nabla\times\boldsymbol{F})_x=\lim_{\Delta S\to 0}\frac{\oint_L \boldsymbol{F}\cdot \mathrm{d}\boldsymbol{l}}{\Delta S} \tag{1.5-3}$$

由于在引力场中场强度的环流恒等于零,故从上式得到$(\nabla\times\boldsymbol{F})_x=0$. 同样可得$(\nabla\times\boldsymbol{F})_y=0$,$(\nabla\times\boldsymbol{F})_z=0$. 故场强度旋度也必然等于零,即

$$\nabla\times\boldsymbol{F}=0 \tag{1.5-4}$$

上式为第二定律的微分形式.

(1.5－4)式也可以用以下方法得出

$$\begin{cases}\oint_L \boldsymbol{F}\cdot \mathrm{d}\boldsymbol{l}=0 & \text{(第二定律的积分形式)}\\ \oint_L \boldsymbol{F}\cdot \mathrm{d}\boldsymbol{l}=\int(\nabla\times\boldsymbol{F})\cdot\boldsymbol{n}\mathrm{d}S & \text{(数学中的斯托克斯定理)}\end{cases}$$

S 是以 L 为其边界线的任意的开曲面. 根据以上两式,即得

$$\nabla\times\boldsymbol{F}=0$$

引力场是无旋场,它的空间分布不是任意的,必须服从无旋的规律,下面举例说明.

例题　已知某区域中各点引力场场强度方向都是与 x 轴方向平行,证明

$$\frac{\partial F_x}{\partial y}=\frac{\partial F_x}{\partial z}=0$$

证　旋度在直角坐标中的表达式为

$$\nabla\cdot\boldsymbol{F}=\left(\frac{\partial F_z}{\partial y}-\frac{\partial F_y}{\partial z}\right)\boldsymbol{i}+\left(\frac{\partial F_x}{\partial z}-\frac{\partial F_z}{\partial x}\right)\boldsymbol{j}+\left(\frac{\partial F_y}{\partial x}-\frac{\partial F_x}{\partial y}\right)\boldsymbol{k}$$

本题中,$F_y=F_z=0$,$\boldsymbol{F}=F_x\boldsymbol{i}$,根据第二定律的微分式 $\nabla\times\boldsymbol{F}=0$,得到

$$\frac{\partial F_x}{\partial z}\boldsymbol{j}-\frac{\partial F_x}{\partial y}\boldsymbol{k}=0$$

所以有

$$\frac{\partial F_x}{\partial z}=0,\quad \frac{\partial F_x}{\partial y}=0$$

结果说明:如果区域中各点场强度方向相同(或平行),那么在垂直该方向的线上,各点的场强度的大小都相同.

§1.6　引力场的势

1. 势的定义

根据第二定律我们可以引入势,作为描述场的另一个物理量. 设 C 为待定常数,将(1.5－

1)式改写如下

$$\begin{aligned}\int_{P_0}^{P} \boldsymbol{F}\cdot \mathrm{d}\boldsymbol{l} &= U^*(P) - U^*(P_0)\\ &= [U^*(P)-C]-[U^*(P_0)-C]\\ &= U(P)-U(P_0)\end{aligned}$$

取 P_0 点作为标准点,并令 $U(P_0)=0$,即令待定常数 $C=U^*(P_0)$. 因此我们得到势的定义式为

$$U(P)=\int_{P_0}^{P}\boldsymbol{F}\cdot \mathrm{d}\boldsymbol{l} \tag{1.6-1}$$

势是从场力作功出发而引入的物理量. **引力场中某任一点 P 的势等于将单位试验质量从标准点 P_0 移到 P 点场力所作之功.**

从上面引入势的过程中,我们看到**势具有相对性**,因为标准点的选取有任意性. 但选取之后,它就是一个固定点,且规定**标准点上的势为零,在引力场中势处处连续.**

各点的势是相对于标准点而言的. 应该怎样选好标准点呢? 那要看具体情况,要选的标准点使势的表示式具有最简单的形式. 对于质量分布在有限空间的场,我们常将标准点选在无限远处;对于质量分布相对来说不在有限区域内的引力场,其标准点不可能取在无限远处. 例如我们已知无限大均匀薄板的场为均匀场,设板的面密度为 σ,板面与 x 轴垂直,坐标原点在板面上,则此均匀场的场强度为

$$\boldsymbol{F}=F\boldsymbol{i}=-4\pi k\sigma \boldsymbol{i}\quad(\boldsymbol{i}\text{ 为沿 }x\text{ 轴的单位矢量})$$

此均匀场的势为

$$\begin{aligned}U=\int_{P_0}^{P}\boldsymbol{F}\cdot \mathrm{d}\boldsymbol{l}=\int_{P_0}^{P}F\mathrm{d}x=\int_{P_0}^{P}-4\pi k\sigma\,\mathrm{d}x\\ =-4\pi k\sigma(x-x_0)\quad(\text{在 }x\geqslant 0\text{ 区域中})\end{aligned}$$

P_0 点的坐标为(x_0,y_0,z_0),P 为区域中一点,其坐标为(x,y,z). 显然如将标准点选在原点上,势的表示式最简单,即 $U=-4\pi k\sigma x$.

势为标量,但有正负,正值表示该点的势高于标准点的势,负值表示低于标准点的势.

2. 势的公式

从势的定义式(1.6-1)可知,如果引力场各点的场强度已知,我们可以计算出场中任一点的势. 下面论讨由质量分布来计算引力场的势.

先看点质量场的势.

点质量 m 产生的场的场强度为 $\boldsymbol{F}=-k\dfrac{m}{r^3}\boldsymbol{r}$,将此式代入(1.6-1)式中,并取标准点在无限远处,得

$$U=\int_{\infty}^{P}\boldsymbol{F}\cdot \mathrm{d}\boldsymbol{l}=-\int_{\infty}^{P}\frac{km}{r^3}\boldsymbol{r}\cdot \mathrm{d}\boldsymbol{l}=-\int_{\infty}^{P}k\frac{m}{r^2}\mathrm{d}r$$

得到点质量势的公式为

$$U=k\frac{m}{r} \tag{1.6-2}$$

即点质量场中某任一点的势与场源质量 m 成正比,与该点到场源点的距离成反比.

图 1.6-1

点质量场的等势面方程为 $r=C$(常值),可知等势面是以场源点为中心的球面簇(图 1.6-1),与力线垂直. 也可以

看出势增加最快的方向与场强度的方向相同.

以(1.6-2)式为基础,再根据场的叠加原理,可以得其他质量分布场势的公式.

体质量场的势为

$$U = k\int_V \frac{\rho}{r}\mathrm{d}V \tag{1.6-3}$$

式中,ρ 为质量的体密度;$\mathrm{d}V$ 为体积元.

面质量场的势为

$$U = k\int_S \frac{\sigma}{r}\mathrm{d}S \tag{1.6-4}$$

式中,σ 为质量的面密度;$\mathrm{d}S$ 为面元.

线质量场的势为

$$U = k\int_L \frac{\lambda}{r}\mathrm{d}l \tag{1.6-5}$$

式中,λ 为质量的线密度;$\mathrm{d}l$ 为线元.

以上各式中,势的标准点都取在无限远处,因此它们适用于质量分布在有限区域的引力场. 对于质量分布相对来说不在有限区域之内的问题,可用别的方法解决.

3. 势与场强度的关系

在引力场中将单位试验质量沿某方向移动一小段距离 $\mathrm{d}l$,场力所作之功为 $\boldsymbol{F}\cdot\mathrm{d}\boldsymbol{l}$,根据势的定义,可知此功等于势之差 $\mathrm{d}U = \boldsymbol{F}\cdot\mathrm{d}\boldsymbol{l} = F\cos\beta\mathrm{d}l = F_l\mathrm{d}l$.

式中,β 为场强度 $\boldsymbol{F}$ 的方向与 $\mathrm{d}\boldsymbol{l}$ 方向的交角;F_l 为场强度沿 $\mathrm{d}\boldsymbol{l}$ 方向的投影(分量). 由上式可得

$$F = \frac{\partial U}{\partial l} \tag{1.6-6}$$

(1.6-6)式说明**势沿某方向的变化率等于场强度沿该方向的分量**. 势沿各方向的变化率的大小是不同的,但有一个最大值,显然,沿场强度的方向,势的变化率最大,即沿场强度的方向,势增加得最快. 设 $\mathrm{d}\boldsymbol{l}_0$ 的方向与 $\boldsymbol{F}$ 的方向相同,那么

$$F = \frac{\partial U}{\partial l_0} \qquad (F \geqslant F_l)$$

4. 梯度

势本身是标量,但有确定的增加最快的方向. 势增加最快的方向即为势的梯度的方向,势在此方向上的变化率 $\partial U/\partial l_0$ 即为梯度的大小. 梯度是矢量,常用 ∇U 表示之,梯度的定义式表示为

$$\nabla U = \frac{\partial U}{\partial \boldsymbol{l}_0}\boldsymbol{n}_0 \tag{1.6-7}$$

式中 $\boldsymbol{n}_0$ 为 $\mathrm{d}\boldsymbol{l}_0$ 方向的单位矢量.

显然**某点引力场场强度等于该点势的梯度**,即

$$\boldsymbol{F} = \nabla U \tag{1.6-8}$$

势和场强度是从不同的角度引入的描述场的两个物理量,二者又具有以上的关系,知道了势函数就容易由它算出场强度. 就引力场来说,一般是场强度较易测量而势则较易计算.

根据(1.6-6)式,在直角坐标系中有

$$F_x = \frac{\partial U}{\partial x},\quad F_y = \frac{\partial U}{\partial y},\quad F_z = \frac{\partial U}{\partial z}$$

因此在直角坐标系中，势梯度的表示式为

$$\nabla U=\frac{\partial U}{\partial x}\boldsymbol{i}+\frac{\partial U}{\partial y}\boldsymbol{j}+\frac{\partial U}{\partial z}\boldsymbol{k}$$

在等势面 $U(x,y,z)=C$ 上，势无变化，沿等势面将单位试验质量移动一小段距离 $\mathrm{d}l$，显然 $\mathrm{d}U=0$，场力不作功. $\mathrm{d}x,\mathrm{d}y,\mathrm{d}z$ 为 $\mathrm{d}\boldsymbol{l}$ 的三个分量，故有

$$\mathrm{d}U=\frac{\partial U}{\partial x}\boldsymbol{i}+\frac{\partial U}{\partial y}\boldsymbol{j}+\frac{\partial U}{\partial z}\boldsymbol{k}=\nabla U\cdot\mathrm{d}\boldsymbol{l}=0 \qquad (1.6-9)$$

以上结果说明势梯度方向与等势面垂直，(1.6－7)式中 $\boldsymbol{n}_0$ 是等势面的法线方向. 场强度垂直等势面，力线与等势面正交. 等势面也能形象地、全貌地描述出场的分布情况.

例题 1 证明均匀细棒状矿体场的等势面为旋转椭球面.

证 设此矿体的长度为 $2l$，将此看做线质量，其线密度为 λ. 如图 1.6－2所示. 取 z 轴与棒重合，原点在棒中心处. r_1 和 r_2 分别为棒的两端点到 $P(x,y,z)$ 的距离，r 为场源点 $Q(0,0,\zeta)$ 与 P 点的距离.

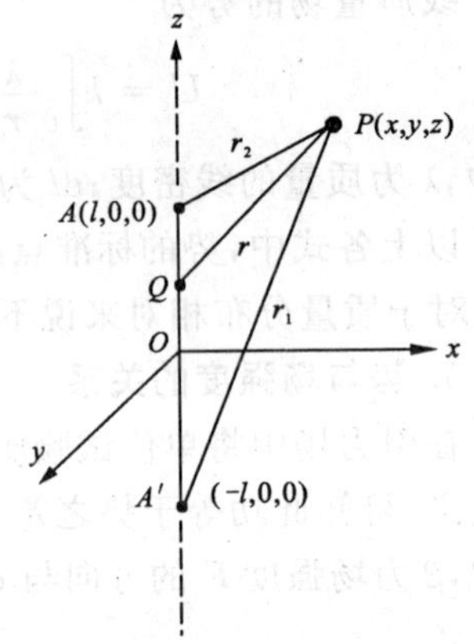

图 1.6－2

由势的公式，得 P 点的势为

$$U=k\int_L\frac{\lambda\,\mathrm{d}\zeta}{r}=k\lambda\int_{-l}^{+l}\frac{\mathrm{d}\zeta}{\sqrt{(z-\zeta)^2+x^2+y^2}}$$

积分后，得

$$U=k\lambda\ln\frac{(z+l)+\sqrt{(z+l)^2+x^2+y^2}}{(z-l)+\sqrt{(z-l)^2+x^2+y^2}} \qquad (1.6-10)$$

此式仍难看出等势面形状，将此式的形式加以变换.

由 $r_1=\sqrt{(z+l)^2+x^2+y^2}$，$r_2=\sqrt{(z-l)^2+x^2+y^2}$

平方相减得 $\quad r_1^2-r_2^2=4zl$

令 $\quad r_1+r_2=2a$

请注意，在这里并没有说 a 是常数，只是用 $2a$ 代表 r_1 与 r_2 之和.

从以上两式得 $\quad r_1=a+zl/a$；$r_2=a-zl/a$，因此势的表示式可以写成如下的形式

$$U=k\lambda\ln\frac{(z+l)+r_1}{(z-l)+r_2}=k\lambda\ln\frac{z+l+a+zl/a}{z-l+a-zl/a}$$

$$=k\lambda\ln\frac{(z+a)(a+l)}{(z+a)(a-l)}$$

最后得

$$U=k\lambda\ln\frac{a+l}{a-l}$$

从上式容易看出，如果 a 是常数，U 相应为一常值，所以 $r_1+r_2=2a$（常数）为等势面方程，由解析几何知道此式为旋转椭球面方程. 不同的常数 a 对应不同的旋转椭球面，这些面都是等势面.

例题 2 球对称分布的球体内的势.

解 在 §1.3 节例 3 中，我们已经算出球内场强度，本题是求球内的势，球对称分布即密度是 r 的函数 $\rho(r)$，见图 1.3－5. 现仍将质量分为两部分来考虑.

第一部分是半径为 r_i 的球体，其质量为

$$m_i = 4\pi\int_0^{r_i}\rho(r)r^2\,\mathrm{d}r$$

它的场在 P 点的势设为 U_1，可按点质量公式来计算

$$U_1 = k\frac{m_i}{r_i} = \frac{4\pi k}{r_i}\int_0^{r_i}\rho(r)r^2\,\mathrm{d}r$$

第二部分是厚度为$(a-r_i)$的球壳，这部分质量的场在 P 点的势设为 U_2. 这种球壳壳内$(0\leqslant r\leqslant r_i)$区域的场强度为零，即壳内为等势区，所以 P 点的势等于球心的势，因此有

$$\begin{aligned}U_2 &= k\int_{V_2}\frac{\rho(r)}{r}\mathrm{d}V = k\int_{r_i}^{a}\frac{\rho(r)}{r}4\pi r^2\,\mathrm{d}r\\ &= 4\pi k\int_{r_i}^{a}\rho(r)r\,\mathrm{d}r\end{aligned}$$

根据叠加原理，得 P 点的势为

$$U = U_1 + U_2 = \frac{4\pi k}{r_i}\int_0^{r_i}\rho(r)r^2\,\mathrm{d}r + 4\pi k\int_{r_i}^{a}\rho(r)r\,\mathrm{d}r \tag{1.6-11}$$

§1.7 紧邻关系

质量的面分布，比如薄板、薄板状矿体、薄膜、纸等，它的厚度相对来说非常小. 面两边两个紧邻点（比如纸两边两个很靠近的点，它们不在纸上，不会重合）的关系密切. 下面我们用第一定律和第二定律求出紧邻点场量之间的关系.

如图 1.7-1 所示. 面质量的面密度为 σ，点 1、点 2 是此质量面某任意处的两个紧邻点. 在该处作一短圆柱形封闭面，此封闭由三个面组成. 上底面为 ΔS_2，下底面为 ΔS_1，它们与质量面平行，$\boldsymbol{n}_2$、$\boldsymbol{n}_1$ 分别表示上下底的法线，$\boldsymbol{n}$ 为该处质量面的法线，方向从点 1 指向点 2. 由于我们取

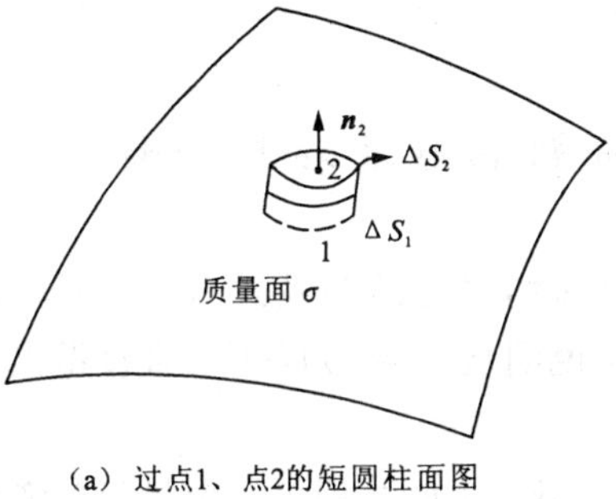

(a) 过点1、点2的短圆柱面图

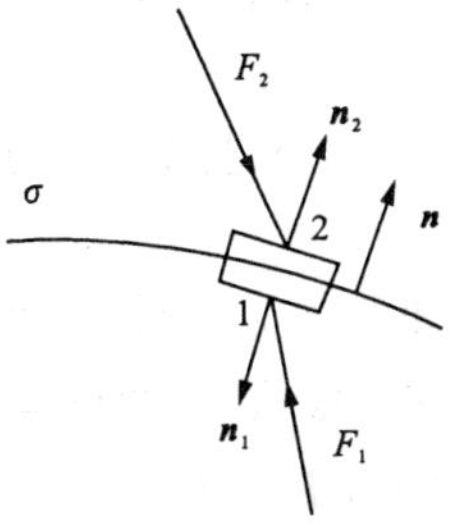

(b) 截面图

图 1.7-1

封闭面的外法线，所以 $\boldsymbol{n}_2$ 与 $\boldsymbol{n}$ 同向，$\boldsymbol{n}_1$ 与 $\boldsymbol{n}$ 反向. 由于点 1 和点 2 是紧邻点，距离很小，故此封闭面的侧面积比上下底面积是更高阶小量. 这样就可算出通过封闭面 S 的通量为

$$\begin{aligned}\oint_S \boldsymbol{F}\cdot\boldsymbol{n}\,\mathrm{d}S &= \boldsymbol{F}_2\cdot\boldsymbol{n}_2\Delta S_2 + \boldsymbol{F}_1\cdot\boldsymbol{n}_1\Delta S_1\\ &= \boldsymbol{F}_2\cdot\boldsymbol{n}\Delta S_2 + \boldsymbol{F}_1\cdot(-\boldsymbol{n})\Delta S_1\\ &= F_{2n}\Delta S_2 - F_{1n}\Delta S_1\\ &(\Delta S_1 = \Delta S_2 = \Delta S)\end{aligned}$$

此封闭面 S 所包围的质量为 $\sigma\Delta S$.

根据第一定律，得到

$$F_{2n} - F_{1n} = -4\pi k\sigma \tag{1.7-1}$$

如图 1.7-2 所示. 作一小矩形回路 L，此回路的上下边均与质量面平行，长度均为 Δl，上边通过点 2，下边通过点 1，两侧边与质量面垂直. $\boldsymbol{t}$ 为质量面的一个切线方向，$\boldsymbol{t}$ 与上边同向，与下边反向，回路侧边的长度与 Δl 相比是更高阶的小量. 因此回路的环流为

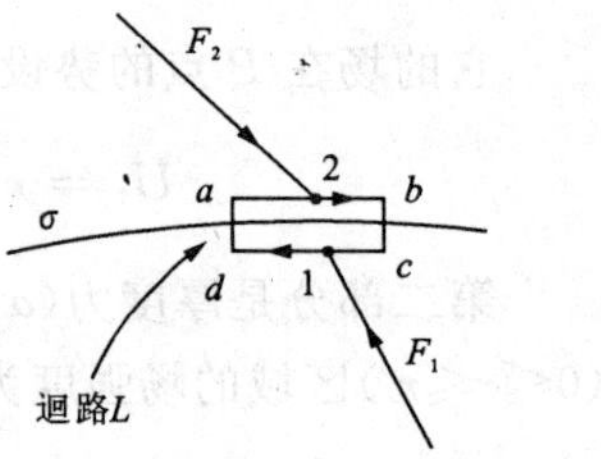

图 1.7-2

$$\oint_L \boldsymbol{F} \cdot \mathrm{d}\boldsymbol{l} = \boldsymbol{F}_2 \cdot \boldsymbol{t}\Delta l - \boldsymbol{F}_1 \cdot \boldsymbol{t}\Delta l$$
$$= F_{2t}\Delta l - F_{1t}\Delta l$$

由第二定律得

$$F_{2t} = F_{1t} \tag{1.7-2}$$

上面得出了紧邻点上场强度的法线分量的关系以及切线分量的关系. (1.7-1)式说明过质量面，场强度的法线分量不连续，有一突变，变化的大小与面密度成正比. (1.7-2)式说明在引力场中场强度的切线分量处处连续. 根据势的定义很容易证明，过质量面时势连续，即

$$U_2 = U_1 \tag{1.7-3}$$

此式更常用到，而且(1.7-2)式可由(1.7-3)式得出.

紧邻关系通常称为边界条件，(1.7-1)式由第一定律得出，故称为第一边界条件；(1.7-2)式、(1.7-3)式来源于第二定律，故称为第二边界条件.

特别要注意的是，以上所讲的"面"是质量分布面. 另外有一种"面"，像球体的球面、柱体的柱面等，这种面是界面.

将第一定律、第二定律的积分形式用于界面，就可以得到界面的边界条件为

$$F_{2n} = F_{1n} \tag{1.7-4}$$

$$F_{2t} = F_{1t} \quad (U_2 = U_1) \tag{1.7-5}$$

§1.8 泊松方程和拉普拉斯方程

根据第二定律我们引入了势，得出了势和场强度的关系式：$\boldsymbol{F} = \nabla U$. 从数学运算可知某函数梯度的旋度为零. 即 $\nabla \times \nabla U = 0$. 这说明从 $\boldsymbol{F} = \nabla U$ 可以直接得出第二定律的微分式

$$\nabla \times \boldsymbol{F} = 0$$

以上论证了 $\boldsymbol{F} = \nabla U$ 与 $\nabla \times \boldsymbol{F} = 0$ 等效. 因此我们可以把势与场强度的关系式看作第二定律微分式的另一形式.

综合第一定律的微分形式和第二定律的微分形式，即将 $\boldsymbol{F} = \nabla U$ 代入 $\nabla \cdot \boldsymbol{F} = -4\pi k\rho$，得到

$$\nabla \cdot \nabla U = \nabla^2 U = -4\pi k\rho \tag{1.8-1}$$

(1.8-1)式为著名的泊松方程式.

在没有质量分布的区域中，质量密度 $\rho = 0$，引力场的势满足拉普拉斯方程

$$\nabla^2 U = 0 \tag{1.8-2}$$

泊松方程、拉普拉斯方程是两个定律微分形式综合的结果. 所以它更全面地反映场的特征，可经常用它解势场问题.

在直角坐标系中，势的梯度表示为

$$\nabla U = \frac{\partial U}{\partial x}\boldsymbol{i} + \frac{\partial U}{\partial y}\boldsymbol{j} + \frac{\partial U}{\partial z}\boldsymbol{k} = F_x\boldsymbol{i} + F_y\boldsymbol{j} + F_z\boldsymbol{k}$$

场强度的散度表示式为

$$\nabla \cdot \boldsymbol{F} = \frac{\partial F_x}{\partial x} + \frac{\partial F_y}{\partial y} + \frac{\partial F_z}{\partial z}$$

所以在直角坐标系中,泊松方程和拉普拉斯方程的表示式分别为

$$\frac{\partial^2 U}{\partial x^2} + \frac{\partial^2 U}{\partial y^2} + \frac{\partial^2 U}{\partial z^2} = -4\pi k\rho \tag{1.8-3}$$

$$\frac{\partial^2 U}{\partial x^2} + \frac{\partial^2 U}{\partial y^2} + \frac{\partial^2 U}{\partial z^2} = 0 \tag{1.8-4}$$

例题 1 求无限均匀平板状物体的引力场.

如图 1.8-1(a) 所示. 该物体的厚度为 $2a$,取 z 轴与板面垂直,原点在中点上,质量密度为 ρ.

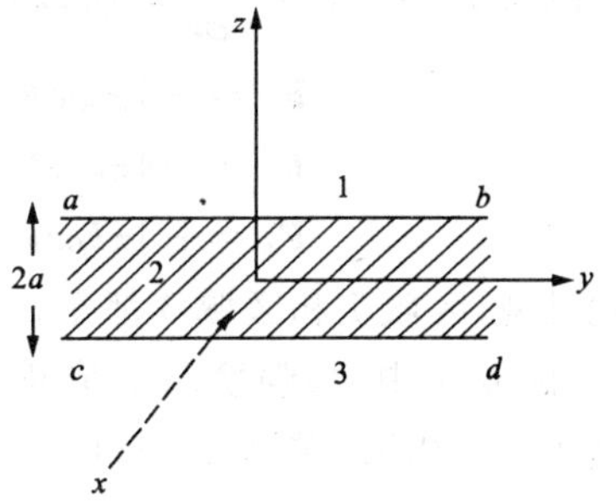

(a)

图 1.8-1

解 从对称性可知,在垂直 z 轴的平面内,各点的势相同,即势与 z 有关,与 x、y 无关. 区域 1 内的势 U_1 和区域 3 内的势 U_3 均满足拉普拉斯方程,即

$$\frac{\partial^2 U_1}{\partial z^2} = 0, \quad \frac{\partial^2 U_3}{\partial z^2} = 0$$

它们的解分别为 $U_1 = Cz + D$, $U_3 = C'z + D'$,其中 C、D、C'、D' 为待定常数.

区域 2 内的势 U_2 满足泊松方程式,即

$$\frac{\partial^2 U_2}{\partial z^2} = -4\pi k\rho$$

质量分布均匀,故 ρ 为常数. 上式之解为

$$U_2 = -2\pi k\rho z^2 + Az + B$$

式中,A、B 是待定常数.

下面确定六个常数.

将标准点选在原点上,即 $z = 0$ 处,$U_2 = 0$.

$$U_2\big|_{z=0} = (-2\pi k\rho z^2 + Az + B)_{z=0} = B = 0$$

通过选取标准点在原点上,确定了 $B = 0$. 再从对称性分析,显然势对称于 xOy 平面,即 $U(z) = U(-z)$. 对于区域 1 和区域 3,由对称性得出

$$Cz + D = -C'z + D'$$

所以 $\quad C = -C', D = D'$

对于区域 2,由对称性给出

$$-2\pi k\rho z^2 + Az = -2\pi k\rho z^2 - Az$$

得到 $\quad A = 0$

这样我们可将各区域中的势函数写为

$$U_2 = -2\pi\rho z^2$$

$$U_1 = U_2 = C|z| + D$$

在板的上界面上,由第一边界条件得

$$F_{1n} = F_{2n} \rightarrow \frac{\partial U_1}{\partial z}\bigg|_{z\to a} = \frac{\partial U_2}{\partial z}\bigg|_{z\to a} \rightarrow C = -4\pi k\rho a$$

由第二边界条件得

$$U_1 |_{z\to a} = U_2 |_{z\to a} \to Ca + D = -2\pi k\rho a^2$$

因此确定了　$D = 2\pi k\rho a^2$.

现在,所有常数都确定了,各区域中的势函数也就都确定了,即

$$U_1 = 4\pi k\rho a\left(\frac{a}{2} - z\right) \qquad (z > a)$$

$$U_2 = -2\pi k\rho z^2 \qquad (-a < z < +a)$$

$$U_3 = 4\pi k\rho a\left(\frac{a}{2} + z\right) \qquad (z < -a)$$

因为 $\boldsymbol{F} = \nabla U = \dfrac{\partial U}{\partial z}\boldsymbol{k}$,所以在相应各区域中的场强度为

$$\boldsymbol{F}_1 = -4\pi k\rho a\boldsymbol{k}$$

$$\boldsymbol{F}_2 = -4\pi k\rho z\boldsymbol{k}$$

$$\boldsymbol{F}_3 = +4\pi k\rho a\boldsymbol{k}$$

由此可见,区域 1 和区域 3 都是均匀场,场强度的方向指向板面;在区域 2 中,场强度与 z 成正比,上半部分与下半部分场强度的方向相反. 图 1.8-1(b)曲线是表示场强度随 z 变化的曲线.

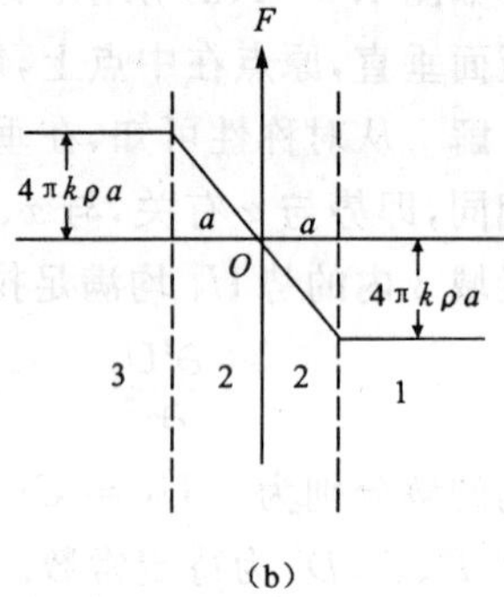

图 1.8-1

本题的目的在于熟悉一下用泊松方程与拉普拉斯方程解题的过程. 本题还可以比较简单地用第一定律积分形式直接算出场强度,再根据势的定义即可得出各区域的势.

例题 2　无限大非均匀平板状物体的引力场.

如图 1.8-2 所示的板,已知其厚度为 $2a$,坐标原点在板的下界面上,z 轴垂直向上,质量密度与 z 坐标成正比,$\rho = C_0 z$,C_0 是已知常数.

解　根据已知的结果我们容易得出

$$\boldsymbol{F}_1 = -4\pi k C_0 a^2 \boldsymbol{k} \qquad (z > 2a)$$

$$\boldsymbol{F}_3 = +4\pi k C_0 a^2 \boldsymbol{k} \qquad (z < 0)$$

在区域 2 中,由第一定律的微分式得

$$\frac{\mathrm{d}F_2}{\mathrm{d}z} = -4\pi k\rho = -4\pi k C_0 z$$

积分得　　$$F_2 = -4\pi k C_0 \frac{z^2}{2} + A$$

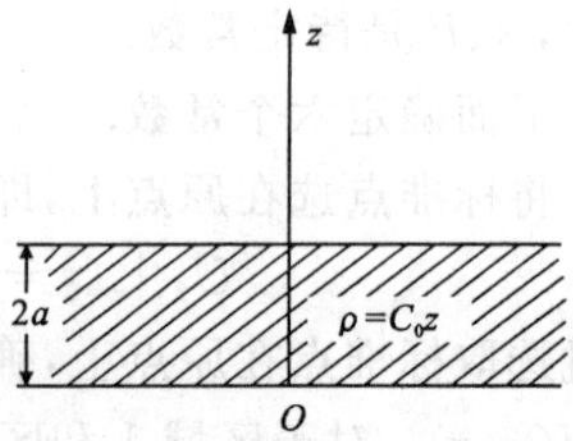

图 1.8-2

A 为待定常数,由在下界面上的边界条件,得

$$F_3 |_{z\to 0} = F_2 |_{z\to 0} \to A = 4\pi k C_0 a^2$$

所以在板内各点的场强度为

$$\boldsymbol{F}_2 = -2\pi k C_0 (z^2 - 2a^2)\boldsymbol{k}$$

§1.9　二度体　平面场

1. 二度体

先研究一无限长的均匀直细线的场,已知其线密度为 λ. 这里所说的无限长是相对而言

的. 用第一定律的积分式很容易求出其引力场的强度为

$$\boldsymbol{F} = -k\frac{2\lambda}{r^2}\boldsymbol{r} \tag{1.9-1}$$

即场强度的大小与线密度 λ 成正比，而与观察点到线的距离 r 成反比，方向与 $\boldsymbol{r}$ 相反.

如图 1.9-1 所示. 如果我们取 z 轴与线的走向平行，r 为 $P(x,y)$ 点到线的垂直距离，即 $P(x,y)$ 到 $Q(\xi,\eta)$ 的距离，$r=\sqrt{(x-\xi)^2+(y-\eta)^2}$.

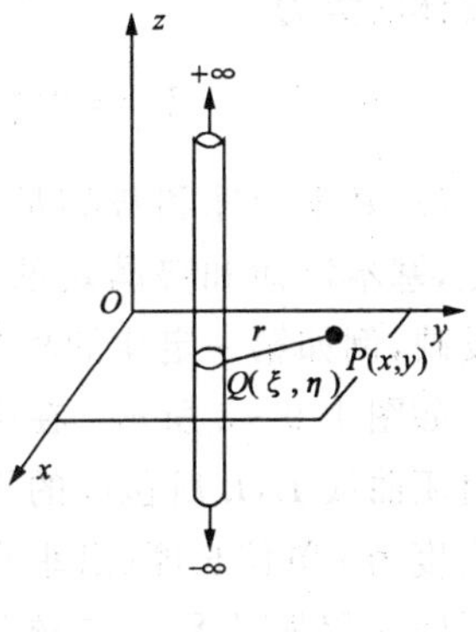

图 1.9-1

根据势与场强度的关系，得

$$\frac{\mathrm{d}U}{\mathrm{d}r} = -\frac{2\lambda k}{r}$$

积分后，得

$$U = -2\lambda k\int\frac{\mathrm{d}r}{r} = -2\lambda k\ln r + C$$

$$= 2\lambda k\ln\frac{1}{r} + C$$

对这样的势函数，通常将标准点选在 $r=1$ 处，因此常数 $C=0$，无限长均匀直细线场的势为

$$U = 2\lambda k\ln\frac{1}{r} \tag{1.9-2}$$

本问题的特点：①物体沿走向方向质量分布不改变；②因为 z 轴与走向方向平行，势和场强度不随 z 改变；③场强度与距离(垂直)的一次方成反比；④势为对数函数，称为对数势.

任何一个质量分布不随走向方向改变的物体称为二度体. 本书一般取 z 轴方向与走向平行. 二度体的质量分布，用任一横截面 S 上的质量密度 σ^* 表示，σ^* 是 ξ 和 η 的函数.

在 S 面上某点 Q 处取一小柱体，此柱体上下底面与 S 面平行，面积为 ΔS，柱体的高度为 Δh，如果小柱体的质量为 Δm，那么 σ^* 的定义式可以表示如下

$$\sigma^* = \lim_{\Delta\to 0}\frac{\Delta m}{\Delta S\Delta h} \quad (\mathrm{kg/m^3}) \tag{1.9-3}$$

我们称 σ^* 为**二度体的面密度**.

2. 平面场

二度体相应的引力场显然不随 z 改变，因此我们只要研究任一个与 z 轴垂直的平面上的场就可以了，所以**二度体所产生的场又称为平面场**.

如图 1.9-2 所示. 任何一个二度体的场可以在 xOy 平面上来研究. 其他与 xOy 平面平行的面上，场的分布与 xOy 面上的分布相同.

(1) 场强度公式和势的公式　我们把二度体看作是由许多"线"组成，线的截面积为 $\mathrm{d}S$，质量线密度为 $\sigma^*\mathrm{d}S$. 根据叠加原理，得到二度体的场强度公式和势的公式. 场强度为

$$\boldsymbol{F} = -2k\int_S\frac{\sigma^*\boldsymbol{r}}{r^2}\mathrm{d}S \tag{1.9-4}$$

式中，S 为二度体横截面面积；r 为观察点 $P(x,y)$ 与场源点 $Q(\xi,\eta)$ 的距离，$r=\sqrt{(x-\xi)^2+(y-\eta)^2}$；$\boldsymbol{r}=(x-\xi)\boldsymbol{i}+(y-\eta)\boldsymbol{j}$.

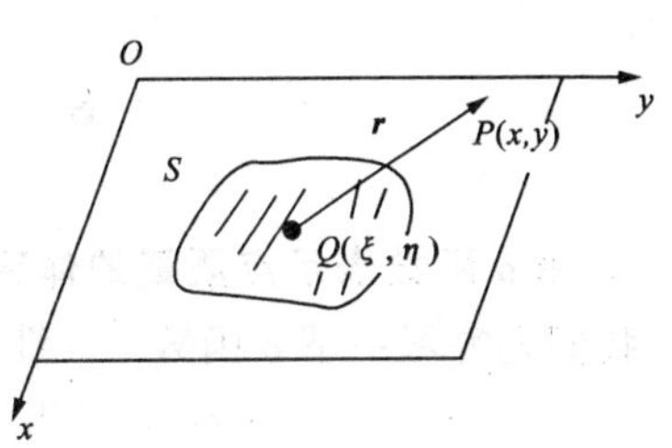

图 1.9-2

上式说明 $\boldsymbol{F}$ 方向与横截面平行. 场强度的两个分量为

$$\left.\begin{aligned} F_x &= -2k\int_S \frac{\sigma^*(x-\xi)}{r^2}\mathrm{d}S \\ F_y &= -2k\int_S \frac{\sigma^*(y-\eta)}{r^2}\mathrm{d}S \end{aligned}\right\} \tag{1.9-5}$$

二度体的势为

$$U = 2k\int_S \sigma^* \ln\left(\frac{1}{r}\right)\mathrm{d}S \tag{1.9-6}$$

(2)基本定律和势满足的方程式　由平面场的特点,基本定律和势满足的方程式在表示形式上有所反映,例如第一定律的积分形式.

如图 1.9-3 所示. 在平面场中 S 平面上,任取一封闭曲线 L,L 所包围的平面面积为 S. 设想取一个高度为1单位长度(沿垂直于平面的 z 轴)、柱体的上下底面积都是 S,此柱体的侧面积为 $S' = L\cdot 1$.

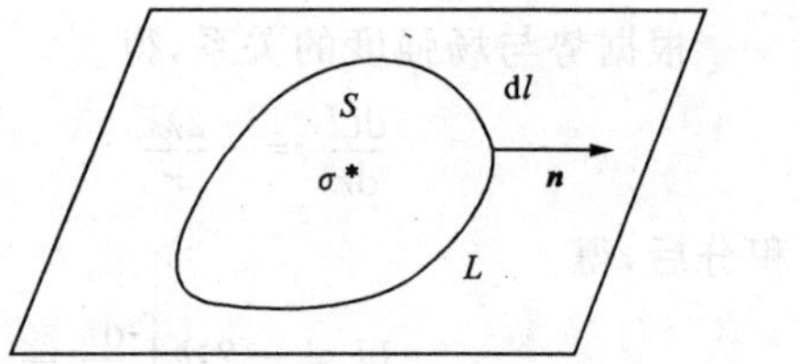

图 1.9-3

柱体的上下底面与侧面组成封闭面 A. 由于平面场场强度的方向与横截面平行,故通过封闭面 A 的场强度通量为 $\oint_L \boldsymbol{F}\cdot\boldsymbol{n}\mathrm{d}l$. 封闭面 A 所包围的质量为 $\int_S \sigma^*\mathrm{d}S$. 由第一定律得

$$\oint_L \boldsymbol{F}\cdot\boldsymbol{n}\mathrm{d}l = -4\pi k\int_S \sigma^*\mathrm{d}S \tag{1.9-7}$$

此即第一定律在平面场中的积分形式. 式中 $\boldsymbol{n}$ 为封闭曲线 L 的外法线.

在平面场中第二定律的积分形式仍为

$$\oint_L \boldsymbol{F}\cdot\mathrm{d}\boldsymbol{l} = 0 \tag{1.9-8}$$

只是在平面场中,回路 L 在横截面内取.

根据二度体面密度 σ^* 的意义,平面场中泊松方程为

$$\nabla^2 U = -4\pi k\sigma^* \tag{1.9-9}$$

如果所研究的区域中 $\sigma^* = 0$,那么势满足拉普拉斯方程式

$$\nabla^2 U = 0 \tag{1.9-10}$$

$$\left.\begin{aligned} &\text{在直角坐标系中,} && \frac{\partial^2 U}{\partial x^2} + \frac{\partial^2 U}{\partial y^2} = 0 \\ &\text{在柱坐标系中,} && \frac{1}{r}\frac{\partial}{\partial r}\left(r\frac{\partial U}{\partial r}\right) + \frac{1}{r^2}\frac{\partial^2 U}{\partial \phi^2} = 0 \end{aligned}\right\} \tag{1.9-11}$$

一切物体实际上都是三维的. 二度体、平面场都是在一定条件下的近似,即忽略质量分布和场分布在某一方向上的变化. 如果能把物体作为二度体处理,许多问题就可以较方便地求得解答,数值求解的工作量也将大大减少.

* §1.10　δ 函数和格林函数

1. 用 δ 函数表示点质量的体密度

我们先复习一下 δ 函数. 一维的 δ 函数定义如下:

$$\left.\begin{aligned} &\delta(x) = 0 \quad (\text{当 } x \neq 0) \\ &\int_{-\infty}^{+\infty} \delta(x)\mathrm{d}x = 1 \end{aligned}\right\} \tag{1.10-1}$$

显然根据上面的定义可知，在 $x=0$ 的点上 $\delta(x)$ 为无限大. 它不是通常意义下的函数，但是我们可以从某些连续函数或分段连续函数的极限来理解它和获得它. 例如函数 $f(x)$ 为

$$f(x)=\begin{cases}0 & (x<-a/2)\\ 1/a & (-a/2\leqslant x\leqslant a/2)\\ 0 & (x>+a/2)\end{cases}$$

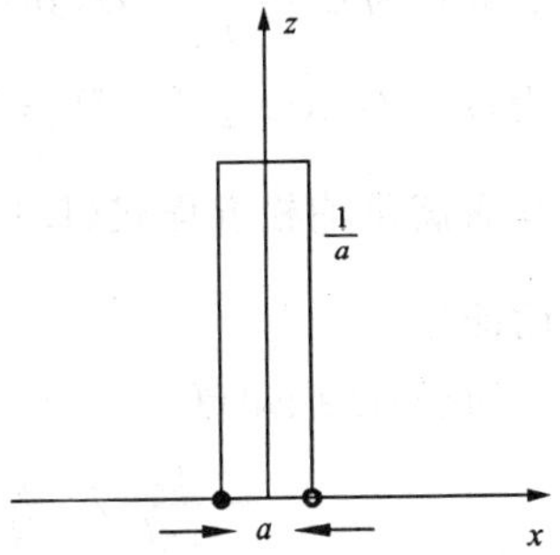

图 1.10－1

其图像如图 1.10－1 所示. 不论 a 的大小如何，曲线下的面积始终是 $\int_{-\infty}^{+\infty}f(x)\mathrm{d}x=1$，且当 $a\to 0$ 时，函数在原点上 $f(x)$ 趋于无限大. 由此可知当 $a\to 0$ 时，这个函数的极限就是一个 $\delta(x)$ 函数，即

$$\delta(x)=\lim_{a\to 0}f(x)$$

对于三维的 $\delta(\boldsymbol{r})$，同样有如下的定义

$$\left.\begin{aligned}&\delta(\boldsymbol{r})=0 && (\boldsymbol{r}\neq 0)\\ &\int_V\delta(\boldsymbol{r})\mathrm{d}V=1 && (\text{积分域包含 }\boldsymbol{r}=0\text{ 的点})\end{aligned}\right\}\tag{1.10－2}$$

同样有

$$\left.\begin{aligned}&\delta(\boldsymbol{r}-\boldsymbol{r}')=0 && (\boldsymbol{r}\neq\boldsymbol{r}')\\ &\int_V\delta(\boldsymbol{r}-\boldsymbol{r}')\mathrm{d}V=1 && (\text{积分域包含 }\boldsymbol{r}=\boldsymbol{r}'\text{ 的点})\end{aligned}\right\}\tag{1.10－3}$$

δ 函数有一个经常用到的重要性质. 如果某函数 $F(\boldsymbol{r})$ 是 $\boldsymbol{r}'$ 点附近的连续函数，那么有

$$\int_V F(\boldsymbol{r})\delta(\boldsymbol{r}-\boldsymbol{r}')\mathrm{d}V=F(\boldsymbol{r}')\tag{1.10－4}$$

式中积分域包含 $\boldsymbol{r}'$ 点. 我们称此性质为 δ 函数的选择性. 它可以从 δ 函数的定义得出：由于 $\delta(\boldsymbol{r}-\boldsymbol{r}')$ 仅在 $\boldsymbol{r}=\boldsymbol{r}'$ 点上不为零，故(1.10－4) 式的积分仅需对包括该点的任意小区域积分，且由于 $F(\boldsymbol{r})$ 是连续函数，故有

$$\int_V F(\boldsymbol{r})\delta(\boldsymbol{r}-\boldsymbol{r}')\mathrm{d}V=F(\boldsymbol{r}')\int_{\Delta V}\delta(\boldsymbol{r}-\boldsymbol{r}')\mathrm{d}V=F(\boldsymbol{r}')$$

泊松方程是点式. 在一些情况下，我们既要运用这种点式，又要承认点质量. 显然在这种情况下，“点”的概念必须一致，即必须认为某点质量是质量一定而线度趋于零的物体的质量.

设有单位质量的小球体，其半径为 a，球心位于 O' 点上，从原点 O 到 O' 的矢径为 $\boldsymbol{r}'$. 如果把 a 看作趋于零，其质量仍为 1 单位. 那么就可以说，在 O' 点有单位质量的点质量. 显然这样的点质量，其体密度应该看做是无限大的. 单位质量的点质量的体密度 ρ 可表示为

$$\left.\begin{aligned}&\rho=\delta(\boldsymbol{r}-\boldsymbol{r}')\\ &\int_V\rho\mathrm{d}V=\int_V\delta(\boldsymbol{r}-\boldsymbol{r}')\mathrm{d}V=1 \quad (\text{积分域包含 }O'\text{ 点})\end{aligned}\right\}\tag{1.10－5}$$

质量为 m 的点质量的体密度 $\rho=m\delta(\boldsymbol{r}-\boldsymbol{r}')$，其中 $\boldsymbol{r}$ 为原点到任一点的矢径.

单位质量的点质量场满足的泊松方程表示为

$$\nabla^2U=-4\pi k\rho=-4\pi k\delta(\boldsymbol{r}-\boldsymbol{r}')\tag{1.10－6}$$

2. 无界空间的格林函数

下面来求上式在无界空间的解答. 令 $R=|\boldsymbol{r}-\boldsymbol{r}'|$，当 $\boldsymbol{r}\neq\boldsymbol{r}'$ 时，$\delta(\boldsymbol{r}-\boldsymbol{r}')=0$，显然由(1.10－6) 式得拉普拉斯方程式，即 $\nabla^2U=0$. 在以 O' 为新原点的球坐标系中，由于场的球对称性，此式表示为

$$\frac{1}{R^2}\frac{\mathrm{d}}{\mathrm{d}R}\left(R^2\frac{\mathrm{d}U}{\mathrm{d}R}\right)=0 \quad (R\neq 0)$$

此式之解答为$U=\dfrac{C}{R}+D$,其中C、D为待定常数. 取标准点在无限远处,得$D=0$. 故上式之解答为$U=C/R$. 这是$\nabla^2U=0$的解,它的前提是$R\neq 0$. 现在去掉$R\neq 0$的限制,检查$U=C/R$是否满足泊松方程式(1.10-6). 也就是需要证明$-\dfrac{C}{4\pi k}\nabla^2\dfrac{1}{R}$是$\delta(\boldsymbol{r}-\boldsymbol{r}')$函数.

论证如下.

(1)我们已经知道

$$-\frac{C}{4\pi k}\nabla^2\frac{1}{R}=0 \quad (\text{当 } \boldsymbol{r}\neq\boldsymbol{r}', R\neq 0)$$

(2)求积分

$$\int_V \frac{-C}{4\pi k}\nabla^2\frac{1}{R}\mathrm{d}V$$

积分域包含O'点. 我们用下述极限方法来计算此积分

$$\int_V \frac{-C}{4\pi k}\nabla^2\frac{1}{R}\mathrm{d}V=\lim_{b\to 0}\int_V \frac{-C}{4\pi k}\nabla^2\frac{1}{\sqrt{R^2+b^2}}\mathrm{d}V$$

$$=-\frac{C}{4\pi k}\lim_{b\to 0}\int_0^{\infty}\nabla^2\frac{1}{\sqrt{R^2+b^2}}\cdot 4\pi R^2\mathrm{d}R$$

式中,b为参数;C是待定常数.

由于　$\nabla^2\dfrac{1}{\sqrt{R^2+b^2}}=-\dfrac{3b^2}{(R^2+b^2)^{5/2}}$,代入上式,算出

$$\int_V \frac{-C}{4\pi k}\nabla^2\frac{1}{R}\mathrm{d}V=\frac{C}{k}=1 \quad (\text{令 } C=k)$$

根据以上的论证和δ函数的定义,可知$-\dfrac{C}{4\pi k}\nabla^2\dfrac{1}{R}$是$\delta$函数,即

$$\nabla^2\left(\frac{k}{R}\right)=-4\pi k\delta(\boldsymbol{r}-\boldsymbol{r}')$$

将此式与(1.10-6)式对比,可知$U=k\dfrac{1}{R}$是在无界空间单位质量点源场满足的泊松方程的解答. 它常称为无界空间的点源格林函数,用G_f表示之,即

$$G_f=k\frac{1}{R}=k\frac{1}{|\boldsymbol{r}-\boldsymbol{r}'|} \tag{1.10-7}$$

如果在有界区域内只有单位点质量,而在区域之外还有其他质量分布,那么在此区域内的格林函数为$G=G_f+G^*$,函数G^*在区域内满足拉普拉斯方程. 关于格林函数将在第四章中继续讨论.

习　题

1.1　大平薄板,厚度为Δh. 取x轴与板面垂直向上,原点在下表面上,板的质量体密度为$\rho(x)=C_1x+C_2$,其中C_1和C_2均为已知常数. 求此薄板的面密度.

1.2　均匀垂直棒状矿体,其两端离地平面的深度分别是h_1和h_2,矿体的相对线密度为λ. 求地面上任一点的重力异常(相对密度即剩余密度).

1.3　均匀无限长的水平带状矿体,离地面深度为h,带宽为$2l$,相对质量面密度为σ,求地面上任一点的

重力异常.

1.4 A点与一圆在同一平面上,圆心在O点上,过A点作圆之切线,B是切点,OA连线与圆交于C点.如果AB线段和BC弧上都是质量均匀分布且密度相同.证明二者在O点的场的场强度相等.

1.5 如图所示.台阶(断层)上下面的深度分别是h_1和h_2,沿y轴正负方向都无限延伸,沿x轴正方向也是无限延伸的,其剩余质量均匀,体密度已知为ρ'.计算P点的重力异常,并讨论所得之结果.

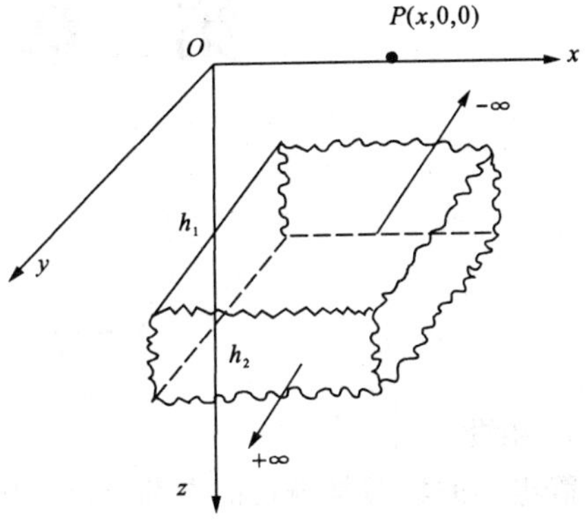

题 1.5 图

1.6 球体的半径为a,质量密度为

$$\rho=\rho_0\left(1-\frac{r^2}{2a^2}\right)\qquad(0\leqslant r\leqslant a)$$

式中ρ_0为常量.用比较简便的方法分别算出球内外的势(r是场源点到球心的距离).

1.7 无限长均匀圆柱体,已知其半径为a,质量密度为ρ.用第一定律微分式求柱内外的场强度.所得之结果与用第一定律积分式所得结果是否相同?

1.8 某区域中,各点场强度的方向都与z轴平行,而且还知道该区域中无场源质量.证明区域中的引力场是均匀引力场.

1.9 试求一均匀垂直圆柱体的轴上点的场强度和势,设柱体的总质量为M,高度为h,半径为a.

1.10 有人说:"均匀球体边缘上一点的势等于其全部质量集中于球心时在该点的势;均匀圆盘在边缘上一点的势也等于质量集中于盘心时在该点的势."请你核算这种说法的正误.

1.11 论证获得均匀引力场的各种方法.

1.12 无限长均匀圆柱体,已知其半径为a,此二度体的面密度为σ^*.用两种方法求相应的平面场的势(只许用平面场中的公式).

第二章 静电场

§2.1 真空中的静电场

1. 电荷

静电场的场源是静止的电荷. 真空中的静电场是指没有介质存在情况下的静电场,在这种情况下,场源是分布在导体表面上的电荷以及空间电荷. 电荷是守恒的,即正电荷的产生或消失总是伴随着等量的负电荷的产生或消失,在孤立系统内净电荷保持恒定. 充电或感应可以使导体带上电荷,这些电荷都是自由电荷. 真空中静电场的规律与引力场的规律十分类似,因此本节只是概括地提供线索和强调特点. 电荷有正负之分,正负电荷的分离和分布,这三个"分"是电场不同于引力场的特点. 对于同样的自由电荷分布,空气中的电场十分接近真空中的电场,我们所讲的真空中的静电场,实际上常指空气中的静电场.

2. 类比的基础

在物理学中,我们已经学习过库仑定律,它和万有引力定律在意义上以及数学表达形式上完全类似. 这种类似是两种场可以进行类比的基础.

将真空中的库仑定律用公式表示如下

$$\boldsymbol{f}_2 = k_0 \frac{q_1 q_2}{r^3}\boldsymbol{r} \tag{2.1-1}$$

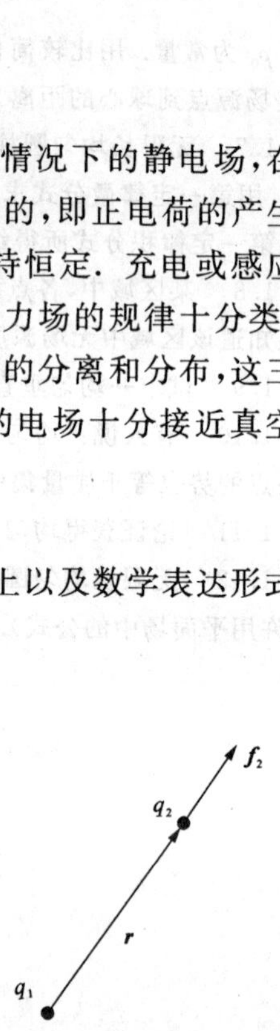

图 2.1-1

式中 $\boldsymbol{f}_2$ 为电荷 q_2 所受的作用力,如果 q_1、q_2 同性,则 $\boldsymbol{f}_2$ 与 $\boldsymbol{r}$ 同方向(图 2.1-1);在国际单位制中,力 f_2 的单位为 N;电荷 q_1 和 q_2 的单位为 C;距离 r 的单位为 m;k_0 为比例常数,$k_0 = \frac{1}{4\pi\varepsilon_0}$;$\varepsilon_0$ 称为真空中介电常数,大小和单位为

$$\left.\begin{aligned} \varepsilon_0 &= \frac{1}{4\pi k_0} \approx 8.85\times10^{-12}\,\mathrm{C^2/(N\cdot m^2)} \\ k_0 &\approx 9\times10^{9}\,\mathrm{N\cdot m^2/C^2} \end{aligned}\right\} \tag{2.1-2}$$

电荷产生电场,电荷在电场中受力的作用. 库仑定律(2.1-1)式,就是这两个方面的综合表示式.

既然引力场的万有引力定律和真空中静电场的库仑定律完全类似,也就说明两种场中,场和场源的关系、场的基本规律也必然是类似的. 我们用的是类比的方法研究真空中的静电场,并且注意了它们的特点和差异.

3. 电场强度

它是描述场的物理量,定义式为

$$\boldsymbol{E} = \lim_{q_0\to 0}\frac{\boldsymbol{f}}{q_0} \tag{2.1-3}$$

场中某点的电场强度 $\boldsymbol{E}$,其大小等于单位正试验电荷在该点所受力的大小,方向与此力方向相同. (2.1-3) 式与第一章(1.2-1) 式不同之处是用了极限,体现了对试验电荷的要求,除要求它是点电荷外,q_0 的电量还必须很小,小到可以忽略它对场源电荷分布的影响. 在所研究的问题中,试验电荷质量的大小实际上不可能影响场源分布.

太阳的质量是 2.0×10^{30} kg,半径是 7.0×10^{8} m. 如果在其表面上放一个质子,可以算出该质子所受的引力等于在太阳中心放 1mg 的电子时该质子所受的静电力.

点、体、面、线四种电荷分布相应的场强公式如下.

点电荷场

$$\boldsymbol{E}=\frac{1}{4\pi\varepsilon_0}\frac{q}{r_3}\boldsymbol{r} \tag{2.1-4}$$

其中 $\boldsymbol{r}=(x-\xi)\boldsymbol{i}+(y-\eta)\boldsymbol{j}+(z-\zeta)\boldsymbol{k}$

体电荷场

$$\boldsymbol{E}=\frac{1}{4\pi\varepsilon_0}\int_V\frac{\rho\boldsymbol{r}}{\boldsymbol{r}^3}\mathrm{d}V \tag{2.1-5}$$

其中 ρ 是自由电荷体密度.

面电荷场

$$\boldsymbol{E}=\frac{1}{4\pi\varepsilon_0}\int_S\frac{\sigma\boldsymbol{r}}{\boldsymbol{r}^3}\mathrm{d}S \tag{2.1-6}$$

线电荷场

$$\boldsymbol{E}=\frac{1}{4\pi\varepsilon_0}\int_L\frac{\lambda\boldsymbol{r}}{\boldsymbol{r}^3}\mathrm{d}l \tag{2.1-7}$$

式中,σ、λ 分别为自由电荷的面密度和线密度.

最常见的电荷分布是面电荷.

4. 基本规律

电力线起于正电荷(或无限远处)而终止于负电荷(或无限远处).

第一定律积分形式为

$$\oint_S\boldsymbol{E}\cdot\boldsymbol{n}\mathrm{d}S=\frac{1}{\varepsilon_0}\int_V\rho\mathrm{d}V \tag{2.1-8}$$

第一定律的微分形式为

$$\nabla\cdot\boldsymbol{E}=\rho/\varepsilon_0 \tag{2.1-9}$$

即电场强度的散度与电荷密度成正比. 在正电荷分布处,电场强度的散度为正,正散度愈大,说明该处电力线的始端点愈密,从该处发散出来的电力线愈多;反之,在负电荷分布处,散度为负,其数值愈大,说明该处的电力线的终端点愈密,收敛于该处的电力线愈多.

在静电场中移动试验电荷,场力之功也与路径无关,只与始末点位置有关. 或者说在静电场中电场强度的环流恒为零.

第二定律的积分形式为

$$\oint_L\boldsymbol{E}\cdot\mathrm{d}\boldsymbol{l}=0 \tag{2.1-10}$$

第二定律微分形式为

$$\nabla\times\boldsymbol{E}=0 \tag{2.1-11}$$

引力场和静电场同样都是无旋场.

5. 势

静电场中的势是另一个描述场的物理量. 势的定义式为

$$U(P)=\int_{P}^{P_0}\boldsymbol{E}\cdot\mathrm{d}\boldsymbol{l} \tag{2.1-12}$$

即某点 P 势的大小等于将单位正试验电荷从该点移至标准点,场力所作之功. 如果将标准点取在无限远处,那么正电荷场的势为正,负电荷场的势为负,如果场源电荷分布在有限区域内,一般将标准点选在无限远处. 此为在势的定义中取从 P 到 P_0 的原因.

如将标准点取在无限远处,可得计算势的公式分别如下.

点电荷场 $$U=\frac{1}{4\pi\varepsilon_0}\frac{q}{r} \tag{2.1-13}$$

体电荷场 $$U=\frac{1}{4\pi\varepsilon_0}\int_V\frac{\rho}{r}\mathrm{d}V \tag{2.1-14}$$

面电荷场 $$U=\frac{1}{4\pi\varepsilon_0}\int_S\frac{\sigma}{r}\mathrm{d}S \tag{2.1-15}$$

线电荷场 $$U=\frac{1}{4\pi\varepsilon_0}\int_L\frac{\lambda}{r}\mathrm{d}l \tag{2.1-16}$$

势与场强度的关系

$$E_l=-\frac{\partial U}{\partial l} \tag{2.1-17}$$

$$\boldsymbol{E}=-\nabla U \tag{2.1-18}$$

6. 泊松方程和拉普拉斯方程

综合两个基本定律的微分形式

$$\left.\begin{aligned}&\nabla\cdot\boldsymbol{E}=\rho/\varepsilon_0\\&\boldsymbol{E}=\nabla U,(\nabla\times\boldsymbol{E}=0)\end{aligned}\right\}$$

得泊松方程 $$\nabla^2U=-\rho/\varepsilon_0 \tag{2.1-19}$$

在没有电荷分布的区域中,由 $\rho=0$ 得拉普拉斯方程

$$\nabla^2U=0 \tag{2.1-20}$$

7. 边界条件

如前所述,真空中静电场是指没有介质存在情况下的静电场,所以这里所说的边界就是导体的边界. 静电场中的导体,内部没有电荷,内部的电场强度为零,整个导体是一个等势体. 在导体的表面上,一般带有一层极薄的自由面电荷. 将积分形式的第一定律用于导体的界面,得到导体表面外附近一点的电场强度法线分量为

$$E_n=\sigma/\varepsilon_0 \tag{2.1-21}$$

再将积分形式的第二定律用于导体界面,得到导体表面附近电场强度的切线分量为

$$E_t=0 \tag{2.1-22}$$

§2.2 电偶极子场

1. 一个偶极子的场

如图 2.2-1 所示. 一对等量异号的电荷 $+q$ 和 $-q$,位于十分靠近的两点 Q 和 Q' 上,这样的电荷体系称为电偶极子. 设 $Q'Q=l$,矢量 $\boldsymbol{l}$ 的方向规定为从负电荷指向正电荷. $\boldsymbol{p}=q\boldsymbol{l}$,$\boldsymbol{p}$

称为偶极子的偶极矩.

见图 2.2－1，r_+ 为 Q 点到观察点的距离，r_- 为 Q' 点到 M 点的距离，r 为 QQ' 的中点到 M 的距离. 显然 M 点的势为

$$U=\frac{q}{4\pi\varepsilon_0}\left(\frac{1}{r_+}-\frac{1}{r_-}\right)$$

由余弦定理得

$$r_-^2=r^2+\left(\frac{l}{2}\right)^2+rl\cos\theta$$

因此有 $$\frac{r}{r_-}=\left[1+\left(\frac{l}{2r}\right)^2+\frac{1}{r}\cos\theta\right]^{-1/2}$$

$$=1-\frac{1}{2}\left(\frac{l^2}{4r^2}+\frac{l}{r}\cos\theta\right)+\frac{3}{8}\left(\frac{l^2}{4r^2}+\frac{l}{r}\cos\theta\right)^2-\cdots$$

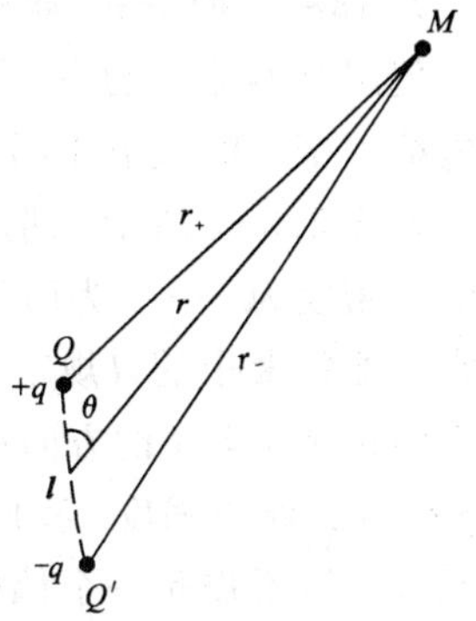

图 2.2－1

因为 $l\ll r$，略去比 $\frac{l^2}{r^2}$ 的方次更高的项，得

$$\frac{r}{r_-}\approx 1-\frac{l}{2r}\cos\theta+\frac{l^2}{4r^2}\,\frac{3\cos^2\theta-1}{2}$$

同样可得

$$\frac{r}{r_+}\approx 1+\frac{l}{2r}\cos\theta+\frac{l^2}{4r^2}\,\frac{3\cos^2\theta-1}{2}$$

故得出偶极子场势的公式为

$$U=\frac{p\cos\theta}{4\pi\varepsilon_0 r^2}=\frac{\boldsymbol{p}\cdot\boldsymbol{r}}{4\pi\varepsilon_0 r^3} \tag{2.2-1}$$

偶极子场的势与距离的平方成反比，具有轴对称性. 式中 $\boldsymbol{p}=q\boldsymbol{l}$ 为偶极子的偶极矩.

偶极子场的场强度

$$\boldsymbol{E}=-\nabla U=\frac{3(\boldsymbol{p}\cdot\boldsymbol{r})}{4\pi\varepsilon_0 r^5}\boldsymbol{r}-\frac{\boldsymbol{p}}{4\pi\varepsilon_0 r^3} \tag{2.2-2}$$

在球极坐标中，偶极子场的场强度的三个分量为

$$E_r=-\frac{\partial U}{\partial r}=\frac{1}{4\pi\varepsilon_0}\,\frac{2p}{r^3}\cos\theta \tag{2.2-3}$$

$$E_\theta=-\frac{1}{r}\,\frac{\partial U}{\partial\theta}=\frac{1}{4\pi\varepsilon_0}\,\frac{p}{r^3}\sin\theta \tag{2.2-4}$$

$$E_\phi=\frac{1}{r\sin\theta}\,\frac{\partial U}{\partial\phi}=0 \tag{2.2-5}$$

偶极子场的场强度乃是按距离的三次方而减弱的，比单个点电荷场减弱得快.

如图 2.2－2 所示. 在球坐标中，偶极子场力线的微分方程为

$$\frac{r\mathrm{d}\theta}{E_\theta}=\frac{\mathrm{d}r}{E_r}$$

将(2.2－3)式和(2.2－4)式中的 E_r 和 E_θ 代入上式，得

$$\frac{r\mathrm{d}\theta}{\mathrm{d}r}=\frac{\sin\theta}{2\cos\theta}$$

积分之后，得偶极子场的力线方程为

$$r=A\sin^2\theta \tag{2.2-6}$$

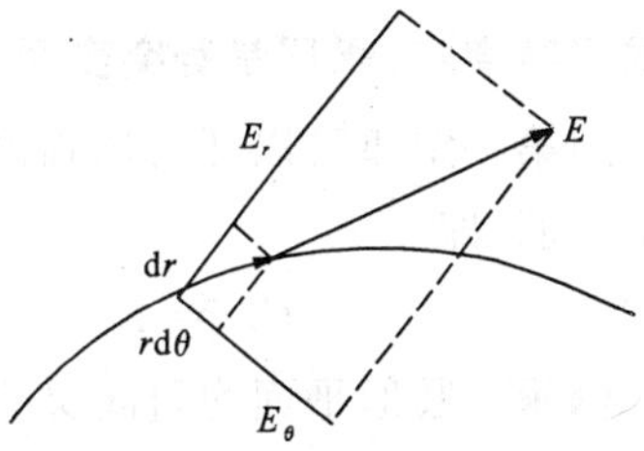

图 2.2－2

式中 A 为常数.

2. 偶极子面分布(偶层)的场

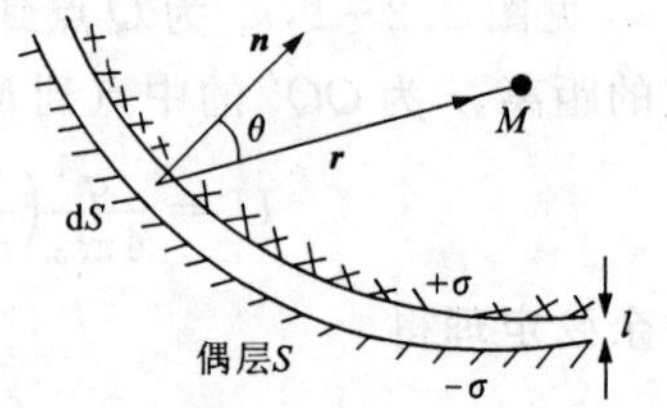

图 2.2-3

偶层是两个十分靠近、彼此平行的带电面,这两个面上电荷面密度的数值相同,电荷符号相反.

如图2.2-3所示. 偶层的正荷面的面密度为$+\sigma$;负荷面的面密度为$-\sigma$. l 为面间的距离,称为偶层厚度,相对来说它是非常微小的,$\boldsymbol{l}$规定从负电荷指向正电荷. 偶层的法线方向也规定与 $\boldsymbol{l}$ 的方向相同. 偶层单位面积上的偶极矩 $\boldsymbol{\tau}=\sigma\boldsymbol{l}$ 称为偶层强度. 我们把偶层看作偶极子的面分布,如果取面积为 dS 的偶层元,那么这偶层元也可以看作是一个偶极子,它的偶极矩为$(\sigma \mathrm{d}S)\boldsymbol{l}$. 它的场在 M 点的势,按偶极子场势的公式(2.2-1),得

$$\mathrm{d}U=\frac{(\sigma \mathrm{d}S)\boldsymbol{l}\cdot\boldsymbol{r}}{4\pi\varepsilon_0 r^3}$$

上式又可改写为

$$\mathrm{d}U=\frac{\tau}{4\pi\varepsilon_0}\frac{\cos\theta \mathrm{d}S}{r^2}=\frac{1}{4\pi\varepsilon_0}\tau \mathrm{d}\Omega$$

式中,θ 为 $\boldsymbol{r}$ 与 $\boldsymbol{n}$ 的交角;$\mathrm{d}\Omega$ 为 dS 面对观察点 M 所张的立体角.

面积为 S 的偶层场在 M 点的势为

$$U=\frac{1}{4\pi\varepsilon_0}\int_{\Omega}\tau \mathrm{d}\Omega \tag{2.2-7}$$

如果偶层强度的值 τ 为常数,我们就得到计算偶层场势的公式

$$U=\frac{1}{4\pi\varepsilon_0}\tau\Omega \tag{2.2-8}$$

式中 Ω 为 S 面对 M 点所张的立体角. 对于这种均匀偶层,只要能算出立体角 Ω,势也就可以即刻算出来.

设正负电荷面之间的电场强度为 $\boldsymbol{E}_i$,用第一定律容易算出:$\boldsymbol{E}_i=-\dfrac{\sigma}{\varepsilon_0}\boldsymbol{n}$.

如果点 1 和点 2 是偶层的一对紧邻点,即它们是偶层两侧靠得很近的两点,这两点的势之差为

$$U_2-U_1=|\boldsymbol{E}_i|\,l=\sigma l/\varepsilon_0$$

即

$$U_2-U_1=\tau/\varepsilon_0 \tag{2.2-9}$$

此式表明从偶层的一侧到另一侧,势有 τ/ε_0 的突变,这是偶层场的重要特征. **电势仅在经过偶层时突变,偶层是势突变面.**

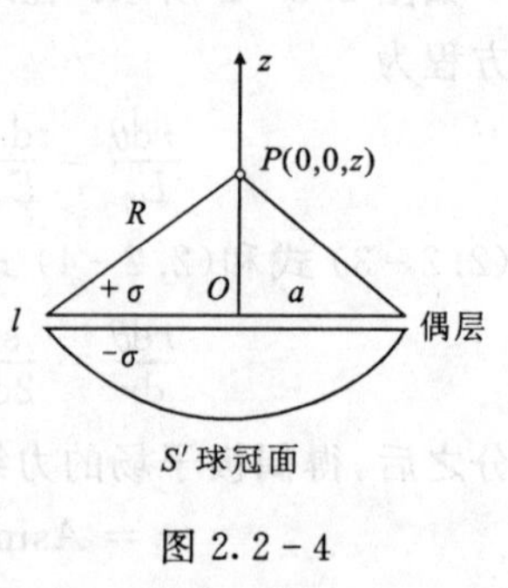

图 2.2-4

用第一定律可以证明场强度的法线分量 E_n 经过偶层时是不变的,即

$$E_{2n}=E_{1n} \tag{2.2-10}$$

例题 圆形平面均匀偶层的场.

如图 2.2-4 所示. 偶层的电荷密度值为 σ,厚度为 l,偶层面的半径为 a. 求轴上 P 点的势.

解 取偶层面的中心轴为 z 轴,原点 O 在偶层上,$OP=$

z. P 点到偶层边缘的距离 $R=(z^2+a^2)^{1/2}$. 偶层强度的大小 $\tau=\sigma l$.

偶层(边缘)对 P 点所张的立体角为

$$\Omega=\frac{S'}{R^2}=\frac{2\pi R(R-z)}{R^2}=2\pi\left(1-\frac{z}{R}\right)$$

式中 S' 为以偶层边缘为边缘的球冠面积.

根据公式(2.2-8),得 P 点的势为

$$U=\frac{\tau}{2\varepsilon_0}\left[1-\frac{z}{(z^2+a^2)^{1/2}}\right]\quad(z>0)\tag{2.2-11}$$

如果 P 在偶层的下方,势应该是

$$U=-\frac{\tau}{2\varepsilon_0}\left[1-\frac{|z|}{(z^2+a^2)^{1/2}}\right]\quad(z<0)\tag{2.2-12}$$

讨论:(1) 当 $z\to+0$ 时,$U_{+0}=\dfrac{\tau}{2\varepsilon_0}$;

当 $z\to-0$ 时,$U_{-0}=\dfrac{-\tau}{2\varepsilon_0}$.

可见过偶层时势突变

$$U_{+0}-U_{-0}=\tau/\varepsilon_0$$

(2) 当 z 的大小有限而 $a\to\infty$ 时,得 $U\approx\tau/(2\varepsilon_0)(z>0)$;$U\approx-\tau/(2\varepsilon_0)(z<0)$. 此为均匀无限大平面偶层场的势.

(3) 两个边缘相同的均匀偶层,在偶层外的势相同(设二者的偶层强度的大小相同).

§2.3 电介质的极化

1. 极化及其后果

在介质中任意取一块很小的(宏观)体积来考虑,设其中包含有 n 个分子,n 是很大的数. 用 $\boldsymbol{p}_i$ 表示任一个分子的偶极矩. 在没有外电场的情况下,无极分子介质分子由于其正负电荷中心重合,故 $\boldsymbol{p}_i=0$;有极分子介质分子在无外电场时,其正负电荷中心也是不重合的,即 $\boldsymbol{p}_i\neq 0$,但由于分子偶极矩排列紊乱,所以各分子的偶极矩的矢量和 $\sum\limits_{i=1}^{n}\boldsymbol{p}=0$.

不论何种介质,在外电场中受到极化,极化的介质中 $\sum\limits_{i=1}^{n}\boldsymbol{p}_i\neq 0$. 显然在同样的条件下,外电场愈强,$\sum\limits_{i=1}^{n}\boldsymbol{p}_i$ 的数值愈大,即在 ΔV 体积中,所有分子的偶极矩矢量和愈大. $\sum\limits_{i=1}^{n}\boldsymbol{p}_i$ 与体积 ΔV 之比的极限值,用 $\boldsymbol{P}$ 表示之,即

$$\boldsymbol{P}=\lim_{\Delta V\to\in}\frac{\sum\limits_{i=1}^{n}\boldsymbol{p}_i}{\Delta V}\tag{2.3-1}$$

式中 $\in$ 是一个极小的体积,从宏观来看,相对来说可以看作零,而从微观分子、原子的尺度来看,$\in$ 仍然是足够大的,$\in$ 体积内仍然有大量的分子、原子. 也就是说,ΔV **是趋于宏观尺度的零,而不是微观尺度的零**. $\boldsymbol{P}$ 称为极化强度,是描述介质各点极化状态的物理量. 如果介质是均匀极化的,即各点的极化状态相同,那么 $\boldsymbol{P}$ 为常量. 极化强度是单位体积内的偶极矩. 例如

某介质球体，半径为 a，如果它在外电场中均匀极化，极化强度为 $\boldsymbol{P}$，那么这个球体的偶极矩为 $\frac{4\pi}{3}a^3\boldsymbol{P}$.

图 2.3-1 是一个示意图，S 是介质体表面的一小部分，此介质体处于均匀极化状态，它的极化强度为 $\boldsymbol{P}$，图上画出了部分分子偶极子. 此图表明极化的介质体表面有面电荷，此面电荷的密度显然和 $\boldsymbol{P}$ 与 $\boldsymbol{n}$ 的交角有关. 当 $\boldsymbol{P}$ 与 $\boldsymbol{n}$ 同方向时，电荷的面密度最大；当 $\boldsymbol{P}$ 与 $\boldsymbol{n}$ 垂直时，电荷面密度为零. 均匀极化的介质体，体内不出现(宏观的)体电荷. 不均匀极化的介质体，不仅表面上出现面电荷，体内还出现体电荷. 这些由于介质极化后而出现的电荷，称为束缚电荷. 由束缚电荷产生的电场，我们称之为附加场.

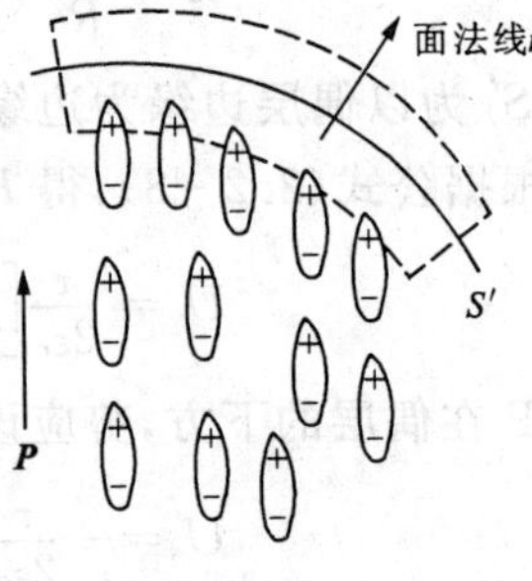

图 2.3-1

总之，① 介质极化后，我们用极化强度 $\boldsymbol{P}$ 描述它各点的极化状态. ②极化后出现了束缚电荷，我们用 σ_P、ρ_P 分别表示它的面密度和体密度. ③极化后出现了附加电场，我们用 U'、$\boldsymbol{E}'$ 分别表示附加场的电势和场强度.

这是同一现象的三个不同方面，它们之间必然有联系，这些联系体现于各量之间的关系中.

2. 束缚电荷与极化强度的关系

如图 2.3-2 所示. 体积为 V 的介质体，表面积为 S，极化后极化强度为 $\boldsymbol{P}$，现在来研究某点 M 的附加势 U'.

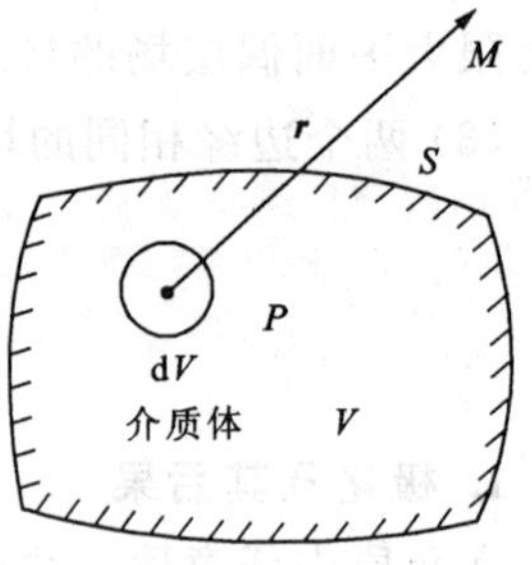

图 2.3-2

根据势的公式，得到

$$U' = \frac{1}{4\pi\varepsilon_0}\left(\int_V \frac{\rho_P}{r}\mathrm{d}V + \oint_S \frac{\sigma_P}{r}\mathrm{d}S\right) \tag{2.3-2}$$

式中 r 为观察点与场源点之间的距离.

下面再从电偶极子体分布的观点来计算附加势. 在介质体上任取一小块体积 $\mathrm{d}V$，这一小块介质体可以看作一个宏观的电偶极子，偶极矩为 $\boldsymbol{P}\mathrm{d}V$. 根据偶极子势的公式，我们得出它产生的附加势为

$$\mathrm{d}U' = \frac{1}{4\pi\varepsilon_0}\frac{(\boldsymbol{P}\mathrm{d}V)\cdot\boldsymbol{r}}{r^3}$$

那么整块介质极化后所出现的附加势为

$$U' = \frac{1}{4\pi\varepsilon_0}\int_V \frac{\boldsymbol{P}\cdot\boldsymbol{r}}{r^3}\mathrm{d}V \tag{2.3-3}$$

这两种方法所算出的附加势，显然应该是相同的. 为了对比这两式，我们将(2.3-3)式加以变换.

因为 $\frac{\boldsymbol{r}}{r^3} = \nabla\frac{1}{r}$，而(2.3-3)式中的被积函数

$$\frac{\boldsymbol{P}\cdot\boldsymbol{r}}{r^3} = \boldsymbol{P}\cdot\nabla\frac{1}{r} = \nabla\cdot\left(\frac{\boldsymbol{P}}{r}\right) - \frac{\nabla\cdot\boldsymbol{P}}{r}$$

因此(2.3-3)式可写为

$$U' = \frac{1}{4\pi\varepsilon_0}\left[\int_V \nabla\cdot\left(\frac{\boldsymbol{P}}{r}\right)\mathrm{d}V + \int_V \frac{-\nabla\cdot\boldsymbol{P}}{r}\mathrm{d}V\right]$$

用高斯定理将第一项变换为面积分，得到

$$U' = \frac{1}{4\pi\varepsilon_0}\left(\oint_S \frac{\boldsymbol{P}\cdot\boldsymbol{n}}{r}\mathrm{d}S + \int_V \frac{-\nabla\cdot\boldsymbol{P}}{r}\mathrm{d}V\right)$$

将此式与(2.3-2)式对比，我们得到束缚电荷密度与极化强度的关系为

$$\rho_P = -\nabla\cdot\boldsymbol{P},\ \sigma_P = P_n \qquad (2.3-4)$$

介质体的表面上，束缚电荷的面密度等于极化强度的法线分量. 把这个结果推广到两种介质体的交界面上，界面一般也就是极化强度的突变面. 如图 2.3-3 所示. S 为两种介质体的交界面，$\boldsymbol{P}_1$ 为第一种介质中的极化强度，$\boldsymbol{n}_1$ 为此介质面的法线；$\boldsymbol{P}_2$ 为第二种介质中极化强度，$\boldsymbol{n}_2$ 为此介质面的法线. 交界面法线 $\boldsymbol{n}$ 规定为从第一种介质指向第二种介质，那么 $\boldsymbol{n}_1$ 与 $\boldsymbol{n}$ 同向，$\boldsymbol{n}_2$ 与 $\boldsymbol{n}$ 反向.

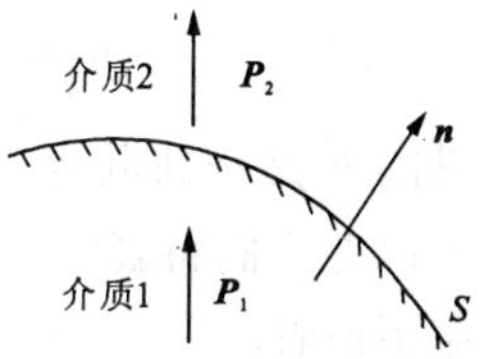

图 2.3-3

第一种介质面上的束缚面荷密度为

$$\sigma_{P1} = P_{1n_1} = P_{1n}$$

第二种介质面上的束缚面荷密度为

$$\sigma_{P2} = P_{2n_2} = -P_{2n}$$

因此交界面上的束缚电荷的面密度为

$$\sigma_P = \sigma_{P1} + \sigma_{P2}$$

即

$$\sigma_P = -(P_{2n} - P_{1n}) \qquad (2.3-5)$$

§2.4 电介质中的静电场

1．基本定律

电介质中的静电场就是指有电介质存在情况下的静电场. 真空中的静电场，场源只有自由电荷. 介质中的静电场，场源除了自由电荷，还有由于介质极化而出现的束缚电荷. 介质对电场的影响，实质上是由于束缚电荷产生了附加场. **电场中加入一介质体，从场源来看，仅仅是空间增加了一些电荷，因此我们可将真空中静电场的第一定律推广到普遍情况的静电场中.**

$$\nabla\cdot\boldsymbol{E} = \frac{1}{\varepsilon_0}(\rho + \rho_P) \qquad (2.4-1)$$

式中，ρ 为自由电荷体密度；ρ_P 为束缚电荷体密度. 再将(2.3-4)式中第一式代入上式，得到

$$\nabla\cdot\boldsymbol{E} = \frac{1}{\varepsilon_0}(\rho - \nabla\cdot\boldsymbol{P})$$

即

$$\nabla\cdot(\varepsilon_0\boldsymbol{E} + \boldsymbol{P}) = \rho$$

令 $\boldsymbol{D}$ 为电位移(矢量) $\boldsymbol{D} = \varepsilon_0\boldsymbol{E} + \boldsymbol{P}$ (2.4-2)

则得到介质中静电场第一定律的微分式为

$$\nabla\cdot\boldsymbol{D} = \rho \qquad (2.4-3)$$

相应的积分形式为

$$\oint \boldsymbol{D}\cdot\boldsymbol{n}\mathrm{d}S = \int_V \rho\mathrm{d}V \qquad (2.4-4)$$

类似于引入电力线的方法，我们引入电位移线，即 $\boldsymbol{D}$ 线. $\boldsymbol{D}$ 线的起止点只和自由电荷有关，它起于正的自由电荷(或无限远)；终止于负的自由电荷(或无限远). $\boldsymbol{D}$ 线始端密度等于该处正自由电荷密度；$\boldsymbol{D}$ 线终端密度等于负自由电荷密度. 在电场中任意作一个封闭面，$\boldsymbol{D}$ 线的净通

量等于该面所包围的自由电荷的电量.

第二定律与电荷的分布、电荷的多少都无关系. 从电荷来看,有介质就等于空间增加了一些电荷,所以我们可知在有介质存在时的静电场,其第二定律仍然是电场强度的旋度恒为零,电场强度的环流也恒为零,即

$$\nabla \times \boldsymbol{E} = 0 \tag{2.4-5}$$

$$\oint_L \boldsymbol{E} \cdot \mathrm{d}\boldsymbol{l} = 0 \tag{2.4-6}$$

这里的 $\boldsymbol{E}$ 是全部电荷(自由电荷和束缚电荷)所产生的场的电场强度.

以上我们将真空中静电场的两个基本定律加以推广,而得到介质中静电场的基本定律,后者包括前者.

2. 几个物理量及其关系

对于各向同性的电介质,极化强度随电场强度的增加而增加. 在一般情况下,二者之间存在线性关系

$$\boldsymbol{P} = \chi_e \varepsilon_0 \boldsymbol{E} \tag{2.4-7}$$

式中包含有 ε_0,这样 χ_e 就是无量纲的纯数,它叫做电介质的极化率. 将(2.4-7)式代入(2.4-2)式,得

$$\boldsymbol{D} = (1+\chi_e)\varepsilon_0 \boldsymbol{E}$$

令

$$\varepsilon_r = 1 + \chi_e \tag{2.4-8}$$

$$\varepsilon = \varepsilon_r \varepsilon_0 \tag{2.4-9}$$

式中,ε 和 ε_r 分别为电介质的介电常数和相对介电常数,它们可表征介质的介电性质,介电常数 ε 的单位与 ε_0 相同;相对介电常数则是一个无量纲的纯数,ε_r 恒大于 1;χ_e 恒大于零.

根据以上的结果,我们得到

$$\boldsymbol{D} = \varepsilon \boldsymbol{E} \tag{2.4-10}$$

均匀介质即介质体中各点 ε(或 χ_e) 相同,那么在均匀介质中

$$\nabla \cdot \boldsymbol{D} = \varepsilon \nabla \cdot \boldsymbol{E} = \rho$$

而

$$\nabla \cdot \boldsymbol{E} = (\rho + \rho_P)/\varepsilon_0$$

由以上两式,我们得到介质中任一点上全电荷密度、束缚电荷密度、自由电荷密度之间的关系如下.

全电荷密度 $$\rho + \rho_P = \rho/\varepsilon_r \tag{2.4-11}$$

束缚电荷密度 $$\rho_P = -\frac{\varepsilon_r - 1}{\varepsilon_r}\rho \tag{2.4-12}$$

以上结果说明:某点的体束缚电荷与该点的自由电荷电性相反,全电荷体密度小于自由电荷体密度,二者电性相同. 在均匀介质体内,如果没有体自由电荷($\rho=0$)也就没有体束缚电荷($\rho_P=0$),极化强度的散度也为零($\nabla \cdot \boldsymbol{P}=0$). 一般情况下,介质体内是不带自由电荷的.

均匀极化即介质中各点的极化强度相同,它是一个常矢量,即在均匀极化介质中,极化强度的散度为零. 而极化强度的散度为零的介质,不一定是均匀极化. 在均匀介质中,如果没有自由体电荷,即使是非均匀极化,它各点的极化强度的散度也是零.

3. 边界条件及量的连续性

在前面我们已经知道得出边界条件的方法,这里不再重复讲述具体的方法. 如图 2.4-1 所示. 在静电场中有两种介质,其介电常数分别为 ε_1 和 ε_2,S 为它们的交界面,设此面上既有

面束缚电荷，又有面自由电荷. 点1和点2是在交界面两边的紧邻点. 点1在介质1中，点2在介质2中. 将积分形式的第一定律用于交界面，得到第一边界条件为

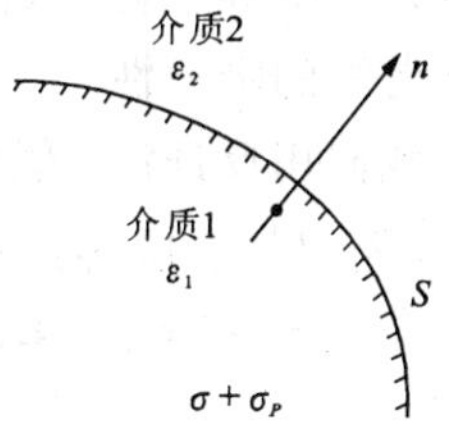

图 2.4-1

$$D_{2n}-D_{1n}=\sigma \tag{2.4-13}$$

σ是自由电荷面密度.

如果两种介质的交界面上不带自由面电荷(这是通常的情况)，那么就有

$$D_{2n}=D_{1n} \tag{2.4-14}$$

如果S是导体与介质的交界面，这样的交界面上既有自由电荷，也有束缚电荷. 又因为导体内部的电场强度为零，因此电位移也为零，即$D_{1n}=0$，因此可得

$$D=D_{2n}=\sigma \tag{2.4-15}$$

可见(2.4-13)式包括了后面两式，但(2.4-14)式更常用到.

现在再将积分形式的第二定律用于图2.4-1中的交界面，得第二边界条件为

$$E_{2t}=E_{1t} \tag{2.4-16}$$

总之，通常情况下，两种介质的交界面是不带自由电荷的，但通常有面束缚电荷. 在这样的情况下，各量的连续性可归纳如下.

电位移的法线分量是连续的：$D_{2n}=D_{1n}$.

电场强度的切线分量是连续的：$E_{2t}=E_{1t}$.

势是连续的：$U_2=U_1$.

极化强度的法线分量是不连续的：$P_{2n}-P_{1n}=-\sigma_P$.

电场强度的法线分量、电位移的切线分量、极化强度的切线分量都是不连续的.

4. 完整方程组

由下面四式组成了方程组

$$\left.\begin{aligned}&\nabla\cdot\boldsymbol{D}=\rho, \quad D_{2n}-D_{1n}=\sigma\\&\boldsymbol{E}=-\nabla U, \quad \boldsymbol{D}=\varepsilon\boldsymbol{E}\end{aligned}\right\}$$

它包括两个基本定律的微分形式、第一边界条件以及$\boldsymbol{D}$和$\boldsymbol{E}$的关系式. 为什么没有第二边界条件呢？因为第二边界条件包含在势的连续之中，在方程组中，可不写出.

此方程组称为完整方程组，因为原则上可以根据该方程组解决静电场的各种正反演问题.

如果已知自由电荷的分布，以及已知介质的介电常数，则由方程组可确定电场的分布，这是静电场的正演问题. 反之，如介质的介电常数已知，电场的分布也已知，即各点的电场强度$\boldsymbol{E}$(或U)为已知，那么就可以由完整方程组确定自由电荷的分布，这是静电场的反演问题.

我们常见的情况是介质分区均匀的情况，比如说，场中有几个介电常数不同的介质体，而每一介质体本身都是均匀的. 在均匀区域中，第一定律微分式可以写成

$$\nabla\cdot\boldsymbol{E}=\rho/\varepsilon \tag{2.4-17}$$

它与第二定律微分式$\boldsymbol{E}=-\nabla U$合并，就得到泊松方程式

$$\nabla^2U=-\rho/\varepsilon \tag{2.4-18}$$

如果区域内没有体自由电荷，那么势满足拉普拉斯方程

$$\nabla^2U=0 \tag{2.4-19}$$

5. 解的唯一性

反演问题比较简单，对电位移矢量求散度就得到自由电荷体密度，界面上电位移矢量法向

分量之差就等于自由电荷面密度. 可见由完整方程组求反演问题解答是唯一的. 下面证明正演问题解的唯一性.

我们用反证法. 假设对于已知的介电常数 ε,已知电荷分布 ρ、σ,完整方程组有两组解答 $(\boldsymbol{E}_{\mathrm{I}},\boldsymbol{D}_{\mathrm{I}},U_{\mathrm{I}})$ 和 $(\boldsymbol{E}_{\mathrm{II}},\boldsymbol{D}_{\mathrm{II}},U_{\mathrm{II}})$.

令 $\boldsymbol{E}'=\boldsymbol{E}_{\mathrm{I}}-\boldsymbol{E}_{\mathrm{II}}$, $\boldsymbol{D}'=\boldsymbol{D}_{\mathrm{I}}-\boldsymbol{D}_{\mathrm{II}}$, $U'=U_{\mathrm{I}}-U_{\mathrm{II}}$,因为两组解都满足完整方程组,所以有

$$\left.\begin{aligned}&\nabla\cdot\boldsymbol{D}'=0,\quad D'_{2n}-D'_{1n}=0\\&\boldsymbol{E}'=-\nabla U',\quad \boldsymbol{D}'=\varepsilon\boldsymbol{E}'\end{aligned}\right\}$$

将完整方程组与此方程组对比,可以把 $\boldsymbol{D}'$、$\boldsymbol{E}'$、U' 分别看作某静电场的电位移、电场强度、势,而这个静电场是没有场源电荷的. 在全部空间没有电荷的静电场是不存在的,因此可以肯定

$$\boldsymbol{D}'=0,\quad \boldsymbol{E}'=0,\quad U'=0$$

即 $$\boldsymbol{D}_{\mathrm{I}}=\boldsymbol{D}_{\mathrm{II}},\quad \boldsymbol{E}_{\mathrm{I}}=\boldsymbol{E}_{\mathrm{II}},\quad U_{\mathrm{I}}=U_{\mathrm{II}}$$

这就证明了由完整方程组解正演问题所得之解答是唯一的.

6. 边值问题

如果在某体积为 V 的区域内,自由电荷 ρ、σ 的分布已知,介电常数也已知,设区域中介质分区均匀. 区域之界面为 S. 区域之外可能有电荷分布,但这些电荷分布是未知的.

显然区域中的势满足泊松方程或拉普拉斯方程

$$\nabla^2U=\rho/\varepsilon\quad 或\quad \nabla^2U=0$$

仅仅知道区域内的自由电荷分布和介质分布不足以确定区域内的势,还应该知道边界值. 边值问题可以分为两大类.

(1)在 S 面上的势已知,即

$$U|_S=f_1$$

f_1 为已知函数或为已知常数. 我们称此边值问题是第一边值问题(或狄义赫利问题).

(2)在 S 面上的势的法线微商为已知,即

$$\left.\frac{\partial U}{\partial n}\right|_S=f_2$$

f_2 为已知函数或已知常数. 我们称此边值问题是第二边值问题(或诺依曼问题).

此外,还有混合边值问题,即部分边界面上势已知,而另一部分面上势的法线微商为已知.

关于区域,可以是全空间、半空间,或静电屏蔽腔内的空间,等等,由具体情况来确定.

例如接地的静电屏蔽腔其面上的电势为零,如果腔内导体所带的电量已知,这是混合边值问题.

引力场、电场、磁场都有边值问题. 如果所考虑的区域为上半空间,地平面上的引力势法向微商已测出,此为引力场的一个第二边值问题.

无论是第一边值问题还是第二边值问题,其解答都是唯一的. 唯一性定理是容易证明的,请读者自己证明. 我们将在第三章中论证稳定电场边值问题的唯一性,对物探专业人员来说,这样做更具有实际意义.

例题1 无限大导体平板,上下表面的电荷密度均为 σ_0,如果将板两边的上下空间分别充满均匀介质 2 和均匀介质 1,其介电常数分别为 ε_2 和 ε_1. 求各区域的电场. 如图 2.4-2 所示.

解 充满介质后，由于介质极化，界面上出现束缚电荷，且自由电荷分布也有变化.

σ_2、σ_1 分别为上下界面的全电荷密度；σ_{2f}、σ_{1f} 分别为上下界面的自由电荷密度. 由于导体板内电场强度为零，故有

$$\sigma_2 = \sigma_1$$

又因为 $\sigma_2 = \sigma_{2f}/\varepsilon_{2r}$， $\sigma_1 = \sigma_{1f}/\varepsilon_{1r}$，故有

$$\sigma_{2f} + \sigma_{1f} = \varepsilon_{2r}\sigma_2 + \varepsilon_{1r}\sigma_1 = 2\sigma_0$$

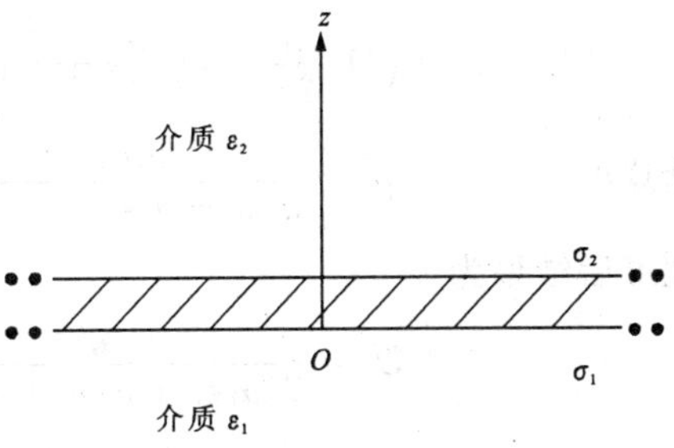

图 2.4-2

由以上两式得 $\sigma_1 = \sigma_2 = 2\sigma_0/(\varepsilon_{1r} + \varepsilon_{2r})$

由第一定律，得

$$\boldsymbol{D}_2 = \sigma_{2f}\boldsymbol{k} = \frac{2\sigma_0\varepsilon_{2r}}{\varepsilon_{1r} + \varepsilon_{2r}}\boldsymbol{k} = \frac{2\sigma_0\varepsilon_2}{\varepsilon_1 + \varepsilon_2}\boldsymbol{k}$$

从而得

$$\boldsymbol{E}_2 = \boldsymbol{D}_2/\varepsilon_2 = \frac{2\sigma_0}{\varepsilon_1 + \varepsilon_2}\boldsymbol{k}, \quad \boldsymbol{E}_1 = -\boldsymbol{E}_2$$

如果板的厚度为 Δd，坐标如图 2.4-2 所示，则

$$U_1 = \frac{2\sigma_0}{\varepsilon_1 + \varepsilon_2} | z |, \quad U_2 = \frac{2\sigma_0}{\varepsilon_1 + \varepsilon_2} | z - \Delta d | \tag{2.4-20}$$

如果板很薄，$|z-\Delta d| \approx |z|$，则

$$U_2 \approx U_1 = \frac{2\sigma_0}{\varepsilon_1 + \varepsilon_2} | z | \tag{2.4-21}$$

例题 2 如图 2.4-3 所示. 共棱的三无限楔形(或称劈形)空间分别充满不同的均匀介质，三种介质的介电常数分别为 ε_1、ε_2、ε_3. 三个楔形的二面角分别为 α_1、α_2、α_3. 而 $\alpha_1 + \alpha_2 + \alpha_3 = 2\pi$，棱线即为各介质交界面的交线. 今于棱上 O 点放置点电荷 q，求各区域的 U、$\boldsymbol{E}$、$\boldsymbol{D}$.

解 解此题时仍着重于搞清楚物理概念. 由于点电荷分布于棱线上，点电荷场在交界面上点的场强度与该面平行，故可以肯定各交界面上没有面束缚电荷. 电荷 q 周围有束缚电荷 q_P，因此任一点 M 的势为

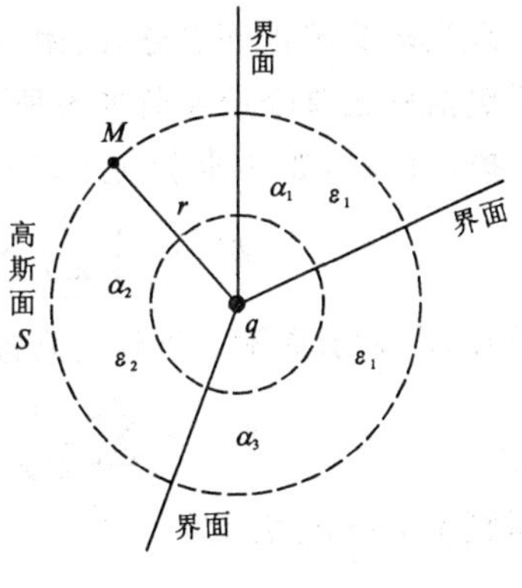

图 2.4-3

$$U = U_0 + U' = \frac{1}{4\pi\varepsilon_0}\frac{q}{r^2} + \frac{1}{4\pi\varepsilon_0}\frac{q_P}{r^2} = \frac{1}{4\pi\varepsilon_0}\frac{q'}{r^2}$$

其中，r 为 OM 的距离；$q' = q + q_P$，显然 q' 是未知的.

电场强度和电位移矢量为

$$\boldsymbol{E} = \frac{1}{4\pi\varepsilon_0}\frac{q'}{r^3}\boldsymbol{r}, \quad \boldsymbol{D} = \frac{\varepsilon_i}{4\pi\varepsilon_0}\frac{q'}{r^3}\boldsymbol{r} \quad (i = 1,2,3)$$

下面用第一定律来确定 q'.

以 O 点为球心，r 为半径作一球面 —— 高斯面 S，图 2.4-3 中用虚线表示. S 面在各区域中的面积分别为 $\frac{\alpha_1}{2\pi}4\pi r^2$、$\frac{\alpha_2}{2\pi}4\pi r^2$、$\frac{\alpha_3}{2\pi}4\pi r^2$. 由第一定律得

$$\left(D_1\frac{\alpha_1}{2\pi}+D_2\frac{\alpha_2}{2\pi}+D_3\frac{\alpha_3}{2\pi}\right)4\pi r^2=q\quad (q\text{为已知的自由电荷})$$

由此算出

$$q'=\frac{2\pi\varepsilon_0}{\alpha_1\varepsilon_1+\alpha_2\varepsilon_2+\alpha_3\varepsilon_3}q$$

因此最后结果为

$$U=\frac{q}{2(\alpha_1\varepsilon_1+\alpha_2\varepsilon_2+\alpha_3\varepsilon_3)r},\quad \boldsymbol{E}=\frac{q\boldsymbol{r}}{2(\alpha_1\varepsilon_1+\alpha_2\varepsilon_2+\alpha_3\varepsilon_3)r^3}$$

$$\boldsymbol{D}_i=\frac{\varepsilon_i q\boldsymbol{r}}{2(\alpha_1\varepsilon_1+\alpha_2\varepsilon_2+\alpha_3\varepsilon_3)r^3}\quad (i=1,2,3)$$

§2.5 静电场的能量

1. 能量公式

先研究真空中点电荷群的能量. 设 $P_1(\boldsymbol{r}_1)$、$P_2(\boldsymbol{r}_2)$、$P_3(\boldsymbol{r}_3)$为空间的三个点,距离 $P_1P_2=r_{12}=|\boldsymbol{r}_1-\boldsymbol{r}_2|$, $P_1P_3=r_{13}=|\boldsymbol{r}_1-\boldsymbol{r}_3|$, $P_2P_3=r_{23}=|\boldsymbol{r}_2-\boldsymbol{r}_3|$. 将电荷 q_1 从无限远处移至 P_1 点,不需要做功. 再将电荷 q_2 从无限远处移至 P_2 点,外力反抗场力做功为 $q_1q_2/(4\pi\varepsilon_0 r_{12})$. 然后再将 q_3 从无限远处移至 P_3 点,需做功为$[q_1q_3/(4\pi\varepsilon_0 r_{13})]+[q_2q_3/(4\pi\varepsilon_0 r_{23})]$.

这三个点电荷的能量就等于将它们从无限远处移至 P_1、P_2、P_3 三点上所做之功,即

$$W_3=\frac{1}{4\pi\varepsilon_0}\left(\frac{q_1q_2}{r_{12}}+\frac{q_1q_3}{r_{13}}+\frac{q_2q_3}{r_{23}}\right)$$

我们可以把上式写成

$$W_3=\frac{1}{2}\sum_{i=1}^{3}\sum_{j=1}^{3}\frac{1}{4\pi\varepsilon_0}\frac{q_iq_j}{r_{ij}}\quad (i\neq j)$$

因为电荷有正负之分,故由上式计算出的能量,可以是正,也可以是负. 由上式计算的能量不包括构成单个点电荷本身所需的能量.

推而广之,如果 n 个点上有 n 个点电荷,这样的点电荷群的能量公式为

$$W_n=\frac{1}{2}\sum_{i=1}^{n}\sum_{j=1}^{n}\frac{1}{4\pi\varepsilon_0}\frac{q_iq_j}{r_{ij}}\quad (i\neq j)\tag{2.5-1}$$

如果用 U_i' 表示在第 i 个电荷位置上,除 q_i 以外的所有电荷产生的电势为

$$U_i'=\sum_{j=1}^{n}\frac{1}{4\pi\varepsilon_0}\frac{q_j}{r_{ij}}\quad (j\neq i)\tag{2.5-2}$$

则可把能量公式表示为

$$W_n=\frac{1}{2}\sum_{i=1}^{n}q_iU_i'\tag{2.5-3}$$

如果电荷不是点电荷,而是以体密度 ρ 分布于体积 V 内,我们把小体积元 ΔV_i 中的电荷 $\rho\Delta V_i$ 看作点电荷,体电荷由这样的许多点电荷组成. 根据(2.5-3)式求和,并取当 $\Delta V_i\to 0$ 时的极限,得

$$W_V=\lim_{\substack{\Delta V_i\to 0\\ n\to\infty}}\frac{1}{2}\sum_{i=1}^{n}(\rho\Delta V_i)U_i'=\frac{1}{2}\int_V U\rho\,\mathrm{d}V\tag{2.5-4}$$

同样,可得到分布于 S 面上,面密度为 σ 的面电荷的能量为

$$W_S=\frac{1}{2}\int_S\sigma U\,\mathrm{d}S\tag{2.5-5}$$

2. 能量密度

建立某种电荷分布，必须反抗场力作功，能量储存在电场中．因为电荷与电场有联系，如以上公式所表示的场能可以用电荷表示出来．下面研究完全用场量来表示场的能量并得出场的能量密度．

先假设空间只有体电荷分布，它以电荷密度 ρ 分布在某区域之内．由静电场第一定律有

$$\rho = \nabla \cdot \boldsymbol{D}.$$

根据数学公式 $\nabla \cdot (U\boldsymbol{D}) = U\nabla \cdot \boldsymbol{D} + \boldsymbol{D} \cdot \nabla U$，(2.5－4) 式中积分的被积函数可变为

$$\begin{aligned} U\rho = U\nabla \cdot \boldsymbol{D} &= \nabla \cdot (U\boldsymbol{D}) - \boldsymbol{D} \cdot \nabla U \\ &= \nabla \cdot (U\boldsymbol{D}) + \boldsymbol{D} \cdot \boldsymbol{E} \end{aligned}$$

所以由(2.5－4)式得能量

$$W = \frac{1}{2}\int_V \nabla \cdot (U\boldsymbol{D})\mathrm{d}V + \frac{1}{2}\int_V \boldsymbol{D} \cdot \boldsymbol{E}\mathrm{d}V$$

由高斯定理

$$\frac{1}{2}\int_V \nabla \cdot (U\boldsymbol{D})\mathrm{d}V = \frac{1}{2}\oint_{S_K} UD_n \mathrm{d}S$$

S_K 为包围体积 V 的面积，我们设想积分域为一大球，S_K 为球面，r 为其半径．如果相对来说 r 非常大，那么球面上的势 $U \approx c/r$；球面上的电位移的法线分量 $D_n \approx c/r^2$，其中 c 为常量，因此积分 $\oint_{S_K} UD_n \mathrm{d}S \approx \frac{c^2}{r^3} \cdot 4\pi r^2 = c^2 r^{-1}$，显然当 $r \to \infty$ 时，$\oint_{S_K} UD_n \mathrm{d}S \to 0$，因此全部电场的能量为

$$W = \frac{1}{2}\int_V \boldsymbol{D} \cdot \boldsymbol{E}\mathrm{d}V \tag{2.5-6}$$

式中 V 为全部场空间的体积．

由上式的被积函数可以看出场的能量密度为

$$\omega = \frac{1}{2}\boldsymbol{D} \cdot \boldsymbol{E} = \frac{1}{2}\varepsilon E^2 \tag{2.5-7}$$

如图 2.5－1 所示．如果既存在体电荷又存在面电荷，即在 S 面上有面密度为 σ 的电荷，在某些区域中有体电荷．根据(2.5－4)式和(2.5－5)式，场能为

$$W = \frac{1}{2}\int_{V'} \rho U\mathrm{d}V + \frac{1}{2}\int_S \sigma U\mathrm{d}S \tag{2.5-8}$$

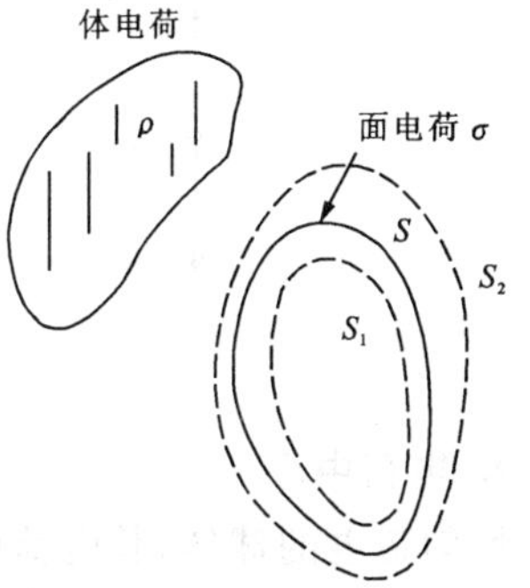

图 2.5－1

现将上式右边的体积分也像前面那样变为用场量来表示，但是由于在带电面 S 上 $\boldsymbol{D}$ 不连续，故必须把面 S 排除在积分域之外．如图 2.5－1 所示．S_1、S_2 是从内外贴近 S 面的两个设想面，积分域就是 S_1 面以外和 S_2 面以内的区域．S_2 与 S_1 之间的体积为 ΔV，S_1 面的法线方向 $\boldsymbol{n}_1$ 与 S 面的法线 $\boldsymbol{n}$ 同向，而 S_2 面的法线 $\boldsymbol{n}_2$ 与 $\boldsymbol{n}$ 反向．当 S_2 由外无限地趋近 S 面，而 S_1 由内无限地趋近 S 面时，$\Delta V \to 0$，此时由(2.5－8) 式得到

$$\begin{aligned} W &= \frac{1}{2}\int_{V'}\rho U\mathrm{d}V + \frac{1}{2}\int_S \sigma U\mathrm{d}S \\ &= \left(\frac{1}{2}\int_V \boldsymbol{D} \cdot \boldsymbol{E}\mathrm{d}V + \frac{1}{2}\oint_{S_K} UD_n\mathrm{d}S + \frac{1}{2}\int_S U\boldsymbol{D}_2 \cdot \boldsymbol{n}_2\mathrm{d}S + \frac{1}{2}\int_S U\boldsymbol{D}_1 \cdot \boldsymbol{n}_1\mathrm{d}S\right) + \frac{1}{2}\int_S \sigma U\mathrm{d}S \end{aligned}$$

因为 $$\frac{1}{2}\int_S U\boldsymbol{D}_2 \cdot \boldsymbol{n}_2 \mathrm{d}S + \frac{1}{2}\int_S U\boldsymbol{D}_1 \cdot \boldsymbol{n}_1 \mathrm{d}S$$

$$= \frac{1}{2}\int_S -U(D_{2n} - D_{1n})\mathrm{d}S = -\frac{1}{2}\int_S \sigma U \mathrm{d}S$$

又因为当 $S_K \to \infty$ 时，$\oint_{S_K} UD_n \mathrm{d}S \to 0$，所以最后得到

$$W = \frac{1}{2}\int_V \boldsymbol{D} \cdot \boldsymbol{E} \mathrm{d}V \tag{2.5-9}$$

能量密度仍为

$$\omega = \frac{1}{2}\boldsymbol{D} \cdot \boldsymbol{E} = \frac{1}{2}\varepsilon E^2 \tag{2.5-10}$$

结果表明，当既有体电荷又有面电荷存在时，用场量表示的场能公式和能量密度公式仍与只有体电荷存在时的公式相同.

*§2.6 多 极 子

1. 多极子

一个单独的点电荷称为单极子. 偶极子的概念在前面已经讲过，如将偶极子看成是把一个单极子移动一小位移 $\boldsymbol{l}_1$，再用大小相同而符号相反的单极子在原处取代而形成的；四极子是把一个偶极子移动一小位移 $\boldsymbol{l}_2$，然后用一个大小相等方向相反的偶极子在原处取代而形成的. 类似的，可得到八极子、十六极子等概念. 单极子和偶极子的概念我们已经熟悉了，而八极子和更高级的多极子较少用到，故本节着重讲述四极子的概念. 图 2.6-1 画出了几种简单的四极子. 单极子的势是随 $1/r$ 而变化的，偶极子的势是随 $1/r^2$ 而变化的. 后面将知道四极子的势是随 $1/r^3$ 而变化的.

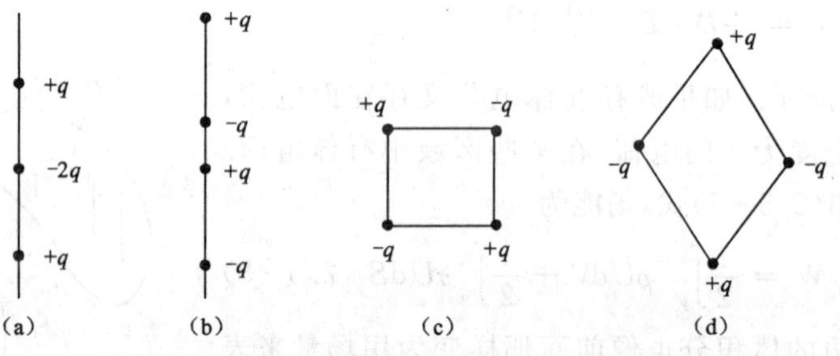

图 2.6-1

2. 电荷中心

均匀带电的球体，其电荷中心在球心. 接地导体球在点电荷场中感应带电，这些电荷的中心显然不在球心上. 下面用类似于质量中心的办法来定义电荷中心.

设有 n 个点电荷组成的点荷群. 此点荷群的全净电荷量为 $q_m = q_1 + q_2 + \cdots + q_i + \cdots + q_n = \sum_{i=1}^{n} q_i$，从原点到点电荷 q_i 的矢径设为 $\boldsymbol{r}_i'$，用 $\boldsymbol{r}_C$ 表示从原点到电荷中心 C 点的矢径，那么电荷中心定义为

$$\boldsymbol{r} = \frac{\sum_{i=1}^{n} \boldsymbol{r}_i' q_i}{\sum_{i=1}^{n} q_i} = \frac{\sum_{i=1}^{n} \boldsymbol{r}_i' q_i}{q_m} \tag{2.6-1}$$

如果是体电荷分布，有

$$\boldsymbol{r}=\frac{\int_{V'}\boldsymbol{r}'\rho\mathrm{d}V}{q_m}=\frac{\int_{V'}\boldsymbol{r}'\rho\mathrm{d}V}{\int_{V'}\rho\mathrm{d}V} \tag{2.6-2}$$

如果总净电荷 $q_m=0$，则电荷中心的定义无意义．我们常常可以分别求出正负电荷的中心．

3. 电荷系电势的多极展开

如图 2.6－2 所示．电荷分布于区域 V' 内，密度为 ρ．在区域内选一点 O 为原点．区域 V' 中到坐标原点最远点的距离为 $r'_{\max}$．场源上任一点 $Q(\xi,\eta,\zeta)$ 与原点的距离为 r'．观察点 M 的坐标为(x,y,z)，M 与 Q 的距离为 r，M 与原点的距离为 R．如果已知 $r>r'_{\max}$，求 M 点的电势．

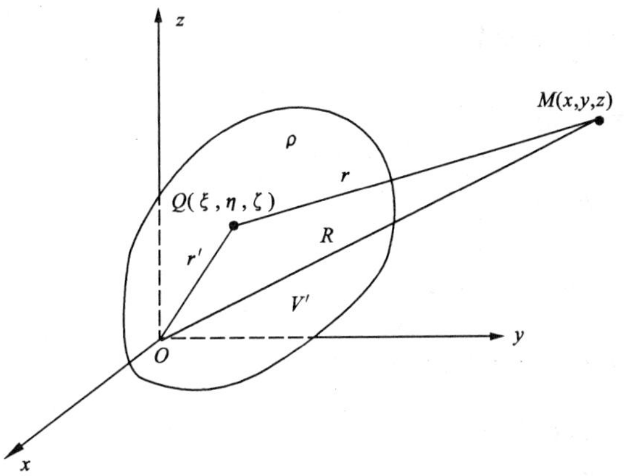

图 2.6－2

根据势的公式，M 点的势为

$$U(\boldsymbol{R})=\int_{V'}\frac{\rho(\boldsymbol{r}')\mathrm{d}V'}{4\pi\varepsilon_0 r} \tag{2.6-3}$$

将此势展为多极子的势，由于

$$R=(x^2+y^2+z^2)^{1/2},\ r'=(\xi^2+\eta^2+\zeta^2)^{1/2}$$
$$r=[(x-\xi)^2+(y-\eta)^2+(z-\zeta)^2]^{1/2}$$

可将 $1/r$ 在原点附近展为泰勒级数

$$\frac{1}{r}=\frac{1}{R}-\boldsymbol{r}'\cdot\nabla\frac{1}{R}+\frac{1}{2!}\sum_{ij}\xi_i\xi_j\frac{\partial_2}{\partial x_i\partial x_j}\frac{1}{R}+\cdots \tag{2.6-4}$$

为了书写方便，式中已令 $\xi=\xi_1,\eta=\xi_2,\zeta=\xi_3;x=x_1,y=x_2,z=x_3$．

将(2.6－4)式代入(2.6－3)式，得

$$U(\boldsymbol{R})=\frac{1}{4\pi\varepsilon_0}\int_{V'}\rho(\boldsymbol{r}')\left[\frac{1}{R}-\boldsymbol{r}'\cdot\nabla\frac{1}{R}+\frac{1}{2!}\sum_{ij}\xi_i\xi_j\frac{\partial^2}{\partial x_i\partial x_j}\frac{1}{R}+\cdots\right]\mathrm{d}V' \tag{2.6-5}$$

我们已知 $q_m=\int_{V'}\rho(\boldsymbol{r}')\mathrm{d}V'$ 为电荷系的总电荷．令

$$\boldsymbol{p}=\int_{V'}\rho(\boldsymbol{r}')\boldsymbol{r}'\mathrm{d}V' \tag{2.6-6}$$

$\boldsymbol{p}$ 称为电荷系的偶极矩(矢量)，它的三个分量分别为

$$\left.\begin{aligned} p_1 &= \int_{V'} \rho(\boldsymbol{r}')\xi \mathrm{d}V' \\ p_2 &= \int_{V'} \rho(\boldsymbol{r}')\eta \mathrm{d}V' \\ p_3 &= \int_{V'} \rho(\boldsymbol{r}')\zeta \mathrm{d}V' \end{aligned}\right\} \tag{2.6-7}$$

再令

$$p_{ij} = \int_{V'} 3\xi_i\xi_j\rho(\boldsymbol{r}')\mathrm{d}V' \tag{2.6-8}$$

p_{ij} 是四极矩(张量)的分量，共有九个分量.

当 $i=j$ 时，即

$$p_{11} = p_{\xi\xi} = \int_{V'} 3\xi^2\rho \mathrm{d}V'$$

同理有

$$\left.\begin{aligned} p_{22} &= \int_{V'} 3\eta^2\rho \mathrm{d}V' \\ p_{33} &= \int_{V'} 3\zeta^2\rho \mathrm{d}V' \\ p_{12} &= p_{21} = \int_{V'} 3\xi\eta\rho \mathrm{d}V' \\ p_{13} &= p_{31} = \int_{V'} 3\xi\zeta\rho \mathrm{d}V' \\ p_{23} &= p_{32} = \int_{V'} 3\eta\zeta\rho \mathrm{d}V' \end{aligned}\right\} \tag{2.6-9}$$

现在我们可以将(2.6-5)式改写为

$$U(\boldsymbol{R}) = \frac{1}{4\pi\varepsilon_0}\left[\frac{q_m}{R} - \boldsymbol{p}\cdot\nabla\frac{1}{R} + \frac{1}{6}\sum_{ij} p_{ij}\frac{\partial^2}{\partial x_i \partial x_j}\frac{1}{R} + \cdots\right] \tag{2.6-10}$$

上式各项有明确的意义. 第一项

$$U^{(0)}(\boldsymbol{R}) = \frac{q_m}{4\pi\varepsilon_0 R} \tag{2.6-11}$$

它是在原点上的电荷 q_m 所产生的电场在 M 点的势.

第二项

$$U^{(1)}(\boldsymbol{R}) = -\frac{1}{4\pi\varepsilon_0}\boldsymbol{p}\cdot\nabla\frac{1}{R} = \frac{\boldsymbol{p}\cdot\boldsymbol{R}}{4\pi\varepsilon_0 R^3} \tag{2.6-12}$$

它显然是偶极矩为 $\boldsymbol{p}$ 的偶极子放在原点处所产生的场.

第三项

$$U^{(2)}(\boldsymbol{R}) = \frac{1}{4\pi\varepsilon_0}\frac{1}{6}\sum_{ij} p_{ij}\frac{\partial^2}{\partial x_i \partial x_j}\frac{1}{R} \tag{2.6-13}$$

这是放在原点处的四极子的场在 M 点的势.

例题1 如图 2.6-3 所示. 三个点电荷 q、$-2q$、q 组成电荷系，它们都在 z 轴上. $-2q$ 在原点上，它与两个 $+q$ 的距离均为 l. 求四极矩和相应的势.

解 $p_{33} = 3l^2q + 3l^2q = 6l^2q$，四极矩的其他分量均为零. $R = (x^2+y^2+z^2)^{1/2}$，

$$\frac{\partial^2}{\partial z^2}\left(\frac{1}{R}\right) = \frac{3z^2 - R^2}{R^5}$$

由(2.6-13)式，得所求势为

$$U(\boldsymbol{R}) = \frac{2ql^2}{4\pi\varepsilon_0 R^3} \frac{(3\cos^2\theta - 1)}{2}$$

$$= \frac{ql^2}{2\pi\varepsilon_0 R^3} P_2(\cos\theta) \qquad (2.6-14)$$

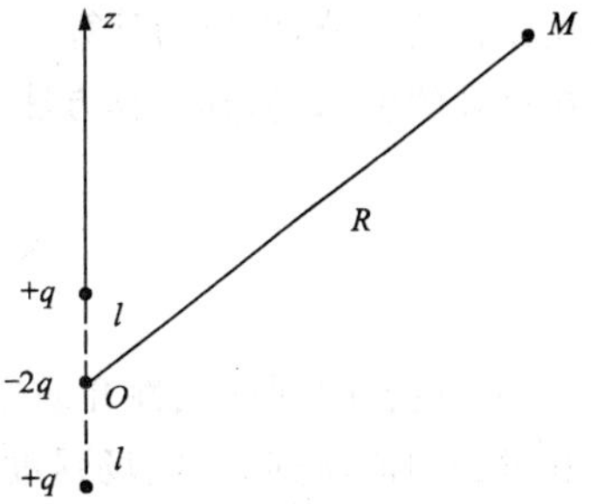

图 2.6-3

电势随 $1/R^3$ 而变化，它的电场强度随 $1/R^4$ 而变化. 式中 $P_2(\cos\theta)$ 为第一类第二级勒让德多项式. 如果此四极子是在介电常数为 ε 的均匀介质中，则式中 ε_0 换成 ε 即可.

例题 2 半轴为 a,b,c 的椭球体内均匀带电，电量为 q，求准确到四极矩的远处的电势.

解 取椭球体的中心为坐标原点，椭球面的方程为

$$\frac{\xi^2}{a^2} + \frac{\eta^2}{b^2} + \frac{\zeta^2}{c^2} = 1$$

由于椭球体的对称性，可以得到：

偶极矩 $$\boldsymbol{p} = \int_{V'} \rho_0 \boldsymbol{r}' \mathrm{d}V' = \rho_0 \int_{V'} \boldsymbol{r}' \mathrm{d}V = 0 \quad (\rho_0 \text{ 为体密度})$$

四极矩的分量 $p_{ij} = 0 (i \neq j)$，即

$$p_{12} = p_{21} = p_{13} = p_{31} = p_{23} = p_{32} = 0$$

下面求 p_{11}、p_{22} 和 p_{33}.

为了简便地算出四极矩的这三个分量，我们将场源点的坐标做适当的变换，令

$$\xi' = \frac{\xi}{a},\ \eta' = \frac{\eta}{b},\ \zeta' = \frac{\zeta}{c}$$

做这样变换之后，原椭球体在新坐标中是半径为单位长度的球体. 球面方程：

$$\xi'^2 + \eta'^2 + \zeta'^2 = 1.$$

$$p_{11} = \int_{V'} 3\rho_0 \xi^2 \mathrm{d}V' = 3\rho_0 \int_{V'} \xi^2 \mathrm{d}\xi \mathrm{d}\eta \mathrm{d}\zeta = 3\rho_0 a^2 (abc) \int_{V'_0} \xi'^2 \mathrm{d}\xi' \mathrm{d}\eta' \mathrm{d}\zeta'$$

请注意 V'_0 为新坐标中球体的体积. $\mathrm{d}\xi = a\mathrm{d}\xi', \mathrm{d}\eta = b\mathrm{d}\eta', \mathrm{d}\zeta = c\mathrm{d}\zeta'$.

同样有 $$p_{22} = 3\rho_0 b^2 (abc) \int_{V'_0} \eta'^2 \mathrm{d}\xi' \mathrm{d}\eta' \mathrm{d}\zeta'$$

$$p_{33} = 3\rho_0 c^2 (abc) \int_{V'_0} \zeta'^2 \mathrm{d}\xi' \mathrm{d}\eta' \mathrm{d}\zeta'$$

令 $$\mathrm{d}V'_0 = \mathrm{d}\xi' \mathrm{d}\eta' \mathrm{d}\zeta'$$

显然 $$\int_{V'_0} \xi'^2 \mathrm{d}V'_0 = \int_{V'_0} \eta'^2 \mathrm{d}V'_0 = \int_{V'_0} \zeta'^2 \mathrm{d}V'_0 = \frac{1}{3} \int_0^1 r_0'^2 \cdot 4\pi r_0'^2 \mathrm{d}r'_0 = \frac{4\pi}{15}$$

式中，$r_0'^2 = \xi'^2 + \eta'^2 + \zeta'^2$，$r'_0$ 为球体中一点到原点的距离.

最后得 $$p_{11} = 3\rho_0 a^2 (abc) \frac{4\pi}{15} = \frac{3}{5} a^2 q$$

$$p_{22} = \frac{3}{5} b^2 q, \quad p_{33} = \frac{3}{5} c^2 q$$

根据(2.6-10)式，求得准确到四极矩的在远处的势为

$$U \approx \frac{q}{4\pi\varepsilon_0} \left[\frac{1}{R} + \frac{a^2(3x^2 - R^2)}{10R^5} + \frac{b^2(3y^2 - R^2) + c^2(3z^2 - R^2)}{10R^5} \right] \qquad (2.6-15)$$

式中，R 为原点到观察点的距离，$R^2 = x^2 + y^2 + z^2$.

以上例题启示我们，不仅电荷系可以展为多极子，引力场场源质量也可以展为多极子. 虽然

质量无正负之分，但作为计算方法仍可以展为多极子，比如质量均匀的椭球体，求准确到四极矩的在远处的引力场，其计算方法与本题相同. 在物探专业中，引力势的多极展开更显得重要.

*§2.7 有关介质的几个概念

(1) 在各向同性线性介质中，**P** 和 **E**、**D** 和 **E** 的关系是与 **E** 的方向无关的，**D**、**E**、**P** 三者的方向相同. 如前所述，当电场强度 **E** 比较小时，这三个量有简单的线性关系

$$\boldsymbol{D} = \varepsilon \boldsymbol{E},\ \boldsymbol{P} = \varepsilon_0 \chi_e \boldsymbol{E} \tag{2.7-1}$$

此时 ε 可以看作是与电场强度 **E** 无关的常数.

在均匀线性各向同性介质中，各点的介电常数相同，在非均匀线性各向同性介质中，不同点上的 ε 有不同的数值，即它是空间位置的函数 $\varepsilon = \varepsilon(x, y, z)$.

例题 平行板电容器，两板之间距离为 d，板面比较大，在两板间充满非均匀介质，接上电源，板之间电势差为 U_0，取坐标如图 2.7-1 所示. 已知介电常数 $\varepsilon = \varepsilon_0\left(1+\dfrac{z}{d}\right)$，忽略边缘效应，求介质中的电场强度、束缚电荷.

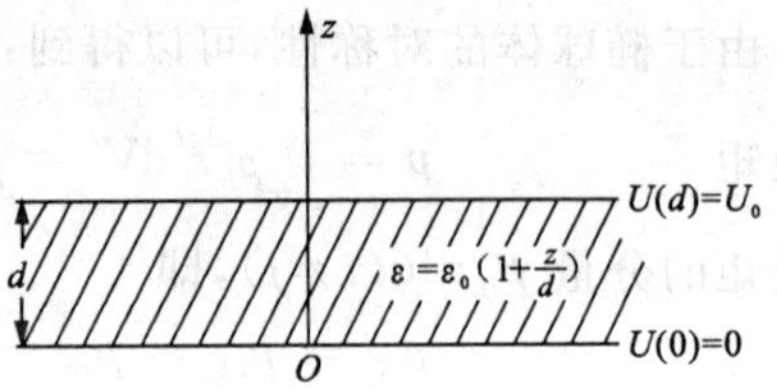

图 2.7-1

解 由于介质中没有体自由电荷，故根据静电场第一定律得到

$$\nabla \cdot \boldsymbol{D} = \frac{\mathrm{d}D}{\mathrm{d}z} = 0$$

将上式积分得到 $D = C$，即

$$E = \frac{D}{\varepsilon} = \frac{C}{\varepsilon} = \frac{C}{\varepsilon_0\left(1+\dfrac{z}{d}\right)}$$

相应的势为

$$U = \int E\mathrm{d}z = \frac{C}{\varepsilon_0}\int \frac{\mathrm{d}z}{\left(1+\dfrac{z}{d}\right)} = \frac{Cd}{\varepsilon_0}\ln\left(1+\frac{z}{d}\right) + C'$$

选取 $z = 0$ 处为标准点，则有 $U|_{z=0} = 0$，由此确定 $C' = 0$.

在 $z = d$ 处，$U = U_0$. 由此条件得

$$U_0 = \frac{Cd}{\varepsilon_0}\ln 2，即\quad C = \frac{\varepsilon_0 U_0}{(\ln 2)d}$$

常数 C、C' 已经确定，所以得到势为

$$U = \frac{U_0}{\ln 2}\ln\left(1+\frac{z}{d}\right)$$

场强度为

$$E = \frac{-U_0}{\ln 2 \cdot (z+d)},\quad \boldsymbol{E} = \frac{-U_0}{\ln 2 \cdot (z+d)}\boldsymbol{k}$$

因为 $1+\chi_e = \varepsilon_r = 1+\dfrac{z}{d}$，故 $\chi_e = \dfrac{z}{d}$.

极化强度 $\boldsymbol{P} = \varepsilon_0 \chi_e \boldsymbol{E} = -\dfrac{\varepsilon_0}{d}\dfrac{U_0 z}{\ln 2 \cdot (z+d)}\boldsymbol{k}$.

可见 $\boldsymbol{P}$ 只有 z 轴方向的分量，即 $P_z=P$.

束缚电荷的体密度为

$$\rho_P=-\nabla\cdot\boldsymbol{P}=-\frac{\mathrm{d}P}{\mathrm{d}z}=\frac{\varepsilon_0U_0}{\ln2\cdot(z+d)^2}$$

介质上表面上的束缚电荷面密度为

$$\sigma_P=P_z\big|_{z\to d}=-\frac{\varepsilon_0U_0}{\ln2\cdot(2d)}$$

下表面上的束缚电荷面密度为

$$\sigma'_P=P_z\big|_{z\to0}=0$$

(2) 在各向异性介质中，$\boldsymbol{D}$ 与 $\boldsymbol{E}$ 可以不同方向，介质在不同的方向上有不同的介电特性. $\boldsymbol{P}$ 和 $\boldsymbol{E}$ 以及 $\boldsymbol{D}$ 和 $\boldsymbol{E}$ 均没有前面所说的简单关系，但在一般情况下，当 $\boldsymbol{E}$ 不很大时，在各向异性介质中 $\boldsymbol{D}$ 和 $\boldsymbol{E}$ 的关系仍然是线性的，其关系可以表示为

$$\left.\begin{aligned}D_x&=\varepsilon_{11}E_x+\varepsilon_{12}E_y+\varepsilon_{13}E_z\\D_y&=\varepsilon_{21}E_x+\varepsilon_{22}E_y+\varepsilon_{23}E_z\\D_z&=\varepsilon_{31}E_x+\varepsilon_{32}E_y+\varepsilon_{33}E_z\end{aligned}\right\}\tag{2.7-2}$$

或写为

$$D_i=\sum_{j=1}^{3}\varepsilon_{ij}E_j\tag{2.7-3}$$

其中角标 i 和 j 代表三个坐标 x、y、z.

ε_{ij} 是一个张量，它有九个分量，其中有六个独立分量，我们称 ε_{ij} 为介电常数张量，或简称介电张量.

极化强度与电场强度的关系表示为

$$P_i=\varepsilon_0\sum_{j=1}^{S}\chi_{eij}E_j\tag{2.7-4}$$

其中 χ_{eij} 为电极化率张量.

两个基本定律仍然适用，即仍有 $\nabla\cdot\boldsymbol{D}=\rho$，$\nabla\times\boldsymbol{E}=0$（或 $\boldsymbol{E}=-\nabla U$）.
关系式 $\boldsymbol{D}=\varepsilon_0\boldsymbol{E}+\boldsymbol{P}$，仍然适用于各向异性介质中的静电场，此式并未要求 $\boldsymbol{D}$、$\boldsymbol{E}$、$\boldsymbol{P}$ 同方向.

下面讨论势满足的方程式. 如果介电张量 ε_{ij} 只有 ε_{11}、ε_{22}、ε_{33} 三个分量，那么

$$D_x=\varepsilon_{11}E_x,\ D_y=\varepsilon_{22}E_y,\ D_z=\varepsilon_{33}E_z$$

在没有自由体电荷存在的情况下，$\nabla\cdot\boldsymbol{D}=0$，即

$$\begin{aligned}\frac{\partial D_x}{\partial x}+\frac{\partial D_y}{\partial y}+\frac{\partial D_z}{\partial z}&=\frac{\partial}{\partial x}(\varepsilon_{11}E_x)+\frac{\partial}{\partial y}(\varepsilon_{22}E_y)+\frac{\partial}{\partial z}(\varepsilon_{33}E_z)\\&=-\left(\varepsilon_{11}\frac{\partial^2U}{\partial x^2}+\varepsilon_{22}\frac{\partial^2U}{\partial y^2}+\varepsilon_{33}\frac{\partial^2U}{\partial z^2}\right)=0\end{aligned}$$

即

$$\varepsilon_{11}\frac{\partial^2U}{\partial x^2}+\varepsilon_{22}\frac{\partial^2U}{\partial y^2}+\varepsilon_{33}\frac{\partial^2U}{\partial z^2}=0\tag{2.7-5}$$

此为势满足的方程式. 由此得出结论：在没有体自由电荷的均匀各向异性介质中，电场的势不满足拉普拉斯方程式. 虽然如此，但可以将坐标作适当的变换，从而把上式变为拉普拉斯方程式. 为此令

$$x'=\frac{Cx}{\sqrt{\varepsilon_{11}}},\ y'=\frac{Cy}{\sqrt{\varepsilon_{22}}},\ z'=\frac{Cz}{\sqrt{\varepsilon_{33}}}\tag{2.7-6}$$

C 是一常数.

$$\frac{\partial U}{\partial x}=\frac{\partial U}{\partial x'}\frac{\partial x'}{\partial x}=\frac{C}{\sqrt{\varepsilon_{11}}}\frac{\partial U}{\partial x'}$$

$$\frac{\partial^2 U}{\partial x^2}=\frac{\partial}{\partial x'}\left(\frac{C}{\sqrt{\varepsilon_{11}}}\frac{\partial U}{\partial x'}\right)\frac{\partial x'}{\partial x}=\frac{C^2}{\varepsilon_{11}}\frac{\partial^2 U}{\partial x'^2}$$

同样,得

$$\frac{\partial^2 U}{\partial y^2}=\frac{C^2}{\varepsilon_{22}}\frac{\partial^2 U}{\partial y'^2},\ \frac{\partial^2 U}{\partial z^2}=\frac{C^2}{\varepsilon_{33}}\frac{\partial^2 U}{\partial z'^2}$$

将以上三式代入(2.7-5)式中,得

$$C^2\left(\frac{\partial^2 U}{\partial x'^2}+\frac{\partial^2 U}{\partial y'^2}+\frac{\partial^2 U}{\partial z'^2}\right)=0$$

即

$$\frac{\partial^2 U}{\partial x'^2}+\frac{\partial^2 U}{\partial y'^2}+\frac{\partial^2 U}{\partial z'^2}=0 \tag{2.7-7}$$

在新坐标系中,势满足拉普拉斯方程.

(3)驻极介质. 对于绝大多数的介质,当外电场撤消后,介质的极化状态就立即消失,极化强度为零. 但有时介质在外电场撤消后,能在相当长的时间内保持它的极化状态,**这种保留极化的介质称为驻极介质**. 获得驻极介质的方法之一,是在高温下将介质置于强电场中,经过一段时间之后,然后在保留外电场的条件下将此介质冷却到室温,在以上过程中,介质受到较为强烈的极化,撤除外电场之后,介质就成为保留极化状态的驻极介质. 保留极化状态也就保留了束缚电荷.

驻极介质表面上有驻面束缚电荷,一般用均匀介质去获得驻极介质,因此没有体束缚电荷. 驻束缚电荷是由介质极化而产生的,这方面与一般的束缚电荷是相同的,但它又不随外场的消失而消失,能独立存在,在这方面它像自由电荷.

如果把驻极介质放在某外场中,那么它的极化强度 $\boldsymbol{P}$ 与电场强度 $\boldsymbol{E}$ 的关系式为

$$\boldsymbol{P}=\varepsilon_0\chi_e\boldsymbol{E}+\boldsymbol{P}_0 \tag{2.7-8}$$

式中 $\boldsymbol{P}_0$ 是驻极介质的驻极化强度. 电位移为

$$\boldsymbol{D}=\varepsilon_0\boldsymbol{E}+\boldsymbol{P}=\varepsilon_0(1+\chi_e)\boldsymbol{E}+\boldsymbol{P}_0=\varepsilon\boldsymbol{E}+\boldsymbol{P}_0 \tag{2.7-9}$$

习　题

2.1 (i) 两块大导体薄平板,互相平行,带同号电荷,两板每单位面积所带的电量分别为 σ_1 和 σ_2. 问四个界面上的电荷密度各是多少?(ii) 如果将两板间充满介质常数为 ε 的均匀介质,各界面上的电荷密度有何变化?求各区域中的电场强度、势、极化强度.

2.2 放置在坐标原点处的偶极子,其偶极矩与 z 轴平行. θ 为何值时,此偶极子场的场强度 z 分量为零? θ 为何值时,只有 z 分量?

2.3 圆柱面均匀偶层,半径为 a,高为 h,偶层强度为 τ. 求中心轴上任一点的势和场强度.

2.4 如图所示. 介质左面为圆柱面,半径为 r_0;右面为与 x 轴垂直的平面,已知 Ⅰ 区域中的点 $P(r_0, 45°, z)$ 上的电场强度为 $\boldsymbol{E}_1=5\boldsymbol{e}_r-3\boldsymbol{e}_\phi$,如果其紧邻点的电场强度方向与 x 轴平行,问介质的相对介电常数应该多大?该处的电荷密度如何?

2.5 如图所示. 无限楔形均匀介质体,楔形的二面角为 30°,介质常数为 ε,楔线上有均匀带电的导线,自由电荷密度为 λ. 求各区中的 $\boldsymbol{E}$、$\boldsymbol{D}$、$\boldsymbol{P}$ 以及束缚电荷的密度.

2.6 一横截面面积为 a 的细棒,位于 x 轴上,一端与原点的距离为 b,另一端与原点的距离为 $b+l$. 此介质棒沿 x 轴方向极化 $P=Cx$,C 为常数. 求两端的电量、棒内的体电荷密度、体电荷电量、在原点的附加势.

2.7　两同心薄导体球壳，半径分别为 a 和 b. 在两球壳之间空间，一半充满不导电的油，其介电常数为 ε. 外壳接地，已知内球壳所带的自由电荷量为 q，求两壳之间的场.

2.8　如图所示，均匀极化的球体，半径为 a，束缚电荷密度为 $\sigma = P\cos\theta$，已知极化强度的大小为 P，原点在球心上. 证明此束缚电荷的四极矩为零.

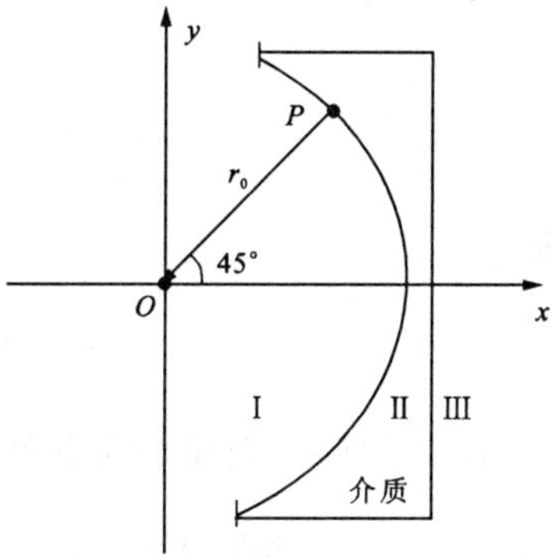

题 2.4 图

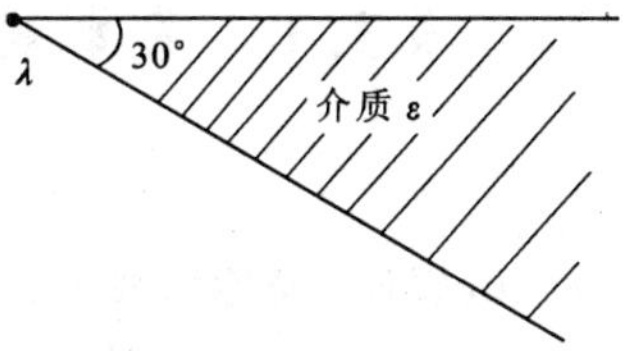

题 2.5 图

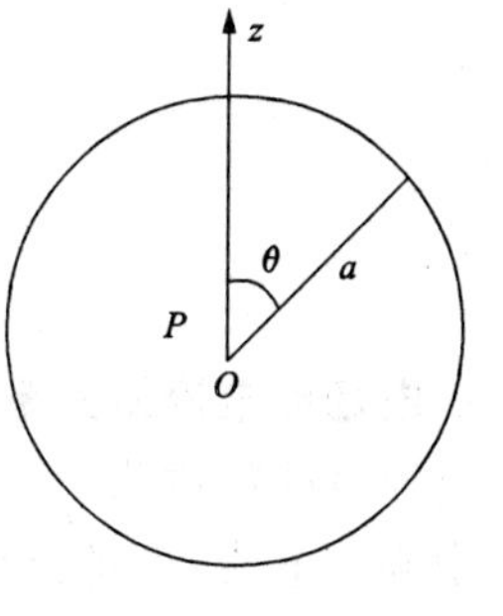

题 2.8 图

2.9　质量均匀的薄圆盘，半径为 a，面密度为 σ，盘面位于 xOy 平面上，盘心在原点 O 上. 求远处的势，准确到四极矩项.

2.10　无限长直均匀偶极线单位长度上的偶极矩为 τ'. (i) 求此偶极线场的场强度. (ii) 求其力线方程. 它与偶极子的力线方程有何不同?

第三章　媒质中的稳定电场

§3.1　基本规律

1. 电场和电流的关系

能导电的物质我们称之为导电媒质，**简称为媒质**. 如图 3.1-1 所示. 金属导线中和槽内自来水中都有电流，金属和水都是媒质. 在导线上的电流通常称为线电流，用电流强度 I 表示电流的大小. 在国际单位制中，I 的单位为 A. 在槽内水中的电流，显然不是线电流，它分布在较大的区域之内，称之为体电流. 对于体电流，如果仅仅知道电流强度，还不能说明电流的分布情况，我们要用电流密度来描述体电流的分布. 或者说电流密度是描述电流场的物理量. 体电流密度的定义如下.

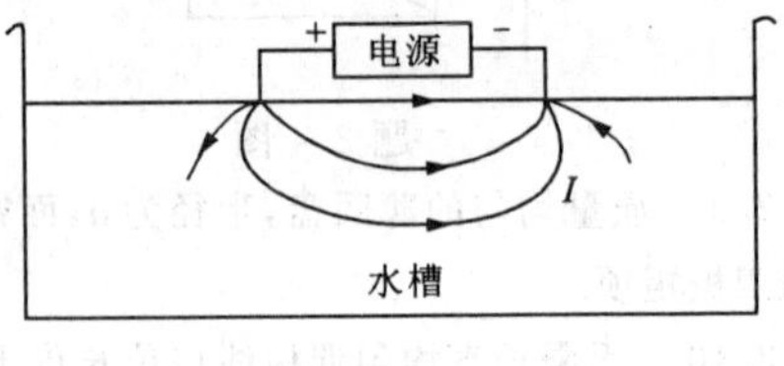

图 3.1-1

媒质中某点的体电流密度是一个矢量，它的方向即是该点的电流方向. 设 ΔS_0 是过该点而与电流方向垂直的面元，通过 ΔS_0 的电流强度为 ΔI，ΔI 与 ΔS_0 之比的极限值为该点的体电流密度的大小，即

$$j = \lim_{\Delta S_0 \to 0} \frac{\Delta I}{\Delta S_0} \tag{3.1-1}$$

体电流密度的单位为 A/m^2. 在稳定电流中，电流密度不随时间而变化. 见图 3.1-2. 在电流场中某处沿电流方向取一小柱体来研究. 设它的长度为 Δl，截面积为 ΔS_0，ΔI 为通过 ΔS_0 的电流强度，ΔU 为柱两端的电势差. 由欧姆定律，得

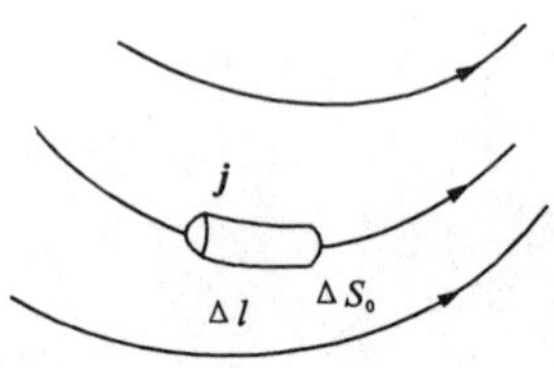

图 3.1-2

$$\Delta U = \Delta I\left(\rho \frac{\Delta l}{\Delta S_0}\right)，\text{此式可写为}\frac{\Delta I}{\Delta S_0} = \lambda \frac{\Delta U}{\Delta l}$$

式中 λ 为导电率. 当 $\Delta S_0 \to 0$, $\Delta l \to 0$ 时，对上式取极限，即得

$$\boldsymbol{j} = \lambda \boldsymbol{E} \tag{3.1-2}$$

此式称为点式的欧姆定律.

从上面推导的过程看到，它是同一点上电流密度与电场强度的关系. 此式清楚地表明，媒质中的电流决定于两个因素：

(i) 媒质的导电性能，这是媒质中具有电流的内因；

(ii) 在媒质中的电场，是媒质中具有电流的外因.

有稳定电流存在，就必然有相应的电场，这个电场显然不是静电场，但它也是不随时间而变的，称之为媒质中的稳定电场，简称为稳定电场(笔者以前曾称之为电流电场，为的是强调它们的并存). 应该再强调一下：**是稳定电场激发电流，而不是稳定电流激发电场，稳定电场的场**

源仍然是电荷. 在后面我们将会知道,这些电荷稳定分布于媒质界面以及媒质不均匀之处.

不可能脱离电流去研究稳定电场,而且电流密度与电场强度的关系,在形式上类似于静电场 $\boldsymbol{D}$ 和 $\boldsymbol{E}$ 的关系,

$$\boldsymbol{j} = \lambda\boldsymbol{E}$$

$$\boldsymbol{D} = \varepsilon\boldsymbol{E}$$

2. 第一定律

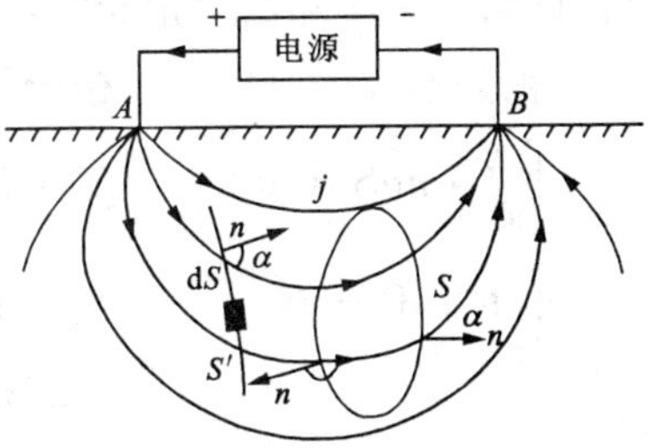

图 3.1-3

如图 3.1-3 中所画的电流线,就是电流密度线,简称 $\boldsymbol{j}$ 线. 如果面元 $\mathrm{d}S$ 的法线 $\boldsymbol{n}$ 与 $\boldsymbol{j}$ 的交角为 α,通过 $\mathrm{d}S$ 面的电流密度通量可以表示为 $j\cos\alpha\mathrm{d}S$ 或者 $\boldsymbol{j}\cdot\boldsymbol{n}\mathrm{d}S$. 根据(3.1-1)式,可知它等于通过 $\mathrm{d}S$ 面的电流强度,或者说它等于单位时间通过 $\mathrm{d}S$ 面的电量. 单位时间通过 S' 面的电量为 $\int_{S'} j\cos\alpha\mathrm{d}S$ 或者 $\int_{S'}\boldsymbol{j}\cdot\boldsymbol{n}\mathrm{d}S$.

明确了电流密度通量的意义,就容易得出电荷守恒定律在有稳定电流存在情况下的表示式.

如图 3.1-3 所示. 在稳定电场中,任取一个封闭面 S,通过该面的电流密度通量为 $\oint_S \boldsymbol{j}\cdot\boldsymbol{n}\mathrm{d}S$. 它等于单位时间流出与流进 S 面的电量之差. 可是在稳定的情况下,电荷分布是稳定的,电荷、电流、电场都不随时间改变,故 S 面内的电量也不会改变,因此根据电荷守恒定律,可得到过封闭面的电流密度通量为零的结论,即

$$\oint_S \boldsymbol{j}\cdot\boldsymbol{n}\mathrm{d}S = 0 \tag{3.1-3}$$

也就是说,**单位时间流进 S 面的电量等于单位时间流出 S 面的电量**. 如前所述,**此为稳定情况下的电荷守恒定律的表示式**. 从电流线来看,(3.1-3)式说明在**稳定电场中电流线是封闭的**,没有始点也没有终点. 不论各种稳定电场具体的空间分布如何,(3.1-3)式是它们应该共同遵守的重要规律,我们称此式为第一定律的积分形式. 像引力场和静电场那样,稳定电场的第一定律也是用通量和散度表示的定律.

稳定电场中电流密度的散度如何? 从稳定电场中电流线的封闭性以及电流密度散度的意义,就可以得出

$$\nabla\cdot\boldsymbol{j} = 0 \tag{3.1-4}$$

这就是第一定律的微分形式.

3. 第二定律

稳定电场和静电场并无本质上的不同,即从电场与电荷的关系看,它们是相同的,因此稳定电场也具有势场的性质,它的第二定律也是环流和旋度恒为零,即

$$\oint_L \boldsymbol{E}\cdot\mathrm{d}\boldsymbol{l} = 0 \tag{3.1-5}$$

$$\nabla\times\boldsymbol{E} = 0 \tag{3.1-6}$$

据此,也可以像静电场一样引入势,同样可以得出势与场强度的关系为

$$\boldsymbol{E} = -\nabla U \tag{3.1-7}$$

§3.2 再论稳定电场的规律

(1)将第一定律和第二定律写出如下.

积分形式	微分形式
$\oint_S \boldsymbol{j} \cdot \boldsymbol{n} \mathrm{d}S = 0$	$\nabla \cdot \boldsymbol{j} = 0$
$\oint_L \boldsymbol{E} \cdot \mathrm{d}\boldsymbol{l} = 0$	$\nabla \times \boldsymbol{E} = 0$

$$\boldsymbol{j} = \lambda \boldsymbol{E}$$

这个规律究竟是稳定电场的规律还是电流场的规律呢？我们已经说过，不能把它们孤立地来研究，**稳定电场的规律也就是稳定电流场的规律**. 笔者认为电场是主导的，为了强调这一点，所以称之为稳定电场的第一定律和第二定律. 两个定律用了两个量——$\boldsymbol{j}$ 和 $\boldsymbol{E}$ 来表示，这类似于静电场中两个定律分别用 $\boldsymbol{D}$ 和 $\boldsymbol{E}$ 表示. 事实上，有人强调电场，把两个定律都用电场强度 $\boldsymbol{E}$ 来表示，即

$$\oint_S \lambda \boldsymbol{E} \cdot \boldsymbol{n} \mathrm{d}S = 0, \quad \nabla \cdot (\lambda \boldsymbol{E}) = 0$$

$$\oint_L \boldsymbol{E} \cdot \mathrm{d}\boldsymbol{l} = 0, \quad \nabla \times \boldsymbol{E} = 0$$

同样，强调电流时，两个定律都可以用电流密度 $\boldsymbol{j}$ 来表示. 当然这样做并不影响问题的实质.

(2)如图 3.2-1 所示. S 是包围电极的封闭面，如果所包围的是正电极，那么流进的是线电流，流出的是体电流，因为在稳定电场中，流进某封闭面的电量等于同时间流出的电量，于是我们得到

$$I = \oint_S \boldsymbol{j} \cdot \boldsymbol{n} \mathrm{d}S \qquad (3.2-1)$$

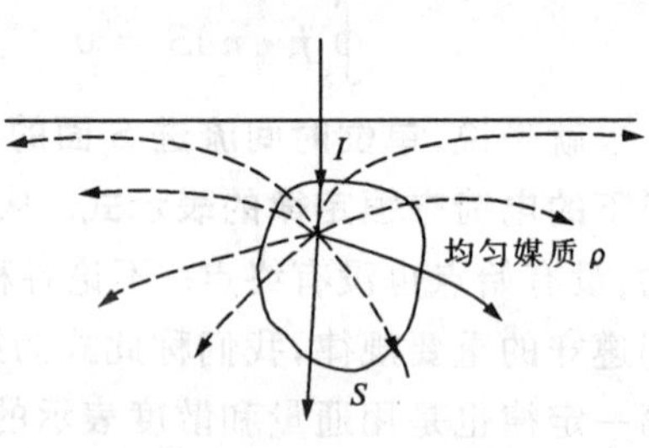

图 3.2-1

如果 S 包围的是负电极，那么流进的是体电流，而流出的是线电流，同样可以得出上式. (3.2-1) 式是当 S 面包围电极的情况下，稳定电场第一定律的积分形式.

怎样看待第一定律的两种积分形式呢？导线不是几何线，它有一定的体积，线电流实质上也是体电流. 相对来说，通电流的导线是电流线非常密集的体电流区域.

(i) 从实质来说，**导线中的电流也是体电流**. 在这个前提下，$\oint_S \boldsymbol{j} \cdot \boldsymbol{n} \mathrm{d}S = 0$ 就在稳定电场中普遍适用. 相反，$I = \oint_S \boldsymbol{j} \cdot \boldsymbol{n} \mathrm{d}S$ 就失去意义.

(ii) 实际中，**在一定条件下，可以把电流区分为线电流和体电流**. 这对解决实际问题提供了很大方便. 在这个前提下，$I = \oint_S \boldsymbol{j} \cdot \boldsymbol{n} \mathrm{d}S$ 在稳定电场中普遍适用. 我们看到公式 $\oint_S \boldsymbol{j} \cdot \boldsymbol{n} \mathrm{d}S = 0$ 包含于前式之中.

我们看到稳定电场中，**电极是线电流和体电流连接之处，线电流和体电流在电极处转换**. 如果观察点离电极较远，可将电极看作点电(流)源. 正电极称为正点源(I)；负电极称为负点

源(— I).

(3) 从两个定律可以看出:稳定电场与媒质的导电率 λ 有关,而与介电常数 ε 无关. **因此没有必要引入电位移矢量 $\boldsymbol{D}$, $\nabla \cdot \boldsymbol{D} = \rho$ 在稳定电场中没有实际用处.**

下面举一简单例子.

例题 如图 3.2-2 所示. 在均匀媒质中有一球形电极,电流强度为 I. 设媒质的导电率为 λ,介电常数为 ε. 忽略边界的影响,可以看作电极外为均匀媒质所充满,求媒质中任一点 M 的电场强度.

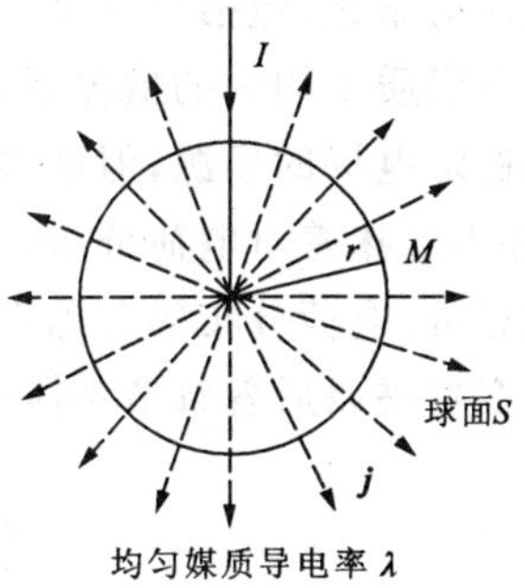

图 3.2-2

解 设 M 点与电极中心 O 点的距离为 r,以 O 为心,以 r 为半径做一球面 S. 由第一定律,得

$$\oint_S \boldsymbol{j} \cdot \boldsymbol{n} \mathrm{d}S = I$$

再根据对称性,上式可写为 $4\pi r^2 j = I$

所以电流密度为 $$j = \frac{I}{4\pi r^2}, \ \boldsymbol{j} = \frac{I}{4\pi r^3}\boldsymbol{r}$$

电场强度为 $$E = \frac{I}{4\pi\lambda r^2}, \ \boldsymbol{E} = \frac{I}{4\pi\lambda r^3}\boldsymbol{r} \tag{3.2-2}$$

电场的势为 $$U = \int_r^\infty E \mathrm{d}r = \frac{I}{4\pi\lambda r} \tag{3.2-3}$$

所得之结果,说明电场强度、电势都与 ε 无关. 即不论 ε 的大小如何,都不影响场和电荷的分布.

如果电极不是球形,但只要它的几何尺寸小到可以看成点源时,公式(3.2-2) 和式(3.2-3) 也是适用的.

在 §3.1 中,我们说过静电场和媒质中的稳定电场并无本质上的不同,但也并不意味着二者完全相同. **既要注意二者本质上的相同,又要看到它们之间深刻的差异.** 从各公式来说,**在静电场中考虑了介质影响,而且包含有 ε、χ_e、$\boldsymbol{P}$、$\boldsymbol{D}$ 的公式,对于研究稳定电场是不需要的. 同样,在稳定电场中,那些包含有 λ 和 $\boldsymbol{j}$ 的公式,对研究静电场也是不需要的. 掌握了这个原则,读者就可以自己判别清楚,在两种场中哪些公式可以通用,哪些公式不需要通用,**在这里就不一一列举了.

(4)稳定电场中两个定律与麦克斯韦方程组的关系. 先把麦克斯韦方程组列出如下.

$$\left.\begin{array}{ll} \nabla \times \boldsymbol{H} = \dfrac{\partial \boldsymbol{D}}{\partial t} + \boldsymbol{j}, & \nabla \times \boldsymbol{E} = -\dfrac{\partial \boldsymbol{B}}{\partial t} \\ \nabla \cdot \boldsymbol{D} = \rho, & \nabla \cdot \boldsymbol{B} = 0 \end{array}\right\}$$

对于稳定情况,从 $\nabla \times \boldsymbol{H} = \dfrac{\partial \boldsymbol{D}}{\partial t} + \boldsymbol{j}$ 式,得

$$\nabla \times \boldsymbol{H} = \boldsymbol{j}$$

将上式两边取散度,这样我们就得到稳定电场的第一定律

$$\nabla \cdot \boldsymbol{j} = 0$$

对于稳定情况,从 $\nabla \times \boldsymbol{E} = -\dfrac{\partial \boldsymbol{B}}{\partial t}$ 式得到第二定律 $\nabla \times \boldsymbol{E} = 0$. 可见稳定电场的两个定律也包含于麦克斯韦方程组之中.

(5)我们通常研究的是媒质分区均匀的情况. 在均匀媒质区域,由 $\nabla \cdot \boldsymbol{j} = 0$ 得到 $\nabla \cdot \boldsymbol{E} = 0$,又因为 $\boldsymbol{E} = -\nabla U$,综合此两式得到势满足的拉普拉斯方程

$$\nabla^2 U = 0 \tag{3.2-4}$$

即在均匀媒质区域中，综合两个定律，就得到拉普拉斯方程，这和均匀介质中静电场的结果相同.

以上所得之结果，说明在均匀媒质中，虽然有电流但没有电荷. 下节我们将证明在边界上有电荷的累积(包括电极表面上的电荷).

在媒质不均匀的情况下，除了界面有电荷的累积之外，媒质体内也会有累积电荷. 累积电荷是稳定电场的场源，但这些电荷的分布一般是未知的(所谓未知是指不知道各点的电荷密度，并不意味着对电荷分布一无所知). 在具体问题中，我们常可调查清楚电荷分布于何处、电荷的正负、电荷分布的对称性，等等. **这些电荷的分布情况，仍然是解决问题的依据和基础.** 这将在本书以后各章节中体现出来.

§3.3 边界条件和界面电荷

1. 边界条件

如图 3.3-1 所示. S 为两种媒质的交界面，这两种媒质的导电率分别为 λ_1 和 λ_2. 我们将研究当有稳定电流流经界面时，$\boldsymbol{j}$、$\boldsymbol{E}$ 各量的连续性.

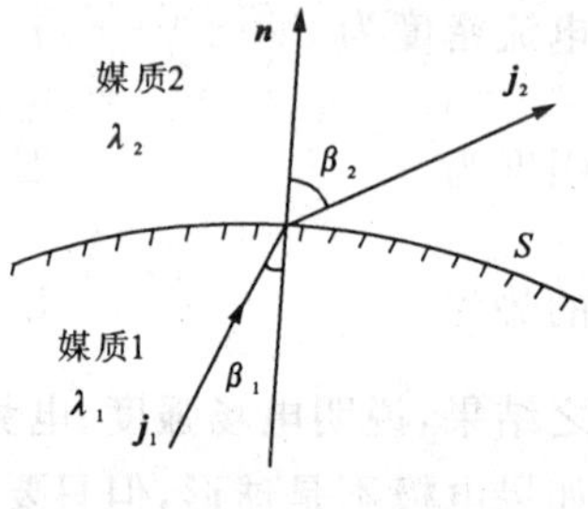

图 3.3-1

将第一定律用于边界，容易得出

$$j_{2n} = j_{1n} \tag{3.3-1}$$

这是稳定电场的第一边界条件，它说明过界面时，电流密度的法线分量是连续的.

由于第二定律与静电场的第二定律相同，显然稳定电场的第二边界条件也是

$$E_{2t} = E_{1t} \tag{3.3-2}$$

即电场强度的切线分量是连续的.

2. 电流线的折射定律

将第一边界条件写成： $\lambda_2 E_{2n} = \lambda_1 E_{1n}$

以(3.3-2)式之两边分别除上式之两边，得

$$\lambda_2 \frac{E_{2n}}{E_{2t}} = \lambda_1 \frac{E_{1n}}{E_{1t}}$$

如图 3.3-1 所示. β_1 是 $\boldsymbol{j}_1$(或 $\boldsymbol{E}_1$)与法线 $\boldsymbol{n}$ 的交角，β_2 是 $\boldsymbol{j}_2$(或 $\boldsymbol{E}_2$)与 $\boldsymbol{n}$ 的交角；β_1、β_2 分别称为入射角和折射角. 上式可写为

$$\lambda_2 \cot\beta_2 = \lambda_1 \cot\beta_1 \tag{3.3-3}$$

此式称为电流线的折射定律. 电流线过界面时发生偏折. 如果 $\lambda_2 > \lambda_1$，媒质 2 相对来说是低阻媒质，媒质 1 为高阻媒质. 电流从高阻体流向低阻体，电流线将偏离法线(即 $\beta_2 > \beta_1$). 反之，电流从低阻体流向高阻体，电流线向法线靠近.

过界面时电流方向有变化，电流密度的大小也有突变：

$$j_2 \neq j_1$$

$$j_2 = \sqrt{j_{2n}^2 + j_{2t}^2} = \sqrt{(j_2\cos\beta_2)^2 + (j_2\sin\beta_2)^2} \approx \sqrt{(j_1\cos\beta_1)^2 + \left(\frac{\lambda_2}{\lambda_1} j_1 \sin\beta_1\right)^2}$$

即

$$j_2 = j_1\left[\cos^2\beta_1 + \left(\frac{\lambda_2}{\lambda_1}\sin\beta_1\right)^2\right]^{1/2} \quad (\text{在媒质的界面上}) \tag{3.3-4}$$

3. 界面电荷

我们已经知道在界面上电流密度的法线分量是连续的，由此就可以肯定电场强度的法线分量必定不连续，即

$$E_{2n} \neq E_{1n}$$

根据 E_n 的不连续性，我们得出以下的结论：**在媒质的交界面上存在累积的面电荷**. 当然在稳定电场中累积的电荷分布必然也是稳定的. 它的面密度(全电荷面密度)为

$$\sigma = \varepsilon_0 (E_{2n} - E_{1n}) \tag{3.3-5}$$

或者写为

$$\sigma = \varepsilon_0 \left(\frac{1}{\lambda_2} - \frac{1}{\lambda_1}\right) j_n \tag{3.3-6}$$

在界面上 $\quad j_{2n} = j_{1n} = j_n$

(3.3－6) 式告诉我们：

(i) 界面上的累积电荷与导电率(或电阻率) 有关，也与界面上的电流密度有关.

(ii) 界面电荷与媒质的介电常数 ε_1 和 ε_2 都无关.

(iii) 当电流是从低阻体流到高阻体，界面电荷是正电荷；反之，当电流是从高阻体流到低阻体，界面上的电荷是负电荷.

电极上的电荷　设电极埋在导电率为 λ 的媒质之中，电极本身为导电性良好的金属所做成，金属材料的导电率 λ_m 比周围媒质的导电率 λ 大得多，即 $\lambda_m \gg \lambda$.

如果是通电流强度为 I 的正电极，(3.3－6)式中 j_n 为正值，因此电极表面上的电荷密度为

$$\sigma = \frac{\varepsilon_0 j_n}{\lambda} > 0 \tag{3.3-7}$$

即表示正电极上所带之电荷为正电荷.

电极上全电荷量为

$$Q = \int_S \sigma \mathrm{d}S = \frac{\varepsilon_0}{\lambda} \int_S j_n \mathrm{d}S$$

即

$$Q = \frac{\varepsilon_0}{\lambda} I \tag{3.3-8}$$

如果是负电极，同样可知其所带之电荷为负

$$-Q = \frac{\varepsilon_0}{\lambda}(-I)$$

总之，**电流从正电极流入媒质，正电极上带正电荷；电流从媒质流入负电极，负电极上带负电荷.**

电极上电荷量值与电流强度成正比，与媒质的导电率成反比. 此电荷量与电极的大小形状无关，也与媒质的介电常数 ε 无关. 已知电极上所带的电荷量，那么点源所直接产生的电场就可以由点电荷的公式算出

$$\boldsymbol{E} = \frac{Q}{4\pi\varepsilon_0 r^3}\boldsymbol{r}, \quad U = \frac{Q}{4\pi\varepsilon_0 r}$$

将(3.3－8)式中的 Q 代入上式，得

$$\boldsymbol{E} = \frac{I}{4\pi\lambda r^3}\boldsymbol{r}, \quad U = \frac{I}{4\pi\lambda r} \tag{3.3-9}$$

此结果与§3.2中(3.2-2)式、(3.2-3)式相同.

*§3.4 电极间的电阻

1. 电阻的计算

设通过电流强度值为 I 的正负电极周围为均匀媒质所充满，媒质的导电率为 λ. 由上节的结果可知，不论电极的形状如何，正电极上所带的电荷为 $+Q$；负电极所带电荷为 $-Q$，而 $Q=\frac{\varepsilon_0}{\lambda}I$.

设正电极的电势为 U_1，负电极的电势为 U_2. 电极间的电阻为

$$R = \frac{U_1 - U_2}{I} \tag{3.4-1}$$

电势 U_1 显然与两个电极上的电荷都有关系，可以表示为

$$U_1 = p_{11}Q_1 + p_{12}Q_2 \tag{3.4-2}$$

右边第一项是正电极本身所带的电荷在正电极上产生的势，它与此电荷 Q_1 成正比，p_{11} 为比例系数；第二项是负电极所带的电荷在正电极上产生的势，它与负电极上的电荷 Q_2 成正比，p_{12} 为比例系数.

同样，负电极的势 U_2 也可表示为

$$U_2 = p_{21}Q_1 + p_{22}Q_2 \tag{3.4-2$'$}$$

上式右边第一项是 Q_1 在负电极上产生的势，第二项为 Q_2 在负电极上产生的势. 四个比例系数都与电极的大小、形状以及电极间的距离有关. 如果电极的大小、形状不变，相对位置不变，那么这些系数就是常数，不随电荷改变. 如果能算出这些系数，就可以得出电阻.

如果正负电极是球形的，其半径分别为 a 和 b，两电极中心点的距离为 r，且设 $r \gg a$ 或 b. 下面就来计算这两个电极之间的电阻.

由于各比例系数是与电极上的电荷无关的. 为了计算这些系数，可以假定 Q_1、Q_2 为某些特殊值(这并不是电极上的实际所带的电量).

先设：$Q_1=1$ 单位电量，$Q_2=0$，这样，显然有

$$U_1 = \frac{1}{4\pi\varepsilon_0 a}, \quad U_2 = \frac{1}{4\pi\varepsilon_0 r}$$

将这些值代入(3.4-2)式和(3.4-2)′式，得

$$p_{11} = \frac{1}{4\pi\varepsilon_0 a}, \quad p_{21} = \frac{1}{4\pi\varepsilon_0 r}$$

再设：$Q_1=0$，$Q_2=1$ 单位电量，据此，可算出

$$U_1 = \frac{1}{4\pi\varepsilon_0 r}, \quad U_2 = \frac{1}{4\pi\varepsilon_0 b}$$

将电量和电势值代入(3.4-2)式和(3.4-2)′式，得

$$p_{12} = \frac{1}{4\pi\varepsilon_0 r}, \quad p_{22} = \frac{1}{4\pi\varepsilon_0 b}$$

通电流强度值为 I 的正负电极上，实际所带的电荷分别为

$$Q_1 = +\frac{\varepsilon_0}{\lambda}I, \quad Q_2 = -\frac{\varepsilon_0}{\lambda}I$$

所以这两电极间的电阻为

$$R=\frac{U_1-U_2}{I}=\frac{\left[\frac{1}{a}\left(\frac{\varepsilon_0}{\lambda}I\right)+\frac{1}{r}\left(-\frac{\varepsilon_0}{\lambda}I\right)\right]-\left[\frac{1}{r}\left(\frac{\varepsilon_0}{\lambda}I\right)+\frac{1}{b}\left(-\frac{\varepsilon_0}{\lambda}I\right)\right]}{4\pi\varepsilon_0 I}$$

即

$$R=\frac{1}{4\pi\lambda}\left(\frac{1}{a}+\frac{1}{b}-\frac{2}{r}\right) \tag{3.4-3}$$

此结果说明电阻与以下三种因素有关.

(i)电极的大小、形状;

(ii)电极间的距离;

(iii)媒质的导电率.

如果电极间的距离远远大于电极的几何尺寸,以至可以忽略上式右边的第三项,则得

$$R=\frac{1}{4\pi\lambda}\left(\frac{1}{a}+\frac{1}{b}\right) \tag{3.4-4}$$

此式的第一项与正电极的大小、形状以及媒质的导电率有关,这部分可称为第一电极的接触电阻. 同样,第二部分称为第二电极的接触电阻. 如果电极是插入地下的,接触电阻就称接地电阻. (3.4-4)式说明电极的几何尺寸愈小,接地电阻就愈大. 因此**电极不能太小,太小则电阻就太大,在同样的电极电势差的情况下,电流太小,不利于工作;可如果电极太大,会过分沉重,造成搬运不方便,故应该全面考虑.**

2. 焦耳定律

在物理学直流电部分我们已学习过焦耳定律:电流通过电阻为 R 的导体时,电流所作的功全部转为热量 Q,即

$$Q=A=I^2Rt \tag{3.4-5}$$

现在我们把这一定律用于媒质中的电流场. 如图 3.1-2 所示. ΔI 为通过ΔS_0 面的电流强度,R'为这一小段媒质的电阻,那么单位时间从这一小块体积为 ΔV 的媒质放出的热量为

$$(j\Delta S_0)^2R'=j^2\Delta S_0^2\frac{1}{\lambda}\frac{\Delta l}{\Delta S_0}=\frac{1}{\lambda}j^2\Delta V$$

单位时间某点处单位体积中所放出的热量为

$$\left.\begin{aligned}W&=\frac{1}{\lambda}j^2\\ W&=\boldsymbol{E}\cdot\boldsymbol{j}\end{aligned}\right\} \tag{3.4-6}$$

或写为(第二式)

这就是点式的焦耳定律.

体积为 V 的媒质中单位时间内放出的总热量

$$\overline{Q}=\int_V\boldsymbol{E}\cdot\boldsymbol{j}\,\mathrm{d}V \tag{3.4-7}$$

用此式直接计算某电流场中能量的消耗还不容易,需要将它做适当的变化. (3.4-7)式中的 $\boldsymbol{E}\cdot\boldsymbol{j}$ 变化如下.

$$\boldsymbol{E}\cdot\boldsymbol{j}=-\boldsymbol{j}\cdot\nabla U=-[\nabla\cdot(U\boldsymbol{j})-U\nabla\cdot\boldsymbol{j}]$$

又因为在稳定电场中,$\nabla\cdot\boldsymbol{j}=0$,所以由上式得

$$\boldsymbol{E}\cdot\boldsymbol{j}=-\nabla\cdot(U\boldsymbol{j})$$

将上式代入(3.4-7)式中,得

$$\overline{Q}=-\int_V\nabla\cdot(U\boldsymbol{j})\mathrm{d}V$$

式中 V 为媒质的体积. 用高斯定理将上式变为面积分,得

$$\overline{Q}=-\int_S Uj\cdot n\mathrm{d}S \tag{3.4-8}$$

式中，S 为媒质之界面；n 为 S 面的外法线. 这样的面积分是容易计算的.

例题 1 设导电率为 λ 的无限均匀媒质中有五个电极，其中角标是奇数为正电极：$+I_1$、$+I_3$、$+I_5$，其相应的电势各为 U_1、U_3、U_5；角标是偶数为负电极：$-I_2$、$-I_4$，电势为 U_2、U_4. 求媒质中单位时间放出的总热量.

解 媒质之界面 S 包括媒质之外界面 S_0 和媒质与各电极的交界面 $S_i(i=1,2,3,4,5)$.

$$\int_{S_0} Uj\cdot n\mathrm{d}S=0$$

$$\int_{S_i} Uj\cdot n\mathrm{d}S=U_i\int_{S_i} j\cdot n\mathrm{d}S=U_i(-I_i)$$

注意 n 是媒质面的法线，所以 $\int_{S_i} j\cdot n\mathrm{d}S=-I_i$. 根据以上结果，由(3.4-8)式得

$$\overline{Q}=U_1I_1+U_3I_3+U_5I_5-U_2I_2-U_4I_4$$

如果只有两个电极，第一电极的电势为 U_1，电流强度为 I；第二电极的电势为 U_2，电流强度为 $-I$，那么有

$$\overline{Q}=U_1I-U_2I=(U_1-U_2)I=I^2R$$

§3.5 稳定电场问题解的唯一性

1. 势满足的方程式

由第一定律的微分式和点式的欧姆定律，得

$$\nabla\cdot j=\nabla\cdot(\lambda E)=0$$

标量 λ 和矢量 E 乘积的散度可根据数学公式展开为

$$\nabla\cdot(\lambda E)=\lambda\nabla\cdot E+E\cdot\nabla\lambda$$

第二定律微分式可以表示为

$$E=-\nabla U$$

将后两式代入前式之中，我们得到媒质中稳定电场的势所满足的方程式为

$$\nabla^2U=-\frac{1}{\lambda}\nabla\lambda\cdot\nabla U \tag{3.5-1}$$

在均匀媒质中 $\nabla\lambda=0$，因此势满足拉普拉斯方程式

$$\nabla^2U=0\quad(\text{在均匀媒质中}) \tag{3.5-2}$$

我们可看出势满足的方程式是两个基本定律微分式综合的结果.

铜、铁等金属物体，由于它们的导电性能特别好，我们称之为良导体. **区分良导体和一般媒质体是有实际意义的.** 例如通电流的水槽中放进一个金属球体，球内的电流密度肯定也是有限的，可得出关于金属体内电场强度和势的结论.

由于 $j=\lambda_m E$，且电流密度有限，而金属的导电率 λ_m 比水的导电率大得多(相对来说可以看作无限大)，因此金属球内的电场强度必定很小，近似为零，即

$$E\approx 0\quad(\text{良导体中}) \tag{3.5-3}$$

根据 E 和 U 的关系，金属体上各点的势必近似相等，即金属体近似为等势体，即

$$U\approx\text{常数}(\text{良导体中}) \tag{3.5-4}$$

总之，稳定电场中的良导体近似为等势体，良导体表面也就近似为等势面，良导体中电场强度近似为零，而其中的电流密度却是比较大的.

2. 媒质体的边界

先看一个具体的例子，实验室水槽中水的边界包括水泥底、水泥壁和水的交界面以及空气和水的交界面，这都是媒质(水)和介质的交界面. 如果再将电极、金属体、固态媒质体浸入水中，那么水的边界就包括四种交界面，即水的边界＝水与介质的交界面＋水与良导体的交界面＋水与电极的交界面＋水与别种媒质的交界面.

一般来说，任何媒质体的边界不外乎是以下几种交界面的某种组合：

(媒-介质)S_a，(媒-良导体)S_b，(媒-电极)S_c，(媒-媒)S_d，(无限远界面)S_0.

稳定电场的两个边界条件为

$$j_{2n}|_S = j_{1n}|_S \quad \text{(第一边界条件)} \tag{3.5-5}$$

$$U_2|_S = U_1|_S \quad \text{(第二边界条件，偶层除外)} \tag{3.5-6}$$

这是各种界面共同遵从的边界条件. 不同界面的边界条件又表现出其特殊性，现将这些特殊性归纳如下.

(1)在媒质与介质的交界面 S_a 上，第一边界条件为

$$j_n|_{S_a} = 0 \tag{3.5-7}$$

(2)在媒质与良导体的交界面 S_b 上，第二边界条件为

$$U|_{S_b} \approx \text{未知常数} \tag{3.5-8}$$

(3)在媒质与电极的交界面 S_c 上，第二边界条件为

$$U|_{S_c} \approx \text{未知或已知常数，或已知电流密度} \tag{3.5-9}$$

3. 唯一性定理

稳定电场解的唯一性定理可以表述如下：**对任一稳定电场问题，不论用何种方法和手段得出其解答，只要这个解答能满足以上所述的方程式、边界条件、电极已知值条件，那么这个解答就是唯一正确的解答.**

就是说，某任一稳定电场，各区域中的电场分布，由以上方程式、边界条件和电极的已知值条件所唯一确定. 电极的已知值条件通常是已知各个电极的电流强度，有时是已知各电极的势.

唯一性定理的证明.

先假定不存在电偶层，也不存在媒质和媒质的交界面 S_d. 我们用反证法，设某一稳定电场问题有两组不同的解答，即

$$(U_{\mathrm{I}}, \boldsymbol{E}_{\mathrm{I}}, \boldsymbol{j}_{\mathrm{I}}) \text{ 和 } (U_{\mathrm{II}}, \boldsymbol{E}_{\mathrm{II}}, \boldsymbol{j}_{\mathrm{II}})$$

令 $$U=U_{\mathrm{I}}-U_{\mathrm{II}},\ \boldsymbol{E}=\boldsymbol{E}_{\mathrm{I}}-\boldsymbol{E}_{\mathrm{II}},\ \boldsymbol{j}=\boldsymbol{j}_{\mathrm{I}}-\boldsymbol{j}_{\mathrm{II}}$$

证明中要用到高斯定理，高斯定理表达式为

$$\int_V \nabla \cdot \boldsymbol{A} \mathrm{d}V = \oint_S \boldsymbol{A} \cdot \boldsymbol{n} \mathrm{d}S$$

令上式中 $\boldsymbol{A} = U\boldsymbol{j}$，又由于势满足(3.5-1)式或(3.5-2)式(即遵守两个基本定律)，所以由上式得到

$$-\int_V \lambda(\boldsymbol{E} \cdot \boldsymbol{E}) \mathrm{d}V = \oint_S U\boldsymbol{j} \cdot \boldsymbol{n} \mathrm{d}S$$

即 $$-\int_V \lambda(\boldsymbol{E}_{\mathrm{I}} - \boldsymbol{E}_{\mathrm{II}}) \cdot (\boldsymbol{E}_{\mathrm{I}} - \boldsymbol{E}_{\mathrm{II}}) \mathrm{d}V = \oint_S U\boldsymbol{j} \cdot \boldsymbol{n} \mathrm{d}S \tag{3.5-10}$$

式中,V 为媒质的体积;S 为媒质的边界面. S 由四种交界面所组成,即 $S=S_a+S_b+S_c+S_0$.

在 S_a 面上:由(3.5-7)式,得面积分

$$\int_{S_a}(U_{\mathrm{I}}-U_{\mathrm{II}})(j_{\mathrm{I}n}-j_{\mathrm{II}n})\mathrm{d}S=0$$

在 S_b 面上:由(3.5-8)式,得

$$\int_{S_b}=(U_{\mathrm{I}}-U_{\mathrm{II}})(j_{\mathrm{I}n}-j_{\mathrm{II}n})\mathrm{d}S=(U_{\mathrm{I}}-U_{\mathrm{II}})\left(\int_{S_b}j_{\mathrm{I}n}\mathrm{d}S-\int_{S_b}j_{\mathrm{II}n}\mathrm{d}S\right)$$
$$=(U_{\mathrm{I}}-U_{\mathrm{II}})(0-0)=0$$

在 S_c 面上:由(3.5-9)式,得

$$\int_{S_c}(U_{\mathrm{I}}-U_{\mathrm{II}})(j_{\mathrm{I}n}-j_{\mathrm{II}n})\mathrm{d}S=(U_{\mathrm{I}}-U_{\mathrm{II}})(\int_{S_e}j_{\mathrm{I}n}\mathrm{d}S-\int_{S_e}j_{\mathrm{II}n}\mathrm{d}S)$$

如果电极的已知值条件是已知电流强度,则

$\int_{S_c}j_{\mathrm{I}n}\mathrm{d}S=I,\int_{S_c}j_{\mathrm{II}n}\mathrm{d}S=I$,$I$ 为电流强度,因此可知在此已知值条件下,积分

$$\int_{S_c}(U_{\mathrm{I}}-U_{\mathrm{II}})(j_{\mathrm{I}n}-j_{\mathrm{II}n})\mathrm{d}S=0$$

如果电极的已知值条件是已知电极上的势 U_0,则 $U_I|_{S_c}=U_{\mathrm{II}}|_{S_c}=U_0$.

以上的面积分也等于零.

在 S_0 面上:设想 S_0 为球面或部分球面,r 为其半径. 当 $r\to\infty$ 时,球面上的势以 $1/r$ 趋于零,球面上的电流密度以 $1/r^2$ 趋于零,而球面面积按 r^2 增加,所以得到

$$\int_{S_0}(U_{\mathrm{I}}-U_{\mathrm{II}})(j_{\mathrm{I}n}-j_{\mathrm{II}n})\mathrm{d}S=0$$

综合以上所得之结果,我们得到

$$\oint_S U\boldsymbol{j}\cdot\boldsymbol{n}\mathrm{d}S=0$$

将此式代入(3.5-10)式,得到

$$\int_V\lambda(E_{\mathrm{I}}-E_{\mathrm{II}})\cdot(E_{\mathrm{I}}-E_{\mathrm{II}})\mathrm{d}V=0$$

上式由于被积函数恒为正值,所以要满足上式,必须有

$$E_{\mathrm{I}}-E_{\mathrm{II}}=0,\quad 即\ E_{\mathrm{I}}=E_{\mathrm{II}}$$

因此也有 $\boldsymbol{j}_{\mathrm{I}}=\boldsymbol{j}_{\mathrm{II}},U_{\mathrm{I}}-U_{\mathrm{II}}=$ 常数,考虑到同一标准点上的势为零,所以 $U_{\mathrm{I}}=U_{\mathrm{II}}$.

故解是唯一的. 在 S_d 面和偶层面存在的情况下,同样可证明唯一性定理.

§3.6 电像法(一)

静电场的场源是电荷,稳定电场的场源也是电荷. 前面已经说过,电荷的分布可分为点、体、面、线四种类型. 从这四种类型看来,显然点电荷的场的计算最简单,而实际问题中面电荷最为常见. 比如分区均匀的问题,界面上有面电荷,要求我们求出界面电荷所产生的场. 计算面电荷所产生的场是比较困难的,而且这些面电荷分布常常是未知的. 这样分析它们的差异之后,我们会产生这样的想法:能否用点电荷放在某位置上代替面电荷来计算场. 如果能这样,那么问题也就解决了.

所谓电像法,就是用点电荷系放在适当位置上代替面电荷,从而得出势场问题的回答,这

样的方法称为电像法.

用电像法解答的结果必须满足该问题中势应满足的方程式，满足边界条件和已知值条件，根据唯一性定理，只有这样的解答才是唯一正确的. 也就是说，用电像法所得出的解，要用唯一性定理来检验. **电像法的实质在于“代替”，因此，用“线代面”、“点代体”、“线代体”也应属于电像法的范畴.**

电像法的优点在于它简单明了，不需要用许多复杂的数学计算. 电像法在专业中应用颇多，但是电像法能解的问题还是有限的，不是所有问题都能用它来解. 下面举例说明电像法的用法.

例题 1 点源在下半空间均匀媒质中的场.

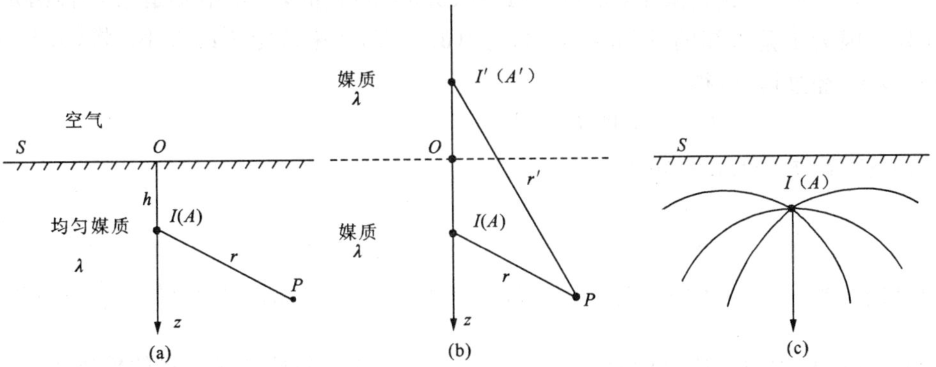

图 3.6-1

如图 3.6-1(a) 所示. 下半空间为均匀媒质，其导电率为 λ，在 A 点有一点源 I，A 点距界面 S 的距离为 h. 上半空间为空气. 求下半空间的场.

解 取坐标 z 轴过 A 点垂直界面，方向向下，xOy 平面为界面.

(1)分析电荷的分布情况　点源相对来说是几何尺寸很小的通流电极，在它周围累积的电荷可以看作是点电荷，这个点源的电流强度 I 是已知的，它周围的累积电荷也就可以算出. 在界面 S 上有累积的面电荷，它的面密度是未知的，但此面电荷的分布是对称于 z 轴的，离原点 O 愈远，电荷密度愈小，近密远疏. 除界面和 A 点外，空间各点都无电荷.

(2)势应满足的方程式和条件　根据以上的分析，可知下半空间除 A 点外，势应满足拉普拉斯方程式，即

$$\nabla^2 U = 0 \quad (z > 0,\text{且除 } A \text{ 点}) \tag{3.6-1}$$

在界面上　　$j_n|_S = 0$ (第一边界条件)

上式具体写为

$$\left.\frac{\partial U}{\partial z}\right|_{z\to 0} = 0 \tag{3.6-2}$$

在无限远处势为零，即

$$U|_\infty = 0 \tag{3.6-3}$$

(3)用电像法解　即用一点源 I' 来代替界面(电荷)的影响. 在这样做之前，设想先取消界面，即设想把上半空间也换成与下半空间同样的均匀媒质，这样全空间都是均匀媒质，不存在界面 S，如图 3.6-1(b)所示，虚线表示原界面之位置.

点源 I' 可根据电荷的情况放在上半空间 z 轴上. 现将它放在 A 点的对称点 A' 上. 因此下

半空间任一点 P 的势就是两个点源 I 和 I' 的场的势(确切地说,是点源上累积电荷所产生场的势). 根据(3.2-3)式,P 点的势表示为

$$U=\frac{I}{4\pi\lambda r}+\frac{I'}{4\pi\lambda r'} \tag{3.6-4}$$

式中,r 为 A、P 两点的距离,$r=\sqrt{x^2+y^2+(z-h)^2}$;r' 为 A'、P 两点的距离,$r'=\sqrt{x^2+y^2+(z+h)^2}$;$P$ 点坐标为(x,y,z),$z>0$,A 点为(x,y,h),A'为$(x,y,-h)$.

(4)检验　上面所得之结果,还存在两个问题:

(i)结果正确与否还未检验过;

(ii)电流强度 I'还是未知的.

容易看出(3.6-4)式是满足(3.6-1)式和(3.6-3)式的,只是不知道它是否满足(3.6-2)式,此外又因为 I'是未知的,因此我们可以用(3.6-2)式来确定 I'的大小. 将(3.6-4)式代入(3.6-2)式,经过运算,得

$$-I+I'=0,\text{ 即 } I'=I$$

这样,我们就得出最后的正确结果为

$$U=\frac{I}{4\pi\lambda}\left(\frac{1}{r}+\frac{1}{r'}\right) \tag{3.6-5}$$

(5)讨论　当 A 点在界面上时,$h=0$,故有 $r'=r$,这时 P 点的势为 $U=\frac{I}{2\pi\lambda r}$,可见此时势比全空间充满同样均匀媒质时的势$\left(U=\frac{I}{4\pi\lambda r}\right)$大一倍,我们称此结果为势的**倍增原理**.

此外,如果把点源 I 放在 $P(x,y,z)$点上,那么在 $A(0,0,h)$点上的势为

$$U_A=\frac{I}{4\pi\lambda}\left(\frac{1}{r}+\frac{1}{r_{P'}}\right)$$

式中 $r_{P'}=\sqrt{x^2+y^2+(-z-h)^2}$,$r_{P'}$为 P 的对称点 P'到 A 的距离,可见 $r_{P'}=r'$. 因此我们得到

$$U_P=U_A$$

U_P 为点源 I 在 A 点时 P 点的势,U_A 为点源 I 在 P 点时 A 点的势. 上面的结果说明场源点与观察点互换位置而势不变,此为**互换原理**.

势求出之后,就可求电场强度和电流密度,下半空间中电力线、电流线的分布情况如图 3.6-1(c)所示.

例题 2　点源在双层媒质中的场.

如图 3.6-2(a) 所示. 下半空间为均匀媒质 1 所充满,其导电率为 λ_1;上半空间为均匀媒质 2 所充满,其导电率为 λ_2. 点源 I 放置在 A 点上,A 与界面的距离为 h,求上半空间和下半空间任意一点的势.

解　取过 A 点垂直界面向上的方向为 z 轴的方向,原点在界面上,界面有电荷分布,对称于 z 轴,如果 $\lambda_2>\lambda_1$,则界面电荷为负,反之为正. 用 U_1 和 U_2 分别表示下半空间和上半空间的势.

势满足的方程和条件

$$\nabla^2U_1=0(\text{除 } A \text{ 点外}),\ \nabla^2U_2=0 \tag{3.6-6}$$

极限条件

在无限远处,$U_1\to 0$,$U_2\to 0$　　(3.6-7)

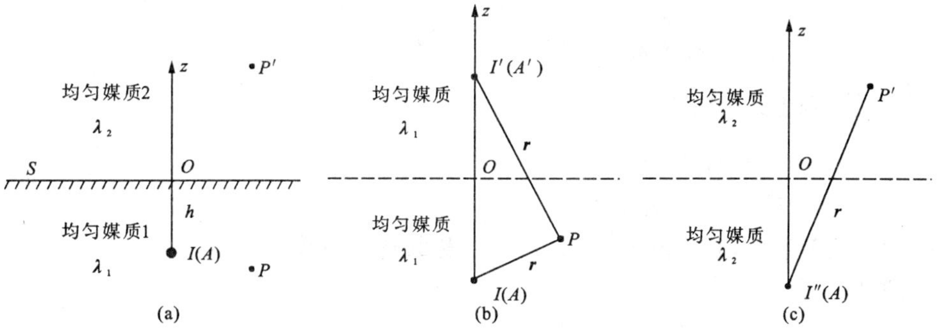

图 3.6-2

在交界面上有边界条件

$$\lambda_1 \frac{\partial U_1}{\partial n}\Big|_{z\to 0} = \lambda_2 \frac{\partial U_2}{\partial n}\Big|_{z\to 0} \tag{3.6-8}$$

$$U_1\big|_{z\to 0} = U_2\big|_{z\to 0} \tag{3.6-9}$$

(1)先求下半空间任一点的势 U_1. 设想取消界面,即设想将媒质 2 换成媒质 1,如图 3.6-2(b)所示. 上下空间都为均匀媒质 1,界面不存在了,虚线表示原界面 S 之位置. 然后用一点源 I'放在 A'上代替界面(电荷)的影响,因此得到 P 点的势为

$$U_1 = \frac{I}{4\pi\lambda_1 r} + \frac{I'}{4\pi\lambda_1 r'}$$

(2) 再求上半空间任意一点的势 U_2. 如图 3.6-2(c) 所示. 将下半空间媒质 1 换成媒质 2,则全空间都是均匀媒质 2,界面不存在了,代替界面影响的点源只能放在下半空间 z 轴上. 为简单起见,把它放在 A 点上,即两个点源重合在 A 点上. 用 I'' 代表这两个点源的电流强度之和,因此上半空间任一点 P' 的势为

$$U_2 = \frac{I''}{4\pi\lambda_2 r''}$$

$$r = \sqrt{x^2+y^2+(z+h)^2},\ r' = \sqrt{x^2+y^2+(z-h)^2}\ (z<0);$$

$$r'' = \sqrt{x^2+y^2+(z+h)^2}\ (z>0).$$

将 U_1 和 U_2 代入(3.6-8)式之中,取导数后再整理,得

$$I\left\{\frac{z+h}{r^3}\right\}_{z\to 0} + I'\left\{\frac{z-h}{r'^3}\right\}_{z\to 0} = I''\left\{\frac{z+h}{r''^3}\right\}_{z\to 0}$$

由于当 $z\to 0$ 时,$r=r'=r''$,所以上式变为

$$I - I' = I'' \tag{3.6-10}$$

再将 U_1 和 U_2 代入(3.6-9)式之中,得

$$\left\{\frac{I}{\lambda_1 r} + \frac{I'}{\lambda_1 r'}\right\}_{z\to 0} = \left\{\frac{I''}{\lambda_2 r''}\right\}_{z\to 0}$$

同样由于 $z\to 0$ 时,$r=r'=r''$,故上式变为

$$\frac{I}{\lambda_1} + \frac{I'}{\lambda_1} = \frac{I''}{\lambda_2} \tag{3.6-11}$$

将(3.6-10)式与(3.6-11)式联立求解,得

$$I' = I\frac{\lambda_1-\lambda_2}{\lambda_1+\lambda_2}$$

$$I'' = I\frac{2\lambda_2}{\lambda_1+\lambda_2} = I\left(1-\frac{\lambda_1-\lambda_2}{\lambda_1+\lambda_2}\right)$$

令 $k_{12}=\dfrac{\lambda_1-\lambda_2}{\lambda_1+\lambda_2}$，则上式可写为

$$\left.\begin{aligned} I' &= k_{12}I \\ I'' &= (1-k_{12})I \end{aligned}\right\} \tag{3.6-12}$$

式中，k_{12} 称为反射系数，其值恒小于 1；$(1-k_{12})$ 称为透射系数.

故结果为

$$U_1 = \frac{I}{4\pi\lambda_1 r} + \frac{k_{12}I}{4\pi\lambda_1 r'} \tag{3.6-13}$$

$$U_2 = \frac{(1-k_{12})I}{4\pi\lambda_2 r''} \tag{3.6-14}$$

例题 3 点源在下半空间(垂直接触的)两种媒质中的场.

如图 3.6-3(a)所示. 下半空间有垂直接触的两种均匀媒质，电导率分别为 λ_1 和 λ_2. 在 A_1 点有点源 I，A_1 离水平界面的距离为 h；离垂直界面的距离为 d，求下半空间任一点的势.

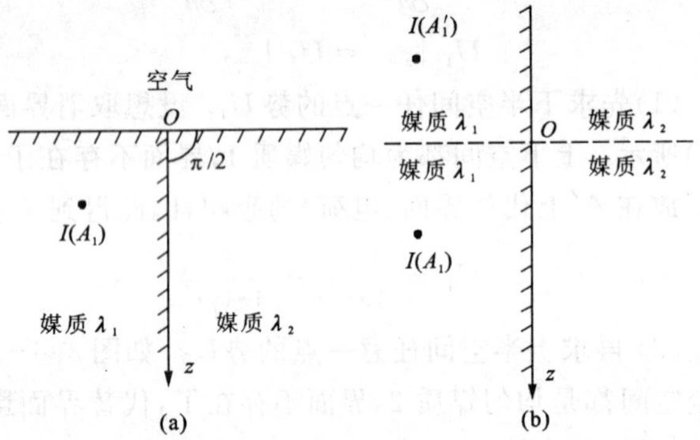

图 3.6-3

解 取 O 点为原点，z 轴垂直向下，x 轴沿水平面而与接触面垂直，A_1 点坐标$(-d,0,h)$. 本题是例题 1 和例题 2 的综合.

第一步：如图 3.6-3(b)所示，取消水平界面，把点源 I 放置于 A'_1 点上，A'_1 是 A_1 的对称点，这样我们把问题变成了两层媒质中有两个点源的问题，右半空间为媒质 2；左半空间为媒质 1.

第二步：应用例题 2 的结果，得到在媒质 1 的区域中，势为

$$U_1 = \frac{I}{4\pi\lambda_1}\left(\frac{1}{r_1}+\frac{1}{r'_1}+\frac{k_{12}}{r_2}+\frac{k_{12}}{r'_2}\right) \tag{3.6-15}$$

式中 k_{12} 为反射系数. A_1、A'_1、A_2、A'_2 是四个对称点，它们的坐标分别为$(-d,0,h)$，$(-d,0,-h)$，$(d,0,h)$，$(d,0,-h)$. 则

$$r_1=|A_1P|=\sqrt{(x+d)^2+y^2+(z-h)^2}$$

$$r'_1=|A'_1P|=\sqrt{(x+d)^2+y^2+(z+h)^2}$$

$$r_2=|A_2P|=\sqrt{(x-d)^2+y^2+(z-h)^2}$$

$$r'_2=|A'_2P|=\sqrt{(x-d)^2+y^2+(z+h)^2}$$

其中 $x<0$，$z>0$.

在媒质 2 的区域中，势为

$$U_2 = \frac{(1-k_{12})I}{4\pi\lambda_2}\left(\frac{1}{r_1}+\frac{1}{r'_1}\right) \tag{3.6-16}$$

$$r_1=\sqrt{(x+d)^2+y^2+(z-h)^2}$$

$$r_1'=\sqrt{(x+d)^2+y^2+(z+h)^2}$$

注意其中 $x>0,z>0$.

如果 $\lambda_2\to 0,k_{12}\to 1$,那么

$$U_1=\frac{I}{4\pi\lambda_1}\left(\frac{1}{r_1}+\frac{1}{r_1'}+\frac{1}{r_2}+\frac{1}{r_2'}\right) \tag{3.6-17}$$

此时如果点源 I 在水平界面上,$h\to 0$,得

$$U_1=\frac{I}{2\pi\lambda_1}\left(\frac{1}{r_1}+\frac{1}{r_2}\right) \tag{3.6-18}$$

其中 $r_1=\sqrt{(x+d)^2+y^2+z^2}$,$r_2=\sqrt{(x-d)^2+y^2+z^2}$.

例题 4 点源和良导体球的场.

如图 3.6-4(a)所示. 半径为 a 的良导体球,球外是导电率为 λ 的均匀媒质,A 点有点源 I,A 点与球心 O 的距离为 d.求球外任一点 P 的势.

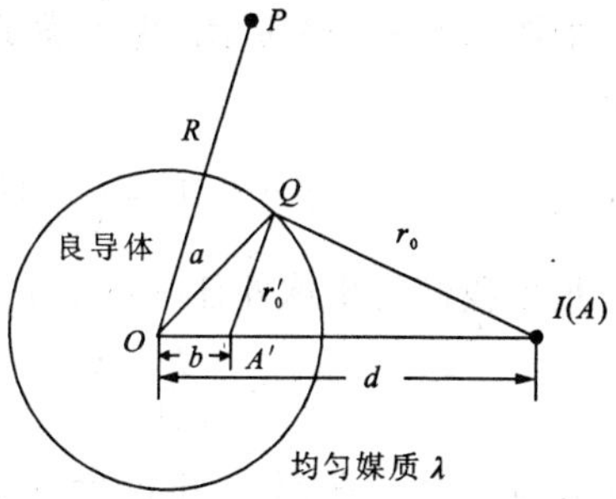

(a)

图 3.6-4

解 (1)取 O 点为原点,OA 与 z 轴重合,靠近 A 点的部分球面上累积负电荷,离 A 较远的部分球面上累积正电荷. 显然电荷分布是对称于 z 轴的. R 为球心到 P 点的距离.

在球外除 A 点外,势满足拉普拉斯方程式,即

$$\nabla^2U=0,\ R>a(\text{除 } A \text{ 点外}) \tag{3.6-19}$$

球面属于 S_b 面(见§3.5),因此有

$$U|_{r\to a}\approx U_0\neq 0 \tag{3.6-20}$$

U_0 是未知常数,极限条件

$$U|_{r\to\infty}\to 0 \tag{3.6-21}$$

(2)在用电像法解此问题之前,我们先做点准备工作,研究球内的特殊点. 这特殊点一个是球心 O,另一个是 A 的共轭点 A',$A'O$ 之距离为 b,$b=a^2/d$(共轭点关系). Q 是球面上任一点,设 $QA=r_0$,$QA'=r_0'$. 由于 $b=a^2/d\left(\text{即}\dfrac{a}{b}=\dfrac{d}{a}\right)$,可知 ΔOQA 与 $\Delta OA'Q$ 相似,因此有

$$\frac{r_0}{r_0'}=\frac{d}{a} \tag{3.6-22}$$

即从 A 到球面任一点的距离与从 A'到该点距离之比是常数.

(3)设想将良导体球换成与球外相同的媒质,此时交界面不存在,图中虚线只表示原球面的位置. 如图 3.6-4(b)所示.

下面研究用什么样的点源、放在什么位置上来代替界面的影响. 根据前面的分析,可以肯定两点:

(i)点源应放在球内 z 轴上;

(ii)单独一个点源不能代替界面影响.

先放一个点源 I'于 A'点上,这样球面上 Q 点的势为

$$U^*|_{r\to a}=\frac{I}{4\pi\lambda r_0}+\frac{I'}{4\pi\lambda r_0'}$$

令 $U^*_{r\to a}=0$,从上式得$(I'/r_0')=-(I/r_0)$,再根据(3.6-22)式,得

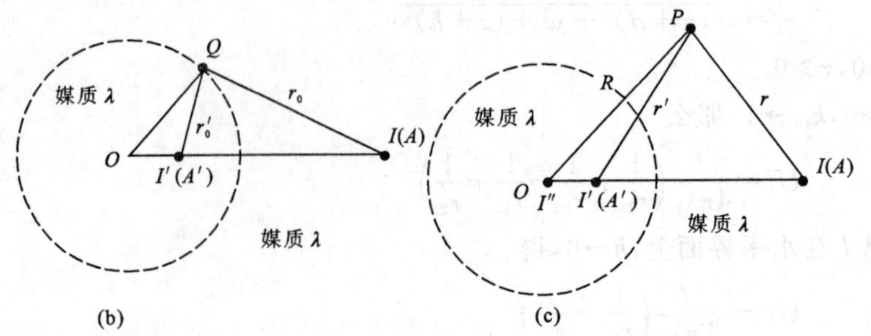

图 3.6-4

$$I'=-\left(\frac{a}{d}\right)I \tag{3.6-23}$$

如图 3.6-4(c)所示. 为了满足(3.6-20)式,需要再放一个点源 I''于球心上,而且 I''的大小为

$$I''=-I'=\left(\frac{a}{d}\right)I \tag{3.6-24}$$

最后我们得出球外任一点 P 的势为

$$U=\frac{I}{4\pi\lambda}\left(\frac{1}{r}-\frac{a}{d}\frac{1}{r'}+\frac{a}{d}\frac{1}{R}\right) \tag{3.6-25}$$

式中,r 是 AP 的距离;r'和 R 分别是 $A'P$ 和 OP 的距离.

球面上的势(即球内的势)为

$$U_0=\frac{I''}{4\pi\lambda a}=\frac{I}{4\pi\lambda d} \tag{3.6-26}$$

本题中我们是用两个大小相等、符号相反的点源来代替了界面的影响,它们之间的距离为 b.

当 A 点(点源 I 所在之点)移至很远处,如果同时增加电流强度 I,使它在球心的电流密度 $j_0=\frac{I}{4\pi d^2}$ 保持一定值,那么 A' 将非常接近球心,b 很小. 这样代替界面影响的虚点源 I' 与 I'' 组成一电流(源)偶极子,其偶极矩大小为

$$p=qb=\frac{I''}{4\pi\lambda}b=\frac{I}{4\pi\lambda}\frac{a}{d}\cdot\frac{a^2}{d}=j_0a^3/\lambda \tag{3.6-27}$$

上面的讨论说明在均匀电流场 $\boldsymbol{j}_0$ 中,放置一个良导体球,球面累积电荷对球外场的影响,相当于位于球心的偶极子对球外场的影响. 请读者根据唯一性定理,检验本题结果的正确性.

§3.7 电 像 法(二)

在上节中介绍了电像法以及用之于解稳定电场问题. 本节主要应用电像法解静电场问题,为下节静电类比法做准备. 此外,在进一步掌握电像法的用法和理解其实质的基础上,我们将推广电像法的应用范围,使之不仅能解电场问题,而且能解其他场的问题. 一般可称为镜像法,它不限于"点代面",也不拘泥于"像"的概念.

例题 1 点电荷与无限大导体平面的场.

如图 3.7-1(a)所示. 有一无限大导体平板位于真空中,并与地连接,在距上界面为 d 的 Q 点上,放置正点荷 q,求上半空间的势.

解 由于静电感应板上界面带负电荷，下界面由于接地不带电荷．取 x 轴与板面垂直，原点 O 在板的上界面上．已知导体上的势为零，即

$$U|_{x\to 0}=0$$

如图 3.7－1(b)所示．设想将导体板移走(即取消界面电荷)，然后用点电荷 q' 放在 Q' 上代替界面电荷的影响(Q' 为 Q 点的对称点)．

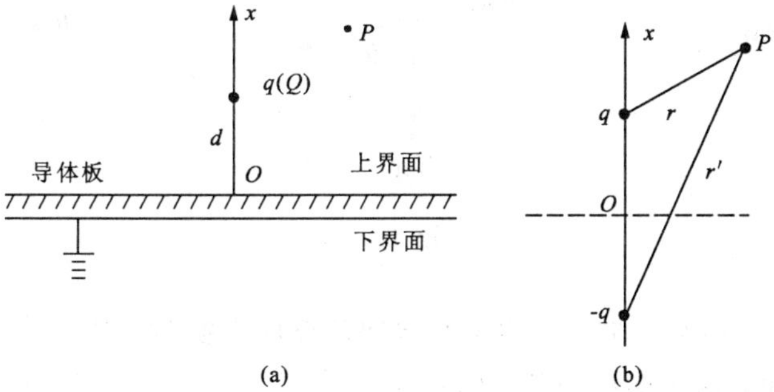

图 3.7－1

显然，要满足 $x\to 0$ 时势为零的条件，必须

$$q'=-q$$

由此得到上半空间($x>0$)中 P 点的势为

$$U=\frac{q}{4\pi\varepsilon_0}\left(\frac{1}{r}-\frac{1}{r'}\right) \tag{3.7-1}$$

其中 $\qquad r=\sqrt{(x-d)^2+y^2+z^2}$，$r'=\sqrt{(x+d)^2+y^2+z^2}$

导体板上界面由感应而产生自由电荷，其面密度为

$$\sigma=\varepsilon_0 E_x\,|_{x\to 0}=-\varepsilon_0\left.\frac{\partial U}{\partial x}\right|_{x\to 0}=-\left.\frac{qd}{2\pi r^3}\right|_{x\to 0}$$

或写为

$$\sigma=\frac{-qd}{2\pi(l^2+d^2)^{3/2}} \tag{3.7-2}$$

其中 $l=\sqrt{y^2+z^2}$ 为从原点到板上界面上任一点的距离．

感应出的总电荷为

$$\int_S\sigma\mathrm{d}S=\int_0^\infty\sigma\cdot 2\pi l\mathrm{d}l=-\frac{qd}{2}\int_0^\infty\frac{2l\mathrm{d}l}{(l^2+d^2)^{3/2}}=-q$$

例题 2 点电荷在双层介质中的场．

如图 3.7－2(a)所示．上下半空间分别被两种均匀介质所充满，介电常数分别为 ε_2 和 ε_1．在下半空间 A 点上有点电荷 q，A 点与水平界面的距离为 h，求空间中任一点 P 的势．

解 z 轴过 A 点垂直向上，原点在界面上．界面上有极化产生的面束缚电荷．如果是 $\varepsilon_2>\varepsilon_1$，则此面荷为负，反之为正．

先求 U_1．如图 3.7－2(b)所示．将上半空间的介质 2 换为介质 1，然后用点电荷 q' 放在 A' 上以代替界面影响，由此得

$$U_1=\frac{q}{4\pi\varepsilon_1 r}+\frac{q'}{4\pi\varepsilon_1 r'}$$

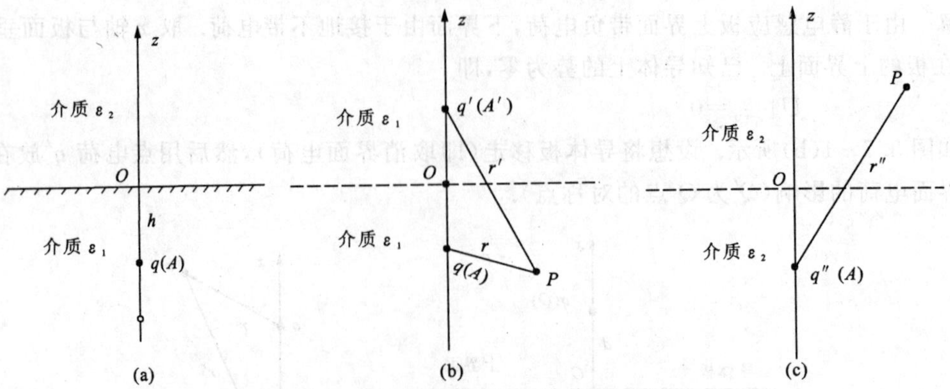

图 3.7-2

再求 U_2. 如图 3.7-2(c)所示. 将下半空间的介质 1 换为介质 2,然后将点电荷 q'' 放在 A 上代替原点电荷 q 和界面电荷的作用,由此得

$$U_2 = \frac{q''}{4\pi\varepsilon_2 r''}$$

边界条件为

$$\varepsilon_1 \frac{\partial U_1}{\partial n}\bigg|_{z\to 0} = \varepsilon_2 \frac{\partial U_2}{\partial n}\bigg|_{z\to 0}$$

$$U_1 \,|_{z\to 0} = U_2 \,|_{z\to 0}$$

将 U_1 和 U_2 代入上面两式之中,解得

$$q' = k_{12} q \tag{3.7-3}$$

$$q'' = (1 - k_{12}) q \tag{3.7-4}$$

式中 $k_{12} = \dfrac{\varepsilon_1 - \varepsilon_2}{\varepsilon_1 + \varepsilon_2}$,称为介质的反射系数.

最后得出

$$U_1 = \frac{q}{4\pi\varepsilon_1 r} + \frac{k_{12} q}{4\pi\varepsilon_1 r'} \tag{3.7-5}$$

$$U_2 = \frac{(1 - k_{12}) q}{4\pi\varepsilon_2 r''} \tag{3.7-6}$$

例题 3 半径为 a 的球体,已知球内引力场的势为 $U_1 = Cr^2 + C'$,C 和 C' 为已知常数,r 为球心到观察点的距离. 求球外任一点的势.

解 设球外任一点的势为 U_2,用一点质量 m 放在球心代替球体的质量,因此得 $U_2 = k\dfrac{m}{r}$,由边界条件 $U_2\,|_{r\to a} = U_1\,|_{r\to a}$,算出 $m = \dfrac{Ca^3 + C'a}{k}$. 最后得球外的引力势 $U_2 = (Ca^3 + C'a)/r$.

§3.8 类 比 法

1. 静电类比法

在前两节中,我们看到用电像法既可以解静电场问题,也可以解稳定电场问题,在所举的例题中,我们发现有些稳定电场问题和静电场问题的解答结果是完全相似的(见下表). 为什么会有这样相似的结果呢？我们从势满足的方程式和条件来研究其原因.

静电场	稳定电场
如果介质分区均匀，交界面是两种介质的交界面	如果媒质分区均匀，交界面是两种媒质的交界面
静电场中的导体，看成介电常数为无限大的介质（特殊介质）	稳定电场中的良导体，看成导电率为无限大的媒质（特殊媒质）
在无外加自由体电荷的情况下，均匀介质中，$\nabla^2 U = 0$	在均匀媒质中，$\nabla^2 U = 0$
在无外加面自由电荷的情况下，介质与介质的交界面上，$\varepsilon_1\left(\frac{\partial U_1}{\partial n}\right) = \varepsilon_2\left(\frac{\partial U_2}{\partial n}\right)$ $U_1 = U_2$	在媒质与媒质的交界面上，$\lambda_1\left(\frac{\partial U_1}{\partial n}\right) = \lambda_2\left(\frac{\partial U_2}{\partial n}\right)$ $U_1 = U_2$
静电场中的导体为等势体	稳定电场中的良导体为近似等势体
对包围自由电荷的封闭面 S，有 $\oint_S \varepsilon \boldsymbol{E} \cdot \boldsymbol{n} \mathrm{d}S = q$（静电场第一定律的积分形式）	对包围电流源的封闭面 S，有 $\oint_S \lambda \boldsymbol{E} \cdot \boldsymbol{n} \mathrm{d}S = I$.（稳定电场第一定律的积分形式）

由此可知，在以上所规定的情况下，静电场问题与稳定电场问题的势所满足的方程式和条件是完全相似的. 这就是某些稳定电场问题和对应的静电场问题有完全相似解答的根源.

另外，只要将 ε 换成 λ，q 换成 I，静电场的公式就变成稳定电场的公式.

下面举几个例子. 为了叙述方便，把稳定电场问题称为“甲问题”，把相应的静电场问题称为“乙问题”.

例题 1 如图 3.8－1 所示. 甲问题为：“无限均匀媒质中的点源”，乙问题为：“无限均匀介质中的点电荷”.

$$U = \frac{I}{4\pi\lambda r} \qquad U = \frac{q}{4\pi\varepsilon r}$$

（甲问题解答）　（乙问题解答）

可见如果已知乙问题的解答，用 λ、I 分别代换解答中的 ε、q，即得甲问题的解答. 反之亦然.

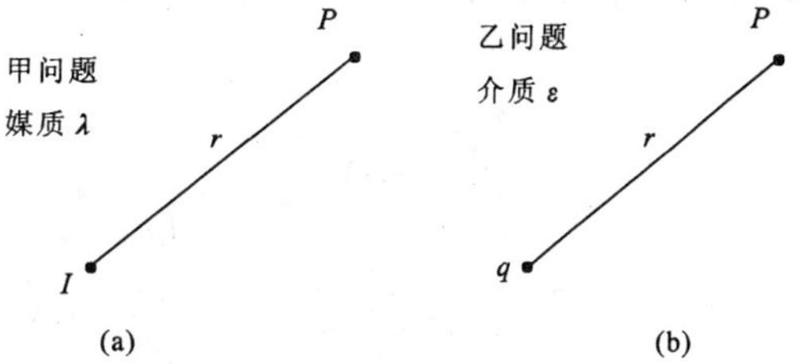

图 3.8－1

例题 2 乙问题为“点电荷在双层介质中”，由 § 3.7 例题 2 已知此问题之解答为

$$U_1 = \frac{q}{4\pi\varepsilon_1 r} + \frac{(\varepsilon_1 - \varepsilon_2)q}{4\pi\varepsilon_1(\varepsilon_1 + \varepsilon_2)r'}$$

$$U_2 = \frac{2q}{4\pi(\varepsilon_1 + \varepsilon_2)r''} \qquad \text{（乙问题解答）}$$

用 λ_1、λ_2、I 分别代替式中的 ε_1、ε_2、q，则得 § 3.6 例题 2 的解答

$$U_1 = \frac{I}{4\pi\lambda_1 r} + \frac{(\lambda_1 - \lambda_2)I}{4\pi(\lambda_1 + \lambda_2)\lambda_1 r'}$$

$$U_2 = \frac{2I}{4\pi(\lambda_1 + \lambda_2)r'} \quad \text{(甲问题解答)}$$

通过以上的分析与举例，明确了什么是静电类比法. **将静电场问题解答中的 ε 换成 λ，q 换成 I，就得到相应的稳定电场问题的解答，这种解稳定电场问题的方法称为静电类比法.**

2. 需要注意的问题

(1)在稳定电场问题中常有媒质与介质的交界面存在，这种交界面包括媒质与真空以及媒质与空气的交界面. 在讨论稳定电场时，我们把不导电的介质看成导电率为零的媒质. 在静电场问题中，却不存在介电常数为零的介质. 因此可知，在有限空间范围内，存在媒质与介质的交界面的稳定电场问题是没有相应的静电场问题的. 这样的问题是不能用静电类比法直接求解的，可是这样的问题很常见，故限制了静电类比法的应用. 比如 § 3.6 中例题 1 因为有这种面存在，所以它没有相应的静电场问题.

(2)静电场中，接地导体势为零，如果接地导体是有限大的，则静电场问题也找不到相应的稳定电场问题.

(3)从前面的规定来看，如果在介质中有外加的自由体电荷或在介质与介质的交界面上有外加的自由面电荷，这种静电场问题也是没有相应的稳定电场问题的.

总之，不是所有稳定电场问题都有相应的静电场问题，反之亦然. 用静电类比法要注意**找出正确的对应问题，防止把问题搞错.**

3. 电导与电容

如图 3.8 - 2 所示. 乙问题：两个带电导体，形状是任意的，它们带的电量分别为 $+Q$ 和 $-Q$. 导体之外充满介电常数为 ε 的均匀介质. 电容为

$$C = \frac{Q}{V} = \frac{\oint_S \boldsymbol{D} \cdot \boldsymbol{n} \mathrm{d}S}{\int_L \boldsymbol{E} \cdot \mathrm{d}\boldsymbol{l}} = \frac{\oint_S \varepsilon \boldsymbol{E} \cdot \boldsymbol{n} \mathrm{d}S}{\int_L \boldsymbol{E} \cdot \mathrm{d}\boldsymbol{l}} \tag{3.8-1}$$

(S 是包围左边导体的封闭面，L 是从左边导体到右边导体的一条路径)

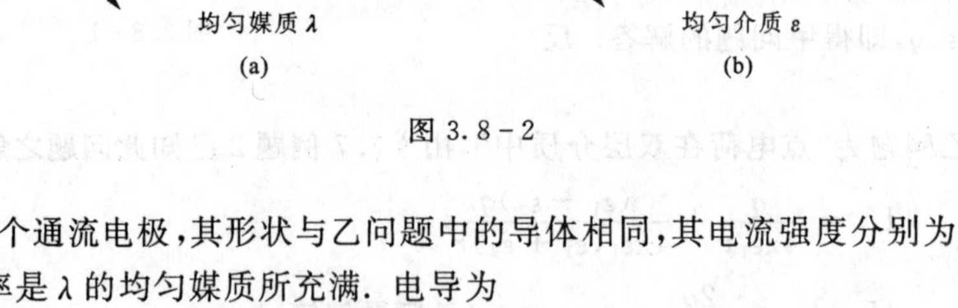

图 3.8 - 2

甲问题：两个通流电极，其形状与乙问题中的导体相同，其电流强度分别为 $+I$ 和 $-I$. 电极之外为导电率是 λ 的均匀媒质所充满. 电导为

$$G = \frac{1}{R} = \frac{I}{V} = \frac{\oint_S \boldsymbol{j} \cdot \boldsymbol{n} \mathrm{d}S}{\int_L \boldsymbol{E} \cdot \mathrm{d}\boldsymbol{l}} = \frac{\oint_S \lambda \boldsymbol{E} \cdot \boldsymbol{n} \mathrm{d}S}{\int_L \boldsymbol{E} \cdot \mathrm{d}\boldsymbol{l}} \tag{3.8-2}$$

由以上两式可知，如果已经得到电容的表示式，只要将式中的 ε 换成 λ，即得相应问题的电导，

从而得出电阻.

不仅是稳定电场和静电场有类比的关系,稳定电场、稳定温度场、稳定流速场、静电场、静磁场等,在一定条件下,彼此之间都存在类比关系.

附:稳定温度场与稳定电场的类比

(1)导热的物质中如果各点的温度不同,则必有热流存在. 单位时间内通过某个面的热量称为过该面的热流强度.

设 ΔS_0 为垂直热流方向的面积,过 ΔS_0 的热流强度为 ΔI_H,那么热流密度的大小为

$$j_H = \lim_{\Delta S_0 \to 0} \frac{\Delta I_H}{\Delta S_0} \ [\mathrm{J/(m^2 \cdot s)}] \tag{3.8-3}$$

某点热流密度的方向即为该点的热流方向.

傅里叶定律是从实验得出的关于热传导的规律之一,其内容为某点热流密度的大小与该点温度梯度成正比而方向相反,用公式表示为

$$\boldsymbol{j}_H = -K \nabla T \tag{3.8-4}$$

比例常数 K 是导热物质的导热系数.

(2)在温度分布稳定的区域中,任取一封闭面 S,设 S 面内无热源,那么单位时间流进 S 内的热量必等于同时间流出的热量,即热流密度的净通量为零,用公式表示为

$$\oint \boldsymbol{j}_H \cdot \boldsymbol{n} \mathrm{d}S = 0 \tag{3.8-5}$$

这是能量守恒定律在此情况下的表示式.

将上式变为微分形式,即得热流密度的散度为零

$$\nabla \cdot \boldsymbol{j}_H = 0 \tag{3.8-6}$$

(3)综合(3.8-4)式和(3.8-6)式,得

$$\nabla \cdot (K \nabla T) = 0 \tag{3.8-7}$$

如果物质的导热性是均匀的,即 K 在区域中是常数,那么在此区域中温度满足拉普拉斯方程式,即

$$\nabla^2 T = 0 \tag{3.8-8}$$

在我们所讨论的温度场中,两物体交界面上的温度是连续的,热流密度的法向分量也是连续的. 第一边界条件为

$$j_{H_{1n}} |_S = j_{H_{2n}} |_S \tag{3.9-9}$$

或写为

$$K_1 \frac{\partial T_1}{\partial n} \bigg|_S = K_2 \frac{\partial T_2}{\partial n} \bigg|_S$$

第二边界条件为

$$T_1 |_S = T_2 |_S \tag{3.9-10}$$

(4)我们看到稳定温度场的基本规律与稳定电场的很类似. 傅里叶定律与稳定电场中第二定律与点式欧姆定律的综合式相类似,

$$\boldsymbol{j}_H = -K \nabla T, \quad \left.\begin{aligned} \boldsymbol{E} &= -\nabla U \\ \boldsymbol{j} &= \lambda E \end{aligned}\right\} \boldsymbol{j} = -\lambda \nabla U$$

稳定温度场中的能量守恒的表示式与稳定电场中的电荷守恒定律的表示式相类似,即

$$\nabla \cdot \boldsymbol{j}_H = 0 \quad , \quad \nabla \cdot \boldsymbol{j} = 0$$

两种场各物理量的对应关系为

T(温度)	U(电势)
$-\nabla T$(温度梯度)	$\boldsymbol{E}$(电场强度)
K(导热系数)	λ(导电率)
$\boldsymbol{j}_H$(热流密度)	$\boldsymbol{j}$(电流密度)

如果已知某稳定电场问题(甲问题)的解答,我们就可以用类比的方法求得相应的稳定温度场问题(丙问题)的解答,反之亦然.

习　题

3.1　如图所示. 两大平行金属平板之间,充满两层不同的均匀媒质,其电导率分别为 λ_1 和 λ_2,厚度分别为 d_1 和 d_2. 电流强度为 I,每板的面积为 S,其线度比板间距离大得多. 求:(i)媒质中的电流密度. (ii)媒质中的电场强度. (iii)界面上的电荷密度.

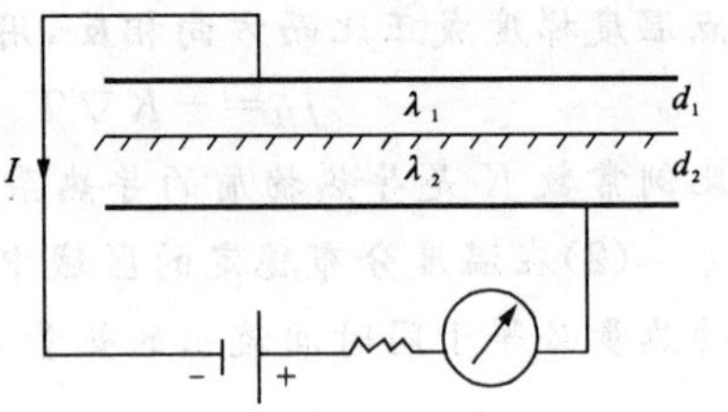

题 3.1 图

3.2　两同心金属薄球壳,半径分别为 a 和 b,在两球壳之间充满导电率为 $\lambda=\lambda_0/(1+Cr)$ 的媒质,λ_0 和 C 为常量,r 为媒质中任一点到球心的距离. 如果两壳之间的电压为 V_0. (i)求两壳之间的电阻. (ii)算出各处的电荷密度.

3.3　如图所示. 两块大金属平板,互相平行,距离为 d,二者之间充满导电率分别为 λ_1 和 λ_2 的两种均匀媒质,它们的交界面与板面垂直,与每一板所接触的面积分别为 S_1 和 S_2,测出两板之间的电势差为 V_0. 先求媒质中势的试探解,然后用唯一性定理检验,最后确定其正确解答,并算出电流强度.

3.4　如图所示. 半圆环状容器中有薄水层,其导电率为 λ,两端金属电极间的电压为 V. 容器本身不导电,其内外半径分别为 a 和 b,求水中的势和电流密度. 用唯一性定理检验所得之结果.

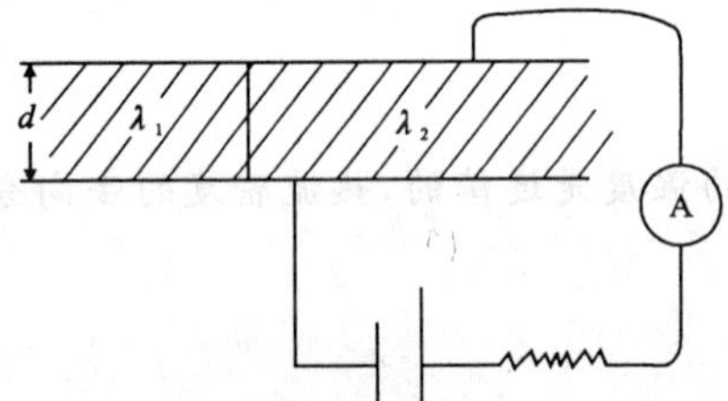

题 3.3 图

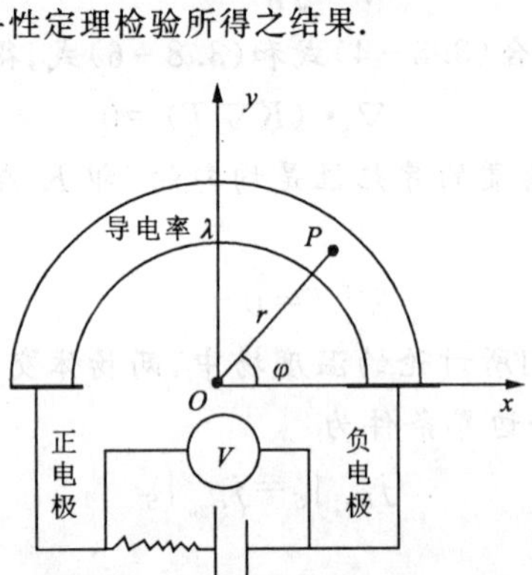

题 3.4 图

3.5　半径为 a 的球形电极,其球心位于两个半无限均匀媒质的交界面的平面上. 已知电流强度为 I,媒质的导电率分别为 λ 和 λ_0. 求:(i)各界面上的电荷. (ii)接触电阻.

3.6　如图所示. 地下水平电流偶极子离地平面的深度为 h,偶极子的电流偶极矩 $\boldsymbol{p}(\boldsymbol{p}=I\boldsymbol{l})$ 已知,设地下为导电率是 λ 的均匀媒质,求下半空间任一点的势以及 x 轴上点的电流密度.

3.7　如图所示. 地下两种岩体倾斜接触,导电率 λ_1 为已知常数;$\lambda_2\to 0$. $\alpha=60°$,点源 I 在地面 A 点上,$OA=a$,求 P 点的势和电场强度. (A 点和 P 点在 x 轴上,$OP=b$)

3.8　地平面下为均匀水平岩层,厚度为 d,电阻率为 ρ,在该岩层之下的岩层不导电,地面上 A 点有点源 I. 用电像法求地面上任一点的附加势.

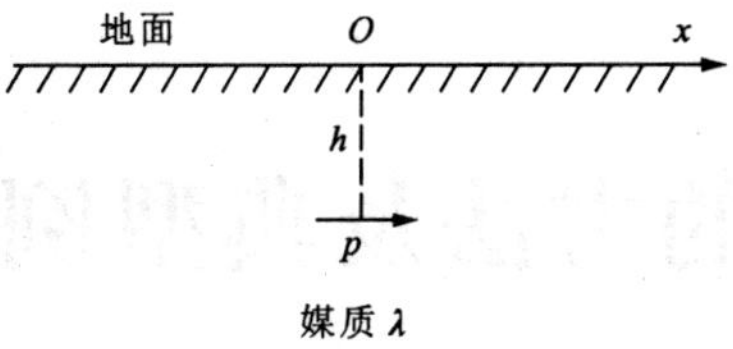

题 3.6 图

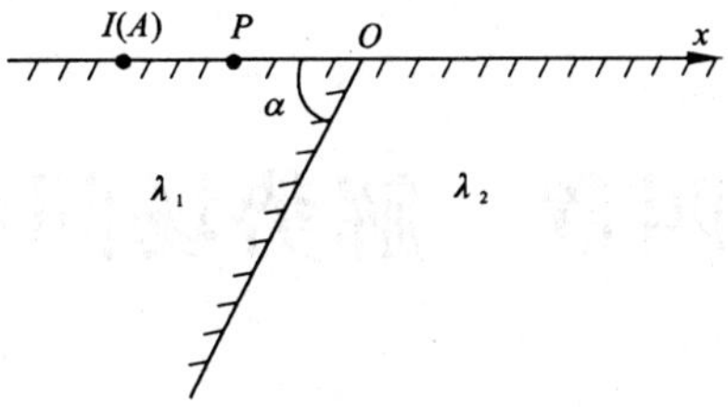

题 3.7 图

第四章　解势场问题的方法及典型例题

* §4.1　曲线坐标

1. 正交曲线坐标系

解势场问题须应用坐标. 在某些问题中,如果用直角坐标系会遇到许多不必要的麻烦. 各具体问题应根据场的对称性选取不同的坐标系. 先讨论普遍的正交曲线坐标系.

空间点的位置我们不用直角坐标 (x,y,z) 表示,而用另外三个量 (q_1,q_2,q_3) 来表示. (q_1,q_2,q_3) 这些量称为点的曲线坐标. 显然这些曲线坐标可以看做直角坐标 x,y,z 的函数.

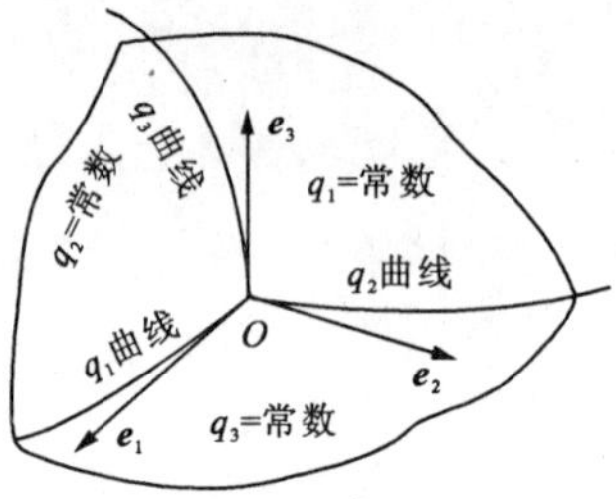

图 4.1-1

$$\left.\begin{aligned} q_1 &= q_1(x,y,z) \\ q_2 &= q_2(x,y,z) \\ q_3 &= q_3(x,y,z) \end{aligned}\right\} \qquad (4.1-1)$$

$$\left.\begin{aligned} q_1(x,y,z) &= C_1 \\ q_2(x,y,z) &= C_2 \\ q_3(x,y,z) &= C_3 \end{aligned}\right\} \qquad (4.1-2)$$

(4.1-2)中的三式分别为 $q_1(x,y,z)$、$q_2(x,y,z)$、$q_3(x,y,z)$ 的等值面方程,确定了等值面. C_1、C_2、C_3 为常数,给予 C_1、C_2、C_3 以不同的值,就可以得到三族曲面,这三族曲面称为坐标曲面. 选取 q_1,q_2,q_3 是 x,y,z 的单值函数,那么每族曲面中都只有一个曲面经过空间某点. 这些坐标曲面两两相交成曲线,这些曲线称为坐标曲线,如图 4.1-1 所示. 在第二族与第三族曲面的交线上,q_2 和 q_3 的值不变,只有 q_1 变化. 同样,在第三族曲面与第一族曲面的交线上只有 q_2 变化;第一族曲面与第二族曲面的交线上只有 q_3 变化. 正交曲线坐标系中,每点上坐标曲线互相正交,也就是各坐标曲线在该点的切线两两垂直. 我们用 $\boldsymbol{e}_1,\boldsymbol{e}_2,\boldsymbol{e}_3$ 表示坐标曲线 q_1,q_2,q_3 上切线的单位矢量,一般来说,这三个单位矢量的方向,依赖于空间点的位置. 只有在直角坐标系中,它们才各有固定的方向,即 $\boldsymbol{i},\boldsymbol{j},\boldsymbol{k}$ 的方向不随点的位置改变.

前面已经把曲线坐标 q_1,q_2,q_3 看作直角坐标 x,y,z 的函数. 反之,直角坐标 x,y,z 又可看作曲线坐标的函数

$$\left.\begin{aligned} x &= x(q_1,q_2,q_3) \\ y &= y(q_1,q_2,q_3) \\ z &= z(q_1,q_2,q_3) \end{aligned}\right\} \qquad (4.1-3)$$

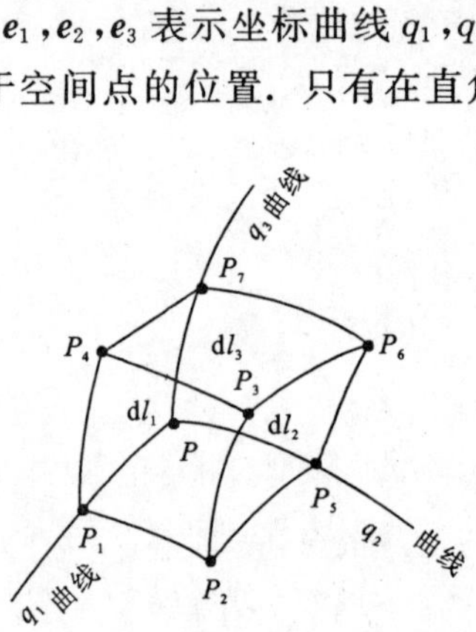

图 4.1-2

图 4.1-2 中 P 点的直角坐标为 (x,y,z),它的曲线坐标为 (q_1,q_2,q_3);P_1 点的直角坐标为 $(x+\mathrm{d}x_1,y+\mathrm{d}y_1,z+\mathrm{d}z_1)$,相应的曲线坐标为 $(q_1+\mathrm{d}q_1,q_2,q_3)$. 显然有

$$\left.\begin{aligned} dx_1 &= \frac{\partial x}{\partial q_1}dq_1 \\ dy_1 &= \frac{\partial y}{\partial q_1}dq_1 \\ dz_1 &= \frac{\partial z}{\partial q_1}dq_1 \end{aligned}\right\} \tag{4.1-4}$$

设 dl_1、dl_2、dl_3 为各坐标曲线的线元. dl_1 与 dx_1、dy_1、dz_1 的关系为

$$dl_1 = \sqrt{(dx_1)^2+(dy_1)^2+(dz_1)^2} = \sqrt{\left(\frac{\partial x}{\partial q_1}\right)^2+\left(\frac{\partial y}{\partial q_1}\right)^2+\left(\frac{\partial z}{\partial q_1}\right)^2}\, dq_1$$

同样可得 dl_1 和 dl_2 的表示式,因此我们得下式

$$\left.\begin{aligned} dl_1 &= h_1 dq_1 \\ dl_2 &= h_2 dq_2 \\ dl_3 &= h_3 dq_3 \end{aligned}\right\} \tag{4.1-5}$$

其中

$$\left.\begin{aligned} h_1 &= \sqrt{\left(\frac{\partial x}{\partial q_1}\right)^2+\left(\frac{\partial y}{\partial q_1}\right)^2+\left(\frac{\partial z}{\partial q_1}\right)^2} \\ h_2 &= \sqrt{\left(\frac{\partial x}{\partial q_2}\right)^2+\left(\frac{\partial y}{\partial q_2}\right)^2+\left(\frac{\partial z}{\partial q_2}\right)^2} \\ h_3 &= \sqrt{\left(\frac{\partial x}{\partial q_3}\right)^2+\left(\frac{\partial y}{\partial q_3}\right)^2+\left(\frac{\partial z}{\partial q_3}\right)^2} \end{aligned}\right\} \tag{4.1-6}$$

h_1、h_2、h_3 **称为度量系数.**

曲线坐标系中各面元由下列式子表示

$$dA_1 = h_2 h_3 dq_2 dq_3,$$
$$dA_2 = h_1 h_3 dq_1 dq_3,$$
$$dA_3 = h_1 h_2 dq_1 dq_2.$$

曲线坐标系中体元

$$dV = h_1 h_2 h_3 dq_1 dq_2 dq_3$$

2. 拉普拉斯方程式在曲线坐标系中的表示式

势函数 U 的梯度沿 $\boldsymbol{e}_1$ 方向的分量为

$$(\nabla U)_{q_1} = \lim_{\Delta l_1 \to 0}\frac{\Delta U}{\Delta l_1}, \qquad \Delta l_1 = h_1 \Delta q_1$$

又因为场强度沿 $\boldsymbol{e}_1$ 的分量为 $E_{q_1} = -(\nabla U)_{q_1}$,故得

$$\left.\begin{aligned} E_{q_1} &= -(\nabla U)_{q_1} = -\frac{1}{h_1}\frac{\partial U}{\partial q_1} \\ \text{同样,}\quad E_{q_2} &= -(\nabla U)_{q_2} = -\frac{1}{h_2}\frac{\partial U}{\partial q_2} \\ E_{q_3} &= -(\nabla U)_{q_3} = -\frac{1}{h_3}\frac{\partial U}{\partial q_3} \end{aligned}\right\} \tag{4.1-7}$$

势的梯度在曲线坐标系中的表示式为

$$\nabla U = \frac{1}{h_1}\frac{\partial U}{\partial q_1}\boldsymbol{e}_1 + \frac{1}{h_2}\frac{\partial U}{\partial q_2}\boldsymbol{e}_2 + \frac{1}{h_3}\frac{\partial U}{\partial q_3}\boldsymbol{e}_3 \tag{4.1-8}$$

下面求场强度散度的表示式.

图 4.1-2 中,过 $PP_5P_6P_7$ 面的通量为

$$-(E_{q_1}\,\mathrm{d}l_2\,\mathrm{d}l_3)_{q_1}$$

过 $P_1P_2P_3P_4$ 面的通量为

$$(E_{q_1}\,\mathrm{d}l_2\,\mathrm{d}l_3)_{q_1+\mathrm{d}q_1}=(E_{q_1}\,\mathrm{d}l_2\,\mathrm{d}l_3)_{q_1}+\frac{\partial}{\partial q_1}(E_{q_1}\,\mathrm{d}l_2\,\mathrm{d}l_3)\mathrm{d}q_1$$

过这两个面的净通量为

$$N_1=\frac{\partial}{\partial q_1}(E_{q_1}\,\mathrm{d}l_2\,\mathrm{d}l_3)\mathrm{d}q_1$$

同样,可求出过另外两对面的净通量分别为

$$N_2=\frac{\partial}{\partial q_2}(E_{q_2}\,\mathrm{d}l_1\,\mathrm{d}l_3)\mathrm{d}q_2$$

$$N_3=\frac{\partial}{\partial q_3}(E_{q_3}\,\mathrm{d}l_1\,\mathrm{d}l_2)\mathrm{d}q_3$$

通过整个封闭面的净通量为 $N=N_1+N_2+N_3$.

由散度的定义和(4.1-5)式,得到散度的表示式为

$$\nabla\cdot\boldsymbol{E}=\frac{1}{h_1h_2h_3}\left[\frac{\partial}{\partial q_1}(E_{q_1}h_2h_3)+\frac{\partial}{\partial q_2}(E_{q_2}h_1h_3)+\frac{\partial}{\partial q_3}(E_{q_3}h_1h_2)\right]\tag{4.1-9}$$

根据场强度 $\boldsymbol{E}$ 和势 U 的关系,得

$$\begin{aligned}\nabla\cdot\boldsymbol{E}&=-\nabla\cdot\nabla U=-\nabla^2U\\&=\frac{-1}{h_1h_2h_3}\left[\frac{\partial}{\partial q_1}\left(\frac{h_2h_3}{h_1}\frac{\partial U}{\partial q_1}\right)+\frac{\partial}{\partial q_2}\left(\frac{h_1h_3}{h_2}\frac{\partial U}{\partial q_2}\right)+\frac{\partial}{\partial q_3}\left(\frac{h_1h_2}{h_3}\frac{\partial U}{\partial q_3}\right)\right]\end{aligned}$$

由上式得在曲线坐标系中拉普拉斯方程表示式,即

$$\frac{\partial}{\partial q_1}\left(\frac{h_2h_3}{h_1}\frac{\partial U}{\partial q_1}\right)+\frac{\partial}{\partial q_2}\left(\frac{h_1h_3}{h_2}\frac{\partial U}{\partial q_2}\right)+\frac{\partial}{\partial q_3}\left(\frac{h_1h_2}{h_3}\frac{\partial U}{\partial q_3}\right)=0\tag{4.1-10}$$

3. 几种常用的曲线坐标系

(1)球坐标系　在球坐标系中,点 P 的位置是这样确定的:

(i)P 点到原点 O 的距离为 r;

(ii)P 点的矢径 OP 与 z 轴的夹角为 θ;

(iii)xOz 平面与通过 P 以 Oz 轴为界的半平面的夹角为 φ. 如图 4.1-3 所示.

每一点只对应一组(r,θ,φ)值,$r\geqslant 0, 0\leqslant\theta\leqslant\pi, 0\leqslant\varphi\leqslant 2\pi$.

坐标曲面 $r=C_1$ 是以 O 为中心的球面,$\theta=C_2$ 是以 Oz 轴为轴的锥面,$\varphi=C_3$ 是以 Oz 轴为界线的半平面.

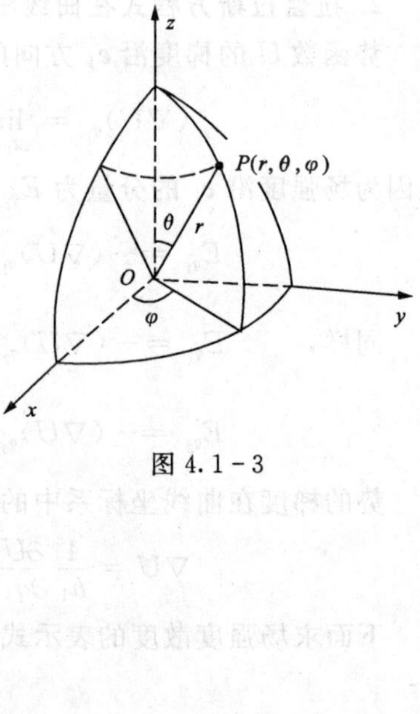

图 4.1-3

坐标曲线:

(i) 通过原点的射线(r 曲线);

(ii) 中心在原点,半径为 r 的半圆(θ 曲线);

(iii) 以 Oz 轴为中心轴,半径为 $r\sin\theta$ 的圆(φ 曲线).

$$\boldsymbol{e}_1=\boldsymbol{e}_r,\ \boldsymbol{e}_2=\boldsymbol{e}_\theta,\ \boldsymbol{e}_3=\boldsymbol{e}_\varphi$$

球坐标 (r,θ,φ) 与直角坐标(x,y,z)的关系为

$$\left.\begin{aligned} x &= r\sin\theta\cos\varphi \\ y &= r\sin\theta\sin\varphi \\ z &= r\cos\theta \end{aligned}\right\} \tag{4.1-11}$$

由(4.1-5)式算出：$h_r = 1$，$h_\theta = r$，$h_\varphi = r\sin\theta$，因此各坐标曲线的线元分别为

$$\mathrm{d}l_r = \mathrm{d}r,\ \mathrm{d}l_\theta = r\mathrm{d}\theta,\ \mathrm{d}l_\varphi = r\sin\theta\mathrm{d}\varphi$$

在球坐标中体积元

$$\mathrm{d}V = r^2\sin\theta\mathrm{d}r\mathrm{d}\theta\mathrm{d}\varphi$$

势的梯度

$$\nabla U = \frac{\partial U}{\partial r}\boldsymbol{e}_r + \frac{1}{r}\frac{\partial U}{\partial \theta}\boldsymbol{e}_\theta + \frac{1}{r\sin\theta}\frac{\partial U}{\partial \varphi}\boldsymbol{e}_\varphi \tag{4.1-12}$$

场强度的散度和势函数的拉普拉斯方程式

$$\nabla\cdot\boldsymbol{E} = \frac{1}{r^2\sin\theta}\left[\sin\theta\frac{\partial(r^2E_r)}{\partial r} + r\frac{\partial(\sin\theta E_\theta)}{\partial\theta} + r\frac{\partial E_\varphi}{\partial\varphi}\right] \tag{4.1-13}$$

其中 E_r, E_θ, E_φ 为场强度沿 $\boldsymbol{e}_r, \boldsymbol{e}_\theta, \boldsymbol{e}_\varphi$ 方向的分量，

$$E_r = -\frac{\partial U}{\partial r},\quad E_\theta = -\frac{1}{r}\frac{\partial U}{\partial\theta},\quad E_\varphi = -\frac{1}{r\sin\theta}\frac{\partial U}{\partial\varphi}$$

$$\nabla^2 U = \frac{1}{r^2}\frac{\partial}{\partial r}\left(r^2\frac{\partial U}{\partial r}\right) + \frac{1}{r^2\sin\theta}\frac{\partial}{\partial\theta}\left(\sin\theta\frac{\partial U}{\partial\theta}\right) + \frac{1}{r^2\sin^2\theta}\frac{\partial^2 U}{\partial\varphi^2} = 0 \tag{4.1-14}$$

(2)柱坐标系　P 点在空间的位置是这样确定的：

(i)P 点到 z 轴的垂直距离为 r；

(ii)xOz 平面与过 P 点及 z 轴的半平面的交角为 φ；

(iii)P 点到 xOy 平面的距离为 z. 如图 4.1-4 所示.

$$0 \leqslant r < \infty,\qquad 0 \leqslant \varphi < 2\pi,\qquad -\infty < z < +\infty$$

坐标曲面：$r = C_1$ 是以 z 轴为轴的过 P 点的圆柱面，$\varphi = C_2$ 是以 Oz 为界线的半平面，$z = C_3$ 是垂直 z 轴的平面.

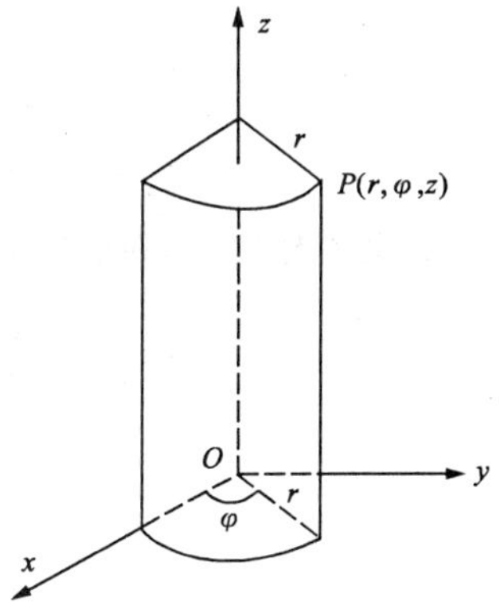

图 4.1-4

坐标曲线是：

(i) 从 z 轴出发的垂直于 z 轴的射线(r 曲线)；

(ii) 以 z 轴为中心轴线，半径为 r 的圆(φ 曲线)；

(iii) 平行于 z 轴的直线(z 曲线).

各坐标曲线的线元分别为

$$\mathrm{d}l_r = \mathrm{d}r,\quad \mathrm{d}l_\varphi = r\mathrm{d}\varphi,\quad \mathrm{d}l_z = \mathrm{d}z$$

可见　　$h_r = 1,\quad h_\varphi = r,\quad h_z = 1$

$$\nabla U = \frac{\partial U}{\partial r}\boldsymbol{e}_r + \frac{1}{r}\frac{\partial U}{\partial\varphi}\boldsymbol{e}_\varphi + \frac{\partial U}{\partial z}\boldsymbol{e}_z \tag{4.1-15}$$

$$\nabla\cdot\boldsymbol{E} = \frac{1}{r}\left[\frac{\partial(rE_r)}{\partial r} + \frac{\partial E_\varphi}{\partial\varphi} + \frac{\partial(rE_z)}{\partial z}\right] \tag{4.1-16}$$

$$\nabla^2 U = \frac{1}{r}\left[\frac{\partial}{\partial r}\left(r\frac{\partial U}{\partial r}\right) + \frac{\partial}{\partial\varphi}\left(\frac{1}{r}\frac{\partial U}{\partial\varphi}\right) + \frac{\partial}{\partial z}\left(r\frac{\partial U}{\partial z}\right)\right] = 0 \tag{4.1-17}$$

(3)扁旋转椭球坐标系　在此坐标系中，P 点的坐标为(λ, μ, ϕ). 如图 4.1-5 所示. 坐标曲面是：

(i)$\lambda = C_1$(常数) 时，由方程式

$$\frac{z^2}{c^2\lambda^2}+\frac{x^2+y^2}{c^2(\lambda^2+1)}=1 \quad (\lambda>0) \qquad (4.1-18)$$

确定的旋转椭球面，c 为椭球的焦点到原点的距离，旋转轴为 z 轴；

(ii)$\mu=C_2$(常数)时，由方程式

$$-\frac{z^2}{c^2\mu^2}+\frac{x^2+y^2}{c^2(1-\mu^2)}=1 \quad (-1\leqslant\mu\leqslant+1) \qquad (4.1-19)$$

确定的旋转双曲面，转轴为 z 轴；

(iii)$\phi=C_3$(常数)确定的面如前所述.

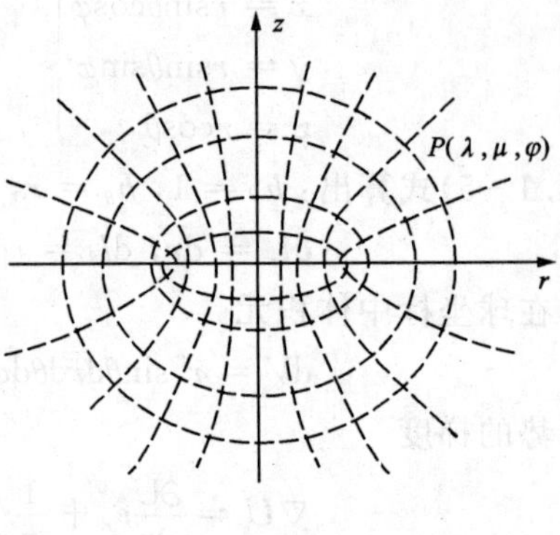

图 4.1-5

可解出

$$\left.\begin{aligned} x&=c\sqrt{(\lambda^2+1)(1-\mu^2)}\cos\phi \\ y&=c\sqrt{(\lambda^2+1)(1-\mu^2)}\sin\phi \\ z&=c\lambda\mu \end{aligned}\right\} \qquad (4.1-20)$$

将(4.1-20)式代入(4.1-6)式，算出量度系数

$$\left.\begin{aligned} h_\lambda&=c\sqrt{\frac{\lambda^2+\mu^2}{\lambda^2+1}} \\ h_\mu&=c\sqrt{\frac{\lambda^2+\mu^2}{1-\mu^2}} \\ h_\phi&=c\sqrt{(\lambda^2+1)(1-\mu^2)} \end{aligned}\right\} \qquad (4.1-21)$$

在此坐标中，场强度各分量为

$$\left.\begin{aligned} E_\lambda&=-\frac{1}{c}\sqrt{\frac{\lambda^2+1}{\lambda^2+\mu^2}}\frac{\partial U}{\partial\lambda} \\ E_\mu&=-\frac{1}{c}\sqrt{\frac{1-\mu^2}{\lambda^2+\mu^2}}\frac{\partial U}{\partial\mu} \\ E_\phi&=-\frac{1}{c}\frac{1}{\sqrt{(\lambda^2+1)(1-\mu^2)}}\frac{\partial U}{\partial\phi} \end{aligned}\right\} \qquad (4.1-22)$$

根据(4.1-8)式和(4.1-22)式，得拉普拉斯方程

$$\frac{\partial}{\partial\lambda}\left[(\lambda^2+1)\frac{\partial U}{\partial\lambda}\right]+\frac{\partial}{\partial\mu}\left[(1-\mu^2)\frac{\partial U}{\partial\mu}\right]+\frac{\lambda^2+\mu^2}{(\lambda^2+1)(1-\mu^2)}\frac{\partial^2 U}{\partial\phi^2}=0 \qquad (4.1-23)$$

(4)长旋转椭球坐标系　P 点的坐标也是(λ,μ,ϕ)，所不同的是椭球的焦点在 z 轴上.

坐标曲面：

(i)$\lambda=C_1$ 时，由方程式

$$\frac{z^2}{c^2\lambda^2}+\frac{x^2+y^2}{c^2(\lambda^2-1)}=1 \quad (\lambda>1) \qquad (4.1-24)$$

所确定的旋转椭球面(绕 z 轴旋转)；

(ii) $\mu=C_2$ 时，由方程式

$$\frac{z^2}{c^2\mu^2}-\frac{x^2+y^2}{c^2(1-\mu^2)}=1 \quad (-1\leqslant\mu\leqslant+1) \qquad (4.1-25)$$

所确定的旋转双曲面(绕 z 轴旋转)；

(iii) $\phi = C_3$ 所确定的坐标曲面同前.

解以上方程组,得

$$\left.\begin{aligned} x &= c\sqrt{(\lambda^2-1)(1-\mu^2)}\cos\phi \\ y &= c\sqrt{(\lambda^2-1)(1-\mu^2)}\sin\phi \\ z &= c\lambda\mu \end{aligned}\right\} \tag{4.1-26}$$

将上式代入(4.1-4)式,得量度系数为

$$\left.\begin{aligned} h_\lambda &= c\sqrt{\frac{\lambda^2-\mu^2}{\lambda^2-1}} \\ h_\mu &= c\sqrt{\frac{\lambda^2-\mu^2}{1-\mu^2}} \\ h_\phi &= c\sqrt{(\lambda^2-1)(1-\mu^2)} \end{aligned}\right\} \tag{4.1-27}$$

所以场强度各分量为

$$\left.\begin{aligned} E_\lambda &= -\frac{1}{c}\sqrt{\frac{\lambda^2-1}{\lambda^2-\mu^2}}\frac{\partial U}{\partial\lambda} \\ E_\mu &= -\frac{1}{c}\sqrt{\frac{1-\mu^2}{\lambda^2-\mu^2}}\frac{\partial U}{\partial\mu} \\ E_\phi &= -\frac{1}{c}\frac{1}{\sqrt{(\lambda^2-1)(1-\mu^2)}}\frac{\partial U}{\partial\phi} \end{aligned}\right\} \tag{4.1-28}$$

在长旋转椭球坐标系中,拉普拉斯方程式表示式为

$$\frac{\partial}{\partial\lambda}\left[(\lambda^2-1)\frac{\partial U}{\partial\lambda}\right]+\frac{\partial}{\partial\mu}\left[(1-\mu^2)\frac{\partial U}{\partial\mu}\right]+\frac{\lambda^2-\mu^2}{(\lambda^2-1)(1-\mu^2)}\frac{\partial^2 U}{\partial\phi^2}=0 \tag{4.1-29}$$

* §4.2 直角坐标系中拉普拉斯方程式的解

拉普拉斯方程的解为调和函数,如果 $U', U'', U''', \cdots$ 都是拉普拉斯方程式的解,那么这些函数的线性组合 $A'U' + A''U'' + A'''U''' + \cdots$ 也是方程式的解,其中 $A', A'', \cdots$ 是任意常数. 在直角坐标系中,我们已知拉普拉斯方程的表示式为

$$\frac{\partial^2 U}{\partial x^2}+\frac{\partial^2 U}{\partial y^2}+\frac{\partial^2 U}{\partial z^2}=0 \tag{4.2-1}$$

用分离变量法可求满足边界条件的拉普拉斯方程的解. 把 U 表示为三个函数的乘积,其中每个函数仅与一个自变量有关,即

$$U(x,y,z) = X(x)Y(y)Z(z) \tag{4.2-2}$$

代入(4.2-1)式,得到

$$YZ\frac{d^2X}{dx^2}+XZ\frac{d^2Y}{dy^2}+XY\frac{d^2Z}{dz^2}=0$$

用 $\frac{1}{XYZ}$ 乘以上式各项,得到

$$\frac{1}{X}\frac{d^2X}{dx^2}+\frac{1}{Y}\frac{d^2Y}{dy^2}+\frac{1}{Z}\frac{d^2Z}{dz^2}=0$$

上式可以写成　$F_1(x) + F_2(y) + F_3(z) = 0$

如果将此式对 x 求导数,得 $F_1'(x) = 0$. 因此可见 $F_1(x) =$ 常数. 同样可知 $F_2(y)$、$F_3(z)$

也分别都等于常数.

令

$$\left.\begin{aligned}\frac{1}{X}\frac{\mathrm{d}^2X}{\mathrm{d}x^2}&=K_x^2\\\frac{1}{Y}\frac{\mathrm{d}^2Y}{\mathrm{d}y^2}&=K_y^2\\\frac{1}{Z}\frac{\mathrm{d}^2Z}{\mathrm{d}z^2}&=K_z^2\end{aligned}\right\}\tag{4.2-3}$$

式中，K_x、K_y、K_z 都是常数，且

$$K_x^2+K_y^2+K_z^2=0\tag{4.2-4}$$

(4.2-3)式的常微分方程的解是容易求出的. 下面举例说明怎样求解拉普拉斯方程以及用边界条件确定其中的常数.

例题 如图 4.2-1 所示. 长方形导电纸长宽各为 a 和 b，第 Ⅳ 边接棒状电极连电池之正极；其他三边接电极连电池之负极. 已知第 Ⅳ 边电势为 U_0，其他三边电势为零，求导电纸上任一点的势①.

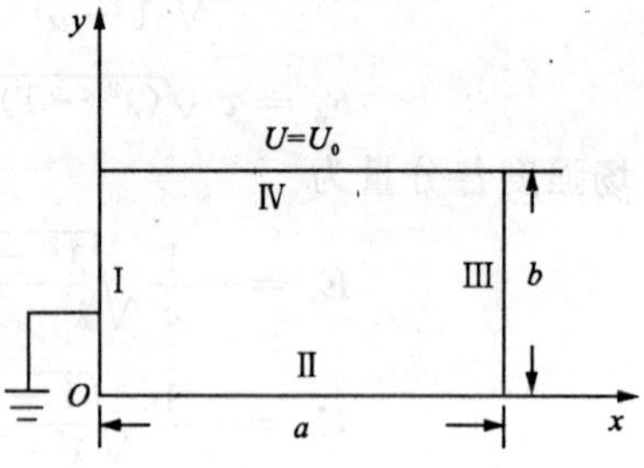

图 4.2-1

解 电场和 z 无关，即 $U(x,y)=X(x)Y(y)$，导电纸上的势显然满足拉普拉斯方程式，则边界上的边界条件为：

(i)在Ⅰ边上，$U|_{x\to 0}=0,\ 0<y<b$；

(ii)在Ⅱ边上，$U|_{y\to 0}=0,\ 0<x<a$；

(iii)在Ⅲ边上，$U|_{x\to a}=0,\ 0<y<b$；

(iv)在Ⅳ边上，$U|_{y\to b}=U_0,\ 0<x<a$.

如果 $K_x=K_y=0$，方程(4.2-3)之解为

$$X=C_1+D_1x,\ Y=C_2+D_2y\tag{4.2-5}$$

当 K_x、K_y 不为零时，方程(4.2-3)之解为

$$\left.\begin{aligned}X&=A_1\mathrm{ch}K_xx+B_1\mathrm{sh}K_xx\\Y&=A_2\mathrm{ch}K_yy+B_2\mathrm{sh}K_yy\end{aligned}\right\}\tag{4.2-6}$$

式中，$K_x^2+K_y^2=0$；C_1、D_1、C_2、D_2、A_1、B_1、A_2、B_2 为待定常数.

由(4.2-5)式和(4.2-6)式得

$$U_K=[A_1\mathrm{ch}K_xx+B_1\mathrm{sh}K_xx][A_2\mathrm{ch}K_yy+B_2\mathrm{sh}K_yy]+(C_1+D_1x)(C_2+D_2y)\tag{4.2-7}$$

由边界条件(i)得 $A_1=0$，$C_1=0$.

由边界条件(ii)得 $A_2=0$，$C_2=0$.

将(4.2-7)式重新写为

$$U=B_K\mathrm{sh}K_xx\,\mathrm{sh}K_yy+m_Kxy\tag{4.2-8}$$

由边界条件(iii)得　$m=0$，　$\mathrm{sh}K_xa=0$，

① 导电纸上的场实际上指的是导电膜上的场.

因此有

$$\left.\begin{aligned} & K_x a = \mathrm{i}n\pi, 即 \quad K_x = \mathrm{i}n\frac{\pi}{a} \\ & K_y = \sqrt{-K^2} = n\frac{\pi}{a} \end{aligned}\right\} \tag{4.2-9}$$

式中 n 为任意整数. 可见 K_x、K_y 不能为任意数，而必须是 $\frac{\pi}{a}$ 的整数倍. 将(4.2-9)式代入(4.2-8)式，得

$$U_n = B_n \sin n\frac{\pi x}{a} \mathrm{sh} n\frac{\pi y}{a}$$

此式中，n 为任意整数，所以

$$U = \sum_{n=-\infty}^{\infty} B_n \sin n\frac{\pi x}{a} \mathrm{sh} n\frac{\pi y}{a}$$

由此可知，只要 n 的绝对值相同，不管为正为负，$\sin n\frac{\pi x}{a}\mathrm{sh} n\frac{\pi y}{a}$ 的值都相同. 故上式可改写为

$$U = \sum_{n=1}^{\infty} B'_n \sin n\frac{\pi x}{a} \mathrm{sh} n\frac{\pi y}{a} \tag{4.2-10}$$

此式中 n 为正整数. 下面用边界条件(iv) 来确定 B'_n .

$$U\Big|_{y\to b} = \sum_{n-1}^{\infty} B'_n \mathrm{sh} n\frac{\pi b}{a} \sin n\frac{\pi x}{a} = \sum_{n-1}^{\infty} B''_n \sin n\frac{\pi x}{a} = U_0$$

式中 $\quad B''_n = B'_n \mathrm{sh} n\frac{\pi b}{a}$

因此得出

$$B''_n = \frac{4U_0}{n\pi}, \quad B'_n = \frac{4U_0}{n\pi \mathrm{sh} n\frac{\pi b}{a}} \qquad (当\ n\ 为奇数时)$$

$$B''_n = 0, \quad B'_n = 0 \qquad (当\ n\ 为偶数时)$$

将 B'_n 之值代入(4.2-10) 式，得

$$U = \sum_{n=1}^{\infty} \frac{4U_0}{n\pi \mathrm{sh} n\frac{\pi b}{a}} \sin n\frac{\pi x}{a} \mathrm{sh} n\frac{\pi y}{a} \qquad (n\ 为奇数)$$

式中 n 仅限正奇数. 如将上式改写为

$$U = \frac{4U_0}{\pi}\sum_{n=1}^{\infty} \frac{1}{(2n-1)\mathrm{sh}(2n-1)\frac{\pi b}{a}} \cdot \sin(2n-1)\frac{\pi x}{a} \mathrm{sh}(2n-1)\frac{\pi y}{a} \tag{4.2-11}$$

式中 n 为正整数.

场强度的分量为

$$\left.\begin{aligned} E_x &= -\frac{\partial U}{\partial x} = -\frac{4U_0}{a}\sum_{n=1}^{\infty}\frac{1}{\mathrm{sh}(2n-1)\frac{\pi b}{a}} \cdot \cos(2n-1)\frac{\pi x}{a}\mathrm{sh}(2n-1)\frac{\pi y}{a} \\ E_y &= -\frac{\partial U}{\partial y} = -\frac{4U_0}{a}\sum_{n=1}^{\infty}\frac{1}{\mathrm{sh}(2n-1)\frac{\pi b}{a}} \cdot \sin(2n-1)\frac{\pi x}{a}\mathrm{ch}(2n-1)\frac{\pi y}{a} \end{aligned}\right\} \tag{4.2-12}$$

§4.3 球坐标系中拉普拉斯方程式的解

(1)在§4.1中,已经得到拉普拉斯方程式在球极坐标系中的表示式为

$$\frac{\partial}{\partial r}\left(r^2\frac{\partial U}{\partial r}\right)+\frac{1}{\sin\theta}\frac{\partial}{\partial\theta}\left(\sin\theta\frac{\partial U}{\partial\theta}\right)+\frac{1}{\sin^2\theta}\frac{\partial^2 U}{\partial\phi^2}=0 \tag{4.3-1}$$

为了把这个方程式分离为分别含 r,θ,ϕ 的三个方程式,设

$$U(r,\theta,\phi)=R(r)\Theta(\theta)\Phi(\phi) \tag{4.3-2}$$

式中,R 仅为 r 的函数;Θ 仅为 θ 的函数;Φ 仅为 ϕ 的函数(常称 $S=\Theta\Phi$ 为面谐函数).

将(4.3-2)式代入(4.3-1)式中,得

$$\frac{1}{Rr^2}\frac{\partial}{\partial r}\left(r^2\frac{\partial R}{\partial r}\right)+\frac{1}{\Theta r^2\sin\theta}\frac{\partial}{\partial\theta}\left(\sin\theta\frac{\partial\Theta}{\partial\theta}\right)+\frac{1}{\Phi r^2\sin^2\theta}\frac{\partial^2\Phi}{\partial\phi^2}=0$$

这个方程可以分离为下面三个常微分方程式

$$\frac{1}{R}\frac{\mathrm{d}}{\mathrm{d}r}\left(r^2\frac{\mathrm{d}R}{\mathrm{d}r}\right)=n(n+1) \tag{4.3-3}$$

$$\frac{1}{\Phi}\frac{\mathrm{d}^2\Phi}{\mathrm{d}\phi^2}=-m^2 \tag{4.3-4}$$

$$\frac{1}{\sin\theta}\frac{\mathrm{d}}{\mathrm{d}\theta}\left(\sin\theta\frac{\mathrm{d}\Theta}{\mathrm{d}\theta}\right)+\left[n(n+1)-\frac{m^2}{\sin^2\theta}\right]\Theta=0 \tag{4.3-5}$$

因为势是有限和单值的,故常数 n、m 为整数或为零.

(i) 当 $m=0$ 时,以上三个方程式的解答分别为

$$\left.\begin{aligned}&R=A'_n r^n+\frac{B'_n}{r^{n+1}}\\&\Phi=C_0\phi+D_0\\&\Theta=E_nP_n(\cos\theta)+F_nQ_n(\cos\theta)\end{aligned}\right\} \tag{4.3-6}$$

$P_n(\cos\theta)$ 称为第一类 n 级的勒让德多项式,$Q_n(\cos\theta)$ 称为第二类 n 级勒让德多项式,当 $\theta\to 0$ 时,$Q_n(\cos\theta)\to\infty$,故 $F_n=0$. 当场的分布对称于 z 轴,即不随 ϕ 改变时,在此情况下,根据以上各式,得拉普拉斯方程的通解为

$$U(r,\theta)=\sum_{n=0}^{\infty}\left(A_nr^n+\frac{B_n}{r^{n+1}}\right)P_n(\cos\theta) \tag{4.3-7}$$

此式为本节经常用到的公式.

标准化的勒让德多项式的微商表示式为

$$P_n(\cos\theta)=\frac{1}{2^n n!}\frac{\mathrm{d}^n}{\mathrm{d}(\cos\theta)^n}(\cos^2\theta-1)^n \tag{4.3-8}$$

前几级的(第一类)勒让德多项式为

n	$P_n(\cos\theta)$
0	1
1	$\cos\theta$
2	$\frac{3}{2}\cos^2\theta-\frac{1}{2}$
3	$\frac{5}{2}\cos^3\theta-\frac{3}{2}\cos\theta$

4	$\frac{35}{8}\cos^4\theta-\frac{15}{4}\cos^2\theta+\frac{3}{8}$

(ii)当 $m\neq 0$ 时,(4.3-3) 式、(4.3-4) 式、(4.3-5) 式的解答分别为

$$\left.\begin{aligned}R&=A'_n r^n+\frac{B'_n}{r^{n+1}}\\ \Phi&=C_m\cos m\phi+D_m\sin m\phi\\ \Theta&=E_m P_n^m(\cos\theta)+F_m Q_n^m(\cos\theta)\end{aligned}\right\}\qquad(4.3-9)$$

$P_n^m(\cos\theta)$ 和 $Q_n^m(\cos\theta)$ 分别称为第一类和第二类勒让德伴随函数. 在球极坐标中,拉普拉斯方程的通解可写为

$$U(r,\theta,\phi)=\sum_{n=0}^{\infty}\sum_{m=0}^{\infty}\left(A_n r^n+\frac{B_n}{r^{n+1}}\right)\cdot(C_m\cos m\phi+D_m\sin m\phi)P_n^m(\mathrm{con}\theta)\qquad(4.3-10)$$

$$P_n^m(\cos\theta)=(1-\cos^2\theta)^{\frac{m}{2}}\frac{\mathrm{d}^m P_n(\cos\theta)}{\mathrm{d}(\cos\theta)^m}\qquad(4.3-11)$$

(2)将点电荷的势展为级数. 如图 4.3-1 所示. Q 为场源点,P 为观察点,R 为 QP 之间的距离. 取任一点 O 为原点,Q 点在 z 轴上. 在 Q 点放置电荷 q,则 P 点的势为

$$U=\frac{q}{4\pi\varepsilon R}\quad(\varepsilon\text{ 为介质的介电常数})$$

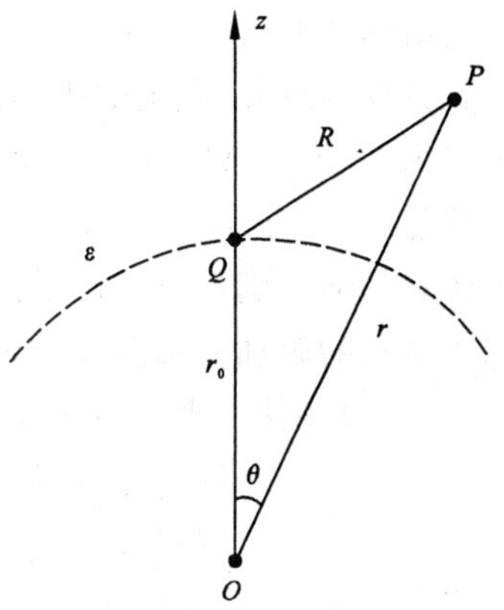

图 4.3-1

在点电荷场中,除场源点外(即 $R\neq 0$),各点的势是满足拉普拉斯方程式的,即 $\nabla^2 U=0$. 按以上所取之坐标,势具有轴对称性,其通解为(4.3-7) 式,所以

$$\frac{1}{R}=\sum_{n=0}^{\infty}\left(A_n r^n+\frac{B_n}{r^{n+1}}\right)P_n(\cos\theta)\qquad(4.3-12)$$

下面确定上式中的常数.

当 $R\to\infty$ 时,$U\to 0$,故可知 $A_n=0$.

当 $\theta=0$ 时,$R=r-r_0$,设 $r>r_0$,得

$$\frac{1}{r-r_0}=\sum_{n=0}^{\infty}\frac{B_n}{r^{n+1}}\quad[\because P_n(1)=1]$$

将 $\frac{1}{r-r_0}$ 展为级数,有

$$\frac{1}{r-r_0}=\frac{1}{r}\left(1-\frac{r_0}{r}\right)^{-1}=\frac{1}{r}\sum_{n=0}^{\infty}\left(\frac{r_0}{r}\right)$$

由以上两式,得

$$\frac{1}{r}\sum_{n=0}^{\infty}\left(\frac{r_0}{r}\right)^n=\sum_{n=0}^{\infty}\frac{B_n}{r^{n+1}}$$

所以有 $\qquad B_n=r_0$

故 $$U=\frac{q}{4\pi\varepsilon R}=\frac{q}{4\pi\varepsilon r}\sum_{n=0}^{\infty}\left(\frac{r_0}{r}\right)^n P_n(\cos\theta)\qquad(4.3-13)$$

如果 $r<r_0$,同样可以得到

$$U=\frac{q}{4\pi\varepsilon R}=\frac{q}{4\pi\varepsilon r_0}\sum_{n=0}^{\infty}\left(\frac{r}{r_0}\right)^n P_n(\cos\theta)\qquad(4.3-14)$$

例题 1 球体在均匀电场中.

真空中有均匀电场，已知电场强度为 $\boldsymbol{E}_0$，放入半径为 a、介质常数为 ε 的均匀介质球体，如图 4.3-2 所示. 求球内外的场.

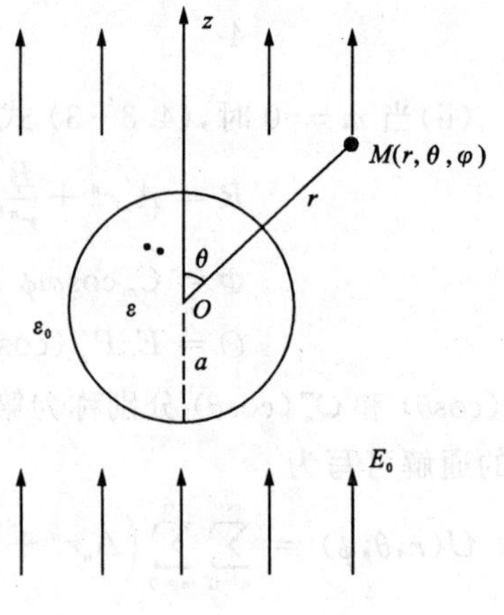

图 4.3-2

解 (1)坐标　取球心为坐标原点，z 轴的方向与 $\boldsymbol{E}_0$ 同向. 用球坐标系，任一点 M 的坐标为 (r,θ,φ).

(i)原均匀场的势 U_0. 根据势与场强的关系，得

$$E_0=-\frac{\mathrm{d}U_0}{\mathrm{d}z}$$

因此 $U_0=-E_0z+C$，取原点为标准点，原均匀场的势表示为

$$U_0=-E_0z=-E_0r\cos\theta$$

(ii)界面电荷. 介质球体在电场中极化，在界面上出现正束缚电荷和负束缚电荷. 由此束缚电荷所产生的场为附加场 U'.

无论球内球外，电场的势均由两部分组成.

球内　$U_1=U_0+U_1'=-E_0r\cos\theta+U_1'\quad(r<a)$

球外　$U_2=-E_0r\cos\theta+U_2'\quad(r>a)$

球内各点的势均满足拉普拉斯方程式，即 $\nabla^2U_1=0$.

而球外各点的附加势满足拉普拉斯方程，即 $\nabla^2U_2'=0$.

(2)极限条件　当 $r\to0$ 时，U_1 有限；当 $r\to\infty$ 时，$U_2'\to0$. 在边界上有边界条件

$$D_{1n}\big|_{r\to a}=D_{2n}\big|_{r\to a}\quad（第一边界条件）$$

即

$$\varepsilon\frac{\partial U_1}{\partial r}\bigg|_{r\to a}=\varepsilon_0\frac{\partial U_2}{\partial r}\bigg|_{r\to a}$$

$$U_1\big|_{r\to a}=U_2\big|_{r\to a}\quad（第二边界条件）$$

另外，本题中场的分布具有轴对称性，因此拉普拉斯方程的通解为

$$U_1=\sum_{n=0}^{\infty}\left(A_nr^n+\frac{B_n}{r^{n+1}}\right)P_n(\cos\theta)$$

$$U_2'=\sum_{n=0}^{\infty}\left(A_n'r^n+\frac{B_n'}{r^{n+1}}\right)P_n(\cos\theta)$$

因此

$$U_2=-E_0r\cos\theta+\sum_{n=0}^{\infty}\left(A_n'r^n+\frac{B_n'}{r^{n+1}}\right)P_n(\cos\theta)$$

(3)确定常数　要满足极限条件，以上各式中的待定常数必须满足 $A_n'=0$，$B_n=0$. 则

$$U_1=\sum_{n=0}^{\infty}A_nr^nP_n(\cos\theta)$$

$$U_2=-E_0r\cos\theta+\sum_{n=0}^{\infty}\frac{B_n'}{r^{n+1}}P_n(\cos\theta)$$

将以上两式代入边界条件的两式之中，得

$$\left.\begin{aligned}&\varepsilon\sum_{n=1}^{\infty}nA_na^{n-1}P_n(\cos\theta)=-\varepsilon_0E_0\cos\theta+\varepsilon_0\sum_{n=1}^{\infty}-(n+1)\frac{B_n'}{a^{n+2}}P_n(\cos\theta)\\&\sum_{n=1}^{\infty}A_na^nP_n(\cos\theta)=-E_0a\cos\theta+\sum_{n=1}^{\infty}\frac{B_n'}{a^{n+1}}P_n(\cos\theta)\end{aligned}\right\}$$

比较 $P_1(\cos\theta)$ 的系数，得

$$\left.\begin{aligned}\varepsilon A_1 &= -\varepsilon_0 E_0 - 2\varepsilon_0 \frac{B_1'}{a^3}\\ A_1 a &= -E_0 a + \frac{B_1'}{a^2}\end{aligned}\right\}$$

解此二式，得

$$A_1 = -\frac{3\varepsilon_0 E_0}{\varepsilon + 2\varepsilon_0},\ B_1' = \left(1 - \frac{3\varepsilon_0}{\varepsilon + 2\varepsilon_0}\right)E_0 a^3$$

当 $n \neq 1$ 时，解得 $A_n = B_n' = 0$.

最后得出势函数为

$$U_1 = -\frac{3\varepsilon_0}{\varepsilon + 2\varepsilon_0}E_0 r\cos\theta \tag{4.3-15}$$

$$U_2 = -E_0 r\cos\theta + \frac{\varepsilon - \varepsilon_0}{\varepsilon + 2\varepsilon_0}\left(\frac{a}{r}\right)^3 E_0 r\cos\theta \tag{4.3-16}$$

(4)球内外的势已求出，从所得之结果，得出球内仍为均匀场，球内的场强度为

$$\boldsymbol{E}_1 = -\nabla U_1 = -\frac{\partial U_1}{\partial z}\boldsymbol{k} = \frac{3\varepsilon_0}{\varepsilon + 2\varepsilon_0}E_0 \boldsymbol{k}$$

$\boldsymbol{E}_1$ 比原均匀场 $\boldsymbol{E}_0$ 小，但方向相同.

球外的附加场的势

$$U_2' = \frac{\varepsilon - \varepsilon_0}{\varepsilon + 2\varepsilon_0}\left(\frac{a}{r}\right)^3 E_0 r\cos\theta = \frac{p\cos\theta}{r^2}$$

其中 $p = \frac{\varepsilon - \varepsilon_0}{\varepsilon + 2\varepsilon_0}a^3 E_0 =$ 常量. 可见球外的附加场等效于一偶极子的场，此偶极子的偶极矩为

$\boldsymbol{p} = \frac{\varepsilon - \varepsilon_0}{\varepsilon + 2\varepsilon_0}a^3 \boldsymbol{E}_0$，位置在球心处.

如果所放的球体为导体球，令(4.3-15)式和(4.3-16)式中的 $\varepsilon \to \infty$，得导体球内外的势为

$$\left.\begin{aligned}U_1 &= 0\\ U_2 &= -E_0 r\cos\theta + \left(\frac{a}{r}\right)^3 E_0 r\cos\theta\end{aligned}\right\} \tag{4.3-17}$$

例题 2 两个很薄的带电半球壳.

两个金属的半球壳，半径为 a，壳中间隔有一缝隙，已知上半球的电势为 U_0，下半球壳接地，如图 4.3-3 所示. 求球内外的电场.

解 (1)势满足的方程和条件.

取坐标如图 4.3-3 所示，原点在球心，Oz 轴垂直向上，由于对称性，势只是 r、θ 的函数. 设 U_1 为球内的势，U_2 为球外的势. 两者都满足拉普拉斯方程式，即 $\nabla^2 U_1 = 0(r < a)$；$\nabla^2 U_2 = 0(r > a)$.

极限条件 在无限远处，势趋于零，即 $U_2|_{r\to\infty} \to 0$，在球心，显然势也是有限的，即 $U_1|_{r\to 0}$ 有限.

边界条件 在上半球壳上，电势为 U_0，故有

$$U_2|_{r\to a} = U_1|_{r\to a} = U_0 \quad \left(0 < \theta < \frac{\pi}{2}\right)$$

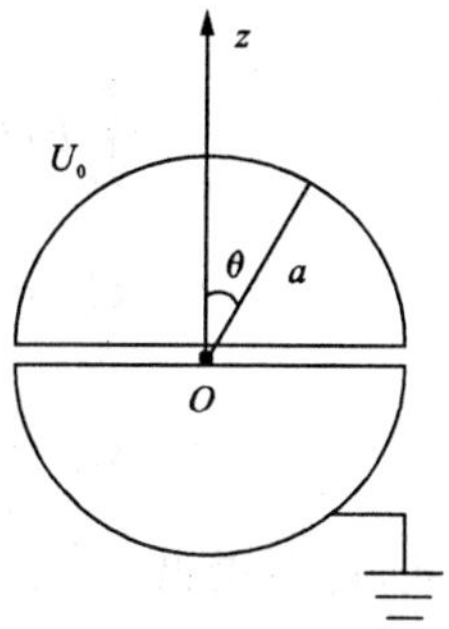

图 4.3-3

在下半球壳上，有

$$U_2|_{r\to a} = U_1|_{r\to a} = 0 \quad \left(\frac{\pi}{2} < \theta < \pi\right)$$

根据(4.3－7)式，得

$$U_2 = \sum_{n=0}^{\infty}\left(A_n r^n + \frac{B_n}{r^{n+1}}\right)P_n(\cos\theta)$$

$$U_1 = \sum_{n=0}^{\infty}\left(A'_n r^n + \frac{B'_n}{r^{n+1}}\right)P_n(\cos\theta)$$

(2)确定常数. 根据极限条件，可以确定上式中的待定常数，即

$$A_n = 0, \quad B'_n = 0$$

令 $C_n = \dfrac{B_n}{a^{n+1}} = A'_n a^n$，将以上两式重写如下

$$U_2 = \sum_{n=0}^{\infty} C_n \frac{a^{n+1}}{r^{n+1}} P_n(\cos\theta)$$

$$U_1 = \sum_{n=0}^{\infty} C_n \frac{r^n}{a^n} P_n(\cos\theta)$$

在球壳上，根据边界条件，得

$$\sum_{n=0}^{\infty} C_n P_n(\cos\theta) = F(\theta)$$

其中 $$F(\theta) = \begin{cases} U_0 & (\text{当 } 0 < \theta < \pi/2 \text{ 时}) \\ 0 & (\text{当 } \pi/2 < \theta < \pi \text{ 时}) \end{cases}$$

下面确定上式中的常数 C_n.

将上式两边乘以 $P_m(\cos\theta)\sin\theta$，然后积分之，即得

$$\int_0^{\pi} F(\theta)P_m(\cos\theta)\sin\theta d\theta = \sum_{n=0}^{\infty}\int_0^{\pi} C_n P_n(\cos\theta)P_m(\cos\theta)\sin\theta d\theta$$

$$= \int_0^{\pi} C_0 P_0(\cos\theta)P_m(\cos\theta)\sin\theta d\theta + \int_0^{\pi} C_1 P_1(\cos\theta)P_m(\cos\theta)\sin\theta d\theta$$

$$+ \cdots \int_0^{\pi} C_m P_m^2(\cos\theta)\sin\theta d\theta + \cdots$$

由于 $$\int_0^{\pi} P_n(\cos\theta)P_m(\cos\theta)\sin\theta d\theta = \begin{cases} 0 & (\text{当 } m \neq n \text{ 时}) \\ \dfrac{2}{2n+1} & (\text{当 } m = n \text{ 时}) \end{cases}$$

故得

$$\int_0^{\pi} F(\theta)P_n(\cos\theta)\sin\theta d\theta = \frac{2}{2n+1}C_n$$

即 $$C_n = \frac{2n+1}{2}\int_0^{\pi} F(\theta)P_n(\cos\theta)\sin\theta d\theta$$

即 $$C_n = \frac{2n+1}{2}\int_0^{\pi/2} U_0 P_n(\cos\theta)\sin\theta d\theta$$

由此式，可以得出

$$C_0 = U_0/2,\ C_1 = 3U_0/4,\ C_3 = -7U_0/16, \cdots$$

因此得到球壳外和球壳内的势分别为

$$U_2=U_0\left[\frac{a}{2r}+\frac{3}{4}\left(\frac{a}{r}\right)^2P_1(\cos\theta)-\frac{7}{8}\cdot\frac{1}{2}\left(\frac{a}{r}\right)^4P_3(\cos\theta)+\cdots\right] \tag{4.3-18}$$

$$U_1=U_0\left[\frac{1}{2}+\frac{3}{4}\frac{r}{a}P_1(\cos\theta)-\frac{7}{8}\cdot\frac{1}{2}\left(\frac{r}{a}\right)^3P_3(\cos\theta)+\cdots\right] \tag{4.3-19}$$

例题 3 球体在点(电流)源场中.

如图 4.3-4 所示．均匀球体半径为 r_0，电阻率为 ρ_1．球外是电阻率为 ρ_2 的均匀媒质．在 A 点有点源 I，A 与球心的距离为 d．求球内外的电势．

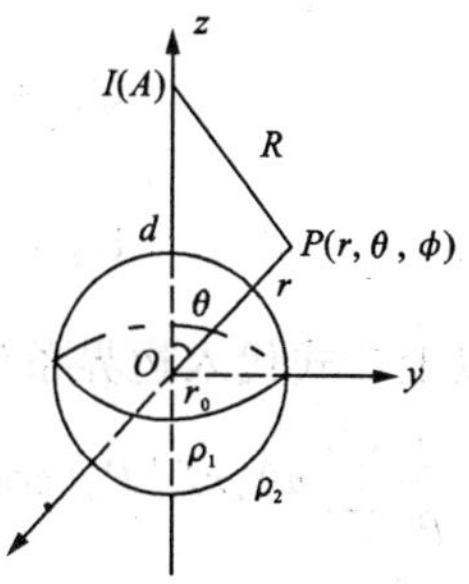

图 4.3-4

解 (1)分析．取球心 O 为坐标原点，z 轴通过 A 点，在球坐标系中，任一点 P 的坐标可以用(r,θ,ϕ) 表示．P、A 两点之距离为R.

电极周围有已知的累积电荷，即在 A 点有电荷，球面有正负累积电荷．如果 $\rho_1>\rho_2$，那么靠近 A 点的部分球面上累积电荷为正，另外部分球面上电荷为负．电荷的分布对称于 z 轴．此外无其他电荷．

(2)势满足的方程式和条件．根据以上分析，无论球内球外，场均由电极电荷与球面电荷所产生.

球内势　　$U_1=U_{10}+U_1'$

球外势　　$U_2=U_{20}+U_2'$

球内各点的势满足拉普拉斯方程式，即

$$\nabla^2U_1=0\quad(r<r_0)$$

球外各点的附加势 U_2'满足拉普拉斯方程式，即

$$\nabla^2U_2'=0\quad(r>r_0)$$

由于电荷的分布对称于 z 轴，与 ϕ 无关，相应的势也必有如此之对称性．所以通解为

$$U_1=\sum_{n=0}^{\infty}\left(A_nr^n+\frac{B_n}{r^{n+1}}\right)P_n(\cos\theta)$$

$$U_2'=\sum_{n=0}^{\infty}\left(A_n'r^n+\frac{B_n'}{r^{n+1}}\right)P_n(\cos\theta)$$

已知　　$U_{20}=\dfrac{I\rho_2}{4\pi R}$　［见(3.2-3)式］

故有　　$U_2=\dfrac{I\rho_2}{4\pi R}+\sum\limits_{n=0}^{\infty}\left(A_n'r^n+\dfrac{B_n'}{r^{n+1}}\right)P_n(\cos\theta)$

势所满足的条件为：在无限远处，球外附加势趋于零，即

$$U_2'\big|_{r\to\infty}\to 0$$

由此条件可以确定 $A_n'=0$.

由于在球内势处处有限(包括球心上)，故有

$$U_1\big|_{r=0}\text{有限}$$

根据这个有限性，可以确定 $B_n=0$.

在边界上

$$\frac{1}{\rho_1}\frac{\partial U_1}{\partial r}\bigg|_{r\to r_0}=\frac{1}{\rho_2}\frac{\partial U_2}{\partial r}\bigg|_{r\to r_0}$$

$$U_1\big|_{r\to r_0}=U_2\big|_{r\to r_0}$$

(3)确定常数 A_n、B'_n. 先将点源的势展为级数，参考(4.3-13)式，将 U_{20} 表示为

$$U_{20}=\frac{I\rho_2}{4\pi R}=\frac{I\rho_2}{4\pi d}\sum_{n=0}^{\infty}\left(\frac{r}{d}\right)^n P_n(\cos\theta)$$

整理后，将 U_1 和 U_2 的表示式重新写为

$$U_1=\sum_{n=0}^{\infty}A_n r^n P_n(\cos\theta)$$

$$U_2=\frac{I\rho_2}{4\pi d}\sum_{n=0}^{\infty}\left(\frac{r}{d}\right)^n P_n(\cos\theta)+\sum_{n=0}^{\infty}\frac{B'_n}{r^{n+1}}P_n(\cos\theta)$$

将以上二式代入边界条件的两式中，整理后得

$$\frac{1}{\rho_1}\sum_{n=0}^{\infty}nA_n r_0^{n-1}P_n(\cos\theta)=\frac{1}{\rho_2}\left[\frac{I\rho_2}{4\pi d}\sum_{n=0}^{\infty}\frac{n}{d}\left(\frac{r_0}{d}\right)^{n-1}P_n(\cos\theta)-\sum_{n=0}^{\infty}(n+1)\frac{B'_n}{r_0^{n+2}}P_n(\cos\theta)\right]$$

$$\sum_{n=0}^{\infty}A_n r_0^n P_n(\cos\theta)=\frac{I\rho_2}{4\pi d}\sum_{n=0}^{\infty}\left(\frac{r_0}{d}\right)^n P_n(\cos\theta)+\sum_{n=0}^{\infty}\frac{B'_n}{r_0^{n+1}}P_n(\cos\theta)$$

由以上两式，得

$$\left.\begin{aligned}A_n r_0^n&=\frac{I\rho_2}{4\pi d}\left(\frac{r_0}{d}\right)^n+\frac{B'_n}{r_0^{n+1}}\\ \frac{1}{\rho_1}nA_n r_0^{n-1}&=\frac{1}{\rho_2}\left[\frac{I\rho_2}{4\pi d}\,\frac{n}{d}\left(\frac{r_0}{d}\right)^{n-1}-(n+1)\frac{B'_n}{r_0^{n+2}}\right]\end{aligned}\right\}$$

解得

$$B'_n=\frac{I\rho_1}{4\pi d}\,\frac{n(\rho_1-\rho_2)}{n\rho_2+(n+1)\rho_1}\,\frac{r_0^{2n+1}}{d^n}$$

$$A_n=\frac{I\rho_2}{4\pi d}\,\frac{n(\rho_1-\rho_2)}{n\rho_2+(n+1)\rho_1}\,\frac{1}{d^n}+\frac{I\rho_2}{4\pi d}\,\frac{1}{d^n}$$

最后得到球外和球内的势分别为

$$U_2=\frac{I\rho_2}{4\pi R}+\frac{I\rho_2}{4\pi d}\sum_{n=1}^{\infty}\frac{n(\rho_1-\rho_2)}{n\rho_2+(n+1)\rho_1}\,\frac{r_0^{2n+1}}{d^n}\,\frac{P_n(\cos\theta)}{r^{n+1}}\tag{4.3-20}$$

(R 为 A 到球外一点 P 的距离)

$$U_1=\frac{I\rho_2}{4\pi R}+\frac{I\rho_2}{4\pi d}\sum_{n=1}^{\infty}\frac{n(\rho_1-\rho_2)}{n\rho_2+(n+1)\rho_1}\left(\frac{r}{d}\right)^n P_n(\cos\theta)\tag{4.3-21}$$

(R 为 A 到球内一点 P 的距离)

(4)讨论. 如果此球体为良导体球，那么 $\rho_1\to 0$，球内的势为

$$U_1\approx\frac{I\rho_2}{4\pi R}-\frac{I\rho_2}{4\pi d}\sum_{n=1}^{\infty}\left(\frac{r}{d}\right)^n P_n(\cos\theta)\approx\frac{I\rho_2}{4\pi R}-\frac{I\rho_2}{4\pi d}\sum_{n=0}^{\infty}\left(\frac{r}{d}\right)^n P_n(\cos\theta)+\frac{I\rho_2}{4\pi d}$$

$$=\frac{I\rho_2}{4\pi R}-\frac{I\rho_2}{4\pi R}+\frac{I\rho_2}{4\pi d}$$

即球内的势 $\quad U_1\approx\dfrac{I\rho_2}{4\pi d}$ (常量) (4.3-22)

球内的势近似为常量，场强度近似为零.

球外的势为

$$U_2\approx\frac{I\rho_2}{4\pi R}-\frac{I\rho_2}{4\pi}\sum_{n=1}^{\infty}\frac{r_0^{2n+1}}{d^{n+1}}\,\frac{P_n(\cos\theta)}{r^{n+1}}=\frac{I\rho_2}{4\pi R}-\frac{r_0}{d}\,\frac{I\rho_2}{4\pi}\sum_{n=1}^{\infty}\frac{r_0^{2n}}{d^n}\,\frac{P_n(\cos\theta)}{r^{n+1}}$$

$$=\frac{I\rho_2}{4\pi R}-\frac{r_0}{d}\,\frac{I\rho_2}{4\pi}\sum_{n=0}^{\infty}\frac{r_0^{2n}}{d^n}\,\frac{P_n(\cos\theta)}{r^{n+1}}+\frac{r_0}{d}\,\frac{I\rho_2}{4\pi}\,\frac{1}{r}$$

即 $$U_2 \approx \frac{I\rho_2}{4\pi}\left(\frac{1}{R}-\frac{r_0}{d}\frac{1}{r'}+\frac{r_0}{d}\frac{1}{r}\right) \tag{4.3-23}$$

其中 $$\frac{1}{r'}=\sum_{n=0}^{\infty}\frac{r_0^{2n}}{d^n}\frac{P_n(\cos\theta)}{r^{n+1}}=\sum_{n=0}^{\infty}\frac{1}{r}\left(\frac{b}{r}\right)^n P_n(\cos\theta)$$

式中 $b=r_0^2/d$，为 A 的共轭点 A' 到 O 的距离，参考(4.3-13)式，可知 r' 为 A'、P 两点间的距离，以上所得之结果与用电像法所得的结果相同.

例题 4 均匀"极化"球体的电场.

如图 4.3-5(a)所示. 有一电阻率为 ρ_1 的均匀球体，半径为 r_0. 球外充满电阻率为 ρ_2 的均匀媒质. 球面上由于"极化"作用产生一偶层. 坐标如图，已知球面处电势跃变为

$$\Delta U\big|_{r\to r_0}=\Delta U_0\cos\theta$$

式中 ΔU_0 为已知常数. 求球内外的场.

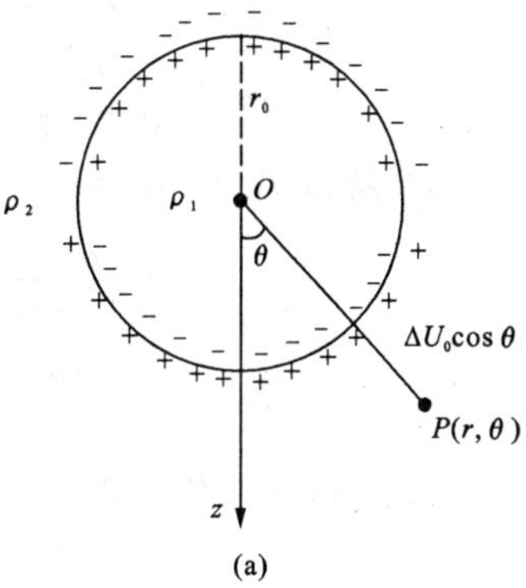

图 4.3-5

解 (1)电荷分布于球面处，且对称于 z 轴. 球内势 U_1 和球外势 U_2 均满足拉普拉斯方程式，即

$$\nabla^2 U_1=0 \quad (r<r_0)$$
$$\nabla^2 U_2=0 \quad (r>r_0)$$

通解为

$$U_1=\sum_{n=0}^{\infty}\left(A_n r^n+\frac{B_n}{r^{n+1}}\right)P_n(\cos\theta)$$

$$U_2=\sum_{n=0}^{\infty}\left(A_n' r^n+\frac{B_n'}{r^{n+1}}\right)P_n(\cos\theta)$$

下面讨论极限条件和边界条件.

(i)在无限远处，球外势趋于零，即

$$U_2\big|_{r\to\infty}\to 0$$

由此可确定 $A_n'=0$(显然，如果 $A_n'\neq 0$，则势在无限远处不为零).

(ii)球内势处处有限，包括球心点上势也有限，即

$$U_1\big|_{r=0}\text{有限}$$

由此可确定 $B_n=0$.

(iii)在边界上，电流密度法线分量连续，即第一边界条件为

$$j_{1n}\big|_{r\to r_n}=j_{2n}\big|_{r\to r_0}\Rightarrow\frac{1}{\rho_1}\frac{\partial U_1}{\partial r}\bigg|_{r\to r_0}=\frac{1}{\rho_2}\frac{\partial U_2}{\partial r}\bigg|_{r\to r_0}$$

势的跃变为已知

$$\Delta U_{r\to r_0}=(U_2-U_1)_{r\to r_0}=\Delta U_0\cos\theta$$

(2)由边界条件确定 A_n 和 B_n'. 将 U_1 和 U_2 的表示式代入以上两式中，得

$$\left.\begin{aligned}&\frac{1}{\rho_1}\sum_{n=0}^{\infty}nA_n r_0^{n-1}P_n(\cos\theta)=-\frac{1}{\rho_2}\sum_{n=0}^{\infty}(n+1)\frac{B_n'}{r_0^{n+2}}P_n(\cos\theta)\\&\sum_{n=0}^{\infty}\left(\frac{B_n'}{r_0^{n+1}}-A_n r_0^n\right)P_n(\cos\theta)=\Delta U_0\cos\theta.\end{aligned}\right\}$$

当 $n=1$ 时，比较等式两边 $P_1(\cos\theta)$ 的系数，得到含 A_1 和 B_1' 的两个式子

$$\left.\begin{aligned}-\frac{2}{\rho_2}\frac{B_1'}{r_0^3} &= \frac{1}{\rho_1}A_1 \\ \frac{B_1'}{r_0^2} - A_1 r_0 &= \Delta U_0\end{aligned}\right\}$$

联立解得

$$A_1 = -\frac{2\rho_1}{\rho_2 + 2\rho_1}\frac{\Delta U_0}{r_0}$$

$$B_1' = \frac{\rho_2}{\rho_2 + 2\rho_1} r_0^2 \Delta U_0$$

当 $n \neq 1$ 时，解得 $A_n = B_n' = 0$. 因此最后得出球外和球内的势分别为

$$U_2 = \frac{\rho_2}{\rho_2 + 2\rho_1}\left(\frac{r_0}{r}\right)^2 \Delta U_0 \cos\theta \tag{4.3-24}$$

$$U_1 = \frac{-2\rho_1}{\rho_2 + 2\rho_1}\left(\frac{r}{r_0}\right)\Delta U_0 \cos\theta \tag{4.3-25}$$

(3)讨论. 球内的势可改写为

$$U_1 = -\frac{2\rho_1}{\rho_2 + 2\rho_1}\frac{\Delta U_0}{r_0} z \quad (z = r\cos\theta)$$

球内场强度 $$\boldsymbol{E}_1 = -\nabla U_1 = -\frac{\partial U_1}{\partial z}\boldsymbol{k} = \frac{2\rho_1}{\rho_2 + 2\rho_1}\frac{\Delta U_0}{r_0}\boldsymbol{k} \tag{4.3-26}$$

可见球内为均匀场，电流密度为

$$\boldsymbol{j}_1 = \frac{1}{\rho_1}\boldsymbol{E}_1 = \frac{2}{\rho_2 + 2\rho_1}\frac{\Delta U_0}{r_0}\boldsymbol{k} \tag{4.3-27}$$

电流的方向与 z 轴同向.

球外势可写成下列形式

$$U_2 = \frac{p\cos\theta}{r^2} \quad \left(\text{其中 } p = \frac{\rho_2 \Delta U_0}{\rho_2 + 2\rho_1} r_0^2\right) \tag{4.3-28}$$

p 是常量. 因此球外场等效于一个位于球心的偶极子的场，其偶极矩 $\boldsymbol{p} = \frac{\rho_2 \Delta U_0}{\rho_2 + 2\rho_1} r_0^2 \boldsymbol{k}$.

这个结果可以绘成沿 z 轴的电势曲线，如图 4.3-5(b)所示.

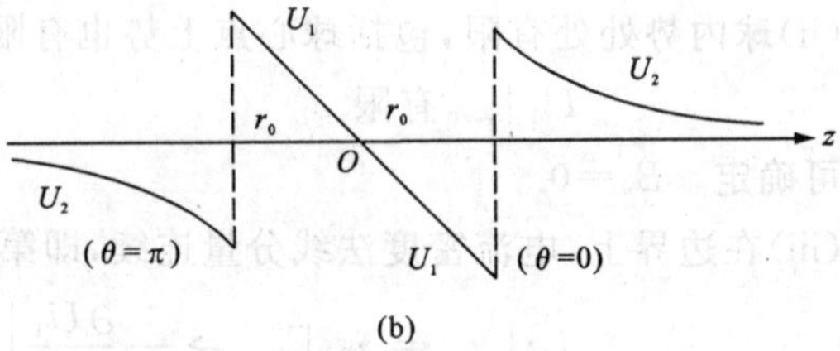

图 4.3-5

以上结果是均匀“极化”球体在无限均匀媒质中得出的，如果有地平面存在，要考虑地面影响. 根据倍增原理，得出地面上任一点的势近似为

$$U_2'\Big|_{z\to -h} \approx \frac{2p\cos\theta}{r^2}\Big|_{z\to -h} \tag{4.3-29}$$

h 为球心离地面的距离.

$$r\Big|_{z\to -h} = \sqrt{x^2 + y^2 + h^2} \quad \text{(仍设球心为原点)}$$

“极化”方向仍假设为沿 z 轴的方向，即偶极矩仍为 $\boldsymbol{p} = \frac{\rho_2 \Delta U_0}{\rho_2 + 2\rho_1} r_0^2 \boldsymbol{k}$，$\boldsymbol{k}$ 为 z 轴方向上的单位矢量，即“极化”方向与地面垂直.

请注意(4.3-29)式只适用于地面上的点，并且它是近似的.

例题 5 半径为 a 的导体球,已知它表面温度为 $T|_{r\to a}=T_0\cos^2\theta$, T_0 是常量. 求球内温度分布.

解 球内各点的温度满足拉普拉斯方程式,即

$$\nabla^2 T=0 \quad (r<a)$$

此温度分布对称于 z 轴,即与 ϕ 无关,因此方程的通解为

$$T=\sum_{n=0}^{\infty}\left(A_n r^n+\frac{B_n}{r^{n+1}}\right)P_n(\cos\theta)$$

球内各点的温度是有限的,即

$$T|_{r=0} \quad 有限$$

由此得出 $B_n=0$(如果 $B_n\neq 0$,那么球心的温度就不是有限的).

在球面上,有

$$T_0\cos^2\theta=\sum_{n=0}^{\infty}A_n a^n P_n(\cos\theta)=\sum_{n=0}^{\infty}C_n P_n(\cos\theta)$$

令 $\cos\theta=x$,将上式两边乘以 $P_n(x)\mathrm{d}x$,积分得

$$C_n=\frac{2n+1}{2}\int_{-1}^{+1}T_0 x^2 P_n(x)\mathrm{d}x$$

当 n 取奇数时,被积函数为奇函数,故此积分为零. 当 n 为大于 2 的偶数时,用分部积分法,利用(4.3-8)式,得

$$\int_{-1}^{+1}x^2 P_n(x)\mathrm{d}x=\frac{1}{2^n n!}\int_{-1}^{+1}x^2\frac{\mathrm{d}^n}{\mathrm{d}x^n}(x^2-1)^n\mathrm{d}x$$

$$=\frac{1}{2^n n!}\left\{\left[x^2\frac{\mathrm{d}^{n-1}}{\mathrm{d}x^{n-1}}(x^2-1)^n\right]_{-1}^{+1}-\int_{-1}^{+1}2x\frac{\mathrm{d}^{n-1}}{\mathrm{d}x^{n-1}}(x^2-1)^n\mathrm{d}x\right\}$$

继续运用分部积分,得出此积分等于零,因此可知 $C_n=0$(当 n 为奇数或为大于 2 的偶数时).

下面只需求出 C_0 和 C_2 即可,计算如下.

$$C_0=\frac{1}{2}\int_{-1}^{+1}T_0 x^2\mathrm{d}x=T_0/3$$

$$C_2=\frac{5}{2}\int_{-1}^{+1}T_0 x^2 P_2(x)\mathrm{d}x=\frac{5}{2}\int_{-1}^{+1}T_0 x^2\frac{1}{2}(3x^2-1)\mathrm{d}x=\frac{2}{3}T_0$$

相应有

$$A_0=C_0/a^0=T_0/3,\ A_2=C_2/a^2=2T_0/3a^2$$

$$A_n=0 \quad (n\neq 0, n\neq 2)$$

将所确定的常数值代入 T 的表示式中,最后得

$$T=\frac{T_0}{3}+\frac{2T_0}{3a^2}r^2P_2(\cos\theta)=\frac{T_0}{3}+\frac{T_0}{3}\left(\frac{r}{a}\right)^2(3\cos^2\theta-1) \tag{4.3-30}$$

§4.4 柱坐标系中拉普拉斯方程式的解

在§4.1中,我们已经得到在柱坐标系中拉普拉斯方程的表示式为

$$\frac{1}{r}\frac{\partial}{\partial r}\left(r\frac{\partial U}{\partial r}\right)+\frac{1}{r^2}\frac{\partial}{\partial\phi}\left(\frac{\partial U}{\partial\phi}\right)+\frac{\partial}{\partial z}\left(\frac{\partial U}{\partial z}\right)=0 \tag{4.4-1}$$

下面仍用分离变量法解上式.

(i)当场的分布与 z 无关时,即平面场问题,势只是 r、ϕ 的函数,则上式变为

$$\frac{1}{r}\frac{\partial}{\partial r}\left(r\frac{\partial U}{\partial r}\right)+\frac{1}{r^2}\frac{\partial}{\partial \phi}\left(\frac{\partial U}{\partial \phi}\right)=0 \tag{4.4-2}$$

令 $U(r,\phi)=R(r)\Phi(\phi)$，R 和 Φ 分别为 r 和 ϕ 的函数，代入上式，整理后得

$$\frac{r}{R}\frac{\partial}{\partial r}\left(r\frac{\partial R}{\partial r}\right)+\frac{1}{\Phi}\frac{\partial^2 \Phi}{\partial \phi^2}=0$$

由此得到两个常微分方程

$$\frac{d^2\Phi}{d\Phi^2}=-n^2\Phi \tag{4.4-3}$$

$$r\frac{d}{dr}\left(r\frac{dR}{dr}\right)-n^2R=0 \tag{4.4-4}$$

其中 n 为常数. 此二式之解分别为

$$\left.\begin{aligned}\Phi&=C_n\cos n\phi+D_n\sin n\phi\\R&=A_nr^n+B_nr^{-n}\end{aligned}\right\} \tag{4.4-5}$$

要满足势的单值性，常数 n 必须为整数($n\neq0$). (4.4-2)式的通解为

$$U(r,\phi)=\sum_{n=1}^{\infty}\left(A_nr^n+\frac{B_n}{r^n}\right)(C_n\cos n\phi+D_n\sin n\phi) \tag{4.4-6}$$

当 $n=0$ 时，(4.4-2)式之解答为

$$U(r,\phi)=(A\ln r+B)(C\phi+D)$$

(ii)对非平面场问题，势一般是 r,ϕ,z 的函数，令 $U(r,\phi,z)=R(r)\Phi(\phi)Z(z)$，从(4.4-1)式得到三个常微分方程式

$$\frac{d^2Z}{dz^2}=m^2Z \tag{4.4-7}$$

$$\frac{d^2\Phi}{d\phi^2}=-n^2\Phi \tag{4.4-8}$$

$$r\frac{d}{dr}\left(r\frac{dR}{dr}\right)+(m^2r^2-n^2)R=0 \tag{4.4-9}$$

式中，n 为整数；m 为常数，先假设 m 为实数.

前两式的解分别为

$$\left.\begin{aligned}Z&=E_me^{mz}+F_me^{-mz}\\\Phi&=C_n\cos n\phi+D_n\sin n\phi\end{aligned}\right\} \tag{4.4-10}$$

令(4.4-9)式中 $mr=\xi$，那么

$$\frac{d^2R}{d\xi^2}+\frac{1}{\xi}\frac{dR}{d\xi}+\left(1-\frac{n^2}{\xi^2}\right)R=0 \tag{4.4-11}$$

此式为贝塞尔方程，它的解答为贝塞尔函数.

$$R=A'_nJ_n(\xi)+B'_nY_n(\xi)=A'_nJ_n(mr)+B'_nY_n(mr) \tag{4.4-12}$$

$J_n(mr)$ 称为 n 阶依赖于参数 m 的第一类贝塞尔函数，$Y_n(mr)$ 为 n 阶的第二类贝塞尔函数.

由于当 $r\to0$ 时，$Y_n(mr)\to\infty$，又因为 m 可取连续的实数，所以(4.4-1)式的通解可写成如下形式

$$U(r,\phi,z)=\sum_{n=0}^{\infty}(C_n\cos n\phi+D_n\sin n\phi)\cdot\int_0^{\infty}[A(m)e^{mz}+B(m)e^{-mz}]J_n(mr)dm \tag{4.4-13}$$

(iii)如果参数 m 不是实数而是一个虚数，我们令 $m=i\mu$，μ 为实数. 那么上面三个常微分

方程变为

$$\frac{d^2 Z}{dz^2}=-\mu^2 Z \tag{4.4-14}$$

$$\frac{d^2 \Phi}{d\phi^2}=-n^2\Phi \tag{4.4-15}$$

$$r\frac{d}{dr}\left(r\frac{dR}{dr}\right)-(\mu^2 r^2+n^2)R=0 \tag{4.4-16}$$

令(4.4-16)式中 $\mu r=\xi$，变换后得

$$\frac{d^2 R}{d\xi^2}+\frac{1}{\xi}\frac{dR}{d\xi}-\left(1+\frac{n^2}{\xi}\right)R=0 \tag{4.4-17}$$

此式为变态的贝塞尔方程，其解为

$$R=A_n' I_n(\xi)+B_n' K_n(\xi)=A_n' I_n(\mu r)+B_n' K_n(\mu r) \tag{4.4-18}$$

$I_n(\mu r)$ 为 n 阶虚宗量的第一类贝塞尔函数；$K_n(\mu r)$ 为 n 阶虚宗量的第二类贝塞尔函数.

(4.1-15)式和(4.1-16)式的解均由余弦函数和正弦函数组成. 在 m 为虚数情况下，拉普拉斯方程的通解可写为

$$U(r,\phi,z)=\sum_{n=0}^{\infty}(C_n\cos n\phi+D_n\sin n\phi)\cdot\int_0^{\infty}[E(\mu)\cos\mu z+F(\mu)\sin\mu z]\cdot [A(\mu)I_n(\mu r)+B(\mu)K_n(\mu r)]d\mu \tag{4.4-19}$$

例题 1 均匀电场中的长柱体.

设在电阻率为 ρ_2 的均匀媒质中(例如水中)，有已知的均匀电场 $\boldsymbol{E}_0$，放入一无限长的均匀媒质的圆柱体，它的电阻率为 ρ_1，半径为 a，柱轴与 $\boldsymbol{E}_0$ 的方向垂直，如图 4.4-1(a) 所示. 求柱内外的电场.

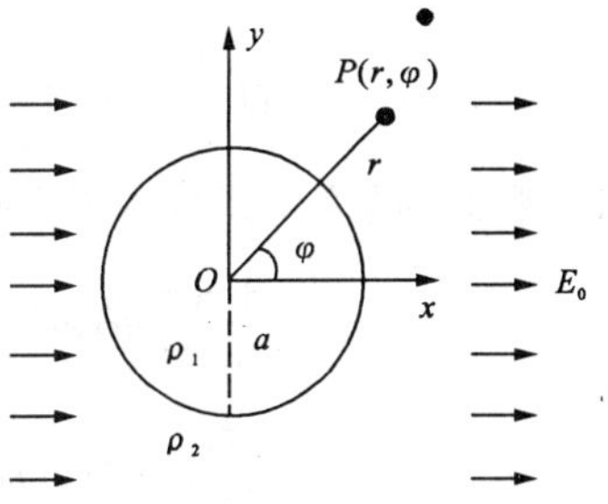

(a)

图 4.4-1

解 (1)分析. 本问题为平面场问题，取 z 轴与柱轴重合，在某一横截面上，取轴上的 O 点为原点，取 x 轴与 $\boldsymbol{E}_0$ 同方向，任一点 P 的坐标用柱坐标表示为(r,φ).

原均匀场的电流密度和势分别为

$$\boldsymbol{j}_0=\boldsymbol{E}_0/\rho_2,\ U_0=-E_0 x=-E_0 r\cos\varphi$$

柱内外都是均匀媒质，故知界面上有电荷，该面电荷产生附加场. 各点的势为原场的势和附加势之和. 在柱体之内，各点的势 U_1 均满足拉普拉斯方程式，即

$$\nabla^2 U_1=0\quad (r<a)$$

在柱体之外，我们可以肯定各点的附加势 U_2' 均满足拉普拉斯方程式，即

$$\nabla^2 U_2'=0\quad (r>a)$$

根据(4.4-6)式，得

$$U_1=\sum_{n=1}^{\infty}\left(A_n r^n+\frac{B_n}{r^n}\right)(C_n\cos n\varphi+D_n\sin n\varphi)$$

当 $n=0$ 时，其解不满足势的单值性和有限性.

$$U_2'=\sum_{n=1}^{\infty}\left(A_n' r^n+\frac{B_n'}{r^n}\right)(C_n'\cos n\varphi+D_n'\sin n\varphi)$$

$$U_2=-E_0 r\cos\varphi+\sum_{n=1}^{\infty}\left(A_n' r^n+\frac{B_n'}{r^n}\right)(C_n'\cos n\varphi+D_n'\sin n\varphi)$$

(i)由于在球内各点势有限，即

$$U_1|_{r=0} \text{有限}$$

据此可以肯定　$B_n = 0$.

(ii)由于在无限远处，附加势趋于零，即

$$U_2'|_{r\to\infty} \to 0$$

由此必然得出　$A_n' = 0$.

(iii)在 xOy 面上，势分布是对称于 x 轴的，即将 φ 换为 $-\varphi$ 时，势不变. 因此势函数中不应包含 $\sin n\varphi$ 项，即有

$$D_n = D_n' = 0$$

现将 U_1 和 U_2 的表示式重新整理写为

$$U_1 = \sum_{n=1}^{\infty} A_n r^n \cos n\varphi$$

$$U_2 = -E_0 r\cos\varphi + \sum_{n=1}^{\infty} \frac{B_n'}{r^n}\cos n\varphi$$

A_nC_n 仍为未知常数，用 A_n 表示，$B_n'C_n'$ 用 B_n' 表示.

(2)用边界条件确定 A_n 和 B_n'. 稳定电场中的两个边界条件为

$$\frac{1}{\rho_2}\frac{\partial U_1}{\partial r}\bigg|_{r\to a} = \frac{1}{\rho_2}\frac{\partial U_2}{\partial r}\bigg|_{r\to a}$$

$$U_1\bigg|_{r\to a} = U_2\bigg|_{r\to a}$$

将 U_1 和 U_2 的表示式代入以上边界条件式中，得

$$\left.\begin{aligned}\frac{1}{\rho_1}\sum_{n=1}^{\infty} nA_n a^{n-1}\cos n\varphi &= \frac{1}{\rho_2}\left\{-E_0\cos\varphi + \sum_{n=1}^{\infty}\left[-(n)\frac{B_n}{a^{n+1}}\cos n\varphi\right]\right\}\\ \sum_{n=1}^{\infty} A_n a^n\cos n\varphi &= -E_0 a\cos\varphi + \sum_{n=1}^{\infty}\frac{B_n'}{a^n}\cos n\varphi\end{aligned}\right\}$$

我们可以看出，当 $n\neq 1$ 时，$A_n = B_n' = 0$；

当 $n=1$ 时，有

$$\left.\begin{aligned}\frac{1}{\rho_1}A_1 &= \frac{1}{\rho_2}\left(-E_0 - \frac{B_1'}{a^2}\right)\\ A_1 a &= -E_0 a + \frac{B_1'}{a}\end{aligned}\right\}$$

联立解得

$$A_1 = -\left(1 - \frac{\rho_2 - \rho_1}{\rho_2 + \rho_1}\right)E_0$$

$$B_1' = \frac{\rho_2 - \rho_1}{\rho_2 + \rho_1}E_0 a^2$$

各常数都已确定，最后得柱体内外的势分别为

$$U_1 = -\left(1 - \frac{\rho_2 - \rho_1}{\rho_2 + \rho_1}\right)E_0 r\cos\varphi \tag{4.4-20}$$

$$U_2 = -\left(1 - \frac{\rho_2 - \rho_1}{\rho_2 + \rho_1}\frac{a^2}{r^2}\right)E_0 r\cos\varphi \tag{4.4-21}$$

(3)讨论. 求出势之后，进一步求出电场强度和电流密度.

柱内
$$\left.\begin{aligned} \boldsymbol{E}_1 &= \nabla U_1 = \frac{\partial U_1}{\partial x}\boldsymbol{i} = \left(1-\frac{\rho_2-\rho_1}{\rho_2+\rho_1}\right)E_0\boldsymbol{i} \\ \boldsymbol{j}_1 &= \frac{1}{\rho_1}\boldsymbol{E}_1 = \frac{2}{\rho_2+\rho_1}E_0\boldsymbol{i} \end{aligned}\right\} \tag{4.4-22}$$

柱外
$$\left.\begin{aligned} E_{2r} &= -\frac{\partial U_2}{\partial r} = \left(1+\frac{\rho_2-\rho_1}{\rho_2+\rho_1}\frac{a^2}{r^2}\right)E_0\cos\theta \\ E_{2\theta} &= -\frac{1}{r}\frac{\partial U_2}{\partial \theta} = -\left(1-\frac{\rho_2-\rho_1}{\rho_2+\rho_1}\cdot\frac{a^2}{r^2}\right)E_0\sin\theta \end{aligned}\right\} \tag{4.4-23}$$

总之，柱内仍为均匀场，如果柱体相对为低阻体，从 $\boldsymbol{j}_1=\dfrac{2}{\rho_2+\rho_1}E_0\boldsymbol{i}=\dfrac{2\rho_2}{\rho_2+\rho_1}\boldsymbol{j}_0$ 可以知道电流密度 $\boldsymbol{j}_1>\boldsymbol{j}_0$. 反之，如果柱体为高阻体，则有 $\boldsymbol{j}_1<\boldsymbol{j}_0$. 柱外附加场为偶极线场. 图 4.4-1(b) 为当柱体(相对) 是高阻体时，电流线的分布情况；图 4.4-1(c)为柱体(相对)是低阻体时，电流线的分布情况. 从图中可看出：**高阻体排斥电流线；低阻体吸引电流线.**

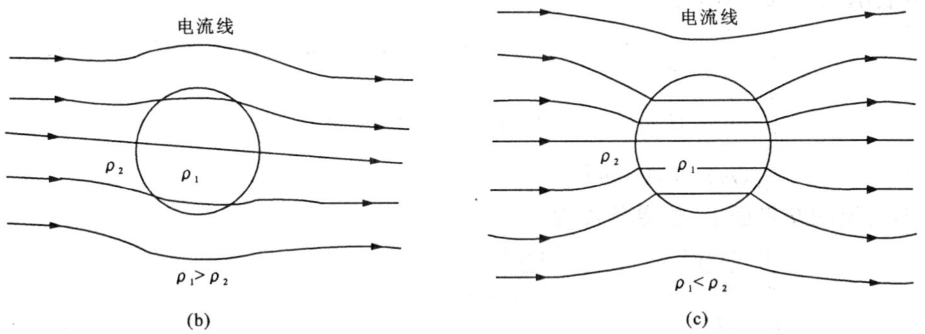

图 4.4-1

例题 2 点源在地下双层岩层中的场.

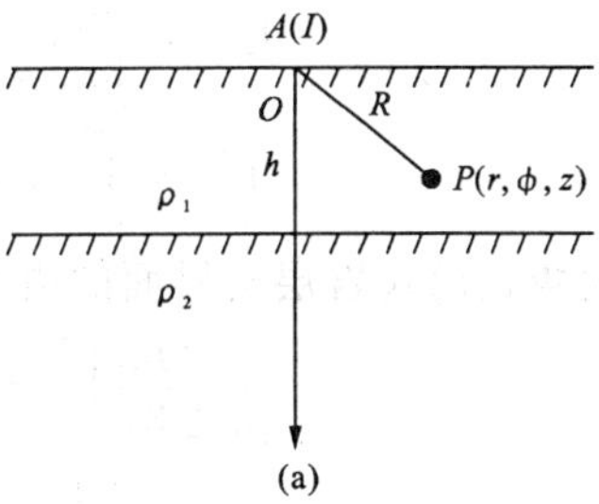

图 4.4-2

设在地平面下有一厚度为 h，电阻率为 ρ_1 的均匀导电岩层，在此岩层下面有电阻率为 ρ_2 的均匀无限厚的导电岩层. 两岩层的界面与地面平行. 在地面 A 点有点源 I，如图 4.4-2(a)所示. 求两岩层中的电场.

解 (i)取 A 点为坐标原点，z 轴垂直地面向下，任一点 P 的坐标为(r,ϕ,z). R 为 AP 的距离，$R=\sqrt{r^2+z^2}$.

通电电极是插入媒质中的，它的几何尺寸比 R 小得多，故称为点电源. 不过它“既是点又不是点”，比起 R 来说可以看成“点”，但它不是几何点.

除电极上有累积的已知电荷外，两个界面有面电荷. 这些电荷的分布是未知的，但其分布是对称于 z 轴的，因此场的分布与 ϕ 无关.

在第二岩层中，势 U_2 满足拉普拉斯方程，即

$$\nabla^2 U_2 = 0 \qquad (z>h)$$

在第一岩层中，附加势 U_1' 肯定是满足拉普拉斯方程的，即

$$\nabla^2 U_1' = 0 \quad (0<z<h)$$

我们显然应该选取(4.4-13)式的通解，本问题势与 ϕ 无关，故应有 $n=0$，因此

$$U_2=\int_0^{\infty}[A_2(m)e^{mz}+B_2(m)e^{-mz}]J_0(mr)dm$$

$$U_1'=\int_0^{\infty}[A_1(m)e^{mz}+B_1(m)e^{-mz}]J_0(mr)dm$$

$$U_1=\frac{I\rho_1}{2\pi R}+\int_0^{\infty}[A_1(m)e^{mz}+B_1(m)e^{-mz}]J_0(mr)dm$$

当 $z\to\infty$ 时，$U_2\to 0$. 故由此可以肯定 $A_2(m)=0$.

为了运算方便，利用韦伯·李普希兹积分，把 $\frac{1}{R}$ 写成

$$\frac{1}{R}=\frac{1}{\sqrt{z^2+r^2}}=\int_0^{\infty}e^{-mz}J_0(mr)dm \tag{4.4-24}$$

(ii)用边界条件确定 $A_1(m)$ 和 $B_1(m)$. 在地面上，第一边界条件为

$$j_{1n}\Big|_{z\to 0}=0$$

即
$$\frac{\partial U_1}{\partial z}\Big|_{z\to 0}=0$$

将 U_1 的表示式代入上式，得

$$\left\{-\frac{I\rho_1}{2\pi}\frac{z}{(r^2+z^2)^{3/2}}+\int[mA_1(m)e^{mz}-mB_1(m)e^{-mz}]J_0(mr)dm\right\}\Big|_{z\to 0}=0$$

所以
$$\int_0^{\infty}m[-B_1(m)+A_1(m)]J_0(mr)dm=0$$

即
$$B_1(m)=A_1(m)$$

在两岩层的交界面上，边界条件为

$$\frac{1}{\rho_1}\frac{\partial U_1}{\partial z}\Big|_{z\to h}=\frac{1}{\rho_2}\frac{\partial U_2}{\partial z}\Big|_{z\to h}$$

$$U_1=U_2$$

U_1 和 U_2 的表示式整理后重写如下

$$U_1=\frac{I\rho_1}{2\pi}\int_0^{\infty}e^{-mz}J_0(mr)dm+\int_0^{\infty}A_1(m)(e^{-mz}+e^{mz})J_0(mr)dm$$

$$U_2=\int_0^{\infty}B_2(m)^{-mz}J_0(mr)dm$$

将此两式代入岩层交界面的边界条件式中，得

$$\frac{1}{\rho_1}\left[\frac{I\rho_1}{2\pi}\int_0^{\infty}(-m)e^{-mh}J_0(mr)dm+\int_0^{\infty}A_1(m)(-me^{-mh}+me^{mh})J_0(mr)dm\right]$$

$$=\frac{1}{\rho_2}\int_0^{\infty}-mB_2(m)e^{-mh}J_0(mr)dm$$

$$\frac{I\rho_1}{2\pi}\int_0^{\infty}e^{-mh}J_0(mr)dm+\int_0^{\infty}A_1(m)(e^{-mh}+e^{mh})\cdot J_0(mr)dm$$

$$=\int_0^{\infty}B_2(m)e^{-mh}J_0(mr)dm$$

由于这两个等式对于所有的 r 值都满足，所以有

$$\left.\begin{aligned}&\frac{1}{\rho_1}\left[-\frac{I\rho_1}{2\pi}me^{-mh}+mA_1(m)(e^{mh}-e^{-mh})\right]=\frac{1}{\rho_2}(-m)B_2(m)e^{-mh}\\&\frac{I\rho_1}{2\pi}e^{-mh}+A_1(m)(e^{+mh}+e^{-mh})=B_2(m)e^{-mh}\end{aligned}\right\}$$

解此两式，得

$$A_1(m) = \frac{I\rho_1}{2\pi} \frac{(\rho_2 - \rho_1)\mathrm{e}^{-2mh}}{(\rho_2 + \rho_1) - (\rho_2 - \rho_1)\mathrm{e}^{-2mh}} = \frac{I\rho_1}{2\pi} \frac{K\mathrm{e}^{-2mh}}{1 - K\mathrm{e}^{-2mh}}$$

式中 $$K = \frac{\rho_2 - \rho_1}{\rho_2 + \rho_1}$$

第一岩层中的势为

$$U_1 = \frac{I\rho_1}{2\pi}\int_0^\infty \left[\mathrm{e}^{-mz} + \frac{K\mathrm{e}^{-2mh}}{1 - K\mathrm{e}^{-2mh}}(\mathrm{e}^{-mz} + \mathrm{e}^{mz})\right] \cdot J_0(mr)\mathrm{d}m$$

此结果为积分表示式，利用韦伯·李普希兹积分，可将上式变为和式，可使之意义明了和便于实际应用.

因为 $|K|<1$，故有

$$\frac{K\mathrm{e}^{-2mh}}{1 - K\mathrm{e}^{-2mh}} = K\mathrm{e}^{-2mh}(1 - K\mathrm{e}^{-2mh})^{-1} = \sum_{n=1}^{\infty} K^0 \mathrm{e}^{-2hmn}$$

将此代入前式，得

$$U_1 = \frac{I\rho_1}{2\pi}\sum_{n=0}^{\infty}\int_0^\infty K^n \mathrm{e}^{-m(2nh+z)} J_0(mr)\mathrm{d}m + \frac{I\rho_1}{2\pi}\sum_{n=1}^{\infty}\int_0^\infty K^n \mathrm{e}^{-m(2nh-z)} J_0(mr)\mathrm{d}m$$

利用韦伯·李普希兹积分(4.4-24)式，得

$$U_1(r,z) = \frac{I\rho_1}{2\pi}\left(\sum_{n=1}^{\infty} \frac{K^n}{\sqrt{r^2 + (z - 2nh)^2}} + \sum_{n=1}^{\infty} \frac{K^n}{\sqrt{r^2 + (z + 2nh)^2}}\right) \tag{4.4-25}$$

在地面上各点的势为

$$U_1(r,0) = \frac{I\rho_1}{2\pi}\left[\frac{1}{r} + 2\sum_{n=1}^{\infty} \frac{K^n}{\sqrt{r^2 + (2nh)^2}}\right] \tag{4.4-26}$$

式中 r 为地面上的 P 点到 A 点的距离.

(iii)讨论. 如果地平面下只有电阻率为 ρ 的均匀媒质，那么在地面上各点的势为

$$U = \frac{I\rho}{2\pi r} \quad (\text{见 §3.6 例题 1})$$

故有 $$\left|\frac{\partial U}{\partial r}\right| = \frac{I\rho}{2\pi r^2}, \quad 即 \quad \rho = \frac{2\pi r^2}{I}\left|\frac{\partial U}{\partial r}\right|$$

一般情况下，地下并非由一种均匀媒质所充满，用上式算出的"ρ"不是真正的电阻率，我们称之为视电阻率，用 ρ_K 表示，即

$$\rho_K = \frac{2\pi r^2}{I}\left|\frac{\partial U}{\partial r}\right| \tag{4.4-27}$$

在本例题中，已知地面的势 $U_1(r,0)$，由上式得本例题中的视电阻率为

$$\rho_K = \frac{2\pi r^2}{I}\left|\frac{\partial U_1(r,0)}{\partial r}\right| = \rho_1\left[1 + 2\sum_{n=1}^{\infty} \frac{K^n r^3}{[r^2 + (2nh)^2]^{3/2}}\right]$$

$$= \rho_1\left\{1 + 2\sum_{n=1}^{\infty} \frac{K^n\left(\frac{\xi}{2}\right)^3}{\left[\left(\frac{\xi}{2}\right)^2 + n^2\right]^{3/2}}\right\} \tag{4.4-28}$$

其中 $\xi = r/h$.

显然视电阻率 ρ_K 是可以测量出来的，如图 4.4-2(b) 所示. M、N 是两个测量电极的位置，如果 M 和 N 十分靠近，测出的电势之差为 $(U_M - U_N)$，根据(4.4-27) 式，得

$$\rho_K = \frac{2\pi r^2}{I}\left|\frac{\partial U}{\partial r}\right| \approx \frac{2\pi r^2}{I}\left|\frac{U_M - U_N}{\Delta r}\right|$$

Δr 为 M 点到 N 点的距离. 根据此式可以测量出地面上各点的视电阻率.

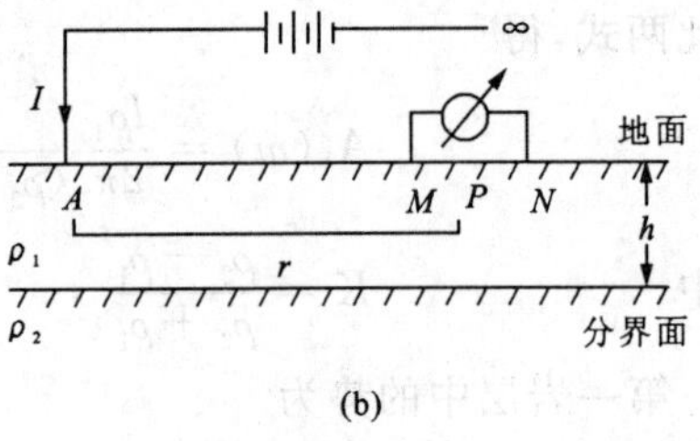

图 4.4-2

当测量点与电极的距离 r 比第一岩层的厚度 h 小得多时,(4.4-28)式的第二项可以略去,则 $\rho_K \approx \rho_1$. 即测量点靠近电极 A 时,测出的视电阻率近似等于第一层岩层的电阻率 ρ_1.

反之,当测量点远离电极,即 $r \to \infty$ 时,

$$\left.\frac{K^n r^3}{[r^2 + (2nh)^2]^{3/2}}\right|_{r\to\infty} \to K^n$$

由(4.4-28)式,得

$$\rho_K\Big|_{r\to\infty} \approx \rho_1\left(1 + 2\sum_{n=1}^{\infty} K^n\right) = \rho_1\left(1 + \frac{2K}{1-K}\right) = \rho_1\,\frac{1+K}{1-K} = \rho_2$$

此时测出的视电阻率近似为 ρ_2.

可见电阻率 ρ_1 和 ρ_2 都可以在野外条件下测量出来. 当 ρ_1、ρ_2 和某点的 ρ 知道后,我们可以利用公式(4.4-28)来确定岩层厚度 h,由于 $|K|<1$,略去含 K^2 的项及以后各项,得

$$\rho_K \approx \rho_1\left[1 + 2\,\frac{K\left(\frac{\xi}{2}\right)^3}{\left[\left(\frac{\xi}{2}\right)^2 + 1\right]^{3/2}}\right] \tag{4.4-29}$$

已知 ρ_1、ρ_2、ρ_K 后,由此式算出 ξ,因此可以得出厚度

$$h = \frac{r}{\xi}$$

式中,r 为测量点与 A 的距离;ρ_K 为该点的视电阻率.

例题 3 短圆柱体的侧面和下底的温度均保持为零度,上底的温度保持为常值 T_0. 如图 4.4-3 所示. 此圆柱体的半径为 a,高为 h,求在稳定情况下柱体内的温度分布.

解 体内温度函数设为 T. 坐标的选取如图,原点 O 在下底之中心,z 轴与柱轴重合,任一点 P 的坐标表示为柱坐标(r,ϕ,z).

温度函数 T 所满足的方程和条件

$$\nabla^2 T = 0$$

(i) T 显然是 r、z 的函数,而与 ϕ 无关;

(ii) T 是处处有限的,包括 $r=0$ 的点;

(iii) 当 $z \to 0$ 时,$T \to 0$(在下底);

(iv) 当 $r \to a$ 时,$T \to 0$(在侧面);

(v) 当 $z \to h$ 时,$T \to T_0$(常值)(在上底).

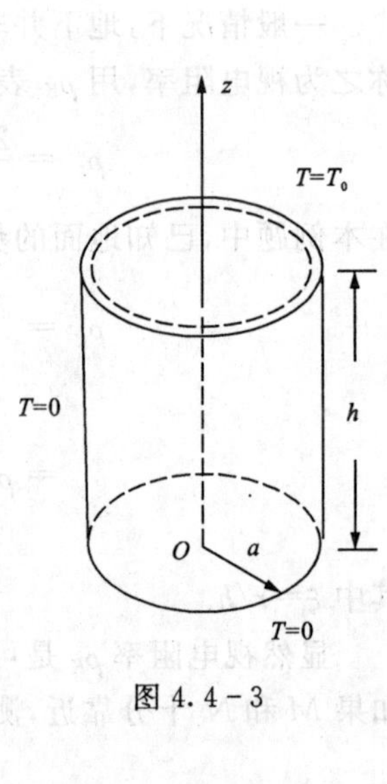

图 4.4-3

前面我们曾经用分离变量法解拉普拉斯方程,这里我们设

$$T = R(r)\Phi(\phi)Z(z)$$

解出

$$\left.\begin{aligned} \Phi &= C_n \cos n\phi + D_n \sin n\phi \\ Z &= E_m \operatorname{ch} mz + F_m \operatorname{sh} mz \\ R &= A'_n J_n(mr) + B'_n Y_n(mr) \end{aligned}\right\}$$

根据(i),我们得到 $n=0$(否则 T 与 ϕ 有关),由(ii),我们肯定有 $B_n'=0$,因为当 $r\to 0$ 时,$Y_0(mr)$ 趋于无限大,如果存在此项,温度就不能处处有限. 由(iii),得出 $E_m=0$,因 $z\to 0$ 时,$\mathrm{ch}mz$ 不趋于零,所以不应包括此项. 由(iv),得出 $J_0(ma)=0$. 设 x_i 为 $J_0(x)=0$ 的根,现将这些根列出如下.

i	1	2	3	4	…
x_i	2.405	5.520	8.654	11.792	…

可见这里的参数 m 不能任意选取,更不是连续的实数,我们能够选取的参数 $m_i=x_i/a$.

归纳以上的讨论,将温度函数 T 表示为

$$T(r,z)=\sum_{i=1}^{\infty}A_i\mathrm{sh}(m_iz)J_0(m_ir)$$

上式中常数 A_i 尚未确定. 由(v),得到

$$T_0=\sum_{i=1}^{\infty}A_i\mathrm{sh}(m_ih)J_0(m_ir)=\sum_{i=1}^{\infty}A_i'J_0(m_ir)$$

式中 $A_i'=A_i\mathrm{sh}(m_ih)$.

T_0 式的右边为傅里叶-贝塞尔级数. 为了清楚起见,我们把它展开写为

$$T_0=A_1'J_0(m_1r)+A_2'J_0(m_2r)+\cdots+A_i'J_0(m_ir)+\cdots$$

将上式两边都乘以 $rJ_0(m_ir)\mathrm{d}r$,再积分,得到

$$\int_0^a rJ_0(m_ir)T_0\mathrm{d}r=A_1'\int_0^a rJ_0(m_ir)J_0(m_1r)\mathrm{d}r+A_2'\int_0^a rJ_0(m_ir)J_0(m_2r)\mathrm{d}r+\cdots$$
$$+A_i'\int_0^a rJ_0(m_ir)J_0(m_ir)\mathrm{d}r+\cdots$$

根据贝塞尔函数的性质,从上式得到

$$T_0aJ_1(m_ia)\frac{1}{m_i}=A_i'\frac{a^2}{2}J_1^2(m_ia)$$

故
$$A_i=\frac{A_i'}{\mathrm{sh}(m_ih)}=\frac{2T_0}{am_iJ_1(m_ia)\mathrm{sh}(m_ih)}$$

将上式代入温度函数 T 表示式中,得到柱内温度分布函数为

$$T(r,z)=\frac{2T_0}{a}\sum_{i=1}^{\infty}\frac{\mathrm{sh}(m_iz)J_0(m_ir)}{m_i\mathrm{sh}(m_ih)J_1(m_ia)} \tag{4.4-30}$$

* §4.5 长旋转椭球坐标系中拉普拉斯方程式的解

在§4.1中,我们已经得出在长旋转椭球坐标系中拉普拉斯方程表示式为

$$\frac{\partial}{\partial\lambda}\left[(\lambda^2-1)\frac{\partial U}{\partial\lambda}\right]+\frac{\partial}{\partial\mu}\left[(1-\mu^2)\frac{\partial U}{\partial\mu}\right]+\frac{\lambda^2-\mu^2}{(\lambda^2-1)(1-\mu^2)}\frac{\partial^2U}{\partial\phi^2}=0 \tag{4.5-1}$$

令 $U=L(\lambda)M(\mu)\Phi(\phi)$,代入上式,得

$$\frac{1}{L}\frac{\partial}{\partial\lambda}\left[(\lambda^2-1)\frac{\partial L}{\partial\lambda}\right]+\frac{1}{M}\frac{\partial}{\partial\mu}\left[(1-\mu^2)\frac{\partial M}{\partial\mu}\right]+\frac{\lambda^2-\mu^2}{(\lambda^2-1)(1-\mu^2)}\left[\frac{1}{\Phi}\frac{\partial\Phi^2}{\partial\phi^2}\right]=0$$

因此有
$$\frac{1}{\Phi}\frac{\partial^2\Phi}{\partial\phi^2}=-m^2\quad(m\text{ 为整数}) \tag{4.5-2}$$

显然还有

$$\frac{1}{L}\frac{\partial}{\partial\lambda}\left[(\lambda^2-1)\frac{\partial L}{\partial\lambda}\right]+\frac{1}{M}\frac{\partial}{\partial\mu}\left[(1-\mu^2)\frac{\partial M}{\partial\mu}\right]-\left(\frac{1}{\lambda^2-1}+\frac{1}{1-\mu^2}\right)m^2=0$$

由后式得 L 和 M 分别满足的常微分方程式为

$$\frac{\mathrm{d}}{\mathrm{d}\mu}\left[(1-\mu^2)\frac{\mathrm{d}M}{\mathrm{d}\mu}\right]+\left[n(n+1)-\frac{m^2}{1-\mu^2}\right]M=0 \tag{4.5-3}$$

$$\frac{\mathrm{d}}{\mathrm{d}\lambda}\left[(\lambda^2-1)\frac{\mathrm{d}L}{\mathrm{d}\lambda}\right]-\left[n(n+1)+\frac{m^2}{\lambda^2-1}\right]L=0 \tag{4.5-4}$$

(4.5-4)式可改写为

$$\frac{\mathrm{d}}{\mathrm{d}\lambda}\left[(1-\lambda^2)\frac{\mathrm{d}L}{\mathrm{d}\lambda}\right]+\left[n(n+1)-\frac{m^2}{1-\lambda^2}\right]L=0 \tag{4.5-5}$$

(4.5-3)式和(4.5-5)式是缔合勒让德方程式，在§4.3中，我们已经熟悉其解答，对(4.5-2)式的解答更为熟悉，因此得到拉普拉斯方程在长旋转椭球坐标系中的通解为

$$U(\lambda,\mu,\phi)=\sum_{n,m}(C_m\cos m\phi+D_m\sin m\phi)[A_{nm}P_n^m(\lambda)+B_{nm}Q_n^m(\lambda)]P_n^m(\mu) \tag{4.5-6}$$

注意　　$\lambda>1,\quad -1\leqslant\mu\leqslant1,\quad 0\leqslant\phi<2\pi$

例题1　带电椭球形导体的场.

如图4.5-1所示. 椭球形导体，长轴长为 $2a$，短轴长为 $2b$，导体之外为均匀介质 ε. 已知此导体带电后的电势为 U_0，求导体外任一点的场.（导体面为 $\lambda=\lambda_0>1$）

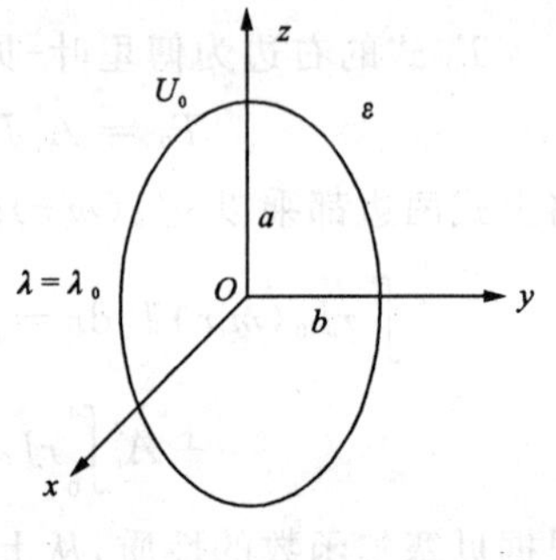

图4.5-1

解　取导体中心为原点 O，z 轴为旋转轴，任一点 P 的坐标用旋转椭球坐标表示为(λ,μ,ϕ). 导体上电荷分布显然对称于 z 轴，势只是 λ、μ 的函数，即与 ϕ 无关，故在通解中取 $m=0$，又因为当 $\lambda\to\infty$ 时，$P_n^m(\lambda)\to\infty$，为了满足极限条件

$$U|_{r\to\infty}\to0，必须\ A_{nm}=0$$

根据(4.5-6)式和以上的讨论，本题中的势可写为

$$U(\lambda,\mu)=\sum_{n=0}^{\infty}A_nQ_n(\lambda)P_n(\mu)$$

但常数 A_n 尚未确定. 下面根据边界条件来确定 A_n（$A_n=C_0B_{n0}$）. 在边界上，势为已知值 U_0，即

$$U|_{\lambda=\lambda_0}=U_0$$

将势的表示式代入上式之中，得

$$U|_{\lambda=\lambda_0}=\sum_{n=0}^{\infty}A_nQ_n(\lambda_0)P_n(\mu)=U_0$$

因此各系数确定为

$$A_0=U_0/Q_0(\lambda_0)$$

$$A_n=0\quad(n\neq0)$$

其中

$$Q_0(\lambda_0)=\frac{1}{2}\ln\frac{\lambda_0+1}{\lambda_0-1}$$

$$Q_0(\lambda)=\frac{1}{2}\ln\frac{\lambda+1}{\lambda-1}$$

各系数已定，代回势的表示式中，得所求势为

$$U=U_0\frac{Q_0(\lambda)}{Q_0(\lambda_0)}\qquad(\lambda\geqslant\lambda_0) \tag{4.5-7}$$

(1)电场强度. 根据§4.1,电场强度分量

$$E_\lambda = -\frac{1}{c}\sqrt{\frac{\lambda^2-1}{\lambda^2-\mu^2}}\frac{\partial U}{\partial \lambda} = -\frac{1}{c}\frac{U_0}{Q_0(\lambda_0)}\cdot\sqrt{\frac{\lambda^2-1}{\lambda^2-\mu^2}}Q_0'(\lambda) \quad (-1\leqslant\mu\leqslant1)$$

得出 $$Q_0'(\lambda) = \frac{-1}{\lambda^2+1}$$

所以
$$\left.\begin{aligned} E_\lambda &= \frac{1}{c}\frac{U_0}{Q_0(\lambda_0)}\frac{1}{\sqrt{(\lambda^2-1)(\lambda^2-\mu^2)}} \quad (-1\leqslant\mu\leqslant1)\\ E_\mu &= E_\phi = 0\\ D_\lambda &= \frac{\varepsilon}{c}\frac{U_0}{Q_0(\lambda_0)}\frac{1}{\sqrt{(\lambda^2-1)(\lambda^2-\mu^2)}} \quad (-1\leqslant\mu\leqslant1)\end{aligned}\right\} \tag{4.5-8}$$

(2)电荷. 导体上所带的自由电荷为

$$q = \oint_S D_\lambda \mathrm{d}S$$

$$\mathrm{d}S = 2\pi\sqrt{x^2+y^2}\,h_\mu\mathrm{d}\mu = 2\pi c^2\sqrt{(\lambda_0^2-1)(\lambda_0^2-\mu^2)}\,\mathrm{d}\mu \quad (-1\leqslant\mu\leqslant1)$$

积分,得 $$q = 4\pi\varepsilon c\frac{U_0}{Q_0(\lambda_0)} \tag{4.5-9}$$

(3)电容.

$$C = \frac{q}{U_0} = \frac{4\pi\varepsilon c}{Q_0(\lambda_0)} = \frac{8\pi\varepsilon c}{\ln\dfrac{\lambda_0+1}{\lambda_0-1}} \tag{4.5-10}$$

c 为椭球焦点到原点的距离,$c=(a^2-b^2)^{1/2}$.

例题 2 均匀电场中的椭球形媒质体.

如图 4.5-2 所示. 均匀媒质的电阻率为 ρ_2. 在此均匀媒质中有已知的均匀电流场 $\boldsymbol{j}_0$. 放进一电阻率为 ρ_1 的椭球,椭球面为 $\lambda=\lambda_0>1$,长轴与 $\boldsymbol{j}_0$ 方向平行,求椭球体内外的势. (焦距 $2c$ 为已知)

解 (i)取椭球之中心为坐标原点 O, z 轴与 $\boldsymbol{j}_0$ 的方向相同,任一点 P 的坐标用旋转椭球坐标(λ,μ,ϕ)来表示.

原电流场的密度 $\boldsymbol{j}_0$ 为已知,其相应的电场强度为

$$\boldsymbol{E}_0 = \rho_2\boldsymbol{j}_0$$

势为 $$U_0 = -E_0 z = -E_0 c\lambda\mu$$

在界面上有累积电荷,其分布对称于 z 轴,即与 ϕ 无关. 此面电荷产生的场为附加场.

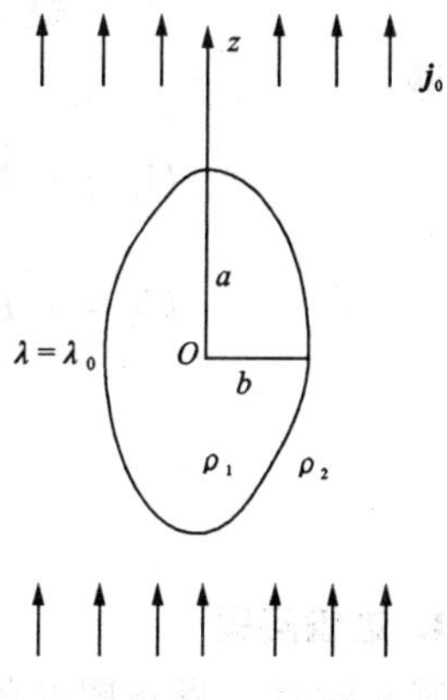

图 4.5-2

$$\left.\begin{aligned} &\text{椭球体内势为} \quad U_1 = U_{01} + U_1' \quad (\lambda<\lambda_0)\\ &\text{椭球体外势为} \quad U_2 = U_{02} + U_2' \quad (\lambda>\lambda_0)\end{aligned}\right\}$$

则 $$\nabla^2 U_1' = 0,\ \nabla^2 U_2' = 0$$

(ii)通解. 由于电荷分布对称于 z 轴,因此势与 ϕ 无关,故通解中 $m=0$. 又因为体内势处处有限,所以 U_1' 中不应包含 $Q_n(\lambda)$项. 根据(4.5-6)式和以上的讨论,将体内附加势表示为

$$U_1' = \sum_{n=0}^{\infty} A_n P_n(\lambda) P_n(\mu)$$

体外的附加势在无限远处趋于零，即

$$U_2' \big|_{\lambda\to\infty} \to 0$$

要满足此条件，就不应该含有 $P_n(\lambda)$ 的项，故体外的附加势为

$$U_2' = \sum_{n=0}^{\infty} B_n Q_n(\lambda) P_n(\mu)$$

(iii)边界条件为

$$\left.\begin{aligned} \frac{1}{\rho_1}\frac{\partial U_1}{\partial \lambda}\bigg|_{\lambda\to\lambda_0} &= \frac{1}{\rho_2}\frac{\partial U_2}{\partial \lambda}\bigg|_{\lambda\to\lambda_0} \\ U_1\bigg|_{\lambda\to\lambda_0} &= U_2\bigg|_{\lambda\to\lambda_0} \end{aligned}\right\}$$

为了计算方便，将此两式写为以下形式

$$\left.\begin{aligned} \frac{\partial U_2'}{\partial \lambda}\bigg|_{\lambda\to\lambda_0} - K\frac{\partial U_1'}{\partial \lambda}\bigg|_{\lambda\to\lambda_0} &= (K-1)\frac{\partial U_0}{\partial \lambda}\bigg|_{\lambda\to\lambda_0} \\ U_1'\bigg|_{\lambda\to\lambda_0} &= U_2'\bigg|_{\lambda\to\lambda_0} \end{aligned}\right\}$$

式中 $K=\rho_2/\rho_1$. 将 U_1' 和 U_2' 的表示式代入以上两式之中，得

$$\sum_{n=0}^{\infty} B_n Q_n'(\lambda_0) P_n(\mu) - K\sum_{n=0}^{\infty} A_n P_n'(\lambda_0) P_n(\mu) = (K-1)(-E_0 c\mu)$$

和
$$\sum_{n=0}^{\infty} A_n P_n(\lambda_0) P_n(\mu) = \sum_{n=0}^{\infty} B_n Q_n(\lambda_0) P_n(\mu)$$

容易看出　　$A_n = B_n = 0 \quad (n \neq 1)$

当 $n=1$ 时，得

$$\left.\begin{aligned} B_1 Q_1'(\lambda_0) - K A_1 P_1'(\lambda_0) &= (K-1)(-E_0 c) \\ A_1 P_1(\lambda_0) &= B_1 Q_1(\lambda_0) \end{aligned}\right\}$$

将以上两式联立求解，得

$$B_1 = cE_0/\beta_1, \quad A_1 = cE_0/\alpha_1$$

其中

$$\beta_1 = \frac{1}{K-1}\left[K\frac{Q_1(\lambda_0)}{P_1(\lambda_0)} - Q_1'(\lambda_0)\right] = Q_0(\lambda_0) - \frac{1}{\lambda_0} + \frac{1}{K-1}\frac{1}{\lambda_0(\lambda_0^2-1)}$$

$$\alpha_1 = \frac{P_1(\lambda_0)}{Q_1(\lambda_0)}\beta_1$$

最后得

$$U_1 = -E_0\left(1-\frac{1}{\alpha_1}\right)z \qquad (\lambda < \lambda_0) \tag{4.5-11}$$

$$U_2 = -E_0 c\mu\left[\lambda - \frac{1}{\beta_1}Q_1(\lambda)\right] \qquad (\lambda > \lambda_0) \tag{4.5-12}$$

§4.6 格林函数法

1. 边值问题

某封闭面 S' 所包围的体积 V' 如图 4.6-1 所示. 面的法线为 $\boldsymbol{n}$. 面内外均有场源质量存在(此质量为剩余质量，以下均如此，场也是与剩余质量相应的引力场). S' 面内的引力场，势满

足泊松方程. **区域中势 U 满足泊松方程,如果边界上的势已知,求解该区域中的势的问题称为泊松方程的第一边值问题.**

根据第一章中所讲的格林函数的意义,我们知道格林函数 G 满足单位点源(或线源)的泊松方程,如果又已知 G 在边界上等于零,**则此格林函数称为第一边值的格林函数.**

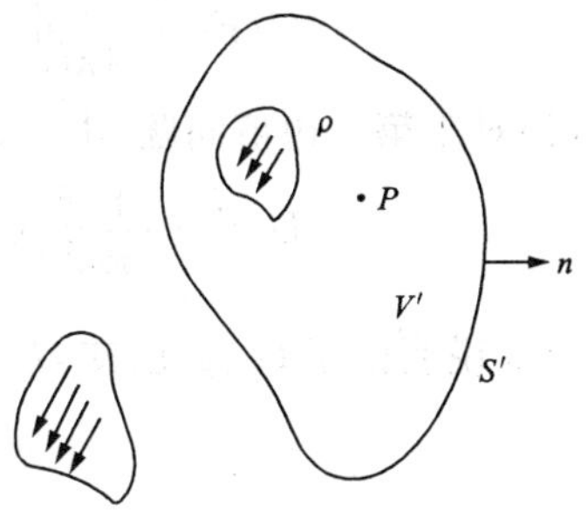

图 4.6-1

第一边值问题的势函数 U

$\nabla^2 U = -4\pi k\rho, U|_{S'} = f(\boldsymbol{r}'), f(\boldsymbol{r}')$ 为已知函数.

第一边值问题的格林函数 G

$\nabla^2 G = -4\pi k\delta(\boldsymbol{r}' - \boldsymbol{r}), G|_{S'} = 0$

[注意 $\delta(\boldsymbol{r}' - \boldsymbol{r}) = \delta(\boldsymbol{r} - \boldsymbol{r}')$]

从以上两组式子可以看出,一般来说,求 G 比求 U 容易,特别是边界面为无限平面、球面等简单的情况,边值问题的格林函数可以用类似"镜像法"的方法求出. 某种边界有一定的第一边值问题的 G 与之对应,但与该边界对应的第一边值问题的 U 则因 $f(\boldsymbol{r}')$的不同而不同.

势在区域中满足泊松方程式. 在边界上势的法向微商已知,求区域中的势,此问题是第二边值问题. 现将泊松方程式的第二边值问题的 U 和 G 也表示如下.

第二边值问题的势函数 U

$$\nabla^2 U = -4\pi k\rho,\ \left.\frac{\partial U}{\partial n}\right|_{S'} = F(\boldsymbol{r}'),\quad F(\boldsymbol{r}') \text{ 为已知函数}$$

第二边值问题的格林函数 G

$$\nabla^2 G = -4\pi k\delta(\boldsymbol{r}' - \boldsymbol{r}),\ \left.\frac{\partial G}{\partial n}\right|_{S'} = 0$$

同样,在第二边值问题中,也是求格林函数比求势函数容易.

2. 由格林函数求势函数

上面已经说过求 G 比求 U 容易. 由格林函数求出势场问题的解答,首先要找出 G 与 U 的关系. 在上面的式子中,涉及到 U 和 G 的梯度的散度和梯度沿面法向方向的分量,因此做如下的运算.

令矢量$\boldsymbol{a} = U\nabla G - G\nabla U$,求 $\boldsymbol{a}$ 的散度得

$$\begin{aligned}\nabla \cdot (U\nabla G - G\nabla U) &= \nabla U \cdot \nabla G + U\nabla^2 G - \nabla G \cdot \nabla U - G\nabla^2 U \\ &= G(4\pi k\rho) - 4\pi k U\delta(\boldsymbol{r}' - \boldsymbol{r})\end{aligned}$$

两边积分

$$\int_{V'} \nabla \cdot (U\nabla G - G\nabla U)\mathrm{d}V' = 4\pi k\left[\int_{V'} G\rho\mathrm{d}V' - \int_{V'} U\delta(\boldsymbol{r}' - \boldsymbol{r})\mathrm{d}V'\right]$$

运用高斯定理及 δ 函数的性质,将上式变为

$$\oint_{S'} (U\nabla G - G\nabla U) \cdot \mathrm{d}\boldsymbol{S}' = 4\pi k\left[\int_{V'} G\rho\mathrm{d}V' - U(\boldsymbol{r})\right]$$

即

$$U(\boldsymbol{r}) = \int_{V'} G\rho\mathrm{d}V' - \frac{1}{4\pi k}\oint_{S'} U\frac{\partial G}{\partial n}\mathrm{d}S' + \frac{1}{4\pi k}\oint_{S'} G\frac{\partial U}{\partial n}\mathrm{d}S' \tag{4.6-1}$$

如果区域内 $\rho=0$,那么有

$$U(\boldsymbol{r})=\frac{1}{4\pi k}\oint_{S'}G\frac{\partial U}{\partial n}\mathrm{d}S'-\frac{1}{4\pi k}\oint_{S'}U\frac{\partial G}{\partial n}\mathrm{d}S' \tag{4.6-2}$$

(1)对于第一边值问题，由于边界上势是已知的，边界上 $G=0$，所以区域中任一点的势为

$$U=-\frac{1}{4\pi k}\oint_{S'}U\frac{\partial G}{\partial n}\mathrm{d}S' \tag{4.6-3}$$

上式说明由于 $U|_{S'}$ 已知，如果又能求出 $\left.\frac{\partial G}{\partial n}\right|_{S'}$，那么区域中任一点的势都可以由此式得出.

(2)对于第二边值问题，由于边界上 $\left.\frac{\partial U}{\partial n}\right|_{S'}$ 是已知的，边界上 $\left.\frac{\partial U}{\partial n}\right|_{S'}=0$，所以区域中任一点的势为

$$U=\frac{1}{4\pi k}\oint G\frac{\partial U}{\partial n}\mathrm{d}S' \tag{4.6-4}$$

因为 $\left.\frac{\partial U}{\partial n}\right|_{S'}$ 已知，如果又能求出 $G|_{S'}$，那么区域中任一点的势就可以由上式算出.

以上诸式反应场分布的表里联系，它们是解泊松方程和拉普拉斯方程边值问题的重要公式，我们着重讨论后者.

3. 势场的延拓

如果地平面上引力场已知，研究上半空间的引力场.如图 4.6-2 所示. 取 z 轴垂直地面向上. 有任意 $P(x,y,z)$ 和 $Q(\xi,\eta,\zeta)$ 或写为 $P(\boldsymbol{r})$ 和 $Q(\boldsymbol{r}')$.

$$R=|\boldsymbol{r}-\boldsymbol{r}'|=[(x-\xi)^2+(y-\eta)^2+(z-\zeta)^2]^{\frac{1}{2}}$$

$P'(x,y,-z)$ 为 P 点的对称点，

$$R^*=\sqrt{(x-\xi)^2+(y-\eta)^2+(z+\zeta)^2}$$

设地面各点的势已知，为 $U|_{z=0}=f(\xi,\eta)$. 上半空间无场源，势满足拉普拉斯方程式，即

$$\nabla^2U=0 \quad (z>0)$$

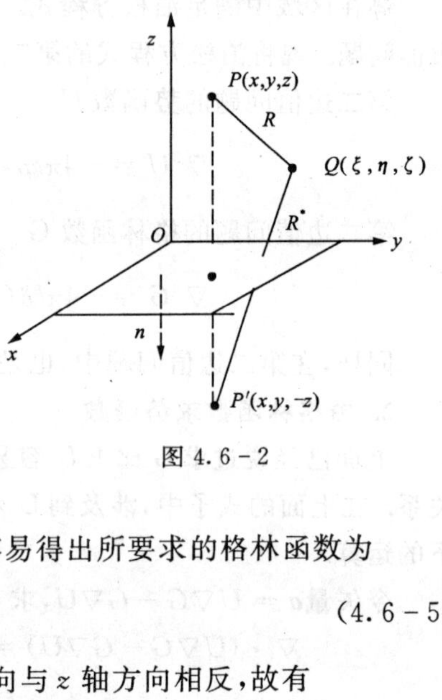

图 4.6-2

求上半空间势的问题是第一边值问题，需要求出相应的第一边值问题的格林函数. 根据推广的"镜像法"，我们很容易得出所要求的格林函数为

$$G=k\left(\frac{1}{R}-\frac{1}{R^*}\right) \tag{4.6-5}$$

(注意剩余质量可以为负)，且知 $G|_{S'}=0$. S' 面的法线方向与 z 轴方向相反，故有

$$\left.\frac{\partial G}{\partial n}\right|_{S'}=-\left.\frac{\partial G}{\partial \zeta}\right|_{S'}=-\left[\frac{z-\zeta}{R^3}+\frac{z+\zeta}{R^{*3}}\right]_{\zeta=0}=\frac{-2kz}{[(x-\xi)^2+(y-\eta)^2+z^2]^{3/2}} \tag{4.6-6}$$

将 $U|_{S'}$ 和 $\frac{\partial G}{\partial n}|_{S'}$ 代入(4.6-3)式，得上半空间任一点 P 的势为

$$U_P=\frac{z}{2\pi}\int_{-\infty}^{+\infty}\int_{-\infty}^{+\infty}\frac{f(\xi,\eta)}{[(x-\xi)^2+(y-\eta)^2+z^2]^{3/2}}\mathrm{d}\xi\mathrm{d}\eta \tag{4.6-7}$$

式中 $f(\xi,\eta)$ 为已知函数.

同样，如果地面上的重力异常 $\Delta g|_{S'}$ 已知，即可算出上半空间任一点的重力异常 Δg_P.

$$\Delta g_P=\frac{z}{2\pi}\int_{-\infty}^{+\infty}\int_{-\infty}^{+\infty}\frac{\Delta g|_{S'}}{[(x-\xi)^2+(y-\eta)^2+z^2]^{3/2}}\mathrm{d}\xi\mathrm{d}\eta \tag{4.6-8}$$

这种由地面上的场值算出上半空间场值的方法称为向上延拓.

如果已知地面上势的法线微商,要求由此计算上半空间任一点的势. 这是第二边值问题,同样用推广的“镜像法”求出第二边值问题的格林函数为

$$G = k\left(\frac{1}{R} + \frac{1}{R^*}\right) \tag{4.6-9}$$

因此

$$G|_{S'} = k\left(\frac{1}{R} + \frac{1}{R^*}\right)_{\xi=0} = \frac{2k}{[(x-\xi)^2 + (y-\eta)^2 + z^2)]^{1/2}} \tag{4.6-10}$$

设地面上势的法线微商已知,为

$$\frac{\partial U}{\partial n}\Big|_{S'} = F(\xi, \eta)$$

将 $G|_{S'}$ 和 $\left.\frac{\partial U}{\partial n}\right|_{S'}$ 代入(4.6-4)式,得

$$U_P = \frac{1}{2\pi}\int_{-\infty}^{+\infty}\int_{-\infty}^{+\infty} \frac{F(\xi, \eta)}{[(x-\xi)^2 + (y-\eta)^2 + z^2]^{1/2}} \mathrm{d}\xi \mathrm{d}\eta \tag{4.6-11}$$

§4.7 平面场中的复势

1. 解析函数

如果场源是二度体,那么与之相应的场就是平面场. 我们可在任一与场源走向垂直的平面上研究场的分布. 如果取此平面为 xOy 平面,那么场量就只是 x、y 的函数,因此平面场又常称为二维场. 许多其他方法难解的平面场问题,如果应用复变函数,可比较容易地解出. 这里先复习复变函数理论中解析函数的性质.

用 z 表复变数,$z = x + \mathrm{i}y = r\mathrm{e}^{\mathrm{i}\phi}$

设 w 为 z 的某一解析函数

$$w = f(z) = u(x, y) + \mathrm{i}v(x, y)$$

u 和 v 分别为 w 的实部和虚部,它们都是 x、y 的函数. 下面证明 w、u、v 都满足拉普拉斯方程.

$$\frac{\partial w}{\partial x} = \frac{\partial f(z)}{\partial z} = \frac{\partial z}{\partial x} = f'(z)$$

$$\frac{\partial^2 w}{\partial x^2} = \frac{\partial f'(z)}{\partial x} = \frac{\partial f'(z)}{\partial z}\frac{\partial z}{\partial x} = f''(z) \tag{4.7-1}$$

$$\frac{\partial w}{\partial y} = \frac{\partial f(z)}{\partial y}\frac{\partial z}{\partial y} = \mathrm{i}f'(z)$$

$$\frac{\partial^2 w}{\partial y^2} = \frac{\partial}{\partial z}[\mathrm{i}f'(z)]\frac{\partial z}{\partial y} = -f''(z) \tag{4.7-2}$$

将以上两式相加,得

$$\frac{\partial^2 w}{\partial x^2} + \frac{\partial^2 w}{\partial y^2} = 0 \tag{4.7-3}$$

由于 $w = u + \mathrm{i}v$,故有

$$\frac{\partial^2 w}{\partial x^2} = \frac{\partial^2 u}{\partial x^2} + \mathrm{i}\frac{\partial^2 v}{\partial x^2}, \quad \frac{\partial^2 w}{\partial y^2} = \frac{\partial^2 u}{\partial y^2} + \mathrm{i}\frac{\partial^2 v}{\partial y^2}$$

将此两式相加,得

$$\frac{\partial^2 w}{\partial x^2}+\frac{\partial^2 w}{\partial y^2}=\frac{\partial^2 u}{\partial x^2}+\frac{\partial^2 u}{\partial y^2}+\mathrm{i}\left(\frac{\partial^2 v}{\partial x^2}+\frac{\partial^2 v}{\partial y^2}\right)=0$$

由此得到

$$\frac{\partial^2 u}{\partial x^2}+\frac{\partial^2 u}{\partial y^2}=0 \tag{4.7-4}$$

$$\frac{\partial^2 v}{\partial x^2}+\frac{\partial^2 v}{\partial y^2}=0 \tag{4.7-5}$$

即证明了解析函数 w 及其实部 u 和虚部 v 都分别满足拉普拉斯方程式.

由于

$$\frac{\partial w}{\partial x}=\frac{\partial u}{\partial x}+\mathrm{i}\frac{\partial v}{\partial x}=f'(z)$$

$$\frac{\partial w}{\partial y}=\frac{\partial u}{\partial y}+\mathrm{i}\frac{\partial v}{\partial y}=\mathrm{i}f'(z)$$

可得

$$\frac{\partial u}{\partial x}=\frac{\partial v}{\partial y};\quad \frac{\partial u}{\partial y}=-\frac{\partial v}{\partial x} \tag{4.7-6}$$

此式称为柯西-黎曼方程.

令 $u=$常数,$v=$常数(这里的常数是指任意的实常数),因此这两式是两族曲线的方程式.由柯西-黎曼方程可得到

$$-\frac{\partial u}{\partial x}\frac{\partial v}{\partial x}=\frac{\partial u}{\partial y}\frac{\partial v}{\partial y},\quad 即\frac{\partial u}{\partial x}\frac{\partial v}{\partial x}+\frac{\partial u}{\partial y}\frac{\partial v}{\partial y}=0$$

上式可以表示为 $$\nabla \boldsymbol{u}\cdot\nabla v=0 \tag{4.7-7}$$

此结果说明 $u=$常数和 $v=$常数的两族曲线互相正交.

2. 复势

平面场中我们可引入复势的概念,为了说明复势,先从平面场中最简单的场源来研究.

设电荷均匀分布于无限长直线上,线密度为 λ. 如图 4.7-1 所示. 直线过 xOy 平面的原点 O(且与 xOy 平面垂直),在平面场中此种分布的场源,**简称为在 O 点的"点"源.**

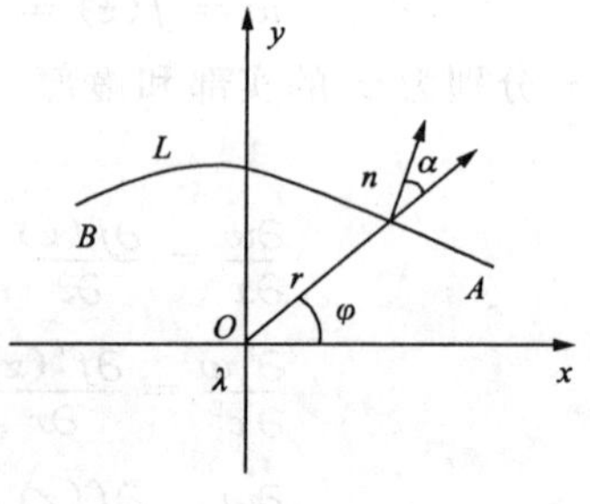

图 4.7-1

用第一定律求出其场强度为

$$\boldsymbol{E}=\frac{\lambda}{2\pi\varepsilon_0}\frac{\boldsymbol{r}}{\boldsymbol{r}^2} \tag{4.7-8}$$

再根据势与场强度的关系求出势函数为

$$u=-\frac{\lambda}{2\pi\varepsilon_0}\ln r \tag{4.7-9}$$

过 A、B 两点间任一连线 L 的通量①为

$$N=\int_A^B \boldsymbol{E}\cdot\boldsymbol{n}\mathrm{d}l=\int_A^B\frac{r}{2\pi\varepsilon_0}\frac{\boldsymbol{r}}{r^2}\cdot\boldsymbol{n}\mathrm{d}l=\frac{\lambda}{2\pi\varepsilon_0}\int_A^B\frac{\mathrm{d}l\cos\alpha}{r}$$

即 $$N=-\frac{\lambda}{2\pi\varepsilon_0}(\varphi_A-\varphi_B) \tag{4.7-10}$$

式中,α 为 $\boldsymbol{r}$ 与法线 $\boldsymbol{n}$ 的交角;φ_A 为 AO 与 x 轴的交角;φ_B 为 BO 与 x 轴的交角.

---

① 过 L 的通量实际是指过 AB 连线而高度为 1 单位的柱面的通量,面元 $\mathrm{d}S=\mathrm{d}l\times 1=\mathrm{d}l$,$\boldsymbol{n}$ 为法线.

(4.7-10)式说明通量 N 是决定于 A、B 点的位置. 据此可以引入一个量，令

$$v=-\frac{\lambda}{2\pi\varepsilon_0}\varphi+C \tag{4.7-11}$$

C 是一个可以选择的常数. 我们称 v 为此种场的通量函数，两点通量函数的差值等于过此两点连线的通量.

势函数与通量函数组成复势 w

$$w=u+\mathrm{i}v \quad (\text{或 } w=v+\mathrm{i}u) \tag{4.7-12}$$

根据(4.7-9)式、(4.7-11)式和(4.7-12)式，得过 O 点的"点"源场的复势为

$$w=-\frac{\lambda}{2\pi\varepsilon_0}(\ln r+\mathrm{i}\varphi)=-\frac{\lambda}{2\pi\varepsilon_0}\ln z \quad (\text{选取 } C=0) \tag{4.7-13}$$

即本问题的复势可用一简单的解析函数来表示.

式中，$\ln r=$ 常数，它是等势线族的方程式；$\varphi=$ 常数，它是电力线族的方程式. 等势线与电力线是 E 正交的，本问题所得之结果也正是这样. 容易验证其势函数和通量函数均满足二维的拉普拉斯方程.

就普遍情况来说，不论二度体的场源分布如何，在场源之外，势函数满足拉普拉斯方程，通量函数也是满足拉普拉斯方程的. 平面场中可以引入复势. 在许多情况下，可用简单的解析函数来表示复势.

如果知道场的复势，则场的分布就为已知，可以由复势函数求出场强度、势函数、通量函数以及等势线方程和电力线方程. 复势与场强度的关系可如下来求.

由于 $$E_x=-\frac{\partial u}{\partial x},\quad E_y=-\frac{\partial u}{\partial y}$$

根据柯西-黎曼方程，上式改写为

$$E_x=-\frac{\partial u}{\partial x},\quad E_y=\frac{\partial v}{\partial x} \tag{4.7-14}$$

因此 $$E=\sqrt{E_x^2+E_y^2}=\sqrt{\left(\frac{\partial u}{\partial x}\right)^2+\left(\frac{\partial v}{\partial x}\right)^2}$$

$$E=\left|\frac{\mathrm{d}w}{\mathrm{d}z}\right| \tag{4.7-15}$$

一般来说，要找到用解析函数表示的复势是不容易的. 但是对于带电的较规则的二度导体，因为其边界就是一条等势线，常可由此而找出复势的表示式，从而使问题得到解决，为显示复势方法的优越性，下面举几个例题来说明.

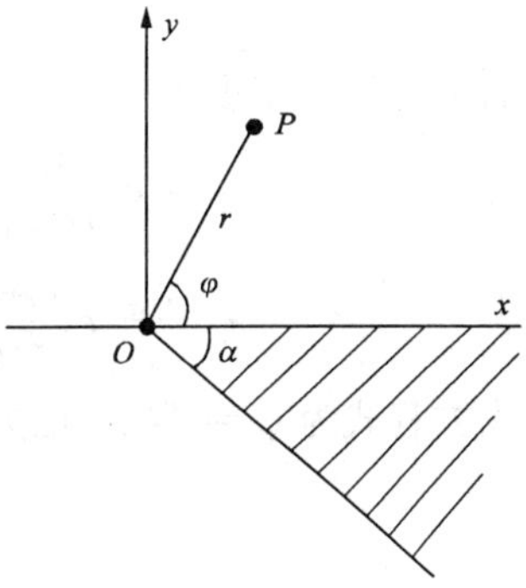

图 4.7-2

例题 1 带电的二度楔形导体，已知其二面角为 α，距棱为 1 单位长度处的面电荷密度为 σ_0，求导体外的势函数和通量函数.

解 取坐标如图 4.7-2 所示. 我们研究的区域为 $0<\varphi<(2\pi-\alpha)$. 在此区域中势函数和通量函数都满足拉普拉斯方程式. 考虑到势的连续性以及静电场中导体是等势体，所以有

$$u\big|_{\varphi=0}=u\big|_{\varphi=(2\pi-\alpha)} \tag{4.7-16}$$

由于本题中导体两个边界上的势相同，即 φ 值不同而势可以相同，因此复势不可能是对数函数. 为了满足(4.7-16)式，选用如下的幂函数表示复势，即

$$w = Az^{\mu} = Ar^{\mu}(\cos\mu\varphi + \mathrm{i}\sin\mu\varphi) \tag{4.7-17}$$

式中 A 和 μ 为待定之实数.

取其虚数部分为势函数，即

$$u = Ar^{\mu}\sin\mu\varphi$$

将上式代入(4.7-16)式之中，得 $\mu = \pi/(2\pi - \alpha)$.

由电荷面密度与场强度法线分量的关系，得

$$\sigma_0 = \varepsilon_0 \frac{\partial u}{r\partial\varphi}\bigg|_{\substack{r=1\\ \varphi=0}} = \varepsilon_0 A\mu, \quad 即 \quad A = \sigma_0/(\varepsilon_0\mu)$$

将 μ 和 A 值代入(4.7-17)式，得势函数和通量函数分别为

$$u = \frac{\sigma_0(2\pi - \alpha)}{\varepsilon_0\pi} r^{\pi/(2\pi-\alpha)} \sin\frac{\pi\varphi}{2\pi - \alpha} \tag{4.7-18}$$

$$v = -\frac{\sigma_0(2\pi - \alpha)}{\varepsilon_0\pi} r^{\pi/(2\pi-\alpha)} \cos\frac{\pi\varphi}{2\pi - \alpha} \tag{4.7-19}$$

例题 2 如图 4.7-3 所示. 两半无限大导体平面构成的二面角为 2α，在棱边处彼此绝缘. 已知上导体面的势为 $+u_0$，下导体面的势为 $-u_0$. 求等势线方程、电力线方程以及导体面上的电荷密度.

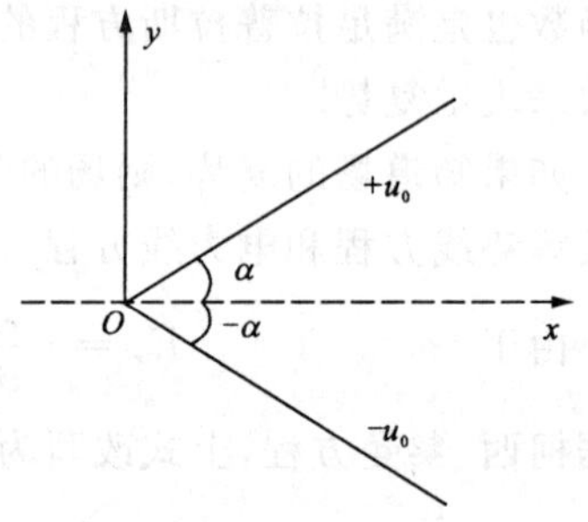

图 4.7-3

解 本题与上题不同的是上下导体面的势值不同，故复势可用对数函数表示，令

$$w = A\ln z = A(\ln r + \mathrm{i}\varphi) \tag{4.7-20}$$

取势函数为 $u = A\varphi$，通量函数为 $v = A\ln r$.

根据边界条件 $u|_{\varphi=\pm\alpha} = \pm u_0$，得常数 $A = u_0/\alpha$，最后得到

$$\left.\begin{aligned} &势函数 \quad u = \frac{u_0\varphi}{\alpha} \\ &通量函数 \quad v = \frac{u_0 \ln r}{\alpha} \end{aligned}\right\} \tag{4.7-21}$$

导体面上的电荷密度为

$$\left.\begin{aligned} \sigma_1 &= \varepsilon_0 \frac{\partial u}{r\partial\varphi}\bigg|_{\varphi=\alpha} = +\varepsilon_0 u_0/(\alpha r) \\ \sigma_2 &= -\varepsilon_0 \frac{\partial u}{r\partial\varphi}\bigg|_{\varphi=-\alpha} = -\varepsilon_0 u_0/(\alpha r) \end{aligned}\right\} \tag{4.7-22}$$

等势线方程式为 $\varphi =$ 常数，电力线方程式为 $\ln r =$ 常数.

习 题

4.1 如图所示. 长宽分别为 a 和 b 的长方形导电纸，其导电率为 λ，在两对边上放置棒状电极与电池接通，测出电势差为 U_0，求导电纸上任一点的势和电流密度(用两种方法).

4.2 如图所示. 长宽分别为 a 和 b 的长方形薄水层，AB 和 DC 边的电极与电源的负极相连接；BC 边电极与电源的正极接通. BC 边的电势为 U_0，水的导电率为 λ，求水中任一点的势(正负电极不接触).

4.3 电阻率为 ρ 的均匀大媒质体中有均匀电流场 j_0，如果在此媒质中挖一半径为 a 的球形空洞，求洞内

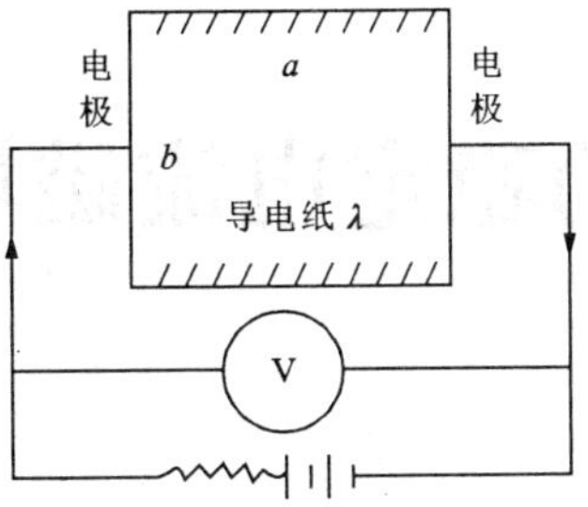

题 4.1 图

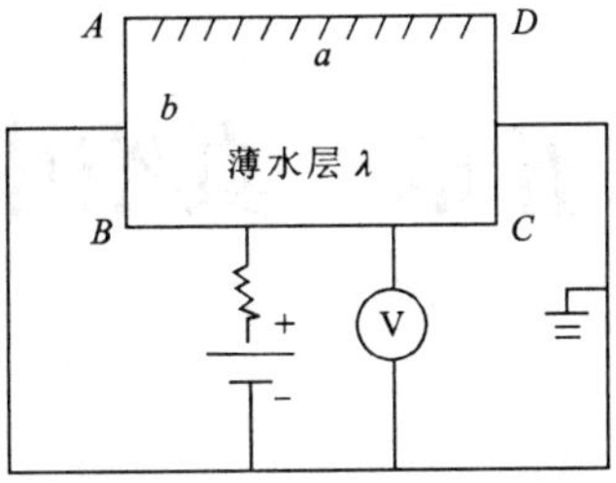

题 4.2 图

外的电场强度和电流密度.画出电荷分布、电流线、电力线的草图.

4.4 在电场强度为 $\boldsymbol{E}_0$ 的均匀电场中,放进一个带电量为 q、半径为 a 的导体球(球外为空气).静电平衡后,求:(i)球面上的电荷所产生的电场;(ii)球面上的电荷密度.

4.5 介质常数为 ε 的均匀大介质体均匀极化,已知其极化强度为 $\boldsymbol{P}_0$,如果在此介质体内挖一半径为 c 的细长圆柱形空腔,柱轴与 $\boldsymbol{P}$ 方向垂直,且忽略边缘影响. (i) 研究由于挖腔所引起的极化强度的变化;(ii) 算出束缚电荷密度;(iii) 画出 $\boldsymbol{E}$ 线、$\boldsymbol{D}$ 线、$\boldsymbol{P}$ 线的草图 .

4.6 内径为 a 的导体球壳接地,在离球心为 d 的 A 点上放置点电荷 q(d<a).用两种方法计算球内各点的势.

4.7 金属圆桶,半径为 a,高为 h,侧面和底面与外面冰接触,保持温度 $T=0℃$;上盖与侧面之间绝缘,且保持温度为 T_0. 如图所示.取 z 轴沿桶轴,原点在底面上,在稳定情况下,求桶内:(i)热流密度(设导热系数为 K_0);(ii)用对比法,求相应静电场问题的解.

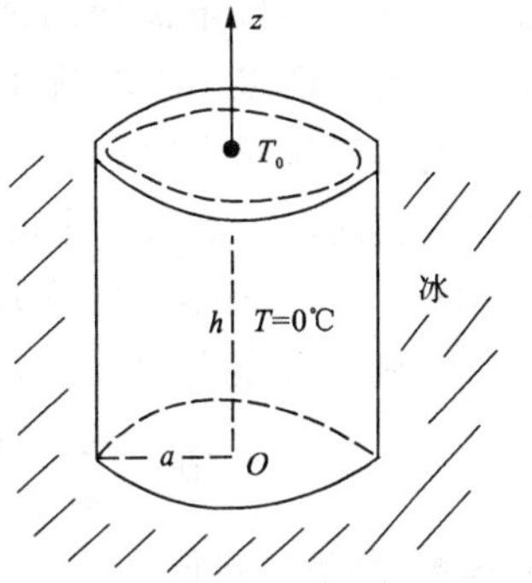

题 4.7 图

4.8 在均匀电场 $\boldsymbol{E}_0$ 中,放进一个长旋转椭球状的介质体,长轴短轴分别是 $2a$ 和 $2b$,介质常数为 ε, $\boldsymbol{E}_0$ 的方向与长轴平行. 求体内外的势 .

4.9 如图所示. 已知在地平面上的重力异常为:

$\Delta g_0(\xi)=a/(b^2+\xi^2)$,式中 a 和 b 为已知常数,求 y 轴上任一点 $P(0,y)$的重力异常.

4.10 如图所示. 无限大导体平板中间有一条直细缝. 两边因此而绝缘.接上电动势为 ε 的电源,用两种方法求上半空间的电场.

4.11 半径为 a 的细圆环,质量分布均匀,总质量为 M,求环外任一点的势.

4.12 半径为 a 的长圆柱形的驻极体,已经知道其极化强度为常矢量 $\boldsymbol{P}$,极化方向与轴走向垂直,求体内外的势和电荷密度.

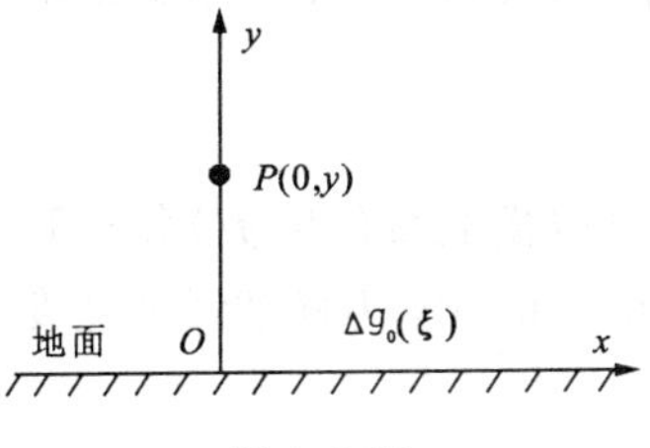

题 4.9 图

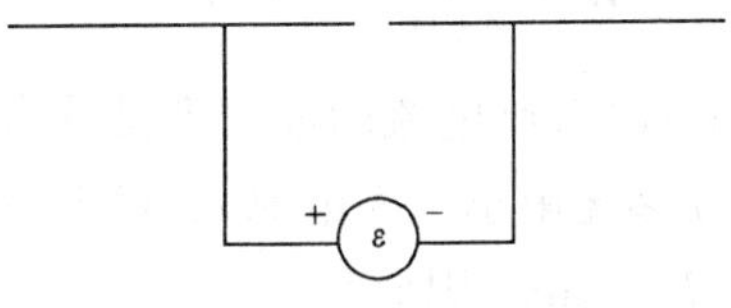

题 4.10 图

第五章 真空中的稳定电流磁场

§5.1 毕奥-萨伐尔定律

在载流导线周围放一磁针，磁针会发生偏转，这表明电流在周围空间产生磁场．一定分布的电流对应着一定分布的磁场，但是电流的分布是多种多样的，例如直线电流、环状电流等．怎样确定它们产生磁场的磁感应强度呢？任何形状的电流都可以看成由许多小段电流所组成，空间中任一点的磁感应强度，可以看作是由这许多小段电流所产生磁场的叠加．因此，要确定一定分布的电流所对应的一定分布的磁感应强度，首先要确定一小段电流在空间任一点所产生的磁感应强度．这在电磁学中已讲述过．如图 5.1-1 所示．在场源点 $A(x',y',z')$ 放一无限小段线电流元 $I\mathrm{d}\boldsymbol{l}$，则在观察点 $P(x,y,z)$ 产生的磁感应强度 $\mathrm{d}\boldsymbol{B}$ 为

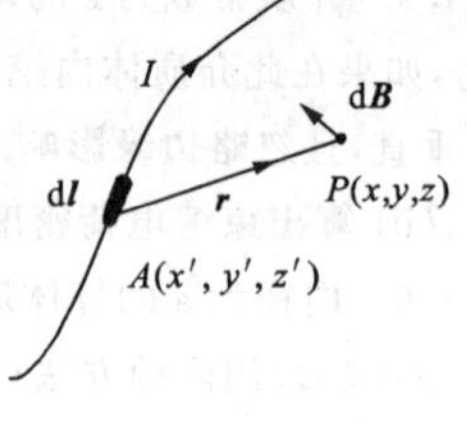

图 5.1-1

$$\mathrm{d}\boldsymbol{B}=\frac{\mu_0}{4\pi}\frac{I\mathrm{d}\boldsymbol{l}\times\boldsymbol{r}}{r^3} \tag{5.1-1}$$

称为毕奥-萨伐尔定律．

式中，μ_0 为真空磁导率，$\mu_0=4\pi\times10^{-7}\,\mathrm{H\cdot m^{-1}}$；$\boldsymbol{r}$ 是场源点到观察点的矢径．

当电流具有体密度分布时，可以沿着电流方向将它分为无限细小的电流管．如图 5.1-2 所示．设 $\boldsymbol{j}$ 为电流密度，$\mathrm{d}S$ 为垂直电流管的截面，则流过电流管的电流强度为 $I=j\mathrm{d}S$，因此

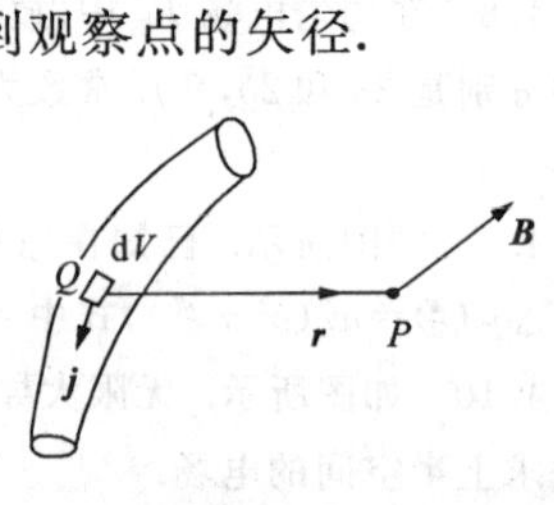

图 5.1-2

$$I\mathrm{d}l=j\mathrm{d}S\mathrm{d}l=j\mathrm{d}V$$

式中，$\mathrm{d}l$ 是电流管的长度元；$\mathrm{d}V$ 是 $\mathrm{d}S\mathrm{d}l$ 构成的无限小体积元．因为电流密度 $\boldsymbol{j}$ 和电流管元 $\mathrm{d}\boldsymbol{l}$ 同方向，所以

$$I\mathrm{d}\boldsymbol{l}=\boldsymbol{j}\mathrm{d}V$$

代入(5.1-1)式中，并对整个体积积分，就得到具有体分布的电流产生的磁场为

$$\boldsymbol{B}=\frac{\mu_0}{4\pi}\int_V\frac{\boldsymbol{j}\times\boldsymbol{r}}{r^3}\mathrm{d}V \tag{5.1-2}$$

当电流具有面密度(电流的面密度是垂直通过单位横截线的电流)分布时，可以沿着电流方向将它分为许多无限小块面电流元，设 $\boldsymbol{i}$ 为面电流密度，$\mathrm{d}y$ 为横截线的宽度，则流过横截线 $\mathrm{d}y$ 的电流强度 $I=i\mathrm{d}y$，因此

$$I\mathrm{d}l=i\mathrm{d}y\mathrm{d}l=i\mathrm{d}S$$

式中，$\mathrm{d}l$ 是小块面电流的长度元；$\mathrm{d}S$ 是 $\mathrm{d}y\mathrm{d}l$ 构成的无限小面积元．

如图 5.1-3 所示．因为面电流密度 $\boldsymbol{i}$ 与 $\mathrm{d}\boldsymbol{l}$ 同方向，所以

$$I\mathrm{d}\boldsymbol{l} = \boldsymbol{i}\mathrm{d}S$$

代入(5.1-1)式中,并遍及整个面积积分,就得到具有面分布的电流产生的磁场为

$$\boldsymbol{B} = \frac{\mu_0}{4\pi}\int \frac{\boldsymbol{i}\times\boldsymbol{r}}{r^3}\mathrm{d}S \tag{5.1-3}$$

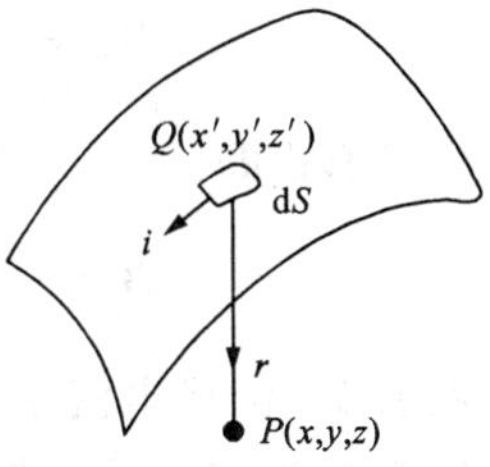

图 5.1-3

当电流是线分布时,可以将线电流分成无限小线电流元 $I\mathrm{d}\boldsymbol{l}$,代入(5.1-1)式中,并遍及整个线长积分,就得到具有线分布的电流产生的磁场为

$$\boldsymbol{B} = \frac{\mu_0}{4\pi}\int_L \frac{I\mathrm{d}\boldsymbol{l}\times\boldsymbol{r}}{r^3} \tag{5.1-4}$$

上面从毕奥-萨伐尔定律出发导出了体分布、面分布和线分布电流产生磁场的普遍的积分公式. 上面是矢量函数的积分,而在实际应用中往往要计算的是标量函数的积分,因此,一般计算其分量. 现将在直角坐标下磁感应强度的 x,y,z 分量写为如下形式.

(1)体分布电流.

$$\left.\begin{aligned}
B_x &= \frac{\mu_0}{4\pi}\int_V \frac{j_y(z-z')-j_z(y-y')}{r^3}\mathrm{d}V' \\
B_y &= \frac{\mu_0}{4\pi}\int_V \frac{j_x(z-z')-j_z(x-x')}{r^3}\mathrm{d}V' \\
B_z &= \frac{\mu_0}{4\pi}\int_V \frac{j_x(y-y')-j_y(x-x')}{r^3}\mathrm{d}V'
\end{aligned}\right\} \tag{5.1-5}$$

(2)面分布电流.

$$\left.\begin{aligned}
B_x &= \frac{\mu_0}{4\pi}\int_S \frac{i_y(z-z')-i_z(y-y')}{r^3}\mathrm{d}S' \\
B_y &= \frac{\mu_0}{4\pi}\int_S \frac{i_x(z-z')-i_z(y-y')}{r^3}\mathrm{d}S' \\
B_z &= \frac{\mu_0}{4\pi}\int_S \frac{i_x(y-y')-i_y(x-x')}{r^3}\mathrm{d}S'
\end{aligned}\right\} \tag{5.1-6}$$

(3)线分布电流.

$$\left.\begin{aligned}
B_x &= \frac{\mu_0 I}{4\pi}\int_l \frac{(z-z')\mathrm{d}y'-(y-y')\mathrm{d}z'}{r^3} \\
B_y &= \frac{\mu_0 I}{4\pi}\int_l \frac{(z-z')\mathrm{d}x'-(x-x')\mathrm{d}z'}{r^3} \\
B_z &= \frac{\mu_0 I}{4\pi}\int_l \frac{(y-y')\mathrm{d}x'-(x-x')\mathrm{d}y'}{r^3}
\end{aligned}\right\} \tag{5.1-7}$$

例题 1 无限长直线电流的磁场.

如图 5.1-4 所示. 一无限长直导线通以电流 I,置于 y 轴上,求在 x 轴上的 $P(x,0,0)$ 点的磁感应强度.

解 在 $Q(0,y',0)$ 点取电流元 $I\mathrm{d}y'$,由于 $\mathrm{d}x'=0$, $\mathrm{d}z'=0, x'=0, z'=0, y=0, z=0$,并且 $r=(x^2+y'^2)^{1/2}$,将这些量代入线分布电流磁场的积分公式(5.1-7)中,得

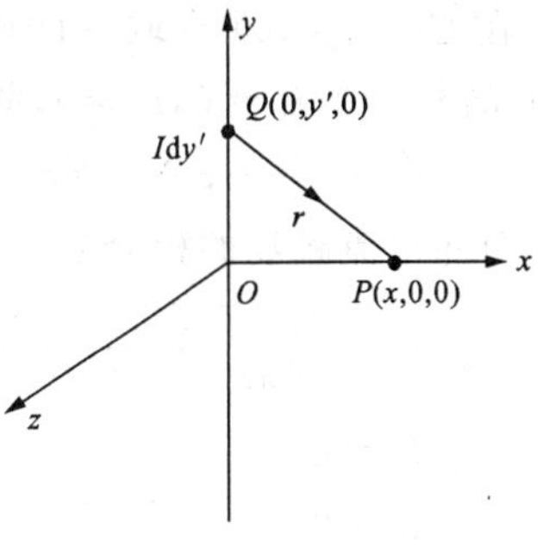

图 5.1-4

$$B_n = \frac{\mu_0 I}{4\pi}\int_0^{\infty} \frac{-2x\mathrm{d}y'}{(x^2+y'^2)^{3/2}} = \frac{\mu_0 I}{2\pi} \frac{xy'}{x^2\sqrt{x^2+y'^2}}\bigg|_0^{\infty} = -\frac{\mu_0 I}{2\pi x}$$

写成矢量形式即

$$\boldsymbol{B} = -\frac{\mu_0 I}{2\pi x}\boldsymbol{e}_z$$

例题 2 圆形电流中垂线上任一点的磁场.

如图 5.1-5 所示. 圆形导线通以电流 I,置于 xOy 平面上,圆心是坐标原点,求 z 轴上的点 $P(0,0,z)$ 的磁感应强度.

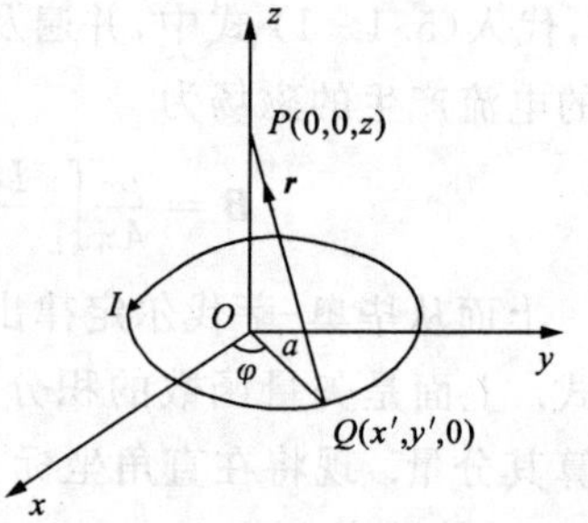

图 5.1-5

解 在 $Q(x',y',0)$ 点取一电流元,由于 $\mathrm{d}z'=0, x=0, y=0, z'=0$,并且 $r=(a^2+z^2)^{1/2}$,将这些量代入线分布电流磁场的积分公式(5.1-7)中,得

$$\left.\begin{aligned} B_x &= \frac{\mu_0 I}{4\pi}\oint_L \frac{z\mathrm{d}y'}{(a^2+z^2)^{3/2}} = 0 \\ B_y &= \frac{\mu_0 I}{4\pi}\oint_L \frac{z\mathrm{d}x'}{(a^2+z^2)^{3/2}} = 0 \\ B_z &= \frac{\mu_0 I}{4\pi}\oint_L \frac{x'\mathrm{d}y'-y'\mathrm{d}x'}{(a^2+z^2)^{3/2}} \end{aligned}\right\}$$

为了计算上式的积分,将 x' 和 y' 换成极坐标

$$x' = a\cos\varphi, \quad y' = a\sin\varphi, \quad x'^2+y'^2 = a^2$$

代入式中得

$$B_z = \frac{\mu_0 I a^2}{4\pi(a^2+z^2)^{3/2}}\int_0^{2\pi}(\sin^2\varphi+\cos^2\varphi)\mathrm{d}\varphi = \frac{\mu_0 I a^2}{2(a^2+z^2)^{3/2}}$$

写成矢量形式为

$$\boldsymbol{B} = \frac{\mu_0 I a^2}{2(a^2+z^2)^{3/2}}\boldsymbol{e}_z$$

例题 3 电流均匀流过宽为 $2a$ 的无限长平面导体薄板,电流面密度为 i,求过板的中心并垂直板面线上一点的磁感应强度.

解 如图 5.1-6 所示. 导体薄板通以电流,电流面密度为 i,薄板置于 xOy 平面上,中心在坐标原点,求 $P(0,0,z)$ 点的磁感应强度.

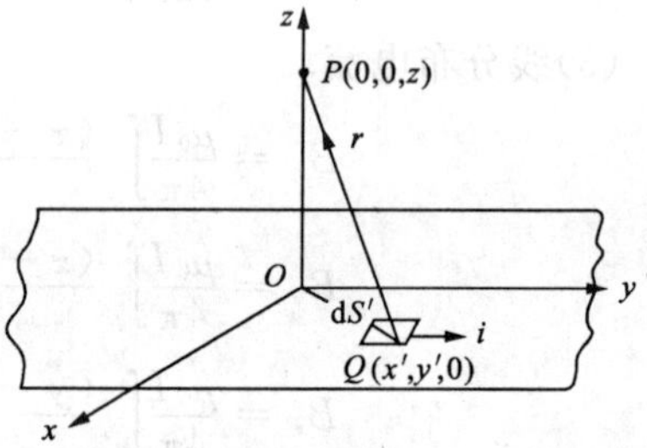

图 5.1-6

在 $Q(x',y',0)$ 点取一面电流元,由于面电流沿 y 轴,故 $i_x=0, i_z=0, i_y=i$,并且 $z'=0, x=0, y=0, r^3=(x'^2+y'^2+z^2)^{3/2}, \mathrm{d}S'=\mathrm{d}x'\mathrm{d}y'$,将这些量代入面分布电流磁场的积分公式(5.1-6)中,得

$$B_x = \frac{\mu_0}{4\pi}\int_{-a}^{+a}\int_0^{\infty}\frac{2zi\mathrm{d}x'\mathrm{d}y'}{(x'^2+y'^2+z^2)^{3/2}} = \frac{\mu_0 iz}{2\pi}\int_{-a}^{+a}\frac{\mathrm{d}x'}{(x'^2+z^2)} = \frac{\mu_0 i}{\pi}\tan^{-1}\frac{a}{z}$$

$$B_y = 0$$

$$B_z = 0$$

写成矢量形式

$$B = \frac{\mu_0 i}{\pi}\tan^{-1}\frac{a}{z}e_x$$

式中 e_x 为 x 轴的单位矢量.

如果薄板是无限大薄板,即 $a\to\infty$,则上面的结果变成

$$B = \frac{\mu_0 i}{2}e_x$$

例题 4 由一点电源流入一均匀各向同性的半无限空间媒质里的电流的磁场.

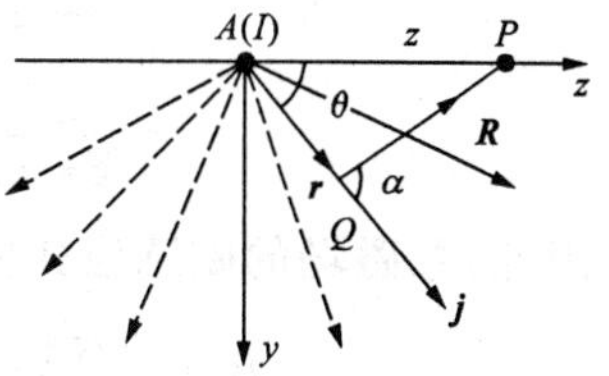

图 5.1-7

如图 5.1-7 所示. xAz 平面下为一均匀各向同性的半无限空间非磁性导电媒质,电流由 A 点流入,电流强度为 I,求位于 z 轴上 $P(0,0,z)$ 点的磁感应强度.

解 设点电源在坐标原点上,即 A 点与坐标原点重合,观察点 $P(0,0,z)$ 位于 z 轴上,y 轴垂直向下,x 轴垂直于图平面. 在 $Q(r,\theta,\varphi)$ 点取一体电流元 $j\mathrm{d}V$,它与观察点 P 的距离为 R,如图 5.1-8 所示. 此电流元在 P 点产生的磁场为

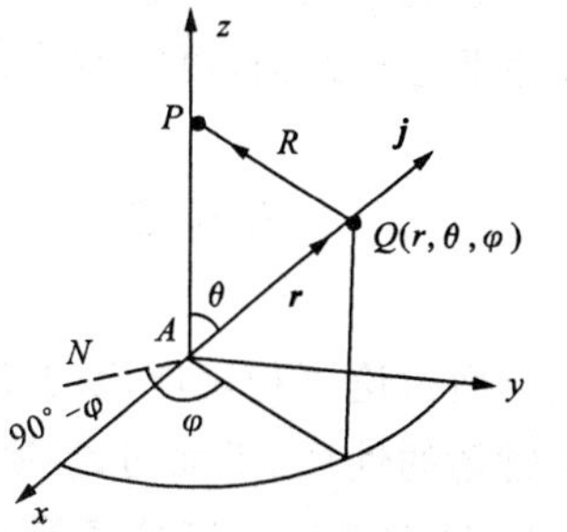

图 5.1-8

$$\mathrm{d}B = \frac{\mu_0}{4\pi}\frac{j\times R}{R^3}\mathrm{d}V$$

大小为 $$\mathrm{d}B = \frac{\mu_0}{4\pi}\frac{j\mathrm{d}V}{R^2}\sin\alpha$$

式中 α 为 j 与 R 之间的夹角.

由

$$j = \frac{I}{2\pi r^2}$$

$$R = (r^2 + z^2 - 2rz\cos\theta)^{1/2}$$

$$\sin\alpha = \frac{z\sin\theta}{R} = \frac{z\sin\theta}{\sqrt{r^2 + z^2 - 2rz\cos\theta}}$$

$$\mathrm{d}V = r^2\sin\theta\mathrm{d}r\mathrm{d}\theta\mathrm{d}\varphi$$

代入磁场公式中,得

$$\mathrm{d}B = \frac{\mu_0 Iz\sin^2\theta\mathrm{d}r\mathrm{d}\theta\mathrm{d}\varphi}{8\pi^2(r^2 + z^2 - 2rz\cos\theta)^{3/2}}$$

由于 Q 点并不一定在 yAz 平面内,因而 AQP 平面和 Axz 平面之间有一夹角 φ(图 5.1-8). 磁场的方向沿 AQP 平面的法线 AN,并与 Axz 平面成 $90°-\varphi$ 角,即 $\mathrm{d}B$ 与地面成 $90°-\varphi$ 角. 现在把 $\mathrm{d}B$ 分解为平行于地面和垂直于地面的两个分量

$$\mathrm{d}B_{/\!/} = \mathrm{d}B\sin\varphi$$

$$\mathrm{d}B_{\perp} = \mathrm{d}B\cos\varphi$$

但是由于电流分布对 yAz 平面是对称的,垂直于地面的磁场分量 $\mathrm{d}B_{\perp}$ 求和后应等于零.

证明如下:设取与 Ayz 平面对称的两点 Q 和 Q'. 这两点的电流在 P 点产生的磁场分别为 $\mathrm{d}B$ 和 $\mathrm{d}B'$,其分量为 $\mathrm{d}B_{\perp}$、$\mathrm{d}B_{/\!/}$ 和 $\mathrm{d}B'_{\perp}$、$\mathrm{d}B'_{/\!/}$. 由于 $\mathrm{d}B_{\perp}$ 和 $\mathrm{d}B'_{/\!/}$ 大小相等而符号相反,结果相互抵消. 这个结论对半空间中任意一对 Q 和 Q' 点都是正确的,所以 $\mathrm{d}B_{\perp}$ 的总和 $B_{\perp}$ 为零. 显然,对于水平分量来说,其在任何一对对称点上都是大小相等方向相同的,所以求和后量值加倍.

即

$$B_{/\!/} = \frac{\mu_0 Iz}{8\pi^2}\int_0^\infty\int_0^\pi\int_0^\pi \frac{\sin^2\theta\sin\varphi \mathrm{d}r\mathrm{d}\theta\mathrm{d}\varphi}{(r^2+z^2-2rz\cos\theta)^{3/2}}$$

$$= \frac{\mu_0 Iz}{8\pi^2}\int_0^\pi\int_0^\pi \sin^2\theta\sin\varphi\mathrm{d}\theta\mathrm{d}\varphi\left[\frac{r-z\cos\theta}{z^2\sin\theta\sqrt{r^2+z^2-2rz\cos\theta}}\right]_0^\infty$$

$$= \frac{\mu_0 I}{8\pi^2 z}\int_0^\pi\int_0^\pi \sin\varphi\mathrm{d}\varphi\mathrm{d}\theta(1+\cos\theta)$$

$$= \frac{\mu_0 I}{8\pi^2 z}\int_0^\pi (1+\cos\theta)\mathrm{d}\theta\int_0^\pi \sin\varphi\mathrm{d}\varphi = \frac{\mu_0 I}{4\pi z}$$

因此，总磁场的磁感应强度为

$$B = \sqrt{B_{/\!/}^2 + B_{\perp}^2} = \frac{\mu_0 I}{4\pi z}$$

这个结果表明，从点电源流入均匀各向同性的半无限空间非磁性导电媒质中的电流产生磁场的磁感应强度与电流 I 成正比，与点电源至观察点的距离成反比. 磁场的方向垂直于 AP，并平行于地面，可按右手螺旋法则来确定.

§5.2 安培环路定理的积分形式和微分形式

上面讨论了稳定电流的磁场中某一点的磁感应强度与电流之间的联系. 为了进一步研究稳定磁场的性质，下面讨论稳定磁场的散度和旋度.

1. 稳定电流磁场的通量和散度

在电磁学中已经讲过，稳定电流磁场的磁感应线是闭合的曲线，这表明**磁感应强度 $\boldsymbol{B}$ 的场是无源场**. 而表明 $\boldsymbol{B}$ 的无源性的积分形式是通过任何闭合曲面的磁感应通量为零. 即

$$\oint_S \boldsymbol{B}\cdot \mathrm{d}\boldsymbol{S} = 0 \tag{5.2-1}$$

这个表示 $\boldsymbol{B}$ 的无源性的积分形式，反映磁场中某一区域的特性. 为了反映磁场中某一点上的定域化特性，我们来研究表示 $\boldsymbol{B}$ 的无源性的微分形式. 为此，用高斯定理将(5.2-1)式变换成

$$\oint_S \boldsymbol{B}\cdot \mathrm{d}\boldsymbol{S} = \int_V \nabla\cdot\boldsymbol{B}\mathrm{d}V = 0$$

由于曲面 S 是任意选取的，所以被积函数恒为零，即

$$\nabla\cdot\boldsymbol{B}=0 \tag{5.2-2}$$

此为表示 $\boldsymbol{B}$ 的无源性的微分形式，它表明**在磁场中任意一点磁感应强度的散度恒为零**. 这是磁场的基本规律之一.

电流磁场是无源场，但是，自然界中是否存在与电荷相对应的磁荷作为磁场的源呢？如果磁荷存在的话，与电荷作为电场的源一样，磁荷也作为磁场的源，这时一般来说，$\nabla\cdot\boldsymbol{B}\neq 0$. 近年来对磁单极存在的可能性有不少讨论，实验上也一直在找寻带磁荷的粒子. 但是，到现在为止还没有任何关于磁单极存在的确实证据. 因此，在假定磁荷不存在的前提下，可以把 $\nabla\cdot\boldsymbol{B}=0$ 作为磁场的一条基本规律.

2. 稳定电流磁场的环流和旋度

在电磁学中已经讲过，**电流磁场中磁感应强度沿闭合曲线的环流与通过闭合曲线所包围的电流强度 I 成正比.**

$$\oint_L \boldsymbol{B} \cdot \mathrm{d}\boldsymbol{l} = \mu_0 I \tag{5.2-3}$$

式中，L 为任一闭合曲线；I 为通过 L 所包围的总电流强度.

(5.2－3)式称为安培环路定理的积分形式. 应当注意的是：不被 L 所包围的电流对磁场有贡献，但是对环流没有贡献.

对于连续分布的电流，在计算磁场沿闭合曲线 L 的环流时，只须考虑通过以 L 为边界的曲面 S 的电流，在 S 以外流过的电流没有贡献. 在以 L 为边界的曲面 S 上取一面积元 $\mathrm{d}S$，设通过 $\mathrm{d}S$ 面的电流密度为 $\boldsymbol{j}$，则通过 $\mathrm{d}S$ 面元的电流强度为 $\mathrm{d}I = \boldsymbol{j} \cdot \mathrm{d}\boldsymbol{S}$(图 5.2－1)，故通过 S 面的总电流强度为

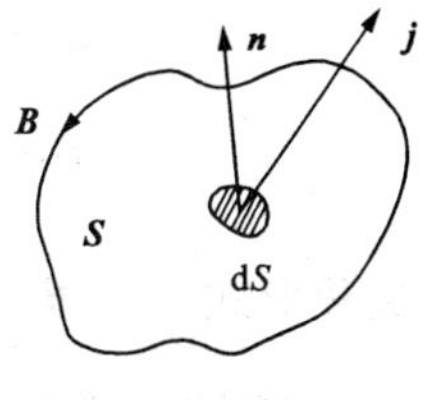

图 5.2－1

$$I = \int_S \boldsymbol{j} \cdot \mathrm{d}\boldsymbol{S}$$

于是在电流连续分布的情况下，安培环路定理的积分形式表示为

$$\oint_L \boldsymbol{B} \cdot \mathrm{d}\boldsymbol{l} = \mu_0 \int_S \boldsymbol{j} \cdot \mathrm{d}\boldsymbol{S} \tag{5.2-4}$$

为了求得微分形式，用斯托克斯定理将环流 $\oint_L \boldsymbol{B} \cdot \mathrm{d}\boldsymbol{l}$ 写成 $\int_S \nabla \times \boldsymbol{B} \cdot \mathrm{d}\boldsymbol{S}$，则(5.2－4) 式可写成

$$\int_S \nabla \times \boldsymbol{B} \cdot \mathrm{d}\boldsymbol{S} = \mu_0 \int_S \boldsymbol{j} \cdot \mathrm{d}\boldsymbol{S}$$

由于 $\mathrm{d}\boldsymbol{S}$ 的任意性，故得

$$\nabla \times \boldsymbol{B} = \mu_0 \boldsymbol{j} \tag{5.2-5}$$

这是安培环路定理的微分形式. 它表示**稳定电流磁场的有旋性**.

注意旋度概念的局域性，即某点上的磁感应强度的旋度只和同一点上的电流密度有关，虽然对任何包围着电流的闭合回路都有磁场环流，但是磁感应强度的旋度只存在于有电流分布的空间，而在无电流分布的空间，磁感应强度的旋度等于零.

3. 稳定电流磁场与静电场的对比

我们将稳定电流磁场的基本规律与静电场的基本规律加以对比，以便了解稳定电流磁场与静电场的基本性质的差异.

静电场	稳定电流磁场
$\nabla \cdot \boldsymbol{E} = \dfrac{\rho}{\varepsilon_0}$	$\nabla \cdot \boldsymbol{B} = 0$
$\nabla \times \boldsymbol{E} = 0$	$\nabla \times \boldsymbol{B} = \mu_0 \boldsymbol{j}$

由此可见，**稳定电流磁场与静电场不同，它是一个无源有旋场**，而静电场是一个有源无旋场. 因此，磁场在一般情况下不能用标量势来描述，也不存在像电荷一样的磁荷. 磁场的涡旋性由磁场涡旋的强度(即磁感应强度的旋度)所决定；并且这涡旋的强度和电流密度成正比，因而磁场的涡旋分布只有在电流流过的区域内存在. 所以磁场中有电流流过的区域又称为磁场的涡旋空间.

例题 1 无限大导电薄板，通以电流，面密度为 i，求薄板中心附近的磁感应强度.

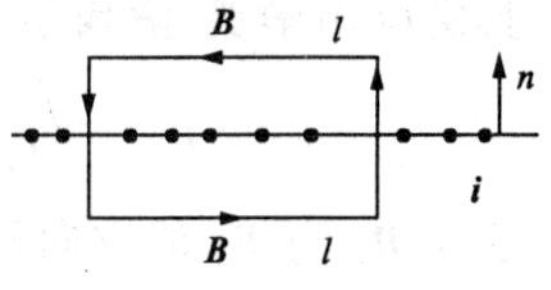

图 5.2－2

解 图 5.2－2 所示为垂直面电流方向的一个截面，电流

垂直纸面向外，求薄板中心附近的磁感应强度.

由于电流均匀分布在无限大导电薄板上，电流面密度是常量，故在薄板的中心附近，磁感应强度 $\boldsymbol{B}$ 总是垂直于 $\boldsymbol{i}$ 并平行于板面，板两边的 $\boldsymbol{B}$ 方向相反. 我们作如图 5.2-2 所示的闭合曲线，平行板面的边长为 l，则磁感应强度 $\boldsymbol{B}$ 沿闭合曲线的环流为 $2Bl$，而闭合曲线所包围的电流是 $I=il$，将安培环路定理的积分形式应用于这个问题，得到

$$2Bl=\mu_0 il$$

故
$$B=\frac{\mu_0 i}{2}$$

写成矢量形式
$$\boldsymbol{B}=\frac{\mu_0}{2}\boldsymbol{i}\times\boldsymbol{n}$$

式中，$\boldsymbol{n}$ 为面的法线方向的单位矢量.

例题 2 一点电源流入一均匀各向同性的半无限空间非磁性导电媒质中，求导电媒质中任一点的磁感应强度.

解 由于安培环路定理的积分形式(5.2-3)式中右边的电流是闭合电流，而本问题给出的电流是由一点电源流入半空间导电媒质的非闭合电流. 因此，要应用安培环路定理解决这个问题，就必须将问题转变成如图 5.2-3 所示的求由一半无限长电流流入半空间导电媒质中在 P 点产生的磁感应强度 $\boldsymbol{B}_1$，减去仅由半无限长电流在 P 点产生的磁感应强度 $\boldsymbol{B}_2$，就得到由点电源流入半空间导电媒质中的电流在 P 点产生的磁感应强度 $\boldsymbol{B}$. 为此，首先应用安培环路定理的积分形式(5.2-3)式求 $\boldsymbol{B}_1$，由于电流的对称分布(图 5.2-3、图 5.2-4)，在半径为 R 的圆周上，各点的 $\boldsymbol{B}_1$ 数值相等，并沿圆周的切线方向. 将安培环路定理应用于这个圆周上，得

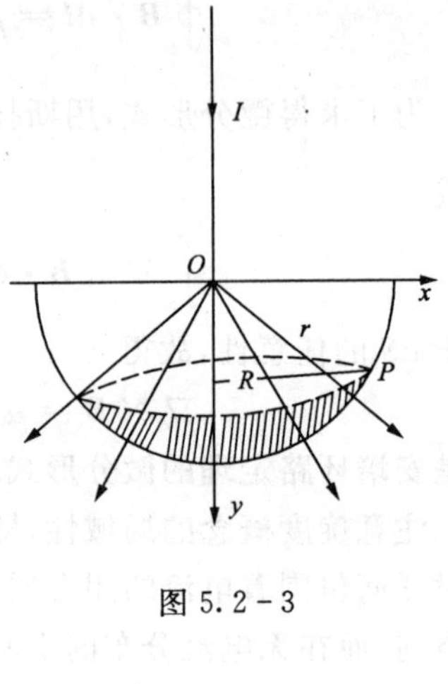

图 5.2-3

$$2\pi RB_1=\mu_0 I$$

式中 I 是圆周所包围的电流，它与通过圆周所张的球冠上的电流相等，由于球冠上的电流密度是均匀的，设 S 为球冠的面积，则

$$I=jS=j[2\pi r(r-y)]$$

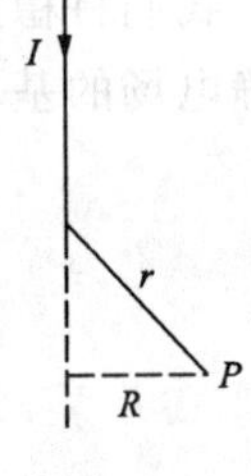

图 5.2-4

故得
$$2\pi RB_1=\mu_0 j[2\pi r(r-y)]$$

因为
$$j=\frac{I}{2\pi r^2}$$

所以
$$2\pi RB_1=\mu_0\frac{I}{2\pi r^2}[2\pi r(r-y)]$$

$$B_1=\frac{\mu_0 I}{2\pi R}\left(1-\frac{y}{r}\right)$$

其次应用毕奥-萨伐尔定律计算 $\boldsymbol{B}_2$，得

$$B_2=\frac{\mu_0 I}{4\pi}\int_{-\infty}^{0}\frac{R\mathrm{d}y'}{[R^2+(y-y')^2]^{3/2}}=\frac{\mu_0 I}{4\pi R}\left(1-\frac{y}{r}\right)$$

因为 $\boldsymbol{B}_1$ 与 $\boldsymbol{B}_2$ 的方向相同，都是垂直纸面向外，故

$$B=B_1-B_2=\frac{\mu_0 I}{2\pi R}\left(1-\frac{y}{r}\right)-\frac{\mu_0 I}{4\pi R}\left(1-\frac{y}{r}\right)=\frac{\mu_0 I}{4\pi R}\left(1-\frac{y}{r}\right)$$

当 $y=0$ 时，$R=z$，故得 z 轴上一点的 $\boldsymbol{B}$ 为

$$B=\frac{\mu_0 I}{4\pi z}$$

方向垂直纸面向外．这个结果与 § 5.1 例题 4 的结果一致．

§ 5.3 稳定电流磁场的矢量势

上一节讨论了稳定电流磁场的基本性质，了解到稳定电流磁场的性质与静电场不同．静电场是有源无旋场，可以引入标量势来描述，而稳定电流磁场则是无源有旋场，一般不能引入标量势来描述整个空间的磁场．但是由于磁场的无源性，可以引入矢量势来描述．下面讨论这个问题．

根据矢量分析，若 $\nabla\cdot\boldsymbol{B}=0$，则 $\boldsymbol{B}$ 可表示为另一矢量的旋度，即

$$\boldsymbol{B}=\nabla\times\boldsymbol{A} \tag{5.3-1}$$

$\boldsymbol{A}$ 称为磁场的矢量势．我们将看到 $\boldsymbol{A}$ 是类似电势的量，但没有电势那样具有直接的物理意义．为此，我们来研究磁场的矢量势 $\boldsymbol{A}$ 与稳定电流分布之间的联系．

讨论线电流的情况．线分布的电流产生磁场的积分公式

$$\boldsymbol{B}=\frac{\mu_0}{4\pi}\int_L\frac{I\mathrm{d}\boldsymbol{l}\times\boldsymbol{r}}{r^3}$$

中，将被积函数作适当的变换，即

$$\frac{I\mathrm{d}\boldsymbol{l}\times\boldsymbol{r}}{r^3}=-I\mathrm{d}\boldsymbol{l}\times\nabla\left(\frac{1}{r}\right)=\nabla\left(\frac{1}{r}\right)\times I\mathrm{d}\boldsymbol{l}$$

式中梯度是对观察点坐标来求的，由矢量分析可知

$$\nabla\left(\frac{1}{r}\right)\times I\mathrm{d}\boldsymbol{l}=\nabla\times\left(\frac{I\mathrm{d}\boldsymbol{l}}{r}\right)-\frac{1}{r}\nabla\times I\mathrm{d}\boldsymbol{l}$$

式中梯度和旋度都是对观察点来求的，故 $\nabla\times I\mathrm{d}\boldsymbol{l}=0$，因而

$$\frac{I\mathrm{d}\boldsymbol{l}\times\boldsymbol{r}}{r^3}=\nabla\times\left(\frac{I\mathrm{d}\boldsymbol{l}}{r}\right)$$

故

$$\boldsymbol{B}=\frac{\mu_0}{4\pi}\int_L\nabla\times\left(\frac{I\mathrm{d}\boldsymbol{l}}{r}\right)$$

因为在这个公式中，旋度是对观察点坐标来求的，而积分是对线电流进行的，所以变更这两个运算的次序对结果不会有影响，因此得到

$$\boldsymbol{B}=\nabla\times\int_L\frac{\mu_0}{4\pi}\frac{I\mathrm{d}\boldsymbol{l}}{r}$$

与(5.3-1)式比较得到线电流产生磁场的矢量势

$$\boldsymbol{A}=\frac{\mu_0}{4\pi}\int_L\frac{I\mathrm{d}\boldsymbol{l}}{r} \tag{5.3-2}$$

用同样的方法可以得到体电流和面电流产生磁场的矢量势

$$\boldsymbol{A}=\frac{\mu_0}{4\pi}\int_V\frac{\boldsymbol{j}\mathrm{d}V}{r} \tag{5.3-3}$$

$$\boldsymbol{A}=\frac{\mu_0}{4\pi}\int_S\frac{\boldsymbol{i}\mathrm{d}S}{r} \tag{5.3-4}$$

式(5.3-2)、式(5.3-3)、式(5.3-4)就是磁场矢量势 $\boldsymbol{A}$ 与电流分布之间的联系公式，如

果对比静电场中电势与电荷分布之间的联系公式

$$U=\frac{1}{4\pi\varepsilon_0}\int_L\frac{\eta\mathrm{d}l}{r}\qquad(\text{线电流})$$

$$U=\frac{1}{4\pi\varepsilon_0}\int_S\frac{\sigma\mathrm{d}S}{r}\qquad(\text{面电流})$$

$$U=\frac{1}{4\pi\varepsilon_0}\int_V\frac{\rho\mathrm{d}V}{r}\qquad(\text{体电流})$$

则磁场的矢量势与静电场的电势之间有着明显的相似性，正是因为这样，才把 $\boldsymbol{A}$ 称为磁场的矢量势. 但是这种相似性仅仅是形式上的，它们在本质上是不同的. 磁场的矢量势 $\boldsymbol{A}$ 不像电势那样具有直接的物理意义，只有它的旋度或环流才有直接的物理意义①. $\boldsymbol{A}$ 的旋度代表磁感应强度 $\boldsymbol{B}$ 是很明显的，$\boldsymbol{A}$ 的环流代表什么呢？利用斯托克斯定理得

$$\oint_L\boldsymbol{A}\cdot\mathrm{d}\boldsymbol{l}=\int_S(\nabla\times\boldsymbol{A})\cdot\mathrm{d}\boldsymbol{S}=\int_S\boldsymbol{B}\cdot\mathrm{d}\boldsymbol{S}$$

它表示在磁场中，$\boldsymbol{A}$ 沿任一闭合曲线的环流等于通过以 L 为界的任意曲面的磁感应通量. 可见 **$\boldsymbol{A}$ 的环流代表通过以 L 为界的任意曲面的磁感应通量.**

例题 1 直线电流磁场的矢势和磁感应强度.

如图 5.3－1 所示. 长为 $2l$ 的直导线通过的电流为 I，位于 z 轴上，中点是坐标原点，求 y 轴上一观察点 $P(0,y,0)$ 磁场的矢势和磁感应强度.

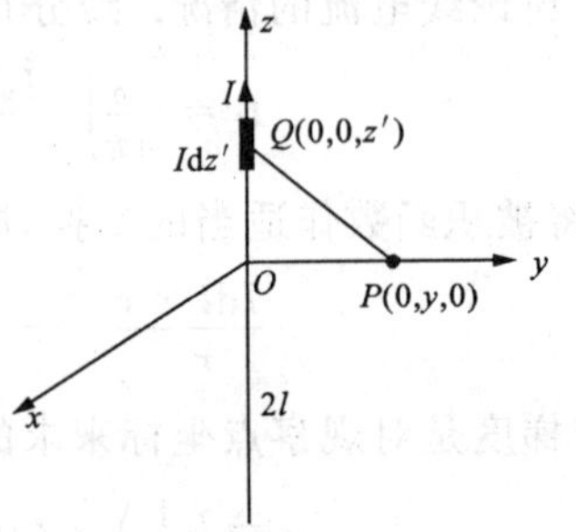

图 5.3－1

解 由于电流沿直角坐标的 z 轴，故矢势仅有 z 分量 A_z，由(5.3－2)式得

$$A_z=\frac{\mu_0}{4\pi}\int_{-l}^{+l}\frac{I\mathrm{d}z'}{\sqrt{y^2+z'^2}}=\frac{\mu_0 I}{4\pi}\ln\frac{\sqrt{y^2+l^2}+l}{\sqrt{y^2+l^2}-l}$$

$$A_x=0$$

$$A_y=0$$

对 $\boldsymbol{A}$ 取旋度得磁感应强度为

$$\boldsymbol{B}=\nabla\times\boldsymbol{A}=\begin{vmatrix}\boldsymbol{e}_x & \boldsymbol{e}_y & \boldsymbol{e}_z\\ \dfrac{\partial}{\partial x} & \dfrac{\partial}{\partial y} & \dfrac{\partial}{\partial z}\\ 0 & 0 & A_z\end{vmatrix}=\frac{\partial A_z}{\partial y}\boldsymbol{e}_x-\frac{\partial A_z}{\partial x}\boldsymbol{e}_y=\frac{-\mu_0 I}{2\pi y}\frac{l}{\sqrt{y^2+l^2}}\boldsymbol{e}_x$$

如果直线电流是无限长(即 $l\to\infty$)，则得

$$\boldsymbol{B}=-\frac{\mu_0 I}{2\pi y}\boldsymbol{e}_x$$

这个结果与 § 5.1 例题 1 的结果是一致的.

例题 2 环形电流磁场的矢量势和磁感应强度.

如图 5.3－2 所示. 半径为 a 的环形导线，通以电流 I，求环外任一点 $P(R,\theta,\varphi)$ 的磁场矢势和磁感应强度.

解 由(5.3－2)式，我们将环形电流在 P 点产生磁场的矢势写为

$$\boldsymbol{A}=\frac{\mu_0 I}{4\pi}\oint_L\frac{\mathrm{d}\boldsymbol{l}}{r}$$

---

① 但是殿村(A. Tonomura)等人于 1985 年在 $\boldsymbol{B}=0$ 的地方，单独观测到 $\boldsymbol{A}$.

选球坐标系，由于对称关系，**A** 仅有 φ 分量 A_φ，A_φ 只依赖于 r、θ，而与 φ 无关. 因此，可选定在 xOz 平面上的一点 P 来计算 A_φ. 因为在该点上 $A_\varphi = A$，故可以用计算 **A** 的 y 分量来代替计算 **A** 的 φ 分量. 由于

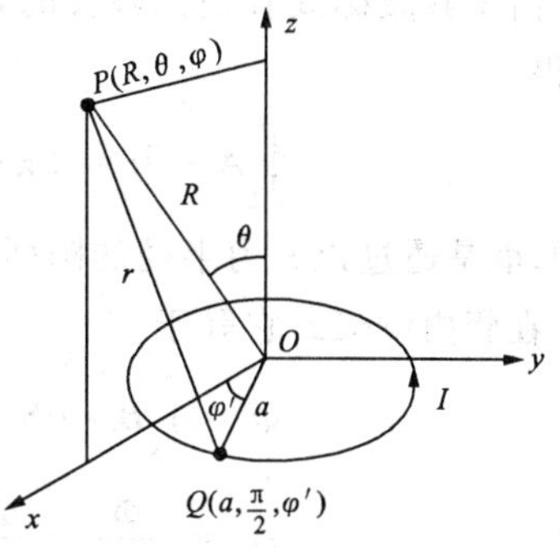

图 5.3-2

$$dl_y = a\cos\varphi' d\varphi'$$

$$r = \sqrt{R^2 + a^2 - 2Ra\cos(OP, OQ)}$$

而 $$\cos(OP, OQ) = \boldsymbol{n} \cdot \boldsymbol{n}'$$

$\boldsymbol{n}$ 和 $\boldsymbol{n}'$ 分别代表沿 OP 方向和沿 OQ 方向的单位矢量，可分别写成

$$\boldsymbol{n} = \sin\theta \boldsymbol{e}_x + \cos\theta \boldsymbol{e}_z$$

$$\boldsymbol{n}' = \cos\varphi' \boldsymbol{e}_x + \sin\varphi' \boldsymbol{e}_y$$

故得 $$\cos(OP, OQ) = \boldsymbol{n} \cdot \boldsymbol{n}' = \sin\theta\cos\varphi'$$

于是 $$r = \sqrt{R^2 + a^2 - 2Ra\sin\theta\cos\varphi'}$$

将 dl 和 r 代入 $A_\varphi = \frac{\mu_0 I}{4\pi}\oint_L \frac{dl}{r}$ 中，得到

$$A_\varphi = \frac{\mu_0 Ia}{4\pi}\int_0^{2\pi} \frac{\cos\varphi' d\varphi'}{\sqrt{R^2 + a^2 - 2Ra\sin\theta\cos\varphi'}}$$

当观察点 P 在远处或近轴处时，则 $R^2 + a^2 \gg 2Ra\sin\theta$，这时积分可以较简单地算出近似结果，把根式对 $2Ra\sin\theta\cos\varphi/(R^2 + a^2)$ 展开，取至第二项，得

$$A_\varphi = \frac{\mu_0 Ia}{4\pi}\int_0^{2\pi} \frac{1}{\sqrt{R^2 + a^2}}\left(1 + \frac{Ra\sin\theta}{R^2 + a^2}\cos\varphi'\right) \cdot \cos\varphi' d\varphi' = \frac{\mu_0 Ia^2}{4} \frac{R\sin\theta}{(R^2 + a^2)^{3/2}}$$

对 **A** 求旋度，得磁感应强度为

$$B_r = \frac{1}{R\sin\theta}\frac{\partial}{\partial\theta}(\sin\theta A_\varphi) = \frac{\mu_0 Ia^2\cos\theta}{2(R^2 + a^2)^{3/2}}$$

$$B_\theta = -\frac{1}{R}\frac{\partial}{\partial R}(RA_\varphi) = \frac{\mu_0 Ia^2}{4}\frac{R^2 - 2a^2}{(R^2 + a^2)^{3/2}}\sin\theta$$

$$B_\varphi = 0$$

如果观察点 P 在垂直于环形电流平面的轴上(即 $\theta = 0$)，则得到

$$B_r = \frac{\mu_0 Ia^2}{2(R^2 + a^2)^{3/2}}$$

$$B_\theta = 0$$

$$B_\varphi = 0$$

这个结果与 § 5.1 例题 2 的结果一致.

例题 3 无限长载流螺线管磁场的矢势.

解 图 5.3-3 是载流螺线管的一个横截面，设管单位长的匝数为 n，流过的电流为 I，而电流元磁场矢势的方向与电流元的方向是一致的，由于对称关系，矢势的 r 分量相互抵消. 另外，由于电流是在垂直于 z 轴的平面内，故磁场矢势不可能有 z 分量. 所以载流螺线管磁场的矢势仅有 φ 分量 A_φ，即

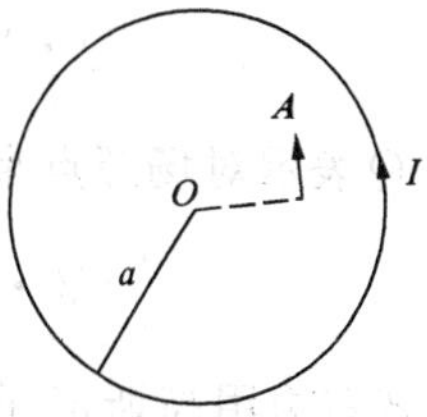

图 5.3-3

$$\mathbf{A} = A_\varphi \boldsymbol{e}_\varphi$$

由于载流螺线管是无限长的，磁场矢势 **A** 与 z 无关，选取以 r 为半径的圆周计算 **A** 的环流，得

$$\oint_L \boldsymbol{A} \cdot d\boldsymbol{l} = 2\pi r A_\varphi = \Phi$$

式中，Φ 是通过以 r 为半径的圆面积的磁感应通量.

在管内（$r<a$）它等于

$$\Phi = \int_S \boldsymbol{B} \cdot d\boldsymbol{S} = \mu_0 n I \pi r^2$$

故得

$$A_\varphi = \frac{\Phi}{2\pi r} = \frac{\mu_0 n I \pi r^2}{2\pi r} = \frac{1}{2}\mu_0 n I r \quad (r < a)$$

在管外（$r > a$），由于管外的磁感应强度为零，故 $\Phi = \mu_0 n I \pi a^2$，于是

$$A_\varphi = \frac{\Phi}{2\pi r} = \frac{\mu_0 n I \pi a^2}{2\pi r} = \frac{1}{2}\mu_0 n I \left(\frac{a^2}{r}\right) \quad (r > a)$$

载流螺线管外面的磁感应强度虽然为零，但是它的矢势却不为零. 这说明磁感应强度 **B** 并非由磁场矢势 **A** 确定，而是由磁场矢势 **A** 的空间变化所确定，也就是说，由 $\boldsymbol{B} = \nabla \times \boldsymbol{A}$ 来确定.

§5.4 矢势微分方程

上面已经得到了给定电流分布计算矢势的积分公式(5.3－2)、式(5.3－3)和式(5.3－4). 现在进一步寻找矢势满足的微分方程.

矢量场的性质由场矢量的散度和旋度来描述，对于矢势 **A** 的旋度已经讨论过了，至于矢势 **A** 的散度，尚未讨论. 为此先讨论 **A** 的散度.

将(5.3－3)式取散度得

$$\nabla \cdot \boldsymbol{A} = \nabla \cdot \left(\frac{\mu_0}{4\pi}\int_V \frac{\boldsymbol{j}\, dV}{r}\right)$$

这里散度是对观察点 $P(x,y,z)$ 来求的，而积分则对场源点 $Q(x',y',z')$ 来求，因而可以互换次序，所以上式可写成

$$\nabla \cdot \boldsymbol{A} = \frac{\mu_0}{4\pi}\int_V \nabla \cdot \left(\frac{\boldsymbol{j}}{r}\right) dV$$

应用矢量分析公式得

$$\nabla \cdot \left(\frac{\boldsymbol{j}}{r}\right) = \frac{1}{r}\nabla \cdot \boldsymbol{j} + \boldsymbol{j} \cdot \nabla \left(\frac{1}{r}\right)$$

由于散度是对观察点 P 来求的，故上式右边第一项为零，而第二项，由矢量分析公式得

$$\boldsymbol{j} \cdot \nabla \left(\frac{1}{r}\right) = -\boldsymbol{j} \cdot \nabla_Q \left(\frac{1}{r}\right) = -\nabla_Q \cdot \left(\frac{\boldsymbol{j}}{r}\right) + \frac{1}{r}\nabla_Q \cdot \boldsymbol{j}$$

式中 Q 表示对场源点来求梯度和散度. 由稳定电流的连续方程 $\nabla_Q \cdot \boldsymbol{j} = 0$，所以得

$$\nabla \cdot \boldsymbol{A} = \frac{\mu_0}{4\pi}\int_V \nabla \cdot \left(\frac{\boldsymbol{j}}{r}\right) dV = -\frac{\mu_0}{4\pi}\int_V \nabla_Q \cdot \left(\frac{\boldsymbol{j}}{r}\right) dV$$

将上式右边用高斯定理变换成面积分得

$$\nabla \cdot \boldsymbol{A} = -\frac{\mu_0}{4\pi}\oint_S \frac{j_n}{r} dS$$

这个面积分应该遍及导体表面. 由于在导体表面上 $j_n=0$,所以得到

$$\nabla \cdot \boldsymbol{A} = 0 \tag{5.4-1}$$

这就是说**稳定电流磁场的矢势的散度为零**.

讨论了稳定电流磁场矢势的旋度和散度之后,再结合安培环路定理的微分形式,就可以得到矢势满足的微分方程. 将 $\boldsymbol{B}=\nabla\times\boldsymbol{A}$ 代入安培环路定理的微分形式 $\nabla\times\boldsymbol{B}=\mu_0\boldsymbol{j}$ 中,得

$$\nabla\times\nabla\times\boldsymbol{A} = \mu_0\boldsymbol{j}$$

由于

$$\nabla\times\nabla\times\boldsymbol{A} = \nabla(\nabla\cdot\boldsymbol{A}) - \nabla^2\boldsymbol{A}$$

故得

$$\nabla(\nabla\cdot\boldsymbol{A}) - \nabla^2\boldsymbol{A} = \mu_0\boldsymbol{j}$$

因为 $\nabla\cdot\boldsymbol{A}=0$,于是得到

$$\nabla^2\boldsymbol{A} = -\mu_0\boldsymbol{j} \tag{5.4-2}$$

这就是稳定电流磁场的矢势满足的微分方程,称为泊松方程. 在直角坐标系中写成

$$\nabla^2 A_x = -\mu_0 j_x,\ \nabla^2 A_y = -\mu_0 j_y,\ \nabla^2 A_z = -\mu_0 j_z$$

在 $\boldsymbol{j}=0$ 的区域矢势 $\boldsymbol{A}$ 满足

$$\nabla^2\boldsymbol{A}=0 \tag{5.4-3}$$

称为拉普拉斯方程. 在直角坐标系中写成

$$\nabla^2 A_x = 0,\ \nabla^2 A_y = 0,\ \nabla^2 A_z = 0$$

矢势 $\boldsymbol{A}$ 满足的泊松方程与静电场中电势满足的泊松方程有相同的形式. 对比静电势可得矢势泊松方程(5.4-2)式的特解

$$\boldsymbol{A} = \frac{\mu_0}{4\pi}\int_V \frac{\boldsymbol{j}\,\mathrm{d}V}{r}$$

这就是在§5.3 中我们从毕奥-萨伐尔定律出发导出的体电流分布的磁场矢势的积分公式,其实它不过是矢势泊松方程的一个特解. 当全空间电流分布 $\boldsymbol{j}$ 给定时,由(5.3-3)式可以计算磁场. 对于电流和磁场的互相制约的问题,则必须解矢势微分方程的边值问题.

§5.5 矢势的磁多极展开

在许多实际问题中,电流分布于一个小区域内,而需要求的磁感应强度的地点距离电流分布区域比较远,例如研究原子中电子绕核运动产生磁场. 在这样的问题中可以将矢势作多极展开.

设有一个闭合线电流,其线度远小于至观察点的距离,这样的电流称为基元电流. 现将矢势作多极展开来求基元电流的磁场. 在基元电流平面上取某点为坐标原点 O,观察点 P 与 O 点的距离为 $\boldsymbol{r}$,与线元 $\mathrm{d}\boldsymbol{l}$ 的距离为 $\boldsymbol{r}'$,并设 $\boldsymbol{r}$ 与 $\boldsymbol{r}'$ 均比基元电流的线度大得多. 如图 5.5-1 所示. 则 P 点的矢势为

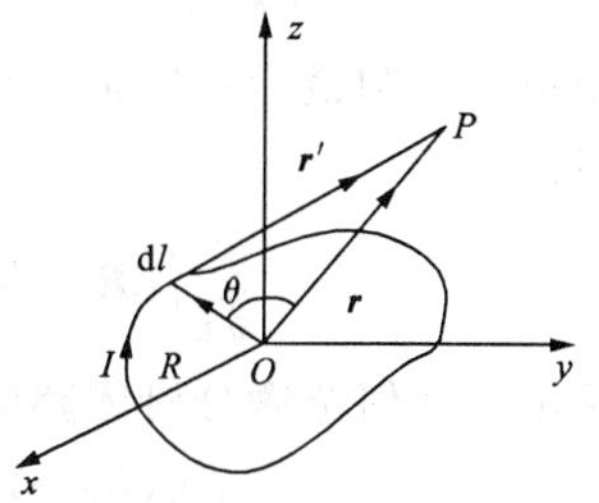

图 5.5-1

$$\boldsymbol{A} = \frac{\mu_0}{4\pi}\oint_L \frac{I\,\mathrm{d}\boldsymbol{l}}{r'} \tag{5.5-1}$$

式中 $r'=(r^2+R^2-2rR\cos\theta)^{1/2}$,由于 $r>R$,则将 $1/r'$ 展开成级数得

$$\frac{1}{r'} = \frac{1}{r}\sum_{n=0}^{\infty}\left(\frac{R}{r}\right)^n P_n(\cos\theta) \tag{5.5-2}$$

将(5.5-2)式代入(5.5-1)式中得到

$$\boldsymbol{A}=\frac{\mu_0 I}{4\pi}\sum_{n=0}^{\infty}\frac{1}{r^{n+1}}\oint_L R^n P_n(\cos\theta)\mathrm{d}\boldsymbol{l} \tag{5.5-3}$$

这是矢势的多极展开式，如果我们写出前几项，则得

$$\boldsymbol{A}=\frac{\mu_0 I}{4\pi r}\oint_L \mathrm{d}\boldsymbol{l}+\frac{\mu_0 I}{4\pi r^2}\oint_L R\cos\theta\mathrm{d}\boldsymbol{l}+\frac{\mu_0 I}{4\pi r^3}\oint_L \frac{1}{2}R^2(3\cos^2\theta-1)\mathrm{d}\boldsymbol{l}+\cdots$$

将式中的第一项、第二项和第三项分别用$\boldsymbol{A}_M$、$\boldsymbol{A}_D$和$\boldsymbol{A}_Q$表示，并称为单极项、偶极项和四极项，则

$$\boldsymbol{A}_M=\frac{\mu_0 I}{4\pi r}\oint_L \mathrm{d}\boldsymbol{l}$$

$$\boldsymbol{A}_D=\frac{\mu_0 I}{4\pi r^2}\oint_L R\cos\theta\mathrm{d}\boldsymbol{l}$$

$$\boldsymbol{A}_Q=\frac{\mu_0 I}{4\pi r^3}\oint_L \frac{1}{2}R^2(3\cos^2\theta-1)\mathrm{d}\boldsymbol{l}$$

现在来逐项分析上面展开式中的物理内容，由于高次项实际上较少用到，故我们仅讨论前两项.

展开式中的第一项为

$$\boldsymbol{A}_M=\frac{\mu_0 I}{4\pi r}\oint_L \mathrm{d}\boldsymbol{l}$$

由于$\oint_L \mathrm{d}\boldsymbol{l}$是沿闭合回路的位移矢量之和，故应该为零. 即

$$\boldsymbol{A}_M=0$$

它表示矢势展开式中不含磁单极项.

展开式中的第二项为

$$\boldsymbol{A}_D=\frac{\mu_0 I}{4\pi r^2}\oint_L R\cos\theta\mathrm{d}\boldsymbol{l}=\frac{\mu_0 I}{4\pi}\oint_L\left(\boldsymbol{R}\cdot\frac{\boldsymbol{r}}{r^3}\right)\mathrm{d}\boldsymbol{l}$$

由于$\mathrm{d}\boldsymbol{l}=(\boldsymbol{R}+\mathrm{d}\boldsymbol{R})-\boldsymbol{R}=\mathrm{d}\boldsymbol{R}$，代入上式得

$$\begin{aligned}\boldsymbol{A}_D&=\frac{\mu_0 I}{4\pi}\oint_L\left(\boldsymbol{R}\cdot\frac{\boldsymbol{r}}{r^3}\right)\mathrm{d}\boldsymbol{R}\\&=\frac{\mu_0 I}{8\pi}\left\{\oint_L\left(\boldsymbol{R}\cdot\frac{\boldsymbol{r}}{r^3}\right)\mathrm{d}\boldsymbol{R}-\oint_L\left(\mathrm{d}\boldsymbol{R}\cdot\frac{\boldsymbol{r}}{r^3}\right)\boldsymbol{R}+\oint_L\left(\mathrm{d}\boldsymbol{R}\cdot\frac{\boldsymbol{r}}{r^3}\right)\boldsymbol{R}+\oint_L\left(\boldsymbol{R}\cdot\frac{\boldsymbol{r}}{r^3}\right)\mathrm{d}\boldsymbol{R}\right\}\end{aligned}$$

式中第一项和最后一项是原来积分所分成的两部分，中间两项之和为零. 现在将最后两项相加，得

$$\oint_L\left(\mathrm{d}\boldsymbol{R}\cdot\frac{\boldsymbol{r}}{r^3}\right)\boldsymbol{R}+\oint_L\left(\boldsymbol{R}\cdot\frac{\boldsymbol{r}}{r^3}\right)\mathrm{d}\boldsymbol{R}=\oint_L\mathrm{d}\left\{\left(\boldsymbol{R}\cdot\frac{\boldsymbol{r}}{r^3}\right)\boldsymbol{R}\right\}=0$$

这是由于任何全微分沿闭路的积分恒为零之故，又由矢量分析公式

$$\boldsymbol{a}\times(\boldsymbol{b}\times\boldsymbol{c})=\boldsymbol{b}(\boldsymbol{a}\cdot\boldsymbol{c})-\boldsymbol{c}(\boldsymbol{a}\cdot\boldsymbol{b})$$

得

$$\frac{\boldsymbol{r}}{r^3}\times(\boldsymbol{R}\times\mathrm{d}\boldsymbol{R})=\left(\mathrm{d}\boldsymbol{R}\cdot\frac{\boldsymbol{r}}{r^3}\right)\boldsymbol{R}-\left(\boldsymbol{R}\cdot\frac{\boldsymbol{r}}{r^3}\right)\mathrm{d}\boldsymbol{R}$$

故

$$\boldsymbol{A}_D=-\frac{\mu_0 I}{8\pi}\left\{\oint_L\frac{\boldsymbol{r}}{r^3}\times(\boldsymbol{R}\times\mathrm{d}\boldsymbol{R})\right\}=-\frac{\boldsymbol{r}}{r^3}\times\oint_L\frac{\mu_0}{4\pi}\frac{I}{2}(\boldsymbol{R}\times\mathrm{d}\boldsymbol{l})$$

令$\boldsymbol{m}=\frac{I}{2}\oint_L\boldsymbol{R}\times\mathrm{d}\boldsymbol{l}$称为基元电流的磁矩. 对于一平面电流回路(图 5.5-2)，由于

$$\frac{1}{2}\boldsymbol{R}\times \mathrm{d}\boldsymbol{l}=\mathrm{d}\boldsymbol{S},\ \frac{1}{2}\oint_L \boldsymbol{R}\times \mathrm{d}\boldsymbol{l}=\boldsymbol{S}$$

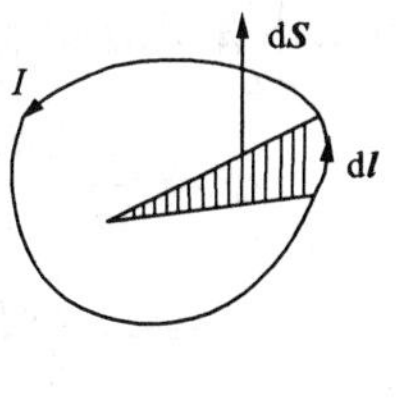

图 5.5-2

因此 $\boldsymbol{m}=I\boldsymbol{S}$

式中 $\boldsymbol{S}$ 为回路面积矢量，其方向沿面积的正法线(按电流回转的右手螺旋法则来确定). 由此可知，电流的磁矩垂直于回路平面，并沿面积的正法线方向.

引入磁矩的概念之后，矢势展开式中的第二项 $\boldsymbol{A}_D$ 可以写为

$$\boldsymbol{A}_D=\frac{\mu_0}{4\pi}\frac{\boldsymbol{m}\times\boldsymbol{r}}{r^3} \tag{5.5-4}$$

这就是磁矩为 $\boldsymbol{m}$ 的基元电流的磁偶极势. 如图 5.5-3 所示. $\boldsymbol{A}_D$ 垂直于 $\boldsymbol{m}$ 和 $\boldsymbol{r}$ 所组成的平面，它的大小为 $A_D=\frac{\mu_0 m\sin\theta}{4\pi r^2}$.

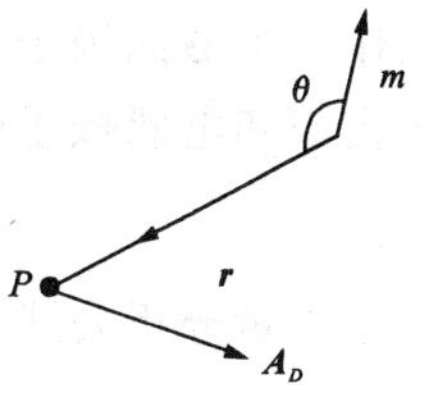

图 5.5-3

现在来求 $\boldsymbol{A}_D$ 所对应的磁感应强度. 如图 5.5-3 所示.

$$\boldsymbol{B}=\nabla\times\boldsymbol{A}_D=\frac{\mu_0}{4\pi}\nabla\times\left(\frac{\boldsymbol{m}\times\boldsymbol{r}}{r^3}\right)$$

$$=\frac{\mu_0}{4\pi}\left[\left(\nabla\cdot\frac{\boldsymbol{r}}{r^3}\right)\boldsymbol{m}-(\boldsymbol{m}\cdot\nabla)\frac{\boldsymbol{r}}{r^3}\right]$$

$$=\frac{\mu_0}{4\pi}\left[-\boldsymbol{m}\nabla^2\frac{1}{r}-(\boldsymbol{m}\cdot\nabla)\frac{\boldsymbol{r}}{r^3}\right]$$

由于我们讨论的是基元电流外面的磁场，即在 $r\neq 0$ 处的磁场，而在 $r\neq 0$ 处，有

$$\nabla^2\frac{1}{r}=0$$

故 $\boldsymbol{A}_D$ 所对应的磁感应强度可写成

$$\boldsymbol{B}=\frac{-\mu_0}{4\pi}(\boldsymbol{m}\cdot\nabla)\frac{\boldsymbol{r}}{r^3} \tag{5.5-5}$$

由矢量微分运算公式

$$(\boldsymbol{A}\cdot\nabla)\boldsymbol{B}=A_x\frac{\partial B_x}{\partial x}+A_y\frac{\partial B_y}{\partial y}+A_z\frac{\partial B_z}{\partial z}$$

对(5.5-5)式进行计算得到

$$\boldsymbol{B}=\frac{\mu_0}{4\pi}\left[\frac{3(\boldsymbol{m}\cdot\boldsymbol{r})\boldsymbol{r}}{r^5}-\frac{\boldsymbol{m}}{r^3}\right] \tag{5.5-6}$$

与电偶极矩为 $\boldsymbol{p}$ 的电偶极子产生电场的表达式

$$\boldsymbol{E}=\frac{1}{4\pi\varepsilon_0}\left[\frac{3(\boldsymbol{p}\cdot\boldsymbol{r})\boldsymbol{r}}{r^5}-\frac{\boldsymbol{p}}{r^3}\right]$$

比较，可以看出：$\boldsymbol{m}$ 和 $\boldsymbol{p}$ 相对应，因此，把 $\boldsymbol{m}$ 称为磁偶极矩.

例题 有一面积为 S 的小线圈，通过的电流为 I，平放在距水平面坐标原点为 h 的高度处，求水平面上半径为 R、圆心在坐标原点的圆内的磁感应通量.

解 小线圈的磁偶极矩为 $\boldsymbol{m}=I\boldsymbol{S}$，方向如图 5.5-4 所示. 它在半径为 R 的圆周上 Q 点产生的磁场的矢势为

$$\boldsymbol{A}=\frac{\mu_0}{4\pi}\frac{\boldsymbol{m}\times\boldsymbol{r}}{r^3}$$

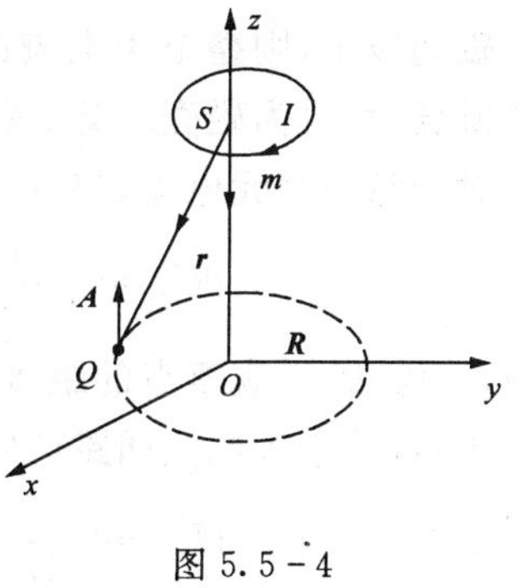

图 5.5-4

由 $\Phi=\oint_L \boldsymbol{A}\cdot \mathrm{d}\boldsymbol{l}$ 可算出通过圆周所围成的面积的磁感应通量为

$$\Phi=\frac{\mu_0}{4\pi}\frac{IS\sin\theta}{r^2}\int_0^{2\pi R}\mathrm{d}l=\frac{\mu_0}{4\pi}\frac{ISR}{(R^2+h^2)^{3/2}}2\pi R$$

$$=\frac{\mu_0 ISR^2}{2(R^2+h^2)^{3/2}}$$

§5.6 稳定电流磁场的标量势

上面讨论了基元电流的磁场与电偶极子的电场在形式上是十分相似的，因此，基元电流可以比作一个磁偶极子，即一个基元电流的磁场与一个磁偶极子的磁场是等效的，而磁偶极子的磁场应该和电偶极子的电场一样可以用标量势来描述. 现在我们来讨论基元电流磁场的磁标势.

把矢量分析公式 $\nabla\frac{1}{r}=-\frac{\boldsymbol{r}}{r^3}$ 代入(5.5－5)式中，得

$$\boldsymbol{B}=\frac{\mu_0}{4\pi}(\boldsymbol{m}\cdot\nabla)\nabla\frac{1}{r}$$

令 $U_m=-\frac{1}{4\pi}\boldsymbol{m}\cdot\nabla\frac{1}{r}$ 称为磁偶极子的磁标势，则上式可写成

$$\boldsymbol{B}=-\mu_0\nabla U_m$$

把它和电偶极子 $\boldsymbol{p}$ 产生的电场的电势和电场强度的表达式

$$U=-\frac{1}{4\pi\varepsilon_0}\boldsymbol{p}\cdot\nabla\frac{1}{r}$$

$$\boldsymbol{E}=-\nabla U$$

比较，可看出：磁偶极子的磁标势与电偶极子的电势相似. **一个基元电流可以看作是一对正负磁荷组成的磁偶极子，其磁矩由 $\boldsymbol{m}=I\boldsymbol{S}$ 确定.** 在§5.3 中已讲过，一般来说，稳定电流磁场由于其旋度不为零，不能用磁标势来描述，但在电流分布区域以外的空间用磁标势来描述，这和§5.3 所讨论的并不矛盾.

对于一个大电流回路，若要考虑离回路不远的地方的磁场，用磁偶极矩近似就不精确了，这时我们可以将大的电流回路，看成是许多基元电流所组成(图 5.6－1)，如果每一基元电流皆顺着同一方向，且电流强度相等，则中间电流均相互抵消，结果只剩下边缘上的电流，所以实际上它和一大电流回路相等. 这样，大电流回路的磁场也应等于各基元电流磁场的叠加. 因为每一基元电流相当于一磁偶极子，则**整个大电流回路就相当于无数磁偶极子排列成一磁偶层**，称之为磁壳. 现在来求磁壳产生的磁场.

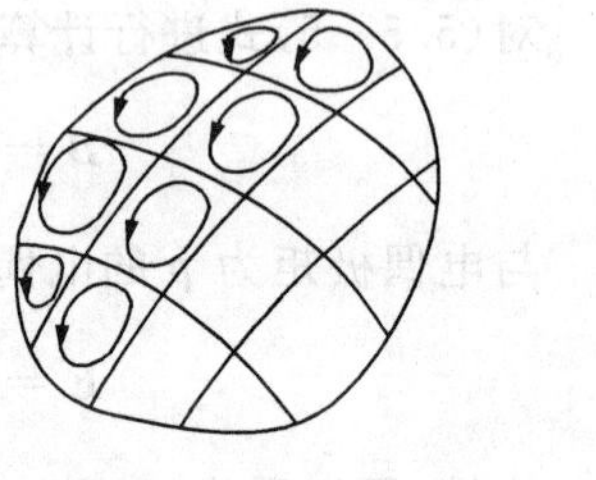

图 5.6－1

对于每一基元电流，都有一磁矩 $I\mathrm{d}\boldsymbol{S}$，它在空间产生的磁标势为

$$\mathrm{d}U_m=-\frac{I}{4\pi}\mathrm{d}\boldsymbol{S}\cdot\nabla\frac{1}{r}$$

式中，r 为 $\mathrm{d}\boldsymbol{S}$ 至观察点的距离.

于是，整个大电流回路产生的磁标势为

$$U_m=-\frac{1}{4\pi}\int_S \mathrm{d}\boldsymbol{S}\cdot\nabla\frac{1}{r}=\frac{I}{4\pi}\int_S\frac{\boldsymbol{r}\cdot\mathrm{d}\boldsymbol{S}}{r^3}=\frac{I}{4\pi}\int_\Omega \mathrm{d}\Omega=\frac{I}{4\pi}\Omega \qquad (5.6-1)$$

其磁感应强度为

$$B = -\frac{\mu_0 I}{4\pi}\nabla\Omega \tag{5.6-2}$$

式中，Ω 是回路对观察点所张的立体角，当观察点在回路的正法线方向上时 Ω 为正，反之为负．

例题 1　环形电流轴上一点的磁标势和磁感应强度．

半径为 a 的环形电流，其电流强度为 I，环心在坐标原点 O，环轴与 z 轴重合，如图 5.6－2 所示．求 z 轴上一点 $P(0,0,z)$ 的磁标势和磁感应强度．

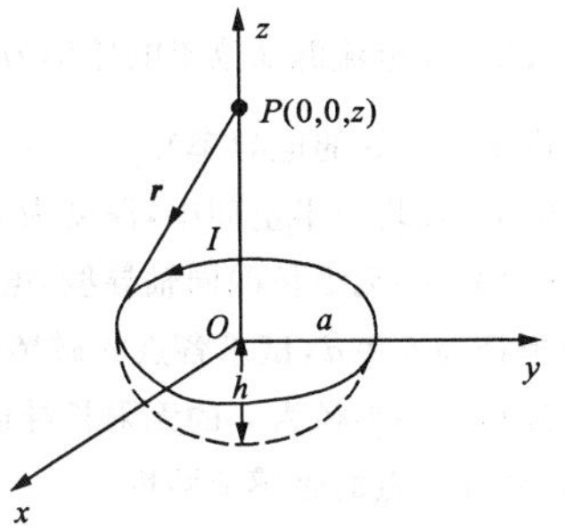

图 5.6－2

解　环形电流在观察点 P 所张的立体角为

$$\Omega = \frac{S}{r^2} = \frac{2\pi rh}{r^2} = 2\pi\frac{r-z}{r} = 2\pi\left(1-\frac{z}{\sqrt{a^2+z^2}}\right)$$

故由(5.6－1)式得

$$U_m = \frac{I}{4\pi}\Omega = \frac{I}{2}\left(1-\frac{z}{\sqrt{a^2+z^2}}\right)$$

$$B = -\frac{\mu_0 I}{4\pi}\nabla\Omega = \frac{\mu_0}{2}\frac{Ia^2}{(a^2+z^2)^{3/2}}e_z$$

例题 2　长为 $2l$ 的 n 匝螺线管，通过电流 I，求螺线管外轴上一点的磁标势和磁感应强度．

解　图 5.6－3 所示的载流螺线管，中心在坐标原点上，螺线管的轴与 x 轴重合，求管外轴上一点 $P(x,0,0)$ 的磁标势和磁感应强度．

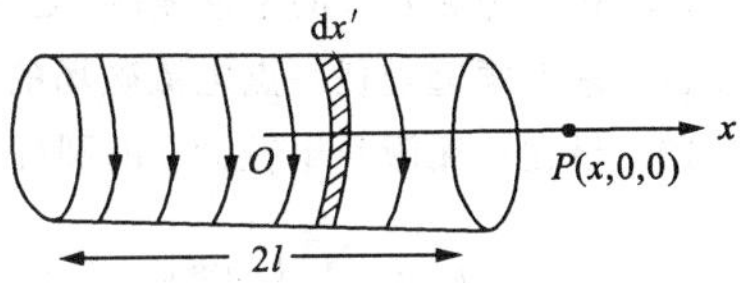

图 5.6－3

在 x' 处取宽为 dx' 的电流环，其流过的电流为 $\frac{n}{2l}I\,dx'$，用本节例题 1 的结果得到在 P 点产生的磁标势为

$$dU_m = \frac{n}{8\pi l}I\,dx'\left[2\pi\left(1-\frac{x-x'}{\sqrt{a^2+(x-x')^2}}\right)\right]$$

对整个长度求积分就可以得到整个载流螺线管在 P 点产生的磁标势

$$U_m = \int_{-l}^{+l}\frac{nI}{4l}\left(1-\frac{x-x'}{\sqrt{a^2+(x-x')^2}}\right)dx'$$

$$= \frac{nI}{4l}\left[\sqrt{a^2+(x-l)^2}-\sqrt{a^2+(x+l)^2}+2l\right]$$

$$B = -\mu_0\nabla U_m = \frac{\mu_0 nI}{4l}\left[\frac{x+l}{\sqrt{a^2+(x+l)^2}}-\frac{x-l}{\sqrt{a^2+(x-l)^2}}\right]e_x$$

式中，e_x 为 x 轴的单位矢量．

习　　题

5.1　一条无限长的导线载有电流，导线成一抛物线形状，焦点到顶点的距离为 a，求焦点的磁感应强度 B.

5.2　一无限大薄板，均匀地流过电流，其面密度为 i，求板外的磁感应强度 B.

5.3　两无限大平行平面电流，面电流密度为 i，二者方向相反，求面间和面外的磁感应强度 B.

5.4　一个半径为 a 的圆形线圈，通有电流 I，将线圈平面沿直径折成 90°，求线圈中心的磁感应强度 B.

5.5　一个正 k 边形线圈，通有电流 I，证明线圈中心的磁感应强度 $B = \frac{\mu_0 kI}{2\pi a}\tan\frac{\pi}{k}$，其中 a 是正 k 边形外接圆的半径.

5.6　均匀带电圆板，电荷面密度为 σ，半径为 a，绕过圆心垂直板面的轴以恒定角速度 ω 转动，求轴上任一点的磁感应强度 $\boldsymbol{B}$.

5.7　均匀带电球体，电荷体密度为 ρ，半径为 a，绕球的直径以恒定角速度 ω 转动，求球心的磁感应强度 $\boldsymbol{B}$.

5.8　点电流源 I 位于电导率为 $\lambda = \lambda_0\left(\frac{k}{k+z}\right)^2$ 的半空间表面上，求磁感应强度 $\boldsymbol{B}$(k 是常数，z 是深度，λ_0 是深度 $z = 0$ 处的电导率).

5.9　在均匀半空间中，深度为 h 处有一点电流源，电流强度为 I，求磁感应强度.

5.10　一无限长的同轴导线，电流 I 由内导线向一方流过，而又从外导线返回，设内导线的半径为 a，外导线的半径为 b 和 d，试求各点的磁感应强度：(i)$r < a$；(ii)$a < r < b$；(iii)$b < r < d$；(iv)$r > d$.

5.11　一半径为 a 的无限长导体圆柱体内的电流密度 $\boldsymbol{j}_f = j_0 r\boldsymbol{e}_z$. 设圆柱体内、外的磁导率都是 μ_0. 求圆柱内、外任一点的磁感应强度.

5.12　已知导电体中磁感应强度分量为：$B =- \mu_0 ay$，$B = \mu_0 ax$，$B_z = 0$. 求电流密度.

5.13　已知导电体中的磁感应强度分量为：$B_r = B_\theta = 0$，$B_\varphi = \frac{\mu_0 I(1-\cos\theta)}{2\pi r\sin\theta}$. 求电流密度.

5.14　试分别在直角坐标系、球坐标系和柱坐标系中求均匀磁场的矢势.

5.15　两无限长平行导线，其中分别流有大小相同、方向相反的电流，求空间任一点的磁场矢势 $\boldsymbol{A}$ 和磁感应强度 $\boldsymbol{B}$.

5.16　边长为 a 和 b 的矩形线圈，流有电流为 I，求电流磁场的标势.

5.17　求上题远处任一点电流磁场的矢势.

5.18　设在一无限长半径为 a 的圆柱薄壳内的电流处平行于柱轴，并且面电流密度为

$$i_z = \sum_{n=0}^{\infty} I_n \cos n\varphi$$

试求电流在圆柱体内产生磁场的矢势 $\mathbf{A}$.

第六章　磁介质中的稳定电流磁场

§6.1　磁介质的磁化

1. 磁介质的磁化

原子中的电子不断作绕核和自旋运动，相当于一个基元电流，具有磁矩. 没有外磁场时，这些磁矩取向是随机的，它们的矢量和为零，并不呈现宏观磁矩. 当有外磁场时，这些磁矩都按一定方向排列，它们的矢量和不为零，而呈现宏观磁矩. 这就是磁介质的磁化现象. 磁介质磁化的强弱，通常用磁化强度矢量 $\boldsymbol{M}$ 来描述. 我们定义单位体积的磁矩为磁化强度矢量，即

$$\boldsymbol{M}=\lim_{\Delta V\to 0}\frac{\sum\limits_i \boldsymbol{m}_i}{\Delta V}$$

$\boldsymbol{M}$ 的单位是 A/m.

2. 磁化介质磁场的矢势

磁化介质可看成是无数基元电流的体分布，如图 6.1－1 所示. 于是体积为 V 的磁化介质在观察点 P 产生磁场的矢势为

$$\boldsymbol{A}=\frac{\mu_0}{4\pi}\int_V\frac{\boldsymbol{M}\times\boldsymbol{r}}{r^3}\mathrm{d}V$$

式中的积分遍及整个体积.

上式被积函数可以用下面矢量分析公式来转换

$$\nabla\times\left(\frac{\boldsymbol{M}}{\boldsymbol{r}}\right)=\frac{1}{r}\nabla\times\boldsymbol{M}+\nabla\left(\frac{1}{r}\right)\times\boldsymbol{M}=\frac{\boldsymbol{r}\times\boldsymbol{M}}{r^3}+\frac{\nabla\times\boldsymbol{M}}{\boldsymbol{r}}$$

上式是对场源点求旋度和梯度.

因此
$$\boldsymbol{A}=\frac{\mu_0}{4\pi}\int_V\frac{\nabla\times\boldsymbol{M}}{r}\mathrm{d}V-\frac{\mu_0}{4\pi}\int_V\nabla\times\left(\frac{\boldsymbol{M}}{r}\right)\mathrm{d}V$$

上式右边第二个积分项可以变换成包围体积 V 的界面 S 的面积分，即

$$\int_V\nabla\times\left(\frac{\boldsymbol{M}}{r}\right)\mathrm{d}V=\oint_S\frac{\boldsymbol{n}\times\boldsymbol{M}}{r}\mathrm{d}S$$

故得
$$\boldsymbol{A}=\frac{\mu_0}{4\pi}\int_V\frac{\nabla\times\boldsymbol{M}}{r}\mathrm{d}V+\frac{\mu_0}{4\pi}\oint_S\frac{\boldsymbol{M}\times\boldsymbol{n}}{r}\mathrm{d}S\qquad(6.1-1)$$

这里 S 是包围体积 V 的表面，$\boldsymbol{n}$ 是表面的外法线. 如图 6.1－1 所示. 这就是磁化介质产生磁场的矢势.

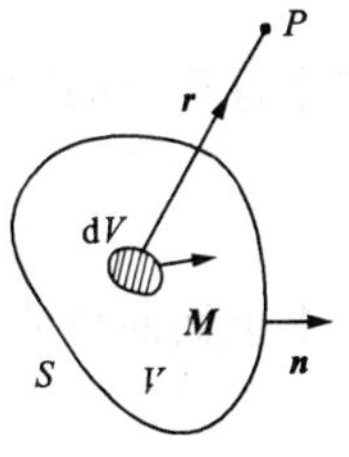

图 6.1－1

3. 磁化电流

将(6.1－1)式与电流磁场矢势的积分式对比，显然，磁化介质产生磁场的矢势和电流体密度 $\boldsymbol{j}_m=\nabla\times\boldsymbol{M}$ 及电流面密度 $\boldsymbol{i}_m=\boldsymbol{M}\times\boldsymbol{n}$ 产生磁场的矢势相同，即

$$\boldsymbol{A}=\frac{\mu_0}{4\pi}\int_V\frac{\boldsymbol{j}_m\mathrm{d}V}{r}+\frac{\mu_0}{4\pi}\oint_S\frac{\boldsymbol{i}_m\mathrm{d}S}{r}$$

这就是说，磁化介质可以用体电流密度 $\boldsymbol{j}_m$ 分布和面电流密度 $\boldsymbol{i}_m$ 分布来代替，这个体电流密度 $\boldsymbol{j}_m$ 和面电流密度 $\boldsymbol{i}_m$ 与磁化强度 $\boldsymbol{M}$ 的联系可表示为

$$\boldsymbol{j}_m=\nabla\times\boldsymbol{M} \tag{6.1-2}$$

$$\boldsymbol{i}_m=\boldsymbol{M}\times\boldsymbol{n} \tag{6.1-3}$$

由于体电流密度 $\boldsymbol{j}_m$ 和面电流密度 $\boldsymbol{i}_m$ 是磁介质磁化后出现的与磁化强度 $\boldsymbol{M}$ 联系着的宏观分子电流，故称之为磁化电流或宏观分子电流.

如图 6.1-2 所示. 现从物理上分析磁化电流的出现. 沿轴向磁化的磁化圆柱体，则圆柱体中的分子电流磁矩整齐排列. 如果磁化是均匀的，内部每一点都有大小相等、方向相反的电流相互抵消，仅表面有宏观分子电流，这就是出现面磁化电流的原因. 如果磁化是不均匀的，则由于每个分子电流不同，不能相互抵消，如图中虚线部分所示，故体内出现宏观分子电流，这就是出现体磁化电流的原因.

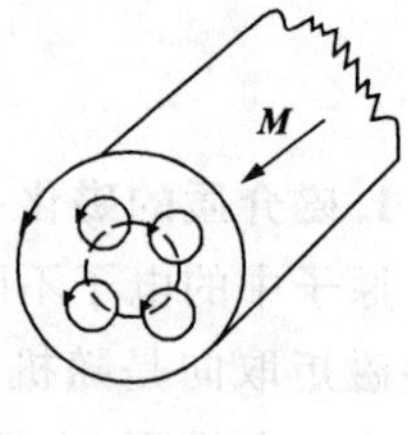

图 6.1-2

如图 6.1-3 所示. 假定有分区均匀的磁介质，磁介质 1 中的磁化强度为 $\boldsymbol{M}_1$，磁介质 2 中的磁化强度为 $\boldsymbol{M}_2$，则磁介质 1 和磁介质 2 的表面均出现磁化面电流，其面密度分别为 $\boldsymbol{M}_1\times\boldsymbol{n}_1$ 和 $\boldsymbol{M}_2\times\boldsymbol{n}_2$，故总磁化电流面密度为

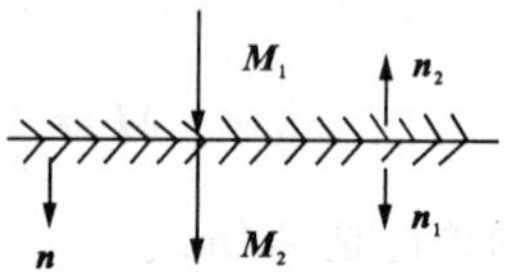

图 6.1-3

$$\boldsymbol{i}_m=\boldsymbol{M}_1\times\boldsymbol{n}_1+\boldsymbol{M}_2\times\boldsymbol{n}_2$$

由于 $\boldsymbol{n}_1=\boldsymbol{n},\boldsymbol{n}_2=-\boldsymbol{n}$，故得

$$\boldsymbol{i}_m=(\boldsymbol{M}_1-\boldsymbol{M}_2)\times\boldsymbol{n} \tag{6.1-4}$$

由此可知，**磁化电流体密度 $\boldsymbol{j}_m$ 决定于磁化强度 $\boldsymbol{M}$ 的旋度，而磁化电流面密度 $\boldsymbol{i}_m$ 则决定于突变面两侧磁化强度之差**. 这样便可从 $\nabla\times\boldsymbol{M}$ 和 $(\boldsymbol{M}_1-\boldsymbol{M}_2)\times\boldsymbol{n}$ 求得 $\boldsymbol{j}_m$ 和 $\boldsymbol{i}_m$，知道了 $\boldsymbol{j}_m$ 和 $\boldsymbol{i}_m$ 的分布，利用电流磁场矢势的积分公式就可以计算出矢势 $\boldsymbol{A}$，再用 $\boldsymbol{B}=\nabla\times\boldsymbol{A}$ 求磁感应强度 $\boldsymbol{B}$；或者知道了 $\boldsymbol{j}_m$ 和 $\boldsymbol{i}_m$ 的分布，用毕奥-萨伐尔定律直接计算磁感应强度 $\boldsymbol{B}$. 一般说来，用毕奥-萨伐尔定律直接计算 $\boldsymbol{B}$ 可能更方便些.

例题 1　均匀磁化球体的磁场.

解　如图 6.1-4 所示. 半径为 a 的均匀磁化球体，设磁化强度 $\boldsymbol{M}$ 沿 z 轴正方向，球心在坐标原点，由于 $\boldsymbol{M}$ 是常数，故磁化电流体密度 $\boldsymbol{j}_m=0$，仅有磁化电流面密度 $\boldsymbol{i}_m=\boldsymbol{M}\times\boldsymbol{n}$，其大小为 $i_m=M\sin\theta'$，在 θ' 处取一宽度为 $a\mathrm{d}\theta'$ 的电流环，它在观察点 P 产生的磁感应强度仅有 z 分量.

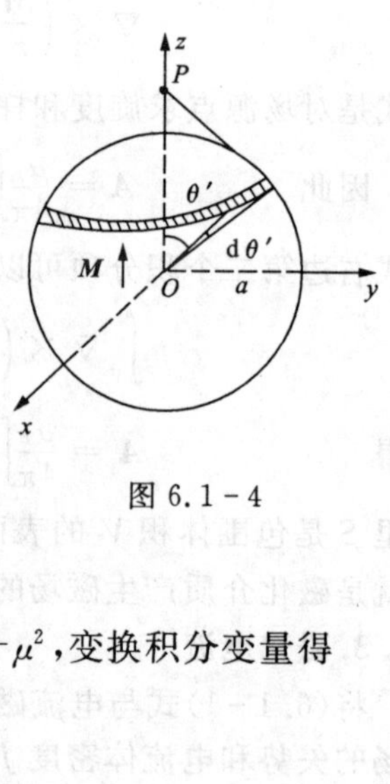

图 6.1-4

$$\mathrm{d}B_z=\frac{\mu_0a^3M\sin^3\theta'\mathrm{d}\theta'}{2(a^2+z^2-2az\cos\theta')^{3/2}}$$

故整个球面上的磁化面电流在观察点 P 产生的磁感应强度为

$$B_z=\frac{\mu_0Ma^3}{2}\int_\theta^\pi\frac{\sin^3\theta'\mathrm{d}\theta'}{(a^2+z^2-2az\cos\theta')^{3/2}}$$

为了求上面的积分，我们令 $\mu=\cos\theta'$，则 $\mathrm{d}\mu=-\sin\theta\mathrm{d}\theta'$，$\sin^2\theta'=1-\mu^2$，变换积分变量得

$$B_z=\frac{\mu_0Ma^3}{2}\int_{-1}^1\frac{(1-\mu^2)\mathrm{d}\mu}{(a^2+z^2-2az\mu)^{3/2}}$$

这个积分可以查表得到

$$-\frac{2(a^2+z^2-2az\mu)^{1/2}}{3z^3a^3}\left[a^2+z^2+az\mu+\frac{3a^2z^2(\mu^2-1)}{2(a^2+z^2-2az\mu)}\right]\Bigg|_{-1}^{1}$$

$$=\frac{2}{3a^3z^3}\{(a^2+z^2)\cdot[|z+a|-|z-a|]-az[|z+a|+|z-a|]\}$$

(1)P 点在球外，即 $z>a$，因此 $|z-a|=z-a$，代入得积分值为 $4/(3z^3)$，于是

$$B_z=\frac{2\mu_0 Ma^3}{3z^3}$$

(2)P 点在球内，即 $z<a$，因此 $|z-a|=a-z$，代入得积分值为 $4/(3a^3)$，于是

$$B_z=\frac{2}{3}\mu_0 M$$

例题 2 均匀磁化柱体的磁场.

如图 6.1-5 所示. 长度为 $2l$、半径为 a 的均匀磁化圆柱体，M 沿柱轴方向，圆柱轴与 x 轴重合，中心在坐标原点 O 上，求圆柱体内部和外部轴上任一点的磁感应强度 $\boldsymbol{B}$.

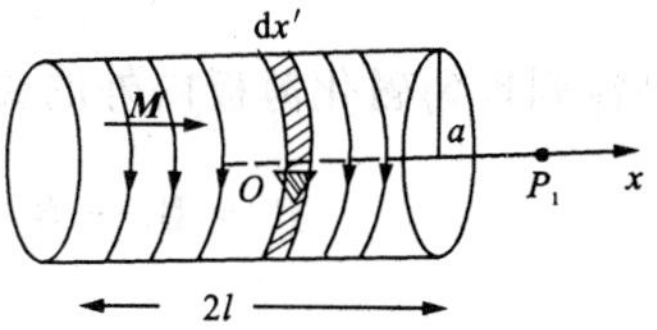

图 6.1-5

解 由于 $\boldsymbol{M}$ 是常数，故磁化电流体密度 $\boldsymbol{j}_m=0$，仅有面磁化电流，其面密度为 $\boldsymbol{i}_m=\boldsymbol{M}\times\boldsymbol{n}$，大小为 $i_m=M$，方向为沿右手螺旋方向环绕柱体侧面(图 6.1-5). 在 x' 处取一宽度为 dx' 的磁化电流环，电流强度为 Mdx'，它在柱外轴上 P_1 点产生的磁感应强度仅有 x 分量，利用 §5.1 例题 2 的结果得到

$$dB_1=\frac{\mu_0 a^2 Mdx'}{2[a^2+(x-x')^2]^{3/2}}$$

整个圆柱体的磁化面电流在柱外轴上 P_1 点产生的磁感应强度为

$$B_1=\int_{-l}^{+l}\frac{\mu_0 a^2 Mdx'}{2[a^2+(x-x')^2]^{3/2}}$$

$$=\frac{\mu_0 a^2 M}{2}\cdot\frac{(x-x')}{a^2[(x-x')^2+a^2]^{1/2}}\Bigg|_{-l}^{+l}$$

$$=\frac{\mu_0 M}{2}\left[\frac{x+l}{\sqrt{a^2+(x+l)^2}}-\frac{x-l}{\sqrt{a^2+(x-l)^2}}\right]$$

在柱内轴上，P_2 点的磁感应强度也仅有 x 分量，同求柱外轴上 P_1 点磁场的方法一样得到

$$B_2=\int_{-l}^{+l}\frac{\mu_0 a^2 Mdx'}{2[a^2+(x'-x)^2]^{3/2}}$$

$$=\frac{\mu_0 a^2 M}{2}\cdot\frac{(x'-x)}{a^2[(x'-x)^2+a^2]^{1/2}}\Bigg|_{-l}^{+l}$$

$$=\frac{\mu_0 M}{2}\left[\frac{l-x}{\sqrt{a^2+(l-x)^2}}+\frac{l+x}{\sqrt{a^2+(l+x)^2}}\right]$$

例题 3 无限大均匀磁化薄板.

解 如图 6.1-6 所示. 一无限大均匀磁化薄板，厚度为 d，底面与 xOy 平面重合，磁化强度 $\boldsymbol{M}$ 沿 y 轴的正方向.

由于 $\boldsymbol{M}$ 是常数，故磁化电流体密度 $\boldsymbol{j}_m=0$，仅有磁化面电流，其面密度为 $\boldsymbol{i}_m=\boldsymbol{M}\times\boldsymbol{n}$，大小为 $i_m=M$，顶面上的磁化电流沿 x 轴的正向，底面上的磁化电流沿 x 轴的负向. 利用 §5.1 例题 3 的结果得到顶面上的磁化电流产生的磁

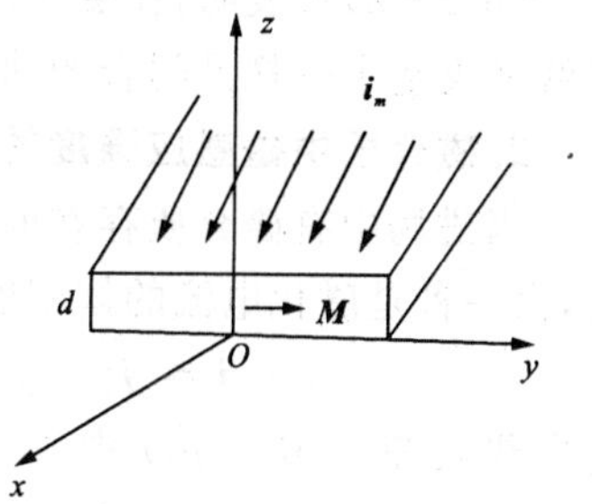

图 6.1-6

感应强度为

$$\boldsymbol{B}_1=\begin{cases}\dfrac{\mu_0 M}{2}\boldsymbol{e}_y & (z<d)\\ -\dfrac{\mu_0 M}{2}\boldsymbol{e}_y & (z>d)\end{cases}$$

式中，$\boldsymbol{e}_y$ 是 y 轴的单位矢量.

底面上的磁化电流产生的磁感应强度

$$\boldsymbol{B}_2=\begin{cases}\dfrac{\mu_0 M}{2}\boldsymbol{e}_y & (z>0)\\ -\dfrac{\mu_0 M}{2}\boldsymbol{e}_y & (z<0)\end{cases}$$

于是得到均匀磁化薄板内外的磁感应强度为

$$\boldsymbol{B}=\boldsymbol{B}_1+\boldsymbol{B}_2=\begin{cases}\mu_0 M\boldsymbol{e}_y & (0<z<d)\\ 0 & (z<0, z>d)\end{cases}$$

§6.2 磁介质中稳定电流磁场的基本规律

磁介质可分为顺磁介质、反磁介质和铁磁介质. 一般来说，顺磁介质 $\mu_r>1$；反磁介质 $\mu_r<1$；而铁磁介质 $\mu_r\gg1$，并且不是常数，而是由许多复杂因素所决定. 现在我们先讨论顺磁、反磁介质中稳定电流磁场的基本规律.

1. 磁介质中磁感应强度的散度

当磁介质存在时，磁感应强度 $\boldsymbol{B}$ 不仅由传导电流决定，并且还由磁化电流的分布所决定，由于传导电流和磁化电流的磁场具有相同的性质，它们产生的磁场的散度都为零，因此

$$\nabla\cdot\boldsymbol{B}=0 \tag{6.2-1}$$

若将(6.2-1)式对体积求积分，则

$$\int_V(\nabla\cdot\boldsymbol{B})\mathrm{d}V=0$$

根据高斯定理得

$$\int_V(\nabla\cdot\boldsymbol{B})\mathrm{d}V=\oint_S\boldsymbol{B}\cdot\mathrm{d}\boldsymbol{S}$$

故得

$$\oint_S\boldsymbol{B}\cdot\mathrm{d}\boldsymbol{S}=0 \tag{6.2-2}$$

式中，S 是包围任意体积的表面.

(6.2-2)式表明，在磁介质中，通过任意闭合曲面的磁感应通量为零，即磁介质中的磁感应线和真空中一样是闭合的曲线，是无头无尾的，因此，**磁介质中的稳定电流磁场是无源场.**

2. 磁介质中磁感应强度的旋度

当磁场中有磁介质存在时，由于在任何点上有两种电流存在，一种是传导电流的体密度 $\boldsymbol{j}_f$，另一种是磁化电流的体密度 $\boldsymbol{j}_m$，因此总电流的电流密度为

$$\boldsymbol{j}=\boldsymbol{j}_f+\boldsymbol{j}_m$$

将它代入 $\nabla\times\boldsymbol{B}=\mu_0\boldsymbol{j}$ 中，得

$$\nabla\times\boldsymbol{B}=\mu_0(\boldsymbol{j}_f+\boldsymbol{j}_m)$$

因此，**磁感应强度的旋度，决定于传导电流密度 $\boldsymbol{j}_f$ 和磁化电流密度 $\boldsymbol{j}_m$.** 传导电流比较容易受

实验条件的直接控制或观测，而磁化电流则不然，因此，在上式中设法消去 $\boldsymbol{j}_m$，就会使磁场的处理简便得多.

因为 $\boldsymbol{j}_m = \nabla \times \boldsymbol{M}$，故上式可以写成

$$\nabla \times \boldsymbol{B} = \mu_0(\boldsymbol{j}_f + \nabla \times \boldsymbol{M})$$

即

$$\nabla \times \left(\frac{\boldsymbol{B}}{\mu_0} - \boldsymbol{M}\right) = \boldsymbol{j}_f$$

这个式子的右边仅出现传导电流密度，这样，如果引入

$$\boldsymbol{H} = \frac{\boldsymbol{B}}{\mu_0} - \boldsymbol{M} \tag{6.2-3}$$

称为磁场强度矢量，则

$$\nabla \times \boldsymbol{H} = \boldsymbol{j}_f \tag{6.2-4}$$

即当有磁介质存在时，磁场强度 $\boldsymbol{H}$ 的旋度等于传导电流密度，称为磁介质中环路定理的微分形式. 这样，**在磁介质中 $\boldsymbol{H}$ 的旋度仅与传导电流密度有关，而 $\boldsymbol{B}$ 的旋度却与传导电流密度和磁化电流密度有关**，因此，引入磁场强度 $\boldsymbol{H}$ 的概念之后，使磁介质中磁场的研究大大简化.

磁介质中环路定理的积分形式可以从对(6.2-4)式面积分得到，即

$$\int_S (\nabla \times \boldsymbol{H}) \cdot \mathrm{d}\boldsymbol{S} = \int_S \boldsymbol{j}_f \cdot \mathrm{d}\boldsymbol{S} = I_f$$

根据斯托克斯定理得

$$\oint_L \boldsymbol{H} \cdot \mathrm{d}\boldsymbol{l} = I_f \tag{6.2-5}$$

它表示磁介质中任意闭合回路 $\boldsymbol{H}$ 的环流等于回路所包围的传导电流. 称为磁介质中环路定理的积分形式.

3. $\boldsymbol{B}$ 和 $\boldsymbol{H}$ 的关系

由于引入磁场强度 $\boldsymbol{H}$，使磁介质中磁场的研究大为简化，但是代表磁场的真实性的是 $\boldsymbol{B}$ 而不是 $\boldsymbol{H}$，也就是说，在磁介质中的 $\boldsymbol{B}$ 是真实的物理量，而 $\boldsymbol{H}$ 是一个辅助的物理量. 我们讨论 $\boldsymbol{H}$ 场不是目的而是手段，因此，必须给出 $\boldsymbol{H}$ 和 $\boldsymbol{B}$ 之间一个直接而简单的关系，才能最后解决磁介质中磁场的问题.

实验指出，对于各向同性线性磁介质，磁化强度 $\boldsymbol{M}$ 与磁场强度 $\boldsymbol{H}$ 之间有简单的线性关系

$$\boldsymbol{M} = \chi \boldsymbol{H} \tag{6.2-6}$$

χ 称为磁化率. 它的数值有赖于磁介质的物理和化学性质. 顺磁介质的磁化率是正的，也就是说磁化强度 $\boldsymbol{M}$ 的方向和磁场强度 $\boldsymbol{H}$ 的方向相同；反磁介质的磁化率是负的，也就是说磁化强度 $\boldsymbol{M}$ 的方向和磁场强度 $\boldsymbol{H}$ 的方向相反. 顺磁介质和反磁介质的磁化率 χ 一般都很小.

将 $\boldsymbol{M}=\chi\boldsymbol{H}$ 代入 $\boldsymbol{H}=\dfrac{\boldsymbol{B}}{\mu_0}-\boldsymbol{M}$ 中，得到

$$\boldsymbol{B} = \mu_0 \boldsymbol{H} + \mu_0 \chi \boldsymbol{H} = \mu_0(1+\chi)\boldsymbol{H} \tag{6.2-7}$$

令

$$\mu_r = 1+\chi,\ \mu = \mu_0\mu_r \tag{6.2-8}$$

μ_r 和 μ 分别称为磁介质的相对磁导率和磁导率. μ_r 是一个无量纲的纯数. 顺磁介质 $\mu_r>1$，反磁介质 $\mu_r<1$.

将(6.2-8)式代入(6.2-7)式中，得

$$\boldsymbol{B} = \mu \boldsymbol{H} \tag{6.2-9}$$

这就是 $\boldsymbol{B}$ 和 $\boldsymbol{H}$ 的简单关系. 由于 $\boldsymbol{H}$ 的旋度仅与传导电流密度 $\boldsymbol{j}_f$ 有关，故 **$\boldsymbol{H}$ 场的处理比 $\boldsymbol{B}$ 场**

简单得多，而得到了 $\boldsymbol{H}$ 也就可得到 $\boldsymbol{B}$.

从物理本质上看，$\boldsymbol{E}$ 和 $\boldsymbol{B}$ 是真实的物理量，而 $\boldsymbol{D}$ 和 $\boldsymbol{H}$ 是辅助的物理量. 历史上由于人们对磁场曾有过片面的认识，把 $\boldsymbol{H}$ 称为磁场强度而和电场强度对比. 现在人们知道这种看法是不全面的，但由于历史的原因，仍保留着 $\boldsymbol{B}$ 和 $\boldsymbol{H}$ 的原来名称.

4. 磁介质交界面上 $\boldsymbol{B}$ 和 $\boldsymbol{H}$ 的边值关系

在不同磁介质的交界面上，由于磁介质的性质有突变，所以磁场也会有突变. 于是在界面上，微分形式的场方程失去意义，但积分形式仍然可以应用. 下面我们从积分形式的场方程出发导出磁介质交界面上 $\boldsymbol{B}$ 和 $\boldsymbol{H}$ 的边值关系.

(1) $\boldsymbol{B}$ 的法向分量.

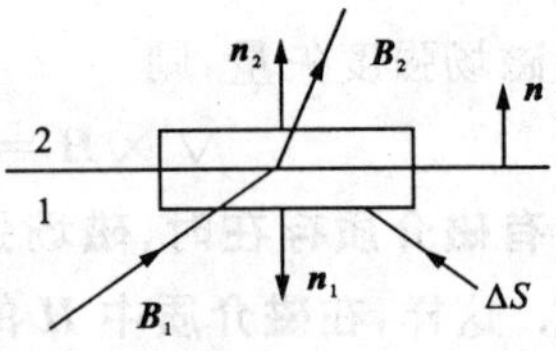

图 6.2-1

如图 6.2-1 所示. 在磁介质的分界面上做一个扁平的小匣子，将对应 $\nabla\cdot\boldsymbol{B}=0$ 的积分形式 $\oint_S \boldsymbol{B}\cdot\mathrm{d}\boldsymbol{S}=0$ 用到匣面上，当匣子的厚度趋于零时，对侧面的积分趋于零，对上下底积分得 $\boldsymbol{B}_1\cdot\boldsymbol{n}_1\Delta S+\boldsymbol{B}_2\cdot\boldsymbol{n}_2\Delta S$，于是得到

$$\boldsymbol{B}_1\cdot\boldsymbol{n}_1\Delta S+\boldsymbol{B}_1\cdot\boldsymbol{n}_2\Delta S=0$$

由于 $\boldsymbol{n}_1=-\boldsymbol{n},\boldsymbol{n}_2=\boldsymbol{n}$，代入上式，得

$$\boldsymbol{n}\cdot(\boldsymbol{B}_2-\boldsymbol{B}_1)=0 \qquad (6.2-10)$$

注意：式中的界面法线方向 $\boldsymbol{n}$ 是从磁介质 1 指向磁介质 2 的. (6.2-10)式说明**在磁介质交界面上，$\boldsymbol{B}$ 的法向分量是连续的.**

(2) $\boldsymbol{H}$ 的切向分量.

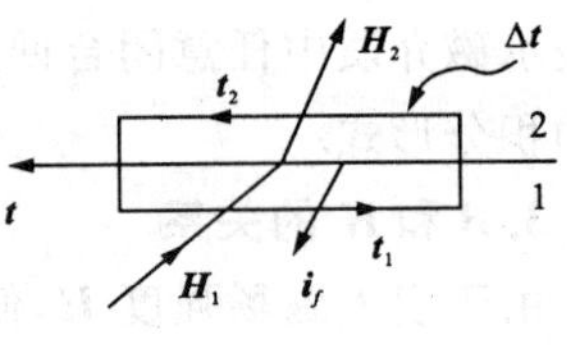

图 6.2-2

如图 6.2-2 所示. 在磁介质的分界面上做一狭窄的长方形回路，设界面上有面传导电流存在，其面电流密度为 $\boldsymbol{i}_f$. 将对应 $\nabla\times\boldsymbol{H}=\boldsymbol{j}_f$ 的积分形式 $\oint_L \boldsymbol{H}\cdot\mathrm{d}\boldsymbol{l}=I_f$ 运用到回路上，当短边趋于零时，对短边的积分趋于零，对长边的积分为 $\boldsymbol{H}_1\cdot\boldsymbol{t}_1\Delta l+\boldsymbol{H}_2\cdot\boldsymbol{t}_2\Delta l$，另外，由于 I_f 是回路包围的总电流，故 $I_f=\boldsymbol{i}_f\cdot\boldsymbol{n}'\Delta l$，于是得到

$$\boldsymbol{H}_1\cdot\boldsymbol{t}_1\Delta l+\boldsymbol{H}_2\cdot\boldsymbol{t}_2\Delta l=\boldsymbol{i}_f\cdot\boldsymbol{n}'\Delta l \qquad (6.2-11)$$

由于 $\boldsymbol{t}_1=-\boldsymbol{t},\boldsymbol{t}_2=\boldsymbol{t}$，并且 $\boldsymbol{t}=\boldsymbol{n}'\times\boldsymbol{n}$，注意：这里 $\boldsymbol{n}$ 是界面的法线方向的单位矢量，方向从磁介质 1 指向磁介质 2；$\boldsymbol{t}$ 是与界面相切的单位矢量，并且 $\boldsymbol{t}\perp\boldsymbol{n}'\perp\boldsymbol{n}$ 形成右旋系统. 代入(6.2-11)式中，得到

$$(\boldsymbol{H}_2-\boldsymbol{H}_1)\cdot\boldsymbol{t}=\boldsymbol{i}_f\cdot\boldsymbol{n}'$$

写成

$$(\boldsymbol{H}_2-\boldsymbol{H}_1)\cdot(\boldsymbol{n}'\times\boldsymbol{n})=\boldsymbol{i}_f\cdot\boldsymbol{n}'$$

根据矢量运算公式 $\mathbf{A}\cdot(\mathbf{B}\times\mathbf{C})=\mathbf{B}\cdot(\mathbf{C}\times\mathbf{A})$，将上式变为

$$\boldsymbol{n}'\cdot[\boldsymbol{n}\times(\boldsymbol{H}_2-\boldsymbol{H}_1)]=\boldsymbol{n}'\cdot\boldsymbol{i}_f$$

于是得

$$\boldsymbol{n}\times(\boldsymbol{H}_2-\boldsymbol{H}_1)=\boldsymbol{i}_f \qquad (6.2-12)$$

(6.2-12)式表示**在界面上有面传导电流的情况下，磁场强度 $\boldsymbol{H}$ 的切向分量是不连续的.**

如果界面上无面传导电流，则

$$\boldsymbol{n}\times(\boldsymbol{H}_2-\boldsymbol{H}_1)=0 \qquad (6.2-13)$$

(6.2-13)式表示**在界面上没有面传导电流的情况下，磁场强度 $\boldsymbol{H}$ 的切向分量是连续的.** 即使有体传导电流也是如此.

5. 稳定电流磁场的完整方程组

我们讨论了稳定电流磁场的散度和旋度，并讨论了 $\boldsymbol{B}$、$\boldsymbol{H}$ 的关系和磁介质交界面上的边值关系. 现在将其归纳在一起，得到下列一组方程式

$$\left.\begin{aligned}&\nabla\cdot\boldsymbol{B}=0\\&\nabla\times\boldsymbol{H}=\boldsymbol{j}_f\\&\boldsymbol{n}\cdot(\boldsymbol{B}_2-\boldsymbol{B}_1)=0\\&\boldsymbol{n}\times(\boldsymbol{H}_2-\boldsymbol{H}_1)=\boldsymbol{i}_f\\&\boldsymbol{B}=\mu\boldsymbol{H}\end{aligned}\right\}\tag{6.2-14}$$

这就是磁介质存在时稳定电流磁场的完整方程组. 完整方程组可以完全解决磁介质中的正演问题和反演问题. 即如果已知传导电流体密度 $\boldsymbol{j}_f$ 和传导电流面密度 $\boldsymbol{i}_f$ 的分布及磁介质中任意点的磁导率 μ，则磁场 $\boldsymbol{H}$ 和 $\boldsymbol{B}$ 就唯一地被方程组所决定(正演问题)；反之，如果磁介质中各点的磁导率 μ 和磁场 $\boldsymbol{H}$ 或 $\boldsymbol{B}$ 为已知，则方程组唯一地决定传导电流体密度 $\boldsymbol{j}_f$ 和面密度 $\boldsymbol{i}_f$ 的分布(反演问题).

反演问题是一个微分过程，解的唯一性是很明显的. 现在来证明正演问题有唯一的解答. 设给定 $\boldsymbol{j}_f$、$\boldsymbol{i}_f$ 和 μ 的分布及界面上 $\boldsymbol{H}$ 的切向分量时，方程所决定的磁场有两组不同的解 $\boldsymbol{B}'$ 和 $\boldsymbol{B}''$，显然

$$\boldsymbol{B}'=\nabla\times\boldsymbol{A}',\ \boldsymbol{B}''=\nabla\times\boldsymbol{A}''$$
$$\boldsymbol{B}'=\mu\boldsymbol{H}',\ \boldsymbol{B}''=\mu\boldsymbol{H}''$$
$$\nabla\times\boldsymbol{H}'=\nabla\times\boldsymbol{H}''=\boldsymbol{j}_f$$

应当成立. 根据场的叠加原理，则可以构成一个新的场，即

$$\boldsymbol{B}=\boldsymbol{B}'-\boldsymbol{B}'',\ \boldsymbol{H}=\boldsymbol{H}'-\boldsymbol{H}''$$

相应的矢势 $\quad \boldsymbol{A}=\boldsymbol{A}'-\boldsymbol{A}''$

对于这样的场，应该有

$$\nabla\times\boldsymbol{H}=0$$

现在我们来求这个场的能量，即

$$W_m=\frac{1}{2}\int_V\boldsymbol{B}\cdot\boldsymbol{H}\mathrm{d}V=\frac{1}{2}\int_V(\nabla\times\boldsymbol{A})\cdot\boldsymbol{H}\mathrm{d}V$$

根据矢量分析公式 $\nabla\cdot(\boldsymbol{a}\times\boldsymbol{b})=\boldsymbol{b}\cdot(\nabla\times\boldsymbol{a})-\boldsymbol{a}\cdot(\nabla\times\boldsymbol{b})$，将上式变成

$$W_m=\frac{1}{2}\int_V[\nabla\cdot(\boldsymbol{A}\times\boldsymbol{H})+\boldsymbol{A}\cdot(\nabla\times\boldsymbol{H})]\mathrm{d}V$$

由于 $\nabla\times\boldsymbol{H}=0$，并由高斯定理，将上式写成

$$W_m=\frac{1}{2}\int_V\nabla\cdot(\boldsymbol{A}\times\boldsymbol{H})\mathrm{d}V=\frac{1}{2}\oint_S(\boldsymbol{A}\times\boldsymbol{H})\cdot\mathrm{d}\boldsymbol{S}$$

于是得到 $$\frac{1}{2}\int_V\boldsymbol{B}\cdot\boldsymbol{H}\mathrm{d}V=\frac{1}{2}\oint_S(\boldsymbol{A}\times\boldsymbol{H})\cdot\mathrm{d}\boldsymbol{S}$$

即 $$\int_V\frac{1}{\mu}(\boldsymbol{B}'-\boldsymbol{B}'')\cdot(\boldsymbol{B}'-\boldsymbol{B}'')\mathrm{d}V=\oint_S[\boldsymbol{n}\times(\boldsymbol{A}'-\boldsymbol{A}'')]\cdot(\boldsymbol{H}'-\boldsymbol{H}'')\mathrm{d}S$$

如果已知界面上 $\boldsymbol{H}$ 的切向分量的值，则由于同一问题的边界值应该是一样的，就有

$$\boldsymbol{n}\times\boldsymbol{H}'=\boldsymbol{n}\times\boldsymbol{H}''$$

于是得到 $$\int_V\frac{1}{\mu}\,|\,\boldsymbol{B}'-\boldsymbol{B}''\,|^2\mathrm{d}V=0$$

由于 μ 总是正的，要使积分恒为零，则必须

$$\boldsymbol{B}' = \boldsymbol{B}''$$

可见，假设的两个解，实际上是同一个解，即正演问题的解是唯一的. 这就证明了稳定电流磁场方程组(6.2-14)是完整的.

§6.3 磁介质中稳定电流磁场矢势微分方程和边值关系

1. 磁介质中磁场矢势微分方程

当磁介质存在时，由于有传导电流和磁化电流对磁场的贡献，矢势微分方程(5.4-2)式变为

$$\nabla^2 \boldsymbol{A} = -\mu_0(\boldsymbol{j}_f + \boldsymbol{j}_m)$$

式中，$\boldsymbol{j}_f$ 是传导电流体密度；$\boldsymbol{j}_m$ 是磁化电流体密度.

由于 $\boldsymbol{j}_m = \nabla \times \boldsymbol{M}$，代入上式中，得

$$\nabla^2 \boldsymbol{A} = -\mu_0(\boldsymbol{j}_f + \nabla \times \boldsymbol{M}) \tag{6.3-1}$$

式中，$\boldsymbol{M}$ 是磁介质的磁化强度.

对于均匀线性磁介质，由于 χ 为常量，因此

$$\boldsymbol{j}_f + \nabla \times \boldsymbol{M} = \boldsymbol{j}_f + \chi \nabla \times \boldsymbol{H} = \boldsymbol{j}_f + \chi \boldsymbol{j}_f = (1+\chi)\boldsymbol{j}_f = \mu_r \boldsymbol{j}_f$$

代入(6.3-1)式中，得到在均匀线性磁介质中磁场矢势满足的微分方程为

$$\nabla^2 \boldsymbol{A} = -\mu \boldsymbol{j}_f \tag{6.3-2}$$

$\boldsymbol{A}$ 的每个直角坐标系中的分量均满足泊松方程

$$\left.\begin{aligned} \nabla^2 A_x &= -\mu j_{fx} \\ \nabla^2 A_y &= -\mu j_{fy} \\ \nabla^2 A_z &= -\mu j_{fz} \end{aligned}\right\}$$

在柱坐标系中的各分量为

$$\left.\begin{aligned} (\nabla^2 \boldsymbol{A})_\varphi &= \nabla^2 A_\varphi - \frac{1}{r} A_\varphi + \frac{2}{r^2}\frac{\partial A_r}{\partial \varphi} \\ (\nabla^2 \boldsymbol{A})_r &= \nabla^2 A_r - \frac{1}{r^2} A_r - \frac{2}{r^2}\frac{\partial A_\varphi}{\partial \varphi} \\ (\nabla^2 \boldsymbol{A})_z &= \nabla^2 A_z \end{aligned}\right\}$$

由此可知，在 φ, r 分量中，每个分量既有 A_φ 也有 A_r，两个分量牵扯在一起，问题就复杂了. 只有在讨论 $A = A_z$ 的问题时，例如讨论的问题是电流只沿 z 轴方向流动，矢势 A 所满足的矢量泊松方程才变成一个标量泊松方程

$$\nabla^2 A = -\mu j_f \tag{6.3-3}$$

显然，与静电场中电势满足的泊松方程类似，这样就完全可以用解静电问题的方法去求解.

在球坐标系中的各分量为

$$(\nabla^2 \boldsymbol{A})_r = \nabla^2 A_r - \frac{2}{r^2} A_r - \frac{2}{r^2 \sin\theta}\frac{\partial}{\partial \theta}(\sin\theta A_\theta) - \frac{2}{r^2 \sin\theta}\frac{\partial A_\varphi}{\partial \varphi}$$

$$(\nabla^2 \boldsymbol{A})_\theta = \nabla^2 A_\theta - \frac{A_\theta}{r^2 \sin^2\theta} + \frac{2}{r^2}\frac{\partial A_r}{\partial \theta} - \frac{2}{r^2}\frac{\cos\theta}{\sin^2\theta}\frac{\partial A_\varphi}{\partial \varphi}$$

$$(\nabla^2 \boldsymbol{A})_\varphi = \nabla^2 A_\varphi - \frac{A_\varphi}{r^2 \sin^2\theta} + \frac{2}{r^2 \sin\theta}\frac{\partial A_r}{\partial \varphi} + \frac{2}{r^2}\frac{\cos\theta}{\sin^2\theta}\frac{\partial A_\theta}{\partial \varphi}$$

由此可知，r, θ, φ 的每个分量中，既含有 A_r 也含有 A_θ 和 A_φ，三个分量牵扯在一起，问题

就更复杂了. 假如所讨论问题的电流是环形电流，并且是旋转对称分布，则 $A=A_\varphi$，在这样的问题中，矢势 **A** 所满足的矢量泊松方程变成一个标量微分方程

$$\nabla^2 A-\frac{A}{r^2\sin^2\theta}=-\mu j_f \tag{6.3-4}$$

于是可以用分离变量法求解上述方程.

2. 磁场矢势的边值关系

在解矢势微分方程的边值问题时，需要知道矢势 **A** 在通过磁介质交界面或面电流时的边值关系. 现在我们来讨论这个问题.

从 **B** 的法向分量边值关系式(6.2-10)和 **H** 的切向分量边值关系式(6.2-13)出发导出 **A** 的边值关系. 由于 $\boldsymbol{B}=\nabla\times\boldsymbol{A}$ 和 $\boldsymbol{B}=\mu\boldsymbol{H}$，得到与(6.2-10)式和(6.2-13)式对应的边值关系有

$$\boldsymbol{n}\cdot[(\nabla\times\boldsymbol{A}_2)-(\nabla\times\boldsymbol{A}_1)]=0 \tag{6.3-5}$$

$$\boldsymbol{n}\times[\frac{1}{\mu_2}(\nabla\times\boldsymbol{A}_2)-\frac{1}{\mu_1}(\nabla\times\boldsymbol{A}_1)]=\boldsymbol{i}_f \tag{6.3-6}$$

(6.3-5)式可以用更简单的形式代替，事实上，下式

$$\oint_L\boldsymbol{A}\cdot d\boldsymbol{l}=\int_S\boldsymbol{B}\cdot d\boldsymbol{S}$$

应用到磁介质的分界面的一个闭合回路上，只要 **B** 在分界面上是有限的，则可以得到

$$\boldsymbol{n}\times(\boldsymbol{A}_2-\boldsymbol{A}_1)=0 \tag{6.3-7}$$

这表示 A 在分界面上的切向分量是连续的.

另外，由于在稳定电流的情况下，$\nabla\cdot\boldsymbol{A}=0$，把下式

$$\oint_S\boldsymbol{A}\cdot d\boldsymbol{S}=\int_V(\nabla\cdot\boldsymbol{A})dV=0$$

应用到磁介质的分界面的一个扁匣子上，就可以得到

$$\boldsymbol{n}\cdot(\boldsymbol{A}_2-\boldsymbol{A}_1)=0 \tag{6.3-8}$$

这表示 A 在分界面上的法向分量是连续的.

综合(6.3-7)式和(6.3-8)式得到

$$\boldsymbol{A}_1=\boldsymbol{A}_2 \tag{6.3-9}$$

它表示**磁场矢势 A 通过磁介质的交界面时是连续的**. 这就是矢势在磁介质分界面上的边值关系.

对于(6.3-6)式也可以用更简单的形式表示，但是在不同坐标系下的形式是不同的. 在柱坐标系中，如果讨论的问题是仅有 A_z 分量，即 $A=A_z$，由矢量分析公式

$$(\nabla\times\boldsymbol{A})_\varphi=\left(\frac{\partial A_r}{\partial z}-\frac{\partial A_z}{\partial r}\right)=-\frac{\partial A_z}{\partial r}$$

我们就可以将(6.3-6)式写成

$$\frac{1}{\mu_1}\frac{\partial A_1}{\partial r}-\frac{1}{\mu_2}\frac{\partial A_2}{\partial r}=i_f \tag{6.3-10}$$

如果讨论的问题是仅有 A_φ 分量，即 $A=A_\varphi$，由矢量分析公式

$$(\nabla\times\boldsymbol{A})_z=\frac{1}{r}\frac{\partial}{\partial r}(rA_\varphi)-\frac{\partial A_r}{\partial\varphi}=\frac{1}{r}\frac{\partial}{\partial r}(rA_\varphi)$$

我们就可以将(6.3-6)式写成

$$\frac{1}{\mu_1}\frac{1}{r}\frac{\partial}{\partial r}(rA_1)-\frac{1}{\mu_2}\frac{1}{r}\frac{\partial}{\partial r}(rA_2)=-i_f \tag{6.3-11}$$

在球坐标系中，如果讨论的问题是仅有 A_φ 分量，即 $A=A_\varphi$，由矢量分析公式

$$(\nabla\times\mathbf{A})_\theta=\frac{1}{r\sin\theta}\frac{\partial A_r}{\partial\varphi}-\frac{1}{r}\frac{\partial}{\partial r}(rA_\varphi)=-\frac{1}{r}\frac{\partial}{\partial r}(rA_\varphi)$$

我们就可以将(6.3-6)式写成

$$\frac{1}{\mu_1}\frac{1}{r}\frac{\partial}{\partial r}(rA_1)-\frac{1}{\mu_2}\frac{1}{r}\frac{\partial}{\partial r}(rA_2)=i_f \tag{6.3-12}$$

在直角坐标系中，如果讨论的问题是仅有 A_x 分量，即 $A=A_x$，由矢量分析公式

$$(\nabla\times\mathbf{A})_y=\frac{\partial A_x}{\partial z}-\frac{\partial A_z}{\partial x}=\frac{\partial A_x}{\partial z}$$

我们就可以将(6.3-6)式写成

$$\frac{1}{\mu_1}\frac{\partial A_1}{\partial z}-\frac{1}{\mu_2}\frac{\partial A_2}{\partial z}=i_f \tag{6.3-13}$$

例题 1　半径为 a 的长圆柱体，磁导率为 μ，放在均匀外磁场 $\mathbf{B}_0$ 中，场的方向与柱轴垂直，求磁场矢势和磁感应强度的分布.

解　如图 6.3-1 所示. 无限长圆柱体的轴与 z 轴重合，外磁场沿 x 轴方向，由于均匀磁场的矢势 $A_0=A_{z0}=B_0r\sin\varphi$，故总磁场的矢势也仅有 z 分量 A_z. 选取柱坐标系，因为矢势仅有 z 分量，并且无传导电流，故在柱内和柱外的空间中，矢势均满足标量拉普拉斯方程. 设柱内的矢势为 $\mathbf{A}_1$，柱外的矢势为 $\mathbf{A}_2$，则它们各自满足下列方程

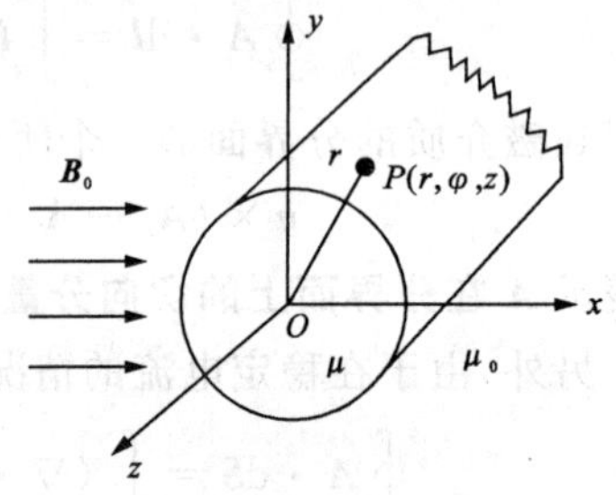

图 6.3-1

$$\nabla^2A_1=0 \qquad (r<a)$$

$$\nabla^2A_2=0 \qquad (r>a)$$

由于 A 与 z 无关，仅与 r、φ 有关，上述方程的通解为

$$A=\sum_{n=1}^{\infty}\left(a_nr^n+\frac{b_n}{r^n}\right)(c_n\cos n\varphi+d_n\sin n\varphi)$$

现在我们列出极限条件和边值关系.

(1)极限条件：

当 $r\to 0$ 时，A_1 有限；

当 $r\to\infty$ 时，$A_2=B_0r\sin\varphi$.

(2)边值关系：

$$\text{当 } r=a \text{ 时，}\begin{cases}A_1=A_2;\\ \dfrac{1}{\mu}\dfrac{\partial A_1}{\partial r}=\dfrac{1}{\mu_0}\dfrac{\partial A_2}{\partial r}.\end{cases}$$

下面根据上述条件找出柱内和柱外的解.

由极限条件(1)可知，A_1 中不可能有 b_n/r^n 项(即 $b_n=0$)，A_2 中不可能有 a_nr^n 项(即 $a_n=0$)，又因矢势对 Ox 轴成反对称(即 φ 改变符号时，A 也改变符号)，所以矢势中不能包括 $c_n\cos n\varphi$ 项(即 $c_n=0$). 总括以上所述，我们有

$$A_1=\sum_{n=1}^{\infty}E_n\sin n\varphi r^n$$

$$A_2 = \sum_{n=1}^{\infty} F_n \sin n\varphi \frac{1}{r^n} + B_0 r\sin\varphi$$

现在利用边值关系来确定 E_n 和 F_n. 由边值关系得

$$\sum_{n=1}^{\infty} E_n a^n \sin n\varphi = \sum_{n=1}^{\infty} F_n \frac{1}{a^n}\sin n\varphi + B_0 a\sin\varphi$$

$$\sum_{n=1}^{\infty} E_n \frac{n}{\mu} a^{n-1} \sin n\varphi = \sum_{n=1}^{\infty} F_n \frac{-n}{\mu_0} \frac{1}{a^{n+1}}\sin n\varphi + \frac{B_0}{\mu_0}\sin\varphi$$

当 $n=1$ 时,比较等式两边 $\sin\varphi$ 项的系数,得

$$E_1 a = F_1 \frac{1}{a} + B_0 a$$

$$\frac{E_1}{\mu} = -\frac{F_1}{\mu_0 a^2} + \frac{B_0}{\mu_0}$$

联立求解得

$$E_1 = \frac{2B_0\mu}{\mu+\mu_0}$$

$$F_1 = a^2 B_0 \frac{\mu-\mu_0}{\mu+\mu_0}$$

当 $n\neq 1$ 时,$E_n=0$, $F_n=0$. 故得

$$A_1 = \frac{2B_0\mu}{\mu+\mu_0} r\sin\varphi$$

$$A_2 = \left(1+\frac{a^2}{r^2}\frac{\mu-\mu_0}{\mu+\mu_0}\right)B_0 r\sin\varphi$$

利用 $\boldsymbol{B}=\nabla\times\boldsymbol{A}$ 求磁感应强度 $\boldsymbol{B}$,得柱内和柱外磁场的磁感应强度 $\boldsymbol{B}_1$ 和 $\boldsymbol{B}_2$ 的各分量为

$$B_{1r} = (\nabla\times\boldsymbol{A}_1)_r = \frac{1}{r}\frac{\partial A_1}{\partial\varphi} = \frac{2B_0\mu}{\mu+\mu_0}\cos\varphi$$

$$B_{1\varphi} = (\nabla\times\boldsymbol{A}_1)_\varphi = -\frac{\partial A_1}{\partial r} = -\frac{2B_0\mu}{\mu+\mu_0}\sin\varphi$$

$$B_{2r} = (\nabla\times\boldsymbol{A}_2)_r = \frac{1}{r}\frac{\partial A_1}{\partial\varphi} = \left(1+\frac{a^2}{r^2}\frac{\mu-\mu_0}{\mu+\mu_0}\right)B_0\cos\varphi$$

$$B_{2\varphi} = (\nabla\times\boldsymbol{A}_2)_\varphi = -\frac{\partial A_2}{\partial r} = -\left(1-\frac{a^2}{r^2}\frac{\mu-\mu_0}{\mu+\mu_0}\right)B_0\sin\varphi$$

例题 2 半径为 a 的球体,磁导率为 μ,放在均匀磁场 $\boldsymbol{B}_0$ 中,求磁场矢势和磁感应强度的分布.

解 如图 6.3-2 所示. 球体的球心与坐标原点重合,外磁场沿 z 轴方向,由于均匀磁场的矢势 $A_0 = A_{\varphi 0} = B_0 r\cdot\sin\theta/2$,故总磁场矢势也仅有 φ 分量 A_φ,选取球坐标系,因为矢势仅有 φ 分量,并且无传导电流,故在球内和球外的空间中,矢势均满足 $\boldsymbol{i}_f=0$ 情况下的(6.3-4)方程. 设球内的矢势为 A_1,球外的矢势为 A_2,则它们各自满足方程为

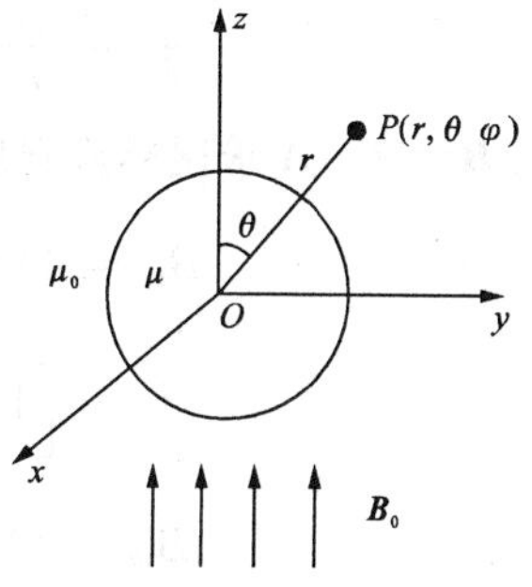

图 6.3-2

$$\nabla^2 A_1 - \frac{A_1}{r^2\sin^2\theta} = 0,\ \nabla^2 A_2 - \frac{A_2}{r^2\sin^2\theta} = 0$$

由于 A_1 和 A_2 都与 φ 无关,仅与 r、θ 有关,并且方程中都含有 $\sin\theta$,因此矢势 A 的试解形式可以写成

$$A = R(r)\sin\theta$$

代入(6.3-4)方程中,得

$$r^2 \frac{\mathrm{d}^2 R}{\mathrm{d}r^2} + 2r\frac{\mathrm{d}R}{\mathrm{d}r} - 2R = 0$$

这是一个齐次欧拉方程,它的通解是

$$R = Cr + Dr^{-2}$$

式中,C 和 D 是常数.

现在我们列出极限条件和边值关系.

(1)极限条件:

当 $r \to 0$ 时,A_1 有限;

当 $r \to \infty$ 时,$A_2 = \frac{1}{2}B_0 r\sin\theta$.

(2)边值关系:

当 $r=a$ 时,$\begin{cases} A_1 = A_2; \\ \frac{1}{\mu}\frac{\partial}{\partial r}(rA_1) = \frac{1}{\mu_0}\frac{\partial}{\partial r}(rA_2). \end{cases}$

下面我们根据上述条件找出球内和球外的解.

由极限条件(1)可知,A_1 中不可能有 Dr^{-2} 项(即 $D=0$),A_2 中不可能有 Cr 项(即 $C=0$),故我们有

$$A_1 = Cr\sin\theta,\ A_2 = \left(Dr^{-2} + \frac{1}{2}B_0 r\right)\sin\theta$$

现在我们利用边值关系来确定 C 和 D,得

$$Ca = \frac{D}{a^2} + \frac{1}{2}B_0 a,\ \frac{2C}{\mu} = -\frac{D}{\mu_0 a^3} + \frac{B_0 a}{\mu_0}$$

联立求解得

$$C = \frac{3\mu B_0}{2(\mu + 2\mu_0)},\ D = \frac{\mu - \mu_0}{\mu + 2\mu_0}B_0 a^3$$

故得

$$A_1 = \frac{3\mu B_0}{2(\mu + 2\mu_0)} r\sin\theta$$

$$A_2 = \frac{\mu - \mu_0}{\mu + 2\mu_0}B_0\frac{a^3}{r^2} + \frac{B_0}{2}r\sin\theta = \left[1 + \frac{2(\mu - \mu_0)}{\mu + 2\mu_0}\frac{a^3}{r^3}\right]\cdot\frac{1}{2}B_0 r\sin\theta$$

利用 $\boldsymbol{B} = \nabla \times \boldsymbol{A}$ 求磁感应强度 $\boldsymbol{B}$,得球内和球外磁场的磁感应强度 $\boldsymbol{B}_1$ 和 $\boldsymbol{B}_2$ 的各分量为

$$B_{1r} = (\nabla \times \boldsymbol{A}_1)_r = \frac{1}{r\sin\theta}\left[\frac{\partial}{\partial\theta}(A_1\sin\theta)\right] = \frac{3\mu B_0}{\mu + 2\mu_0}\cos\theta$$

$$= \left[1 + \frac{2(\mu - \mu_0)}{\mu + 2\mu_0}\right]B_0\cos\theta$$

$$B_{1\theta} = (\nabla \times \boldsymbol{A}_1)_\theta = -\frac{1}{r}\frac{\partial}{\partial r}(rA_1) = -\frac{3\mu B_0}{\mu + 2\mu_0}\sin\theta$$

$$= -\left[1 + \frac{2(\mu - \mu_0)}{\mu + 2\mu_0}\right]B_0\sin\theta$$

$$B_{2r} = (\nabla \times \boldsymbol{A}_2)_r = \frac{1}{r\sin\theta}\left[\frac{\partial}{\partial\theta}(A_2\sin\theta)\right]$$

$$= \left[1 + \frac{2(\mu - \mu_0)}{\mu + 2\mu_0}\frac{a^3}{r^3}\right]B_0\cos\theta$$

$$B_{2\theta} = (\nabla \times \boldsymbol{A}_2)_\theta = -\frac{1}{r}\frac{\partial}{\partial r}(rA_2) = -\left[1 - \frac{\mu - \mu_0}{\mu + 2\mu_0}\frac{a^3}{r^3}\right]B_0\sin\theta$$

从这个结果可知，总磁场是均匀磁场与磁介质磁化面电流所产生的磁场的叠加．在球内，磁化面电流所产生的磁场是一均匀场；而在球外，磁化面电流所产生的磁场则是一磁偶极场．

§6.4　磁介质中磁场的标势　磁荷

1. 磁标势

上面讨论了磁场的矢势 $\boldsymbol{A}$，在磁场中引入矢势后，使磁场的研究大为简化．但矢势毕竟是一个矢量，并且它与 $\boldsymbol{B}$ 的关系又是旋度的关系，计算起来比较复杂．因此，我们仍然希望在磁场中引入标势．在§5.6中曾经提及过磁标势，这里则更深入地讨论磁标势，特别着重引入磁标势的条件．

(1)所讨论的区域内没有传导电流．

如果所讨论的区域内没有传导电流，则

$$\nabla \times \boldsymbol{H} = 0$$

所以我们可以引入标势 U_m

$$\boldsymbol{H} = -\nabla U_m$$

与静电场 $\boldsymbol{E} = -\nabla U$ 对比，我们称 U_m 为磁标势．因此，引入磁标势的第一个条件是所讨论的区域中无传导电流，但是，仅有这个条件还不够．原因是能够引入标势的概念，必须是保守场，即 $\boldsymbol{H}$ 场必须是保守场，而 $\boldsymbol{H}$ 场是保守场的条件是 $\boldsymbol{H}$ 的环流总为零．但是，根据安培环路定理，$\boldsymbol{H}$ 的环流是否为零，取决于路径的选择是否包围传导电流．比如我们讨论一电流环附近的区域(电流环除外)中的磁场，显然，这个区域由于不存在传导电流而认为可以用磁标势来描述．设该空间的磁标势为 U_m，$\boldsymbol{H} = -\nabla U_m$，将 $\boldsymbol{H}$ 沿穿过电流环的回路积分，因为回路包围传导电流，故

$$\oint_L \boldsymbol{H} \cdot \mathrm{d}\boldsymbol{l} = I$$

而另一方面

$$\oint_L \boldsymbol{H} \cdot \mathrm{d}\boldsymbol{l} = -\oint_L (\nabla U_m) \cdot \mathrm{d}\boldsymbol{l} = -\oint_L \mathrm{d}U_m = 0$$

即仅根据所讨论的空间无传导电流而引入磁标势，就会得到与安培环路定理相矛盾的结果．因此仅有“无传导电流”这一条件是不够的，还必须有另一个条件．

(2)传导电流围成的壳形区域以外的区域．

为了解决这个矛盾，必须将以电流环为界的曲面封锁住，不允许穿过此曲面作环流运算，即是说传导电流所围成的面是一个**不可穿透的面**，这样，无论怎样选择回路都不会包围传导电流，因而磁场强度 $\boldsymbol{H}$ 的环流总是为零．故 $\boldsymbol{H}$ 场就是保守场，可以用磁标势来描述．由此可见，**挖去由传导电流所围成的壳形区域之后所剩下的空间区域才能用磁标势来描述．**

2. 磁荷

既然满足上述条件的磁场是势场，其 $\nabla \times \boldsymbol{H} = 0$，$\nabla \cdot \boldsymbol{H} \neq 0$，则必有源头．因为

$$\nabla \cdot \boldsymbol{B} = 0$$

用 $\boldsymbol{B}=\mu_0(\boldsymbol{H}+\boldsymbol{M})$代入上式，得

$$\nabla\cdot(\mu_0\boldsymbol{H}+\mu_0\boldsymbol{M})=0$$

故
$$\nabla\cdot\boldsymbol{H}=-\nabla\cdot\boldsymbol{M} \tag{6.4-1}$$

与静电场中$\nabla\cdot\boldsymbol{E}=-\frac{\rho}{\varepsilon_0}$对比，得到 $\boldsymbol{H}$ 的源头为

$$\rho_m=-\mu_0\nabla\cdot\boldsymbol{M} \tag{6.4-2}$$

显然，ρ_m 应该称为磁荷. **它是 $\boldsymbol{H}$ 的源头，等于 $\mu_0\boldsymbol{M}$ 的负散度**. 实际上磁荷是不存在的，它是我们对磁场加上一些限制条件之后才出现的，是虚构的. 这里引入的磁荷相当于电介质中的束缚电荷，由于$\nabla\cdot\boldsymbol{B}=0$，所以相当于自由磁荷的不存在.

与极化电介质交界面上存在面束缚电荷相似，在磁化介质交界面上也存在有面磁荷，磁荷面密度为

$$\sigma_m=\mu_0(\boldsymbol{M}_1-\boldsymbol{M}_2)\cdot\boldsymbol{n} \tag{6.4-3}$$

式中，$\boldsymbol{n}$ 为界面的法线方向的单位矢量，方向从磁介质 1 指向磁介质 2.

(6.4-3)式表示**磁介质交界面上的磁荷面密度等于两种磁介质磁化强度的法向分量之差**.

已知磁化介质中体磁荷密度 ρ_m 和交界面上面磁荷密度 σ_m，我们可以用直接积分法求得磁标势

$$U_m=\frac{1}{4\pi\mu_0}\int_V\frac{\rho_m\mathrm{d}V}{r}+\frac{1}{4\pi\mu_0}\int_S\frac{\sigma_m\mathrm{d}S}{r} \tag{6.4-4}$$

式中，$\rho_m=-\mu_0\nabla\cdot\boldsymbol{M}$，$\sigma_m=\mu_0(\boldsymbol{M}_1-\boldsymbol{M}_2)\cdot\boldsymbol{n}$.

如果磁介质磁化是分区均匀的，则因为在每种磁介质中 $\boldsymbol{M}$ 为常数，这时 $\rho_m=0$，上式中就只有面磁荷密度分布对磁标势的贡献.

3. 磁标势满足的微分方程和边值关系

将 $\boldsymbol{H}=-\nabla U_m$ 代入$\nabla\cdot\boldsymbol{H}=\frac{\rho_m}{\mu_0}$中，得到

$$\nabla\cdot(\nabla U_m)=-\frac{\rho_m}{\mu_0}$$

即
$$\nabla^2U_m=-\frac{\rho_m}{\mu_0} \tag{6.4-5}$$

这就是磁标势满足的泊松方程.

在介质是均匀磁化的情况下，即 M 是常数，故 $\rho_m=-\mu_0\nabla\cdot\boldsymbol{M}=0$，则(6.4-5)式变为

$$\nabla^2U_m=0 \tag{6.4-6}$$

这就是磁标势满足的拉普拉斯方程.

从 $\boldsymbol{B}$ 和 $\boldsymbol{H}$ 的边值关系可以求得磁标势 U_m 在交界面上的关系.

由 $\boldsymbol{n}\times(\boldsymbol{H}_2-\boldsymbol{H}_1)=0$，可得

$$U_{m1}=U_{m2} \tag{6.4-7}$$

由 $\boldsymbol{n}\cdot(\boldsymbol{B}_2-\boldsymbol{B}_1)=0$ 及 $\boldsymbol{B}=\mu_0(\boldsymbol{H}+\boldsymbol{M})$，可得

$$\frac{\partial U_{m1}}{\partial n}-\frac{\partial U_{m2}}{\partial n}=\boldsymbol{n}\cdot(\boldsymbol{M}_1-\boldsymbol{M}_2) \tag{6.4-8}$$

对非铁磁介质来说，由 $\boldsymbol{n}\cdot(\boldsymbol{B}_2-\boldsymbol{B}_1)$及 $\boldsymbol{B}=\mu\boldsymbol{H}$，可得

$$\mu_1\frac{\partial U_{m1}}{\partial n}=\mu_2\frac{\partial U_{m2}}{\partial n} \tag{6.4-9}$$

由此可见，磁介质交界面上磁标势的边值关系和电介质交界面上电势的边值关系完全类似. 因此，引入磁荷和磁标势的好处在于可以借用静电场的方法去处理磁场问题，进而使磁场的研究大为简化.

4. 静电场与静磁场对比

磁荷的磁场一般称为静磁场. 现在把从磁荷的概念出发研究磁场得到的基本规律与静电场的基本规律加以对比.

静电场	静磁场
$\nabla \times \boldsymbol{E}=0$	$\nabla \times \boldsymbol{H}=0$
$\nabla \cdot \boldsymbol{E}=(\rho_f+\rho_p)/\varepsilon_0$	$\nabla \cdot \boldsymbol{H}=\rho_m/\mu_0$
$\rho_p=-\nabla \cdot \boldsymbol{P}$	$\rho_m=-\mu_0 \nabla \cdot \boldsymbol{M}$
$\boldsymbol{D}=\varepsilon_0 \boldsymbol{E}+\boldsymbol{P}$	$\boldsymbol{B}=\mu_0 \boldsymbol{H}+\mu_0 \boldsymbol{M}$
$\boldsymbol{E}=-\nabla U$	$\boldsymbol{H}=-\nabla U_m$
$\nabla^2 U=-(\rho_f+\rho_p)/\varepsilon_0$	$\nabla^2 U_m=-\rho_m/\mu_0$
$U_1=U_2$	$U_{m1}=U_{m2}$
$\varepsilon_1\dfrac{\partial U_1}{\partial n}=\varepsilon_2\dfrac{\partial U_2}{\partial n}$	$\mu_1\dfrac{\partial U_{m1}}{\partial n}=\mu_2\dfrac{\partial U_{m2}}{\partial n}$

通过以上的对比，可把静电场问题求解的方法应用到磁场问题中去.

例题 1 均匀磁场中顺磁球体的磁场.

如图 6.4-1 所示. 半径为 a 的顺磁球体，磁导率为 μ，放在均匀磁场 $\boldsymbol{B}_0$ 中，磁场沿 z 轴正方向，求球内外的磁场.

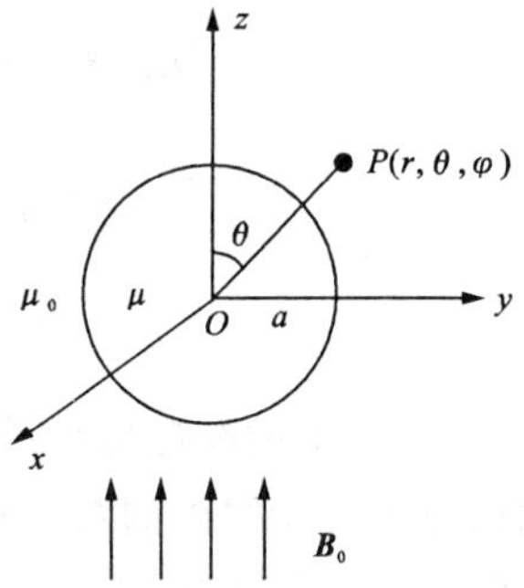

图 6.4-1

解 由于整个空间不存在传导电流，因此球内外均可以用磁标势. 设球内的磁标势为 U_{m1}，球外的磁标势为 U_{m2}，则它们显然是满足拉普拉斯方程的.

$$\nabla^2 U_{m1}=0 \qquad (r<a)$$
$$\nabla^2 U_{m2}=0 \qquad (r>a)$$

选择球坐标系，由于均匀磁场 $\boldsymbol{B}_0$ 沿 z 轴方向，所以 U_{m1} 和 U_{m2} 都与 φ 无关，仅与 r、θ 有关. 上述方程的通解为

$$U_m=\sum_{n=0}^{\infty}\left(A_n r^n+\frac{B_n}{r^{n+1}}\right)P_n(\cos\theta)$$

现在我们列出极限条件和边值关系.

(1)极限条件：

当 $r\to 0$ 时，U_{m1} 为有限值.

当 $r\to\infty$ 时，$U_{m2}=-B_0 r\cos\theta/\mu_0=-H_0 r\cos\theta$.

(2)边值关系：

$$\text{当 } r=a \text{ 时，}\begin{cases} U_{m1}=U_{m2}; \\ \mu\dfrac{\partial U_{m1}}{\partial r}=\mu_0\dfrac{\partial U_{m2}}{\partial r}. \end{cases}$$

下面我们根据上述条件找出球内外的解.

由极限条件(1)可知,U_{m1} 不可能有 B_n/r^{n+1} 项(即 $B_n=0$),U_{m2} 中不可能有 A_nr^n 项(即 $A_n=0$),故我们有

$$U_{m1}=\sum_{n=0}^{\infty}A_nr^nP_n(\cos\theta)$$

$$U_{m2}=\sum_{n=0}^{\infty}\frac{B_n}{r^{n+1}}P_n(\cos\theta)-H_0r\cos\theta$$

现在我们利用边值关系来确定 A_n 和 B_n. 当 $n=1$ 时,得

$$A_1a=\frac{B_1}{a^2}-H_0a,\ \mu A_1=-\mu_0\frac{2B_1}{a^3}-\mu_0H_0$$

联立求解得

$$A_1=\frac{-3\mu_0H_0}{\mu+2\mu_0},\ B_1=\frac{\mu-\mu_0}{\mu+2\mu_0}H_0a^3$$

当 $n\neq1$ 时,得 $A_n=0,B_n=0$.

将这些结果代入,得到球内和球外的磁标势分别为

$$U_{m1}=-\frac{3\mu_0H_0r\cos\theta}{\mu+2\mu_0}$$

$$U_{m2}=-\left(1-\frac{\mu-\mu_0}{\mu+2\mu_0}\frac{a^3}{r^3}\right)H_0r\cos\theta$$

由于 $\boldsymbol{B}=-\mu\nabla U_m$,于是得到球内的磁感应强度 $\boldsymbol{B}_1$ 的各分量为

$$B_{1r}=-\mu\frac{\partial U_{m1}}{\partial r}=\frac{3\mu B_0}{\mu+2\mu_0}\cos\theta=\left[1+\frac{2(\mu-\mu_0)}{\mu+2\mu_0}\right]\cdot B_0\cos\theta$$

$$B_{1\theta}=-\mu\frac{1}{r}\frac{\partial U_{m1}}{\partial\theta}=-\frac{3\mu B_0}{\mu+2\mu_0}\sin\theta=-\left[1+\frac{2(\mu-\mu_0)}{\mu+2\mu_0}\right]B_0\sin\theta$$

$$B_{2r}=-\mu_0\frac{\partial U_{r2}}{\partial r}=\left[1+\frac{2(\mu-\mu_0)}{\mu+2\mu_0}\frac{a^3}{r^3}\right]B_0\cos\theta$$

$$B_{2\theta}=-\mu_0\frac{1}{r}\frac{\partial U_{m2}}{\partial\theta}=-\left[1-\frac{\mu-\mu_0}{\mu+2\mu_0}\frac{a^3}{r^3}\right]B_0\sin\theta$$

可见,这里用解磁标势满足的拉普拉斯方程所得到的结果与§6.3例题2用解磁矢势满足的微分方程所得到的结果相同,然而用磁标势却简单得多.

例题2 均匀磁场中顺磁柱体的磁场.

如图6.4-2所示. 无限长顺磁圆柱体,半径为 a,磁导率为 μ,放在均匀磁场 $\boldsymbol{B}_0$ 中,外磁场沿 x 轴正方向,求柱内外的磁场.

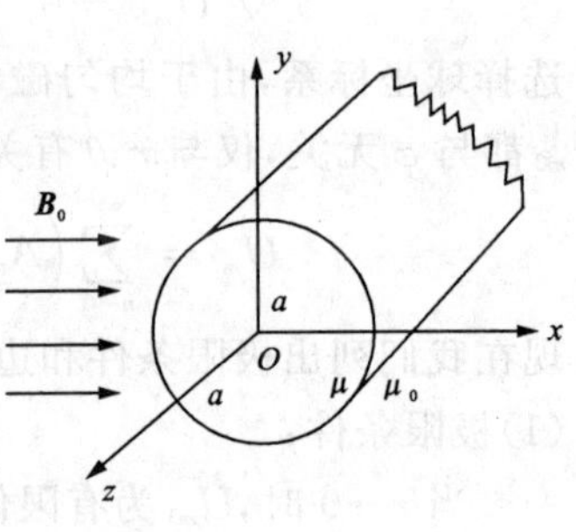

图6.4-2

解 由于整个空间不存在传导电流,因此,柱内外均可以用磁标势. 设柱内的磁标势为 U_{m1},柱外的磁标势为 U_{m2},则它们显然都满足拉普拉斯方程. 得

$$\nabla^2U_{m1}=0\qquad(r<a)$$

$$\nabla^2U_{m2}=0\qquad(r>a)$$

选择柱坐标系,由于圆柱体轴沿 z 轴方向,所以 U_{m1} 和 U_{m2} 都与 z 无关,仅与 r、φ 有关,上述方程的通解为

$$U_m=\sum_{n=1}^{\infty}\left(a_nr^n+\frac{b_n}{r^n}\right)(c_n\cos n\varphi+d_n\sin n\varphi)$$

现在我们列出极限条件和边值关系如下.

(1)极限条件：

当 $r\to 0$ 时，U_{m1} 为有限；

当 $r\to\infty$ 时，$U_{m2}=-B_0 r\cos\theta/\mu_0=-H_0 r\cos\theta$.

(2)边值关系：

$$
当 r=a 时，\begin{cases} U_{m1}=U_{m2}; \\ \mu\dfrac{\partial U_{m1}}{\partial r}=\mu_0\dfrac{\partial U_{m2}}{\partial r}. \end{cases}
$$

下面根据上述条件找出柱内和柱外的解.

由极限条件(1)可知，U_{m1} 中不可能有 b_n/r^n 项(即 $b_n=0$)，U_{m2} 中不可能有 $a_n r^n$ 项(即 $a_n=0$)，又因均匀磁场沿 x 正方向，故磁标势对 Ox 轴成对称关系，所以磁标势中不能包括 $d_n\sin n\varphi$ 项(即 $d_n=0$). 总括上述得

$$
U_{m1}=\sum_{n=1}^{\infty}E_n r^n\cos n\varphi
$$

$$
U_{m2}=\sum_{n=1}^{\infty}F_n\frac{1}{r^n}\cos n\varphi
$$

现在我们利用边值关系来确定 E_n 和 F_n，得

$$
\sum_{n=1}^{\infty}E_n a^n\cos n\varphi=\sum_{n=1}^{\infty}F_n\frac{1}{a^n}\cos n\varphi-H_0 a\cos\varphi
$$

$$
\mu\sum_{n=1}^{\infty}nE_n a^{n-1}\cos n\varphi=\mu_0\left(-\sum_{n=1}^{\infty}F_n\frac{n}{a^{n+1}}-H_0\right)\cos n\varphi
$$

当 $n=1$ 时，比较等式两边 $\cos\varphi$ 项的系数，得

$$
E_1 a=\frac{F_1}{a}-H_0 a
$$

$$
\mu E_1=-\frac{\mu_0 F_1}{a^2}-\mu_0 H_0
$$

联立求解得

$$
E_1=-\frac{2B_0}{\mu+\mu_0},\quad F_1=\frac{\mu-\mu_0}{\mu+\mu_0}a^2 H_0
$$

当 $n\neq 1$ 时，$E_n=0$，$F_n=0$. 故得

$$
U_{m1}=-\frac{2B_0}{\mu+\mu_0}r\cos\varphi
$$

$$
U_{m2}=-\left(1-\frac{\mu-\mu_0}{\mu+\mu_0}\frac{a^2}{r^2}\right)H_0 r\cos\varphi
$$

由于 $\boldsymbol{B}=-\mu\nabla U_m$，于是得到柱内外的磁感应强度的各分量为

$$
B_{1r}=-\mu\frac{\partial U_{m1}}{\partial r}=\frac{2\mu B_0}{\mu+\mu_0}\cos\varphi
$$

$$
B_{1\theta}=-\mu\frac{1}{r}\frac{\partial U_{m1}}{\partial\theta}=-\frac{2\mu B_0}{\mu+\mu_0}\sin\varphi
$$

$$
B_{2r}=-\mu_0\frac{\partial U_{m2}}{\partial r}=\left(1+\frac{\mu-\mu_0}{\mu+\mu_0}\frac{a^2}{r^2}\right)B_0\cos\varphi
$$

$$
B_{2\theta}=-\mu_0\frac{1}{r}\frac{\partial U_{m2}}{\partial\theta}=-\left(1-\frac{\mu-\mu_0}{\mu+\mu_0}\frac{a^2}{r^2}\right)B_0\sin\varphi
$$

这里用解磁标势满足的拉普拉斯方程所得到的结果与§6.3例题1用解磁矢势满足的微分方程所得到的结果相同，然而用磁标势却简单得多.

例题3 均匀磁场中的磁介质球壳空腔内的磁场.

如图6.4-3所示. 内半径为a、外半径为b的磁介质球壳，放在均匀磁场$\boldsymbol{B}_0$中，球壳的磁导率为μ，求球壳空腔中的磁场.

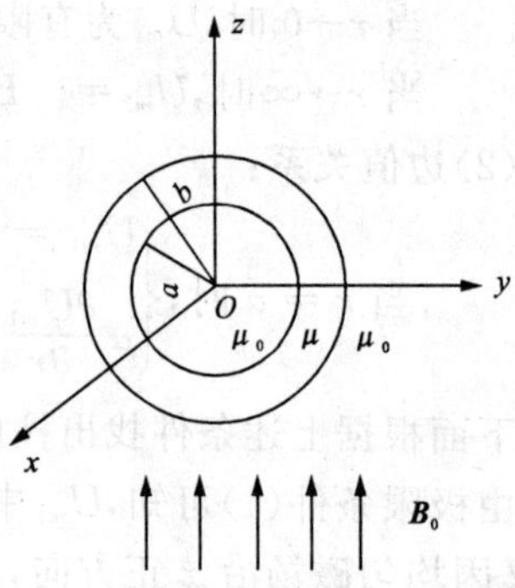

图6.4-3

解 由于整个空间不存在传导电流，因此，球壳内、球壳中和球壳外均可以用磁标势. 设球壳内的磁标势为U_{m1}，球壳中的磁标势为U_{m2}，球壳外的磁标势为U_{m3}，则它们显然是满足拉普拉斯方程的.

$$\nabla^2 U_{m1} = 0 \qquad (r < a)$$
$$\nabla^2 U_{m2} = 0 \qquad (a < r < b)$$
$$\nabla^2 U_{m3} = 0 \qquad (r > b)$$

选取$\boldsymbol{B}_0$方向为z轴方向的球坐标系，则U_{m1}、U_{m2}和U_{m3}都与φ无关，仅与r、θ有关. 上述方程的通解为

$$U_m = \sum_{n=0}^{\infty}\left(c_n r^n + \frac{d_n}{r^{n+1}}\right)P_n(\cos\theta)$$

现在我们列出极限条件和边值关系.

(1)极限条件：

当$r\to 0$时，U_{m1}为有限；

当$r\to\infty$时，$U_{m3}\to -H_0 r\cos\theta$.

(2)边值关系：

$$\text{当 } r=a \text{ 时，}\begin{cases} U_{m1} = U_{m2}, \\ \mu_0 \dfrac{\partial U_{m1}}{\partial r} = \mu \dfrac{\partial U_{m2}}{\partial r}; \end{cases}$$

$$\text{当 } r=b \text{ 时，}\begin{cases} U_{m2} = U_{m3}, \\ \mu \dfrac{\partial U_{m2}}{\partial r} = \mu_0 \dfrac{\partial U_{m3}}{\partial r}. \end{cases}$$

下面我们根据上述条件求出球壳内、球壳中和球壳外的解.

由极限条件(1)可知，U_{m1}不可能有d_n'/r^{n+1}项(即$d_n'=0$)，U_{m3}中不可能有$c_n'''r^n$项(即$c_n'''=0$)，故我们有

$$U_{m1} = \sum_{n=0}^{\infty} c_n' r^n P_n(\cos\theta)$$

$$U_{m2} = \sum_{n=0}^{\infty}\left(c_n'' r^n + d_n''\frac{1}{r^{n+1}}\right)P_n(\cos\theta)$$

$$U_{m3} = \sum_{n=0}^{\infty}\frac{d_n'''}{r^{n+1}}P_n(\cos\theta) - H_0 r\cos\theta$$

现在我们利用边值关系来确定系数. 当$n=1$时，得

$$c_1' a = c_1'' a + \frac{d_1''}{a^2}$$

$$c_1'' b + \frac{d_1''}{b^2} = \frac{d_1'''}{b^2} - H_0 b$$

$$\mu_0 c_1' = \mu c_1'' - \mu \frac{2d_1''}{a^3}$$

$$\mu c_1'' - \mu \frac{2d_1''}{b^3} = -\mu_0 \frac{2d_1'''}{b^3} - \mu_0 H_0$$

联立求解得

$$c_1' = \frac{-9\mu\mu_0 H_0}{(\mu+2\mu_0)(2\mu+\mu_0)-2(\mu-\mu_0)^2\left(\frac{a}{b}\right)^3}$$

当 $n \neq 1$ 时，$c_n' = 0$.

将结果代入，我们得到球壳空腔内的磁标势为

$$U_{m1} = -\frac{9\mu B_0 r\cos\theta}{(\mu+2\mu_0)(2\mu+\mu_0)-2(\mu-\mu_0)^2\left(\frac{a}{b}\right)^3}$$

$$\boldsymbol{B}_1 = -\mu_0 \nabla U_{m1} = \frac{9\frac{\mu}{\mu_0}\boldsymbol{B}_0}{\left(\frac{\mu}{\mu_0}+2\right)\left(2\frac{\mu}{\mu_0}+1\right)-2\left(\frac{\mu}{\mu_0}-1\right)^2\left(\frac{a}{b}\right)^3}$$

当 $\mu \gg \mu_0$ 时，球壳空腔内的磁感应强度为

$$\boldsymbol{B}_1 = \frac{9\boldsymbol{B}_0}{2\frac{\mu}{\mu_0}\left[1-\left(\frac{a}{b}\right)^3\right]} \to 0$$

这就是所谓磁屏蔽. 选择的材料$\frac{\mu}{\mu_0}$越大，壳层越厚(即$\frac{a}{b} \ll 1$)，则屏蔽的效果越好.

§6.5 铁磁介质中的磁场

除顺磁、反磁介质外，还有一种特殊的磁介质，它的磁化强度 $\boldsymbol{M}$ 与磁场强度 $\boldsymbol{H}$ 不是线性关系，而且磁导率远大于1(这就是说，微弱的磁场可以引起很大的磁化强度). 此外，还有一个重要的特征，就是有剩余磁化现象. 这种磁介质称为铁磁介质. 现在来具体研究铁磁介质的磁化. 如图 6.5-1 所示. 对于一块没有磁化过的铁磁介质来说，当 $\boldsymbol{H}$ 由零增大时，$\boldsymbol{M}$ 也随之增大；当 $\boldsymbol{H}$ 减小时，$\boldsymbol{M}$ 亦随之减小，但 $\boldsymbol{M}$ 的减小总是落后于 $\boldsymbol{H}$ 的减小；当 $\boldsymbol{H}$ 减小至零时，$\boldsymbol{M}$ 并不减小到零，而是还保留有 $\boldsymbol{M}_r$ 值，这个 $\boldsymbol{M}_r$ 值即称为剩余磁化强度.

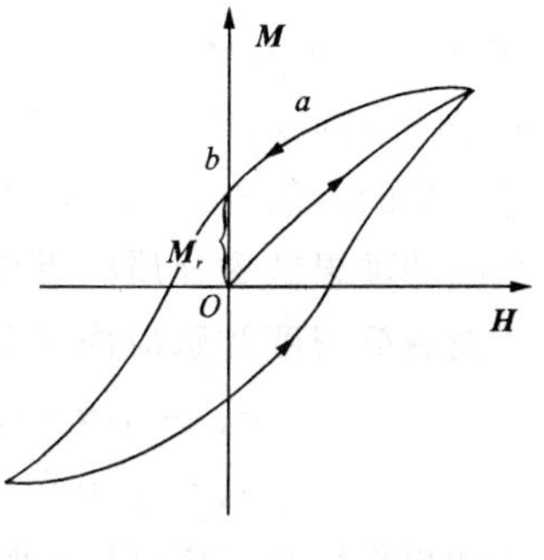

图 6.5-1

由于铁磁介质具有上述的特性，所以研究铁磁介质中的磁场是一个非常复杂的问题. 对顺磁、反磁介质磁场适用的理论，对于铁磁介质来说是不适用的. 下面我们来研究一下，如何将前面得到的理论加以修改，使之可以近似地应用于铁磁介质内部的磁场.

为了简化问题，我们提出一个理想铁磁介质模型. 假设在理想铁磁介质中任一点的磁化强度 $\boldsymbol{M}$ 由两部分组成：

(1)剩余磁化强度 $\boldsymbol{M}_r$ 固定不变；

(2)感应磁化强度 $\boldsymbol{M}'$ 与总磁场强度 $\boldsymbol{H}$ 成正比.

用下式表示为

$$\boldsymbol{M} = \boldsymbol{M}_r + \boldsymbol{M}' = \boldsymbol{M}_r + \chi\boldsymbol{H} \tag{6.5-1}$$

式中，χ 为感应磁化率.

理想铁磁介质实际上是不存在的，因为真实的铁磁介质并不能永久保持它的剩余磁化强度 $\boldsymbol{M}_r$ 不变，而且感应磁化强度 $\boldsymbol{M}'$ 也不和磁场强度成正比. 然而即使如此，理想铁磁介质在某种条件下还是可以近似地描述真实铁磁介质中磁化的情况. 比如，当我们研究的铁磁介质的剩余磁化强度十分稳定，并且是在磁场强度很小的情况下进行磁化时(如图 6.5-1 中的 ab 段)，则这时 $\boldsymbol{M}$ 充分精确地满足(6.5-1)式. 因此，这样的铁磁介质就是理想铁磁介质.

在理想铁磁介质中的磁感应强度 $\boldsymbol{B}$ 可写成

$$\begin{aligned}\boldsymbol{B} &= \mu_0(\boldsymbol{H}+\boldsymbol{M}) = \mu_0\boldsymbol{H} + \mu_0(\boldsymbol{M}_r + \chi\boldsymbol{H}) \\ &= \mu_0(1+\chi)\boldsymbol{H} + \mu_0\boldsymbol{M}_r\end{aligned}$$

由于 $\mu=\mu_0(1+\chi)$，故得

$$\boldsymbol{B} = \mu\boldsymbol{H} + \mu_0\boldsymbol{M}_r \tag{6.5-2}$$

显然这个公式是更为普遍的，因为对于顺磁、反磁介质 $\boldsymbol{M}_r=0$，就得到 $\boldsymbol{B}=\mu\boldsymbol{H}$，这是上述公式的特殊情况.

由此可见，在理想铁磁介质中 $\boldsymbol{B}\neq\mu\boldsymbol{H}$，$\boldsymbol{M}\neq\chi\boldsymbol{H}$，故不能计算出 $\boldsymbol{H}$ 后乘上 μ 来求 $\boldsymbol{B}$，而必须用(6.5-2)式，即 $\boldsymbol{B}=\mu\boldsymbol{H}+\mu_0\boldsymbol{M}_r$ 来求 $\boldsymbol{B}$. 既然求 $\boldsymbol{B}$ 归结为求 $\boldsymbol{H}$，那么在理想铁磁介质中怎样求 $\boldsymbol{H}$ 呢？为了解决这个问题，我们要研究理想铁磁介质中磁场强度 $\boldsymbol{H}$ 的性质. 现在从 $\nabla\cdot\boldsymbol{B}=0$ 出发，结合 $\boldsymbol{B}=\mu_0\boldsymbol{H}+\mu_0\boldsymbol{M}_r+\mu_0\boldsymbol{M}'$ 来求出 $\nabla\cdot\boldsymbol{H}$，最后得

$$\mu_0\nabla\cdot\boldsymbol{H} = -\mu_0\nabla\cdot\boldsymbol{M}_r - \mu_0\nabla\cdot\boldsymbol{M}'$$

上式表明磁场强度 $\boldsymbol{H}$ 的散度不为零，是有源场，其源头就是 $-\nabla\cdot\boldsymbol{M}_r$ 和 $-\nabla\cdot\boldsymbol{M}'$. 如果将上式与静电场方程 $\varepsilon_0\nabla\cdot\boldsymbol{E}=\rho_f+\rho_p$ 比较，则上式可写成

$$\mu_0\nabla\cdot\boldsymbol{H} = \rho_m^r + \rho_m'$$

即

$$\nabla\cdot\boldsymbol{H} = \frac{\rho_m^r + \rho_m'}{\mu_0} \tag{6.5-3}$$

式中，$\rho_m^r=-\nabla\cdot\mu_0\boldsymbol{M}_r$，$\rho_m'=-\nabla\cdot\mu_0\boldsymbol{M}'$，分别称为剩余磁荷密度和感应磁荷密度.

值得注意的是：无论是剩余磁荷或是感应磁荷均完全是假想的. 引用这个概念的目的是把研究磁场的方法与研究静电场的方法统一起来.

当两种理想铁磁介质的界面上发生剩余磁化强度和感应磁化强度的突变时，则在界面上有剩余面磁荷密度和感应面磁荷密度.

$$\sigma_m^r = \mu_0\boldsymbol{n}\cdot(\boldsymbol{M}_{1r} - \boldsymbol{M}_{2r}) \tag{6.5-4}$$

$$\sigma_m' = \mu_0\boldsymbol{n}\cdot(\boldsymbol{M}_1' - \boldsymbol{M}_2') \tag{6.5-5}$$

在理想磁铁介质中，已知剩余磁荷和感应磁荷的分布，可得它们产生的磁场强度 $\boldsymbol{H}$，然后用 $\boldsymbol{B}=\mu\boldsymbol{H}+\mu_0\boldsymbol{M}_r$ 或 $\boldsymbol{B}=\mu_0\boldsymbol{H}+\mu_0(\boldsymbol{M}'+\boldsymbol{M}_r)$ 计算 $\boldsymbol{B}$.

例题 1 理想铁磁球体的磁场.

解 如图 6.5-2 所示. 半径为 a 的理想铁磁球体，剩余磁化强度为 $\boldsymbol{M}_r$，$\boldsymbol{M}_r$ 的方向沿 z 轴的正向. 由于整个空间不存在传导电流，因此球内外均可以用磁标势表示.

设 U_{m1} 和 U_{m2} 分别为球内外的磁标势，由于球外没有体磁荷，球内因是均匀磁化，$\nabla\cdot\boldsymbol{M}_r=0$，也没有体磁荷，所以 U_{m1} 和 U_{m2} 均满足拉普拉斯方程，即

$$\nabla^2 U_{m1} = 0 \quad (r < a)$$

$$\nabla^2 U_{m2} = 0 \quad (r > a)$$

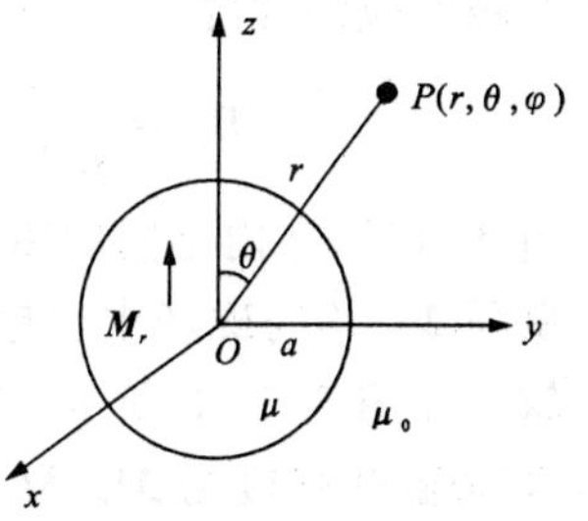

图 6.5-2

选择球坐标系，由于磁化强度 $\boldsymbol{M}_r$ 沿 z 轴方向，所以 U_{m1} 和 U_{m2} 都与 φ 无关，仅与 r、θ 有关. 上述方程的通解为

$$U_m = \sum_{n=0}^{\infty}\left(A_n r^n + \frac{B_n}{r^{n+1}}\right)P_n(\cos\theta)$$

现在我们列出极限条件和边值关系.

(1)极限条件：

当 $r \to 0$ 时，U_{m1} 为有限值；

当 $r \to \infty$ 时，$U_{m2} \to 0$.

(2)边值关系：

$$当\ r = a\ 时，\begin{cases} U_{m1} = U_{m2}\,; \\ \mu\dfrac{\partial U_{m1}}{\partial r} - \mu_0\dfrac{\partial U_{m2}}{\partial r} = \mu_0 M_r\cos\theta. \end{cases}$$

下面我们根据上述条件求出球内和球外的解.

由极限条件(1)可知，U_{m1} 不可能有 B_n/r^{n+1} 项(即 $B_n = 0$)，U_{m2} 中不可能有 $A_n r^n$ 项(即 $A_n = 0$)，故我们有

$$U_{m1} = \sum_{n=0}^{\infty} A_n r^n P_n(\cos\theta)$$

$$U_{m2} = \sum_{n=0}^{\infty}\frac{B_n}{r^{n+1}}P_n(\cos\theta)$$

现在我们利用边值关系来确定 A_n 和 B_n. 当 $n=1$ 时，得

$$A_1 a = \frac{B_1}{a^2}$$

$$\mu A_1 + \frac{2\mu_0 B_1}{a^3} = \mu_0 M_r$$

联立求解得

$$A_1 = \frac{\mu_0 M_r}{\mu + 2\mu_0},\ B_1 = \frac{\mu_0 M_r a^3}{\mu + 2\mu_0}$$

当 $n \neq 1$ 时，得 $A_n = 0$，$B_n = 0$，故得

$$U_{m1} = \frac{\mu_0 M_r}{\mu + 2\mu_0} r\cos\theta$$

$$U_{m2} = \frac{\mu_0 M_r a^3}{\mu + 2\mu_0}\frac{1}{r^2}\cos\theta$$

于是球内的磁场强度为

$$\boldsymbol{H}_1 = -\nabla U_{m1} = -\frac{\mu_0 \boldsymbol{M}_r}{\mu + 2\mu_0}$$

球内的磁感应强度为

$$\boldsymbol{B}_1 = \mu\boldsymbol{H}_1 + \mu_0\boldsymbol{M}_r = \frac{2\mu_0^2\boldsymbol{M}_r}{\mu + 2\mu_0}$$

球外的磁场强度为

$$\boldsymbol{H}_2 = -\nabla U_{m2} = \frac{\mu_0 a^3}{\mu + 2\mu_0}\left[\frac{3(\boldsymbol{M}_r\cdot\boldsymbol{r})\boldsymbol{r}}{r^5} - \frac{\boldsymbol{M}_r}{r^3}\right]$$

球外的磁感应强度为

$$\boldsymbol{B}_2 = \frac{\mu_0^2 a^3}{\mu + 2\mu_0}\left[\frac{3(\boldsymbol{M}_r \cdot \boldsymbol{r})\boldsymbol{r}}{r^5} - \frac{\boldsymbol{M}_r}{r^3}\right]$$

由此可见，球内空间的磁场是均匀磁场，球外空间的磁场是偶极场。

例题 2　均匀磁场中理想铁磁球体内的磁场。

解　如图 6.5-3 所示。半径为 a 的理想铁磁球，磁导率为 μ，剩余磁化强度为 $\boldsymbol{M}_r$，$\boldsymbol{M}_r$ 的方向沿 z 轴的正方向，放在均匀磁场 $\boldsymbol{B}_0$ 中，$\boldsymbol{B}_0$ 的方向沿 z 轴的正方向。由于整个空间不存在传导电流，因此球内外均可用磁标势。

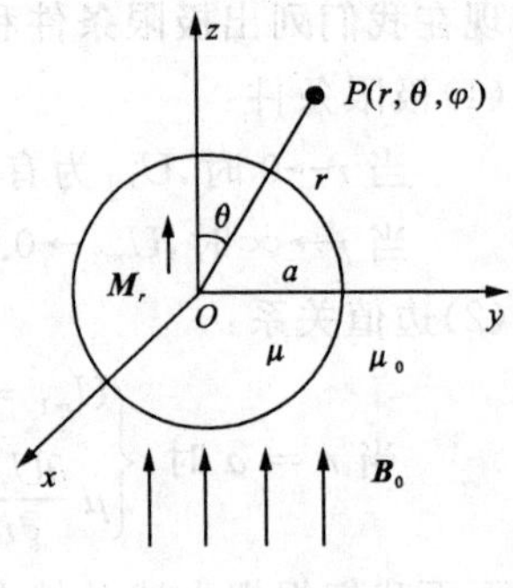

图 6.5-3

设 U_{m1} 和 U_{m2} 分别为球内外的磁标势，由于球外没有体磁荷，球内均匀磁化（$\boldsymbol{M}_r$ 为一常矢量），$\nabla \cdot \boldsymbol{M}_r = 0$，也没有体磁荷，所以 U_{m1} 和 U_{m2} 均满足拉普拉斯方程，即

$$\nabla^2 U_{m1} = 0 \quad (r < a)$$

$$\nabla^2 U_{m2} = 0 \quad (r > a)$$

选择球坐标系，由于 $\boldsymbol{M}_r$ 和 $\boldsymbol{B}_0$ 均沿 z 轴方向，所以 U_{m1} 和 U_{m2} 都与 φ 无关，仅与 r、θ 有关。上述方程的通解为

$$U_m = \sum_{n=0}^{\infty}\left(A_n r^n + \frac{B_n}{r^{n+1}}\right)P_n(\cos\theta)$$

现在我们列出极限条件和边值关系。

(1)极限条件：

当 $r \to 0$ 时，U_{m1} 为有限值；

当 $r \to \infty$ 时，$U_{m2} = -H_0 r\cos\theta$。

(2)边值关系：

$$\text{当 } r = a \text{ 时，}\begin{cases} U_{m1} = U_{m2}; \\ \mu \dfrac{\partial U_{m1}}{\partial r} - \mu_0 \dfrac{\partial U_{m2}}{\partial r} = \mu_0 M_r \cos\theta. \end{cases}$$

下面我们根据上述条件求出球内和球外的解。

由极限条件(1)可知，U_{m1} 中不可能有 B_n / r^{n+1} 项（即 $B_n = 0$），U_{m2} 中不可能有 $A_n r^n$ 项（即 $A_n = 0$），故我们有

$$U_{m1} = \sum_{n=0}^{\infty} A_n r^n P_n(\cos\theta)$$

$$U_{m2} = \sum_{n=0}^{\infty} \frac{B_n}{r^{n+1}} P_n(\cos\theta) - H_0 r\cos\theta$$

现在我们利用边值关系来确定 A_n 和 B_n。当 $n=1$ 时，得

$$A_1 a = B_1 a^{-2} - H_0 a$$

$$\mu A_1 + 2\mu_0 a^{-3} B_1 + \mu_0 H_0 = \mu_0 M_r$$

联立求解得

$$B_1 = \frac{[\mu_0 M_r + (\mu - \mu_0) H_0] a^3}{\mu + 2\mu_0}$$

$$A_1 = \frac{\mu_0 M_r - 3\mu_0 H_0}{\mu + 2\mu_0}$$

当 $n\neq1$ 时，得 $A_n=0$，$B_n=0$，故得

$$U_{m1}=\frac{\mu_0 M_r-3\mu_0 H_0}{\mu+2\mu_0}r\cos\theta$$

$$U_{m2}=-\left\{H_0-\frac{[\mu_0 M_r+(\mu-\mu_0)H_0]}{(\mu+2\mu_0)}\frac{a^3}{r^3}\right\}r\cos\theta$$

球内的磁场强度为

$$\boldsymbol{H}_1=-\nabla U_{m1}=\frac{-\mu_0\boldsymbol{M}_r+3\mu_0\boldsymbol{H}_0}{\mu+2\mu_0}$$

球内的磁感应强度为

$$\boldsymbol{B}_1=\mu\boldsymbol{H}_1+\mu_0\boldsymbol{M}_r=\frac{3\mu}{\mu+2\mu_0}\boldsymbol{B}_0+\frac{2\mu_0^2}{\mu+2\mu_0}\boldsymbol{M}_r$$

§6.6 磁化介质磁场的几种特殊解法

1. 泊松公式法

在§6.5中曾经讲过计算磁化介质磁场的直接积分法，即先根据磁化强度确定磁荷的分布，然后用直接积分求磁场强度的分布. 这种方法的复杂性在于磁荷分布往往是不均匀的，根据不均匀磁荷的分布来计算磁场是不容易的. 因此需寻找一种简便的解决方法.

如图6.6-1所示. 体积为 V 的均匀磁化介质，磁化强度为 $\boldsymbol{M}$，为了计算观察点 $P(x,y,z)$ 的磁场，我们在 $Q(x',y',z')$ 点处取一体积元 $\mathrm{d}V$，则其磁矩为 $\boldsymbol{M}\mathrm{d}V$，它在 P 点的磁标势为

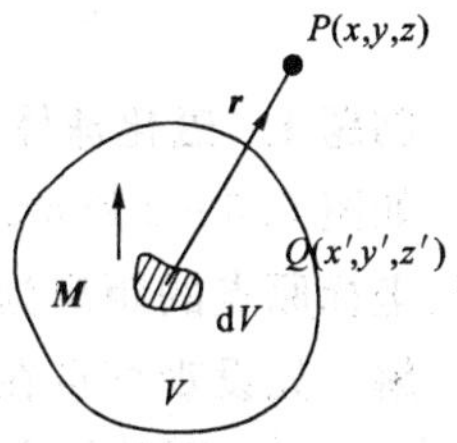

图 6.6-1

$$\mathrm{d}U_m=-\frac{\boldsymbol{M}\mathrm{d}V}{4\pi}\cdot\nabla\frac{1}{r}$$

故整个磁化体在 P 点的磁标势为

$$U_m=-\int_V\frac{\boldsymbol{M}}{4\pi}\cdot\nabla\frac{1}{r}\mathrm{d}V$$

由于磁化是均匀的，即 $\boldsymbol{M}$ 是常矢量，得

$$U_m=-\frac{\boldsymbol{M}}{4\pi}\cdot\int_V\nabla\frac{1}{r}\mathrm{d}V$$

式中梯度是对观察点来求的，而积分是对场源点来求的，它们是独立的，故求梯度后积分与积分后求梯度是一样的，所以上式可以写成

$$U_m=-\frac{\boldsymbol{M}}{4\pi}\cdot\nabla\int_V\frac{\mathrm{d}V}{r}$$

设磁化介质是均质的，其质量密度为 ρ，则在观察点 P 的引力势为

$$U_g=G\int_V\frac{\rho\mathrm{d}V}{r}=G\rho\int_V\frac{\mathrm{d}V}{r}$$

式中，G 为万有引力常数，数值为 $6.67\times10^{-11}\mathrm{N\cdot m^2/kg^2}$.

将上式代入前式中得到磁化介质的磁标势与引力势之间的关系为

$$U_m=-\frac{1}{4\pi G\rho}\boldsymbol{M}\cdot\nabla U_g \tag{6.6-1}$$

称为泊松公式，它表示**任一均质均匀磁化体所产生的磁标势，可以由该磁化体产生的引力势的梯度来求得**. 由于质量分布均匀的物体的引力势比较容易求得，因而求磁化体的磁标势也就

简单得多.

泊松公式也可以写成下列形式

$$U_m = -\frac{1}{4\pi}\frac{1}{G\rho}\left(M_x\frac{\partial U_g}{\partial x} + M_y\frac{\partial U_g}{\partial y} + M_z\frac{\partial U_g}{\partial z}\right) \tag{6.6-2}$$

磁场强度 $\boldsymbol{H} = -\nabla U_m$，它沿直角坐标轴的三个分量为

$$H_x = -\frac{\partial U_m}{\partial x} = \frac{1}{4\pi}\frac{1}{G\rho}\left(M_x\frac{\partial^2 U_g}{\partial x^2} + M_y\frac{\partial^2 U_g}{\partial x\partial y} + M_z\frac{\partial^2 U_g}{\partial x\partial z}\right)$$

$$H_y = -\frac{\partial U_m}{\partial y} = \frac{1}{4\pi}\frac{1}{G\rho}\left(M_x\frac{\partial^2 U_g}{\partial x\partial y} + M_y\frac{\partial^2 U_g}{\partial y^2} + M_z\frac{\partial^2 U_g}{\partial y\partial z}\right)$$

$$H_z = -\frac{\partial U_m}{\partial z} = \frac{1}{4\pi}\frac{1}{G\rho}\left(M_x\frac{\partial^2 U_g}{\partial x\partial z} + M_y\frac{\partial^2 U_g}{\partial y\partial z} + M_z\frac{\partial^2 U_g}{\partial z^2}\right)$$

在实际应用中，往往要讨论的磁化体是沿某一轴向磁化的，比如沿 z 轴磁化，则 $M_x = M_y = 0$，这时泊松公式就可以写成

$$U_m = -\frac{1}{4\pi}\frac{1}{G\rho}M_z\frac{\partial U_g}{\partial z}$$

由于 $U_g = G\rho\int_V \frac{\mathrm{d}V}{r}$

代入前式中，得

$$U_m = \frac{M_z}{4\pi}\int_V \frac{z-z'}{r^3}\mathrm{d}V \tag{6.6-3}$$

例题 1 磁化球体外的磁场.

如图 6.6-2 所示. 一均匀磁化球体，半径为 a，质量密度为 ρ，磁化强度 $\boldsymbol{M}$ 沿 z 轴方向，球心与坐标原点的距离为 h，求观察点 $P(x,0,0)$ 的磁场强度.

解 先设观察点在任意点 $P(x,y,z)$，球心位于任意点 $Q(x',y',z')$，则球体在 P 点产生的引力势为

$$U_g = G\rho\frac{4}{3}\pi a^3 \cdot \frac{1}{r}$$

式中

$$r = \left[(x-x')^2 + (y-y')^2 + (z-z')^2\right]^{\frac{1}{2}}$$

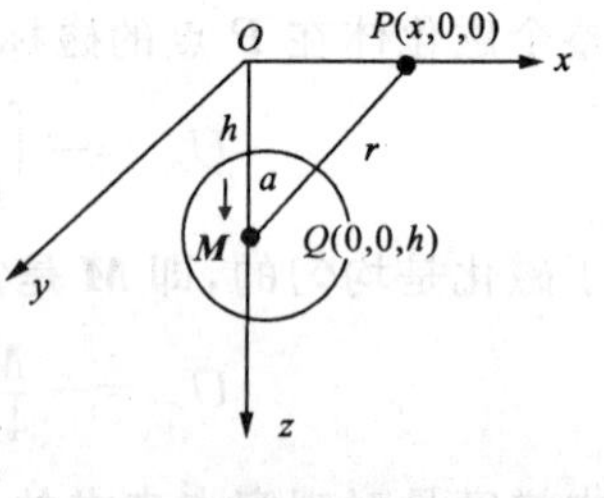

图 6.6-2

由于 $\boldsymbol{M}$ 沿 z 轴方向，故 $M_x = M_y = 0$，$M = M_z$，则由泊松公式得磁标势为

$$U_m = -\frac{1}{4\pi}\frac{1}{G\rho}M_z\frac{\partial U_g}{\partial z} = \frac{1}{3}a^3 M\frac{z-z'}{r^3}$$

磁场强度的垂直分量和水平分量为

$$H_z = -\frac{\partial U_m}{\partial z} = \frac{1}{3}a^3 M\frac{3(z-z')^2 - r^2}{r^5}$$

$$H_x = -\frac{\partial U_m}{\partial x} = \frac{1}{3}a^3 M\frac{3(z-z') - (x-x')}{r^5}$$

根据题中所设，P 点位于 x 轴上，Q 点位于 z 轴上，$y = z = 0$，$x' = y' = 0$，$z' = h$，所以

$$H_z = \frac{1}{3}a^3 M\frac{2h^2 - x^2}{(h^2 + x^2)^{5/2}}$$

$$H_x = \frac{1}{3}a^3 M\frac{-3hx}{(h^2 + x^2)^{5/2}}$$

例题 2 无限长磁化圆柱体外的磁场.

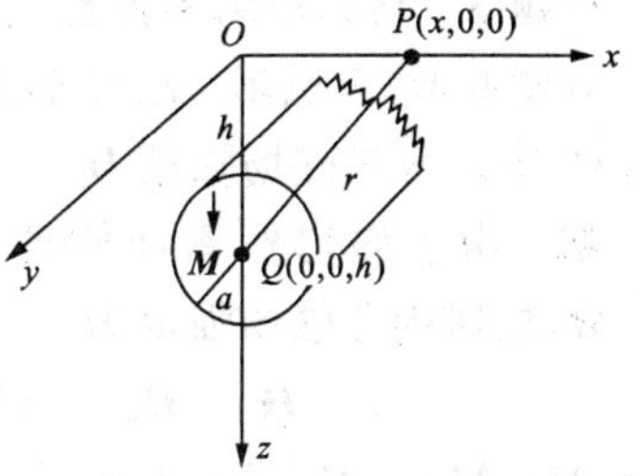

图 6.6-3

如图 6.6-3 所示. 无限长圆柱体的半径为 a，柱轴与 y 轴平行，质量密度为 ρ，磁化强度 $\boldsymbol{M}$ 沿 z 轴方向，中心与坐标原点的距离为 h，求观察点 P 的磁场强度.

解 为方便起见，我们用引力场强度 $\boldsymbol{F}=\nabla U_g$ 代入泊松公式中，得

$$U_m=-\frac{1}{4\pi}\frac{1}{G\rho}\boldsymbol{M}\cdot\boldsymbol{F}$$

由于 $\boldsymbol{M}$ 沿 z 轴方向，故 $M_x=M_y=0, M=M_z$，则上式变成

$$U_m=-\frac{1}{4\pi}\frac{1}{G\rho}M_zF_z$$

因圆柱体轴平行于 y 轴，故引力场和磁场均与 y 无关，仅与 x、z 有关. 先假设观察点 $P(x,0,z)$，柱中心在 $Q(0,0,h)$ 点，则柱体在 P 点产生的引力场强度的 z 分量为

$$F_z=-G\frac{2\pi a^2\rho(z-h)}{x^2+(z-h)^2}$$

故磁标势为

$$U_m=\frac{a^2M(z-h)}{2[x^2+(z-h)^2]}$$

磁场强度的 x、z 分量为

$$H_x=-\frac{\partial U_m}{\partial x}=\frac{a^2M(z-h)x}{[x^2+(z-h)^2]^2}$$

$$H_z=-\frac{\partial U_m}{\partial z}=\frac{-a^2M[x^2-(z-h)^2]}{2[x^2+(z-h)^2]^2}$$

根据题中所设 P 点位于 x 轴上，Q 点位于 z 轴上，$z=0$，得

$$H_x=-\frac{a^2Mhx}{(x^2+h^2)^2},\ H_z=\frac{a^2M(h^2-x^2)}{2(x^2+h^2)^2}$$

2. 退磁场法

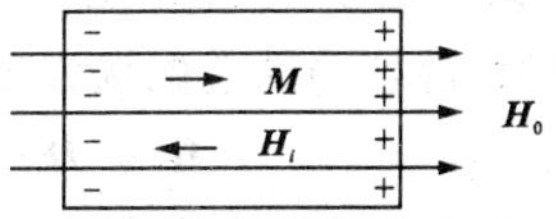

图 6.6-4

如图 6.6-4 所示. 某种形状的磁介质放在均匀外磁场 $\boldsymbol{H}_0$ 中，磁介质被均匀磁化，磁化强度为 $\boldsymbol{M}$，$\boldsymbol{M}$ 的方向自左向右. 按照磁荷观点，磁介质被磁化后在两端出现正、负磁荷. 该磁荷在介质内产生附加磁场 $\boldsymbol{H}_i$，它的方向自右向左，即 $\boldsymbol{H}_i$ 和 $\boldsymbol{M}$ 的方向相反，它起了减弱磁介质磁化的作用，称为退磁化场，简称退磁场. 实验和理论计算证明，**退磁场 $\boldsymbol{H}_i$ 与磁化强度 $\boldsymbol{M}$ 成正比，在 $\boldsymbol{M}$ 给定后与磁体的几何形状有关**，因此可以写成

$$\boldsymbol{H}_i=-N\boldsymbol{M} \tag{6.6-4}$$

N 称为某种几何形状磁体的退磁因子或退磁系数. **它仅由磁体的几何形状和磁化方向决定.** 例如，垂直柱轴磁化的无限长圆柱体的 $N=1/2$，垂直板面磁化的无限大薄板的 $N=1$，任意方向磁化的球体的 $N=1/3$，等等.

由(6.6-4)式可知，如已知某种形状的均匀磁化体的退磁系数和磁化强度，就可以简便地计算出体内的磁场.

例题 3　均匀磁场中理想铁磁球体内的磁场.

如图 6.6-5 所示. 磁导率为 μ 的理想铁磁球体，剩余磁化强度为 $\boldsymbol{M}_r$，$\boldsymbol{M}_r$ 方向与外磁场强度 $\boldsymbol{H}_0$ 方向相同，求球内任一点的磁场.

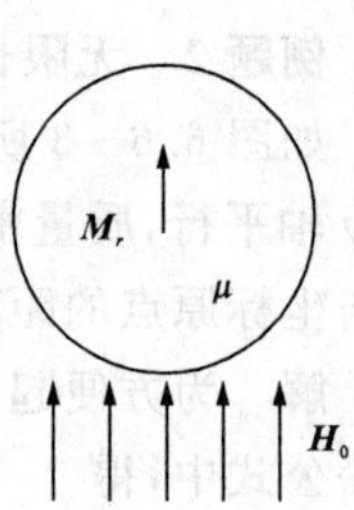

图 6.6-5

解　由于均匀外磁场使球体均匀磁化，产生的退磁场为 $\boldsymbol{H}_i = -N\boldsymbol{M}$，故球内总磁场强度为

$$\boldsymbol{H} = \boldsymbol{H}_0 - N\boldsymbol{M}$$

由于 $\boldsymbol{M}=\boldsymbol{M}_r+\chi\boldsymbol{H}$，代入上式得

$$\boldsymbol{H} = \boldsymbol{H}_0 - N(\boldsymbol{M}_r + \chi\boldsymbol{H})$$

故得

$$\boldsymbol{H} = \frac{\boldsymbol{H}_0 - N\boldsymbol{M}_r}{1 + N\chi}$$

将球体的 $N=1/3$ 代入上式，得

$$\boldsymbol{H} = \frac{\boldsymbol{H}_0 - \frac{1}{3}\boldsymbol{M}_r}{1 + \frac{1}{3}\chi} = \frac{3\boldsymbol{H}_0 - \boldsymbol{M}_r}{3 + \chi}$$

因为 $\mu=\mu_0(1+\chi)$，故 $\chi=\dfrac{\mu-\mu_0}{\mu_0}$，代入上式得

$$\boldsymbol{H} = \frac{3\boldsymbol{H}_0 - \boldsymbol{M}_r}{3 + \frac{\mu-\mu_0}{\mu_0}} = \frac{3\mu_0\boldsymbol{H}_0 - \mu_0\boldsymbol{M}_r}{\mu + 2\mu_0}$$

$$\boldsymbol{B} = \mu\boldsymbol{H} + \mu_0\boldsymbol{M}_r = \frac{3\mu_0\mu\boldsymbol{H}_0 + 2\boldsymbol{M}_r\mu_0^2}{\mu + 2\mu_0}$$

此结果与 §6.5 例题 2 的结果相同，然而这里所用的退磁场法却比较简单.

例题 4　均匀磁场中顺磁柱体内的磁场.

如图 6.6-6 所示，磁导率为 μ 的无限长圆柱体，放在均匀磁场 $\boldsymbol{H}_0$ 中，$\boldsymbol{H}_0$ 的方向垂直柱轴，求柱内的磁场.

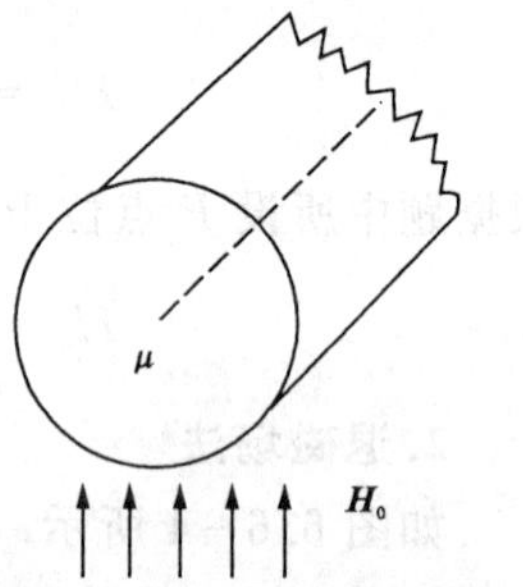

图 6.6-6

解　由于均匀外磁场使柱体均匀磁化，产生退磁场 $\boldsymbol{H}_i = -N\boldsymbol{M}$，故柱内的总磁场强度为

$$\boldsymbol{H} = \boldsymbol{H}_0 - N\boldsymbol{M}$$

由于顺磁介质没有剩余磁化强度，仅有感应磁化强度 $\boldsymbol{M}=\chi\boldsymbol{H}$，代入上式中，得

$$\boldsymbol{H} = \boldsymbol{H}_0 - N\chi\boldsymbol{H}$$

所以

$$\boldsymbol{H} = \frac{\boldsymbol{H}_0}{1 + N\chi}$$

因为垂直柱轴磁化的无限长圆柱体的退磁系数 $N=1/2$，故得

$$\boldsymbol{H} = \frac{\boldsymbol{H}_0}{1 + \frac{1}{2}\chi} = \frac{2\boldsymbol{H}_0}{2 + \chi}$$

由于 $\mu=\mu_0(1+\chi)$，故 $\chi=\dfrac{\mu-\mu_0}{\mu_0}$，代入上式得

$$\boldsymbol{H}=\frac{2\boldsymbol{H}_0}{2+\frac{\mu-\mu_0}{\mu_0}}=\frac{2\mu_0\boldsymbol{H}_0}{\mu+\mu_0}$$

$$\boldsymbol{B}=\mu\boldsymbol{H}=\frac{2\mu\mu_0\boldsymbol{H}_0}{\mu+\mu_0}$$

此结果与§6.4例题2的结果相同，而用退磁场法显得特别简单.

3. 镜像法

在§6.2中我们已讨论过稳定磁场的完整方程组，即满足完整方程组(6.2-14)的磁感应强度和磁场强度是唯一的. 因此，可在满足完整方程组的条件下，选择不同的解法，特别是选择其中最简单的解法，镜像法就是这样的一种方法，它用电流源的像来代替两磁介质交界面上的磁化电流，只要产生的磁场满足相同的边值关系，则所得解答就是唯一正确的解答. 两磁介质的交界面好像一面镜子，电流源和它的像产生的磁场便是所求的磁场. 这种方法称为镜像法，它是解边值问题的一种特殊方法.

例题5 如图6.6-7(a)所示. 在无限空间中充满磁导率为 μ_1 和 μ_2 的两种均匀磁介质，其分界面为一水平面，与界面相距为 h 处有平行于界面的无限长线电流，电流强度为 I，求两磁介质中的磁场.

解 当求磁介质1中的磁场时，我们设想整个空间充满磁介质1，界面上的磁化电流则用与 I 对称处的像电流 I' 来代替. 如图6.6-7(b)所示. 当求磁介质2中的磁场时，我们设想整个空间充满磁介质2，电流 I 用像电流 I'' 来代替，如图6.6-7(c)所示. 下面我们用边值关系 $\boldsymbol{n}\times(\boldsymbol{H}_2-\boldsymbol{H}_1)=0$ 和 $\boldsymbol{n}\cdot(\boldsymbol{B}_2-\boldsymbol{B}_1)=0$ 来确定 I' 和 I'' 的数值.

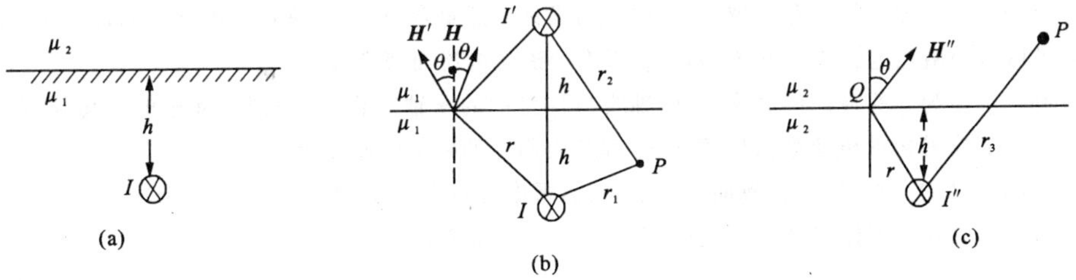

图6.6-7

长直线电流在边界上 Q 点的磁场强度为

$$H=\frac{I}{2\pi r},\ H'=\frac{I'}{2\pi r},\ H''=\frac{I''}{2\pi r}$$

将上式代入边值关系中，得

$$\left.\begin{aligned}&\frac{I}{2\pi r}\sin\theta-\frac{I'}{2\pi r}\sin\theta=\frac{I''}{2\pi r}\sin\theta\\&\mu_1\frac{I}{2\pi r}\cos\theta+\mu_1\frac{I'}{2\pi r}\cos\theta=\mu_2\frac{I''}{2\pi r}\cos\theta\end{aligned}\right\}$$

联立求解，得

$$I'=\frac{\mu_2-\mu_1}{\mu_2+\mu_1}I=k_{12}I$$

$$I''=\frac{2\mu_1}{\mu_2+\mu_1}I=\left(1-\frac{\mu_2-\mu_1}{\mu_2+\mu_1}\right)I=(1-k_{12})I$$

式中，$k_{12}=\dfrac{\mu_2-\mu_1}{\mu_2+\mu_1}$称为从磁介质 1 到磁介质 2 的反射系数；$(1-k_{12})$称为从磁介质 1 到磁介质 2 的透射系数.

于是磁介质 1 中的磁场由电流 I 和像电流 I'产生的磁场叠加得到. 磁介质 2 中的磁场则由像电流 I''产生的磁场算得.

例题 6 磁导率 μ 很大的磁介质球外有一小磁棒，求球外的磁场.

解 如图 6.6-8 所示. 有一半径为 a，磁导率 $\mu\to\infty$ 的磁介质球，球外距球心 d 处有一磁矩为 $\boldsymbol{m}$ 的小磁棒. 求垂直于磁棒的轴线上位于球外的任一点的磁场.

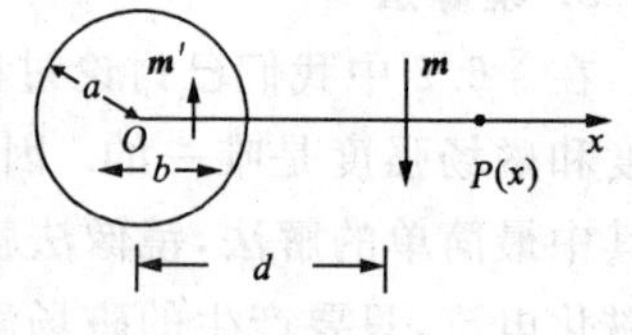

图 6.6-8

由于球的磁导率 $\mu\to\infty$，故球面是等势面，与电像法相似可以得到磁矩 $\boldsymbol{m}$ 的像 $\boldsymbol{m}'$ 位于距球心为 $b=a^2/d$ 处，它的大小 $m'=m\left(\dfrac{a}{d}\right)^3$，方向与 $\boldsymbol{m}$ 相反，写成矢量形式为

$$\boldsymbol{m}'=-\left(\frac{a}{d}\right)^3\boldsymbol{m}$$

于是得到 Ox 轴上球外任一点 P 的磁场强度为

$$\boldsymbol{H}=\frac{\boldsymbol{m}}{4\pi\mu_0(x-d)^3}+\frac{\boldsymbol{m}'}{4\pi\mu_0(x-b)^3}=\frac{\boldsymbol{m}}{4\pi\mu_0}\left[\frac{1}{(x-d)^3}-\frac{\left(\dfrac{a}{d}\right)^3}{(x-b)^3}\right]$$

习　题

6.1　有一个半径为 a 的磁介质球，它的中心与坐标原点重合，球中的磁化强度 $\boldsymbol{M}=(Az^2+B)\boldsymbol{e}_z$，式中 A、B 是常数，求球内的磁化电流体密度 $\boldsymbol{j}_m$ 和球表面上的磁化电流面密度 $\boldsymbol{i}_m$.

6.2　有一半径为 a 的圆柱形短棒，它的轴线与柱坐标的 z 轴重合，已知圆柱体中的磁化强度 $\boldsymbol{M}=M_0\boldsymbol{e}_r$，式中 M_0 为常数. 求柱内的磁化电流体密度 $\boldsymbol{j}_m$ 和柱表面上的磁化电流面密度 $\boldsymbol{i}_m$.

6.3　一厚为 d 的大板状介质，板面与 z 轴垂直，板中的磁化强度 $\boldsymbol{M}=M_0\cdot(1+az)\boldsymbol{e}_z$，式中 M_0 和 a 是正的常数，求板内的磁化电流体密度 $\boldsymbol{j}_m$ 和板面上的磁化电流面密度 $\boldsymbol{i}_m$.

6.4　一半径为 a 的无限长圆柱体，轴线与 z 轴重合，磁化强度在柱坐标中表示为 $\boldsymbol{M}=M_0\left(\dfrac{r}{a}\right)^2\boldsymbol{e}_\varphi$，式中 M_0 为常数，求柱内外的磁感应强度.

6.5　一均匀带电球面，其电荷为 Q，半径为 a，绕球的直径以恒定角速度 ω 转动，求球内外的矢势和磁感应强度.

6.6　半径为 a 的圆柱形导电磁介质中均匀地流有电流，其密度为 $\boldsymbol{j}$，并且置于均匀的磁场 $\boldsymbol{B}_0$ 中，场的方向与柱轴垂直，磁介质的导磁系数为 μ，求柱内外的矢势和磁感应强度.

6.7　一厚为 $2d$ 的大板状导电磁介质，导磁系数为 μ，平行板面均匀地通有电流，其密度为 $\boldsymbol{j}$，求板内外的矢势和磁感应强度.

6.8　用理想铁磁介质做成的均匀磁化球，剩余磁化强度为 $\boldsymbol{M}_r$，置于导磁系数为 μ 的无限大磁介质中，求球内外的磁场强度和磁感应强度.

6.9　设在一磁化物体内，沿着场方向挖去一细长小针孔，试证明孔中心一点的磁场强度 $\boldsymbol{H}'$与介质中的磁场强度 $\boldsymbol{H}$ 相同. 若在垂直于磁场方向挖去一扁狭缝，试证明缝中的磁场强度 $\boldsymbol{H}'$与介质中的磁感应强度 $\boldsymbol{B}$ 相同.

6.10　设有一长条磁棒，均匀磁化，其磁化强度为 $\boldsymbol{M}$，试求下列各点的 $\boldsymbol{B}$ 和 $\boldsymbol{H}$：(i)正磁极面外临近一点；(ii)正磁极面内临近一点；(iii)磁棒中心一点. 绘出磁棒内外的 $\boldsymbol{B}$ 线、$\boldsymbol{H}$ 线和 $\boldsymbol{M}$ 线.

6.11　设 $x<0$ 半空间充满磁导率为 μ 的均匀介质，$x>0$ 半空间为真空，今有线电流 I 沿 z 轴流动，求磁

感应强度 $\boldsymbol{B}$ 的分布.

6.12　设在 $z<0$ 的空间内充满磁导率为 μ 的磁介质，在 $z=d$ 处放一小磁铁，磁矩为 $\boldsymbol{m}$ 沿 z 轴方向，求 $P(0,0,d/2)$ 点的磁标势. 如果 $\mu\to\infty$，则小磁铁受到多大的力？

6.13　一根直长导线平行放置于半径为 a 的无限长圆柱体的外面，它与圆柱轴线相距 d，导线中通以电流 I，圆柱体的磁导率为 μ，求直长导线单位长度受到的力.

第七章 电磁场强度

§7.1 法拉第电磁感应定律

1831 年法拉第发现通过闭合回路(图 7.1-1)的磁感应通量发生变化时,回路中产生一感应电动势,用公式表示为

$$\varepsilon_i = -\frac{\partial}{\partial t}\int_S \boldsymbol{B}\cdot \mathrm{d}\boldsymbol{S} \qquad (7.1-1)$$

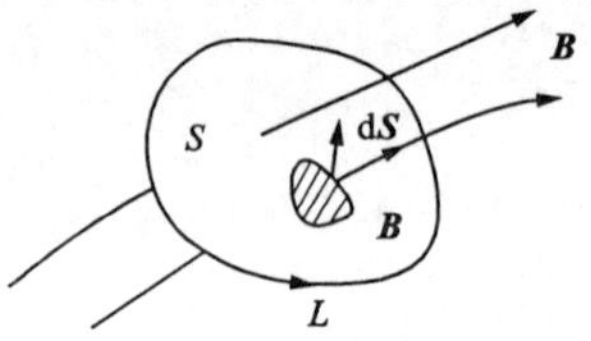

图 7.1-1

式中,$\boldsymbol{B}$ 是磁感应强度;面积分是对以闭合回路为周界的面积进行的,面积的法线方向与回路的旋转方向按右手螺旋法则规定;负号表示感应电流的方向与磁感应通量增加的方向成反右手螺旋法则.

自从法拉第发现电磁感应定律以后,人们对产生感应电动势的原因进行了深入的研究,认为回路中之所以有感应电流,乃由于有感应电场存在,感应电场作用于回路中的电荷使之作定向运动形成电流. 因此,电磁感应现象的实质是变化磁场在其周围空间中激发了电场. 感应电动势是感应电场强度沿闭合回路的线积分,于是电磁感应定律可写成

$$\oint_L \boldsymbol{E}\cdot \mathrm{d}\boldsymbol{l} = -\frac{\partial}{\partial t}\int_S \boldsymbol{B}\cdot \mathrm{d}\boldsymbol{S} \qquad (7.1-2)$$

应用斯托克斯定理

$$\oint_L \boldsymbol{E}\cdot \mathrm{d}\boldsymbol{l} = \int_S (\nabla\times\boldsymbol{E})\cdot \mathrm{d}\boldsymbol{S}$$

代入(7.1-2)式中,得

$$\int_S (\nabla\times\boldsymbol{E})\cdot \mathrm{d}\boldsymbol{S} = -\int_S \frac{\partial \boldsymbol{B}}{\partial t}\cdot \mathrm{d}\boldsymbol{S}$$

故

$$\nabla\times\boldsymbol{E} = -\frac{\partial \boldsymbol{B}}{\partial t} \qquad (7.1-3)$$

它表示空间任一点磁场变化时激发相应的电场,这个电场的旋度等于磁感应强度对时间变化率的负值. 由此可见,磁场激发起的电场是**涡旋场**,它的电力线是闭合的. 而电荷激发的电场则是无旋场,它的电力线是发散的.

在一般情况下,空间任意一点的电场由两部分组成:一是电荷激发的电场 $\boldsymbol{E}_q$;二是变化磁场激发的电场 $\boldsymbol{E}_i$,故总电场为 $\boldsymbol{E}=\boldsymbol{E}_q+\boldsymbol{E}_i$. 对于 $\boldsymbol{E}_q$,它满足

$$\nabla\cdot\boldsymbol{E}_q = \rho_f/\varepsilon,\ \nabla\times\boldsymbol{E}_q = 0$$

对于 $\boldsymbol{E}_i$,它满足

$$\nabla\cdot\boldsymbol{E}_i = 0,\ \nabla\times\boldsymbol{E}_i = -\frac{\partial \boldsymbol{B}}{\partial t}$$

因此，$\boldsymbol{E}$ 满足的普遍方程式为

$$\nabla \cdot \boldsymbol{E} = \rho_f/\varepsilon, \quad \nabla \times \boldsymbol{E} = -\frac{\partial \boldsymbol{B}}{\partial t}$$

例题 一半径为 a 的无限长载流螺线管，管内是均匀磁场，磁感应强度为 $B_0\cos(\omega t+\alpha)$，管外磁感应强度为零，求管内外的磁感应电场强度.

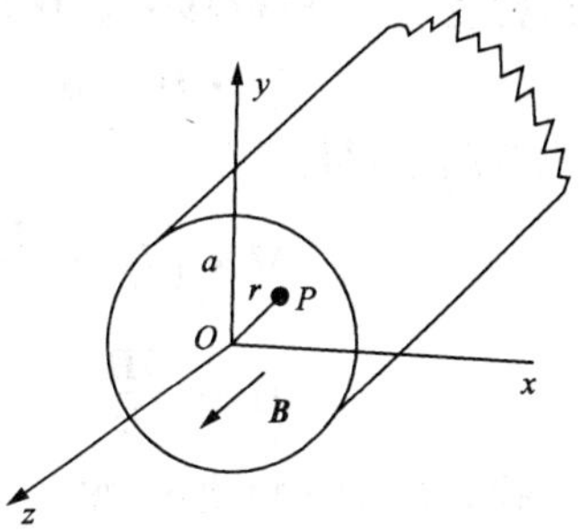

图 7.1－2

解 如图 7.1－2 所示. 管内磁感应强度 $\boldsymbol{B}$ 沿 z 轴方向，则在 r 处的感应电场强度 $\boldsymbol{E}$ 在 xOy 平面内，并与半径为 r 的圆相切，如果选择柱坐标系，则 $\boldsymbol{E}$ 仅有 φ 分量 E_φ.

根据法拉第电磁感应定律得

$$\oint_L \boldsymbol{E} \cdot \mathrm{d}\boldsymbol{l} = \int_S (\nabla \times \boldsymbol{E}) \cdot \mathrm{d}\boldsymbol{S} = -\int_S \frac{\partial \boldsymbol{B}}{\partial t} \cdot \mathrm{d}\boldsymbol{S}$$

管内：
$$2\pi E_\varphi r = \omega B_0 \sin(\omega t + \alpha)\pi r^2$$

$$E_\varphi = \frac{1}{2}\omega B_0 r \sin(\omega t + \alpha) \quad (r < a)$$

管外：
$$2\pi E_\varphi r = \omega B_0 \sin(\omega t + \alpha)\pi a^2$$

$$E_\varphi = \frac{1}{2}\omega B_0 \left(\frac{a^2}{r}\right)\sin(\omega t + \alpha) \quad (r > a)$$

§7.2 位移电流

上面讨论了变化磁场激发电场，但变化的电场是否会激发磁场呢？为了解决这个问题，将安培环路定理应用于存在有变化电场的区域，将安培环路定理的微分形式 $\nabla \times \boldsymbol{H} = \boldsymbol{j}_f$ 两边取散度

$$\nabla \cdot (\nabla \times \boldsymbol{H}) = \nabla \cdot \boldsymbol{j}_f$$

由于任一矢量旋度的散度恒为零，故得

$$\nabla \cdot \boldsymbol{j}_f = 0$$

这个结果与电荷守恒定律是有矛盾的，因为在非稳定的情况下，电荷守恒定律为

$$\nabla \cdot \boldsymbol{j}_f = -\frac{\partial \rho_f}{\partial t} \neq 0$$

即在非稳定情况下，安培环路定理与电荷守恒定律发生矛盾. 由于电荷守恒定律是普遍的规律，而安培环路定理仅是根据稳定情况下的实验规律导出的特殊规律，在两者发生矛盾的时候，应该修改安培环路定理，使之服从普遍的电荷守恒定律.

修改安培环路定理的方案是麦克斯韦提出的，他假设存在一个称为位移电流密度的物理量 $\boldsymbol{j}_D$，与传导电流 $\boldsymbol{j}_f$ 一样产生磁效应，于是将安培环路定理推广为

$$\nabla \times \boldsymbol{H} = \boldsymbol{j}_f + \boldsymbol{j}_D \qquad (7.2-1)$$

将上式两边取散度得

$$\nabla \cdot (\nabla \times \boldsymbol{H}) = \nabla \cdot (\boldsymbol{j}_f + \boldsymbol{j}_D) = 0$$

由 $\nabla \cdot (\boldsymbol{j}_f + \boldsymbol{j}_D) = 0$，可导出 $\boldsymbol{j}_D$ 的表达式，根据电荷守恒定律

$$\nabla \cdot \boldsymbol{j}_f = -\frac{\partial \rho_f}{\partial t}$$

和电荷密度 ρ_f 与电位移矢量 $\boldsymbol{D}$ 散度的关系式

$$\nabla \cdot \boldsymbol{D} = \rho_f$$

将两式合起来，得

$$\nabla \cdot \left(\boldsymbol{j}_f + \frac{\partial \boldsymbol{D}}{\partial t}\right) = 0$$

因此
$$\boldsymbol{j}_D = \frac{\partial \boldsymbol{D}}{\partial t} \tag{7.2-2}$$

将上式代入(7.2-1)式中，得

$$\nabla \times \boldsymbol{H} = \boldsymbol{j}_f + \frac{\partial \boldsymbol{D}}{\partial t} \tag{7.2-3}$$

由此可知，**位移电流实质上是电场对时间的变化率**. 只要场中每一点电位移矢量对时间有变化，就相应地有位移电流存在. 因此，不仅在电介质中，就是在真空中，甚至导体中都可以产生位移电流. 故无论在导体中或者在电介质中，电流总是由传导电流和位移电流两部分组成. 在低频情况下，电介质中的电流主要是位移电流，传导电流可以忽略不计；而在导体中的电流主要是传导电流，位移电流可以忽略不计. 在高频情况下，导体中的位移电流和传导电流有同等的作用.

位移电流的引入在电磁理论的发展上是关键性的一步，它表明**变化电场和传导电流一样能激发磁场，而变化的磁场能激发电场，于是电场和磁场相互激发形成电磁波**. 麦克斯韦在19世纪60年代预言电磁波的存在，19世纪80年代赫兹才用实验方法产生了电磁波.

例题 交变电场中媒质的电导率.

解 设稳定电场中媒质的电导率为 λ，介质常数为 ε. 将媒质放在交变电场中，则除了有传导电流外还有位移电流，总的电流密度为

$$\boldsymbol{j} = \boldsymbol{j}_f + \frac{\partial \boldsymbol{D}}{\partial t}$$

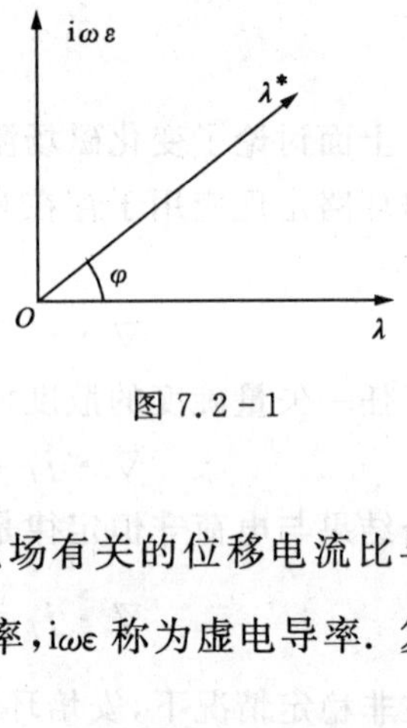

图 7.2-1

若交变电场是谐变的，其电场强度为 $\boldsymbol{E}=\boldsymbol{E}_0 \mathrm{e}^{\mathrm{i}\omega t}$，则

$$\boldsymbol{j} = \lambda \boldsymbol{E} + \varepsilon \frac{\partial \boldsymbol{E}}{\partial t} = (\lambda + \mathrm{i}\omega\varepsilon)\boldsymbol{E}$$

故电导率为 $\lambda^* = \lambda + \mathrm{i}\omega\varepsilon$，它是一个复数，复数电导率表示与变化电场有关的位移电流比与自由电荷有关的传导电流超前 $\frac{\pi}{2}$. 如图 7.2-1 所示. λ 称为实电导率，$\mathrm{i}\omega\varepsilon$ 称为虚电导率. 复电导率 λ^* 比实电导率 λ 超前一位相

$$\varphi = \tan^{-1}\frac{\omega\varepsilon}{\lambda}$$

另外，从上面可知，实电导率与交变电场的频率无关，而虚电导率则与交变电场的频率成正比；因此，虚电导率是不固定的，它随交变电场的频率而改变. 这种性质在高频交流电法勘探中得到了应用.

§7.3 麦克斯韦方程组

前面讨论了在不稳定情况下电场和磁场的旋度，而在不稳定情况下，电场和磁场的散度 $\nabla \cdot \boldsymbol{D} = \rho_f$ 和 $\nabla \cdot \boldsymbol{B} = 0$ 是否仍然成立呢?

在§7.1中已证明过，从稳定情况下得到的$\nabla \cdot \boldsymbol{D}=\rho_f$，在不稳定情况下仍然成立，这里不再重复. 现在证明从稳定情况下得到的$\nabla \cdot \boldsymbol{B}=0$，在不稳定情况下也是成立的. 由法拉第电磁感应定律得

$$\nabla \cdot (\nabla \times \boldsymbol{E}) = -\nabla \cdot \frac{\partial \boldsymbol{B}}{\partial t}$$

因为任一矢量旋度的散度恒为零，所以

$$\nabla \cdot \frac{\partial \boldsymbol{B}}{\partial t} = \frac{\partial}{\partial t}\nabla \cdot \boldsymbol{B} = 0$$

即

$$\nabla \cdot \boldsymbol{B} = \text{常数}$$

此常数决定于初始时刻的值，为了与稳定时的$\nabla \cdot \boldsymbol{B}=0$一致，可选择此常数为零而仍然保持法拉第电磁感应定律不变，所以

$$\nabla \cdot \boldsymbol{B} = 0$$

由此可知，$\nabla \cdot \boldsymbol{B}=0$虽然是从稳定情况下得到的，但对于不稳定情况下仍然成立.

在19世纪60年代，麦克斯韦就进行了上述的工作. 他把在稳定情况下得到的电磁现象的基本规律推广到普遍的不稳定的情况里去，特别是他首先看到了将安培环路定理应用于不稳定的情况时发生的与电荷守恒定律的矛盾，并引入了位移电流这个概念，而从理论上巧妙地解决了这个矛盾，对电磁理论作出了杰出的贡献. 他把电磁场的全部规律总结成为一组完整的统一的电磁场方程

$$\left.\begin{aligned} &\nabla \times \boldsymbol{H} = \boldsymbol{j}_f + \frac{\partial \boldsymbol{D}}{\partial t} \\ &\nabla \times \boldsymbol{E} = -\frac{\partial \boldsymbol{B}}{\partial t} \\ &\nabla \cdot \boldsymbol{B} = 0 \\ &\nabla \cdot \boldsymbol{D} = \rho_f \end{aligned}\right\} \tag{7.3-1}$$

称为麦克斯韦方程组，方程组是含有$\boldsymbol{E}$、$\boldsymbol{B}$、$\boldsymbol{H}$、$\boldsymbol{D}$四个**场量分量**的八个方程. 显然是无法求解的，因此必须附加$\boldsymbol{D}$与$\boldsymbol{E}$和$\boldsymbol{H}$与$\boldsymbol{B}$之间的关系，方程组才能是完整的. 对于非铁磁体并且各向同性的物质来说，有

$$\left.\begin{aligned} &\boldsymbol{D} = \varepsilon \boldsymbol{E} \\ &\boldsymbol{H} = \boldsymbol{B}/\mu \\ &\boldsymbol{j} = \lambda \boldsymbol{E} \end{aligned}\right\} \tag{7.3-2}$$

称为电磁性质方程. 式中ε、μ及λ分别为媒质的介电常数，磁导率及电导率，它们都是坐标的函数.

在高频情况下，由于场变化很快，媒质的极化和磁化跟不上场的变化，因而ε、μ都与场变化的频率有关；在低频情况下，均匀媒质的ε、μ可看作是与频率无关的常数.

在均匀媒质中，因为ε、μ和λ都是常数，故所有电磁场量也都是处处有限，处处连续，并处处有微商. 但在不同媒质的分界面上，由于ε、μ和λ要发生突变，使电磁场量也发生突变；为了使得场在这种情况下有解，必须在电磁场方程组上附加电磁场满足的边值关系. 假设在界面上有自由电荷面密度σ_f和传导电流面密度$\boldsymbol{i}_f$，则利用推导稳定场边值关系的方法，可以导出电磁场边值关系为

$$\boldsymbol{n} \times (\boldsymbol{H}_2 - \boldsymbol{H}_1) = \boldsymbol{i}_f, \quad \boldsymbol{n} \times (\boldsymbol{E}_2 - \boldsymbol{E}_1) = 0$$

$$\boldsymbol{n} \cdot (\boldsymbol{D}_2 - \boldsymbol{D}_1) = \sigma_f, \quad \boldsymbol{n} \cdot (\boldsymbol{B}_2 - \boldsymbol{B}_1) = 0$$

$$n\cdot(\boldsymbol{j}_2-\boldsymbol{j}_1)=-\frac{\partial\sigma_f}{\partial t}$$

现在证明在给定初始条件和边值关系的情况下，电磁运动规律完全由上述方程组唯一决定，即证明麦克斯韦方程组的完整性.

设在给定初始条件和边值关系的情况下，方程组存在两个不同的解，$\boldsymbol{E}'$、$\boldsymbol{H}'$和$\boldsymbol{E}''$、$\boldsymbol{H}''$，显然，它们都满足同一麦克斯韦方程组，即

$$\left.\begin{aligned}&\nabla\times\boldsymbol{H}'=\boldsymbol{j}_f+\varepsilon\frac{\partial\boldsymbol{E}'}{\partial t}\\&\nabla\times\boldsymbol{E}'=-\mu\frac{\partial\boldsymbol{H}'}{\partial t}\\&\nabla\cdot\boldsymbol{H}'=0\\&\nabla\cdot\boldsymbol{E}'=\rho_f/\varepsilon\end{aligned}\right\}$$

和

$$\left.\begin{aligned}&\nabla\times\boldsymbol{H}''=\boldsymbol{j}_f+\varepsilon\frac{\partial\boldsymbol{E}''}{\partial t}\\&\nabla\times\boldsymbol{E}''=-\mu\frac{\partial\boldsymbol{H}''}{\partial t}\\&\nabla\cdot\boldsymbol{H}''=0\\&\nabla\cdot\boldsymbol{E}''=\rho_f/\varepsilon\end{aligned}\right\}$$

由于ρ_f和$\boldsymbol{j}_f$是相同的，并且两方程组的解满足同样的初始条件和边值关系，即$t=0$时，

$$\boldsymbol{E}'=\boldsymbol{E}''\text{和}\boldsymbol{H}'=\boldsymbol{H}''$$

在边界上 $\boldsymbol{E}'|_S=\boldsymbol{E}''|_S$和$\boldsymbol{H}'|_S=\boldsymbol{H}''|_S$

把两方程组相减，并令$\boldsymbol{E}=\boldsymbol{E}'-\boldsymbol{E}''$，$\boldsymbol{H}=\boldsymbol{H}'-\boldsymbol{H}''$，得

$$\left.\begin{aligned}&\nabla\times\boldsymbol{E}=-\mu\frac{\partial\boldsymbol{H}}{\partial t}\quad\text{和}\quad\nabla\cdot\boldsymbol{E}=0\\&\nabla\times\boldsymbol{H}=\varepsilon\frac{\partial\boldsymbol{E}}{\partial t}\quad\text{和}\quad\nabla\cdot\boldsymbol{H}=0\end{aligned}\right\}\tag{7.3-3}$$

在$t=0$时， $\boldsymbol{E}=0$，$\boldsymbol{H}=0$

在边界上， $\boldsymbol{E}|_S=0$，$\boldsymbol{H}|_S=0$

即现在的$\boldsymbol{E}$和$\boldsymbol{H}$所对应的是无源、无初始扰动和边值为零的体系，对于这样的体系，我们计算下面的积分

$$\frac{\mathrm{d}}{\mathrm{d}t}\int_V\frac{1}{2}(\varepsilon\boldsymbol{E}\cdot\boldsymbol{E}+\mu\boldsymbol{H}\cdot\boldsymbol{H})\mathrm{d}V$$

用(7.3-3)式将上述积分写成

$$\frac{1}{2}\int_V[\boldsymbol{E}\cdot(\nabla\times\boldsymbol{H})-\boldsymbol{H}\cdot(\nabla\times\boldsymbol{E})]\mathrm{d}V=\frac{1}{2}\int_V\nabla\cdot(\boldsymbol{E}\times\boldsymbol{H})\mathrm{d}V=\frac{1}{2}\oint_S(\boldsymbol{E}\times\boldsymbol{H})\cdot\mathrm{d}\boldsymbol{S}$$

由于边界上，$E|_S=0$和$H|_S=0$，故上面的积分为零，即

$$\frac{\mathrm{d}}{\mathrm{d}t}\int_V\frac{1}{2}(\varepsilon\boldsymbol{E}\cdot\boldsymbol{E}+\mu\boldsymbol{H}\cdot\boldsymbol{H})\mathrm{d}V=0$$

故

$$\int_V(\varepsilon\boldsymbol{E}\cdot\boldsymbol{E}+\mu\boldsymbol{H}\cdot\boldsymbol{H})\mathrm{d}V=\text{常数}$$

再由$t=0$时，$\boldsymbol{E}=0$和$\boldsymbol{H}=0$，所以

$$\int_V (\varepsilon \boldsymbol{E} \cdot \boldsymbol{E} + \mu \boldsymbol{H} \cdot \boldsymbol{H}) \mathrm{d}V = 0$$

即
$$\int_V (\varepsilon E^2 + \mu H^2) \mathrm{d}V = 0$$

由于被积函数总是正的，所以得到

$$E^2 = 0 \text{ 和 } H^2 = 0$$

即
$$\boldsymbol{E}' = \boldsymbol{E}'', \ \boldsymbol{H}' = \boldsymbol{H}''$$

故解是唯一的. 这就证明了麦克斯韦方程组的完整性.

§7.4 电磁场的能量守恒及坡印廷矢量

自然界一切物质运动都遵从能量守恒定律，电磁场作为物质的一种特殊形态，当然也不例外. 现在来讨论电磁场的能量问题.

我们从电磁场对电流作功出发来研究电磁场的能量问题. 考虑空间某区域 V，其界面为 σ，设 V 内有传导电流分布，传导电流的体密度为 $\boldsymbol{j}_f$，在电磁场中受到电磁场的作用力，单位时间内这个力对电流所作的功等于

$$\int_V (\boldsymbol{j}_f \cdot \boldsymbol{E}) \mathrm{d}V \tag{7.4-1}$$

因为磁场对电流的作用方向总是与电流密度垂直，所以磁场力不作功，仅电场力作功. 为了将上式用电磁场量表示，把麦克斯韦方程组第一式

$$\boldsymbol{j}_f = \nabla \times \boldsymbol{H} - \frac{\partial \boldsymbol{D}}{\partial t}$$

代入(7.4-1)式中，得

$$\int_V (\boldsymbol{j}_f \cdot \boldsymbol{E}) \mathrm{d}V = \int_V \left[\boldsymbol{E} \cdot (\nabla \times \boldsymbol{H}) - \boldsymbol{E} \cdot \frac{\partial \boldsymbol{D}}{\partial t} \right] \mathrm{d}V \tag{7.4-2}$$

根据矢量分析公式

$$\nabla \cdot (\boldsymbol{a} \times \boldsymbol{b}) = \boldsymbol{b} \cdot (\nabla \times \boldsymbol{a}) - \boldsymbol{a} \cdot (\nabla \times \boldsymbol{b})$$

得
$$\boldsymbol{E} \cdot (\nabla \times \boldsymbol{H}) = \boldsymbol{H} \cdot (\nabla \times \boldsymbol{E}) - \nabla \cdot (\boldsymbol{E} \times \boldsymbol{H})$$

并由麦克斯韦方程组第二式与 $\boldsymbol{H}$ 点乘得

$$\boldsymbol{H} \cdot (\nabla \times \boldsymbol{E}) = -\frac{\partial \boldsymbol{B}}{\partial t} \cdot \boldsymbol{H}$$

代入(7.4-2)式中，得

$$\int_V (\boldsymbol{j}_f \cdot \boldsymbol{E}) \mathrm{d}V = \int_V - \nabla \cdot (\boldsymbol{E} \times \boldsymbol{H}) \mathrm{d}V - \int_V \left[\boldsymbol{E} \cdot \frac{\partial \boldsymbol{D}}{\partial t} + \boldsymbol{H} \cdot \frac{\partial \boldsymbol{B}}{\partial t} \right] \mathrm{d}V$$

由 $\boldsymbol{D} = \varepsilon \boldsymbol{E}$、$\boldsymbol{B} = \mu \boldsymbol{H}$（$\varepsilon$ 和 μ 不随时间改变），则

$$\frac{\partial \boldsymbol{D}}{\partial t} \cdot \boldsymbol{E} = \varepsilon \frac{\partial \boldsymbol{E}}{\partial t} \cdot \boldsymbol{E} = \frac{1}{2} \varepsilon \frac{\partial}{\partial t} (\boldsymbol{E} \cdot \boldsymbol{E}) = \frac{1}{2} \frac{\partial}{\partial t} (\boldsymbol{D} \cdot \boldsymbol{E})$$

同样
$$\frac{\partial \boldsymbol{B}}{\partial t} \cdot \boldsymbol{H} = \frac{1}{2} \frac{\partial}{\partial t} (\boldsymbol{B} \cdot \boldsymbol{H})$$

将此结果代入前面的式子中，得

$$\int_V (\boldsymbol{j}_f \cdot \boldsymbol{E}) \mathrm{d}V = -\int_V \nabla \cdot (\boldsymbol{E} \times \boldsymbol{H}) \mathrm{d}V - \frac{\partial}{\partial t} \int_V \left(\frac{\boldsymbol{D} \cdot \boldsymbol{E}}{2} + \frac{\boldsymbol{B} \cdot \boldsymbol{H}}{2} \right) \mathrm{d}V$$

利用高斯定理将上式右边第一项写成 $-\oint_\sigma (\boldsymbol{E}\times\boldsymbol{H})\cdot \mathrm{d}\boldsymbol{\sigma}$，则

$$\int_V (\boldsymbol{j}_f\cdot\boldsymbol{E})\mathrm{d}V = -\oint_\sigma (\boldsymbol{E}\times\boldsymbol{H})\cdot\mathrm{d}\boldsymbol{\sigma} - \frac{\partial}{\partial t}\int_V \left(\frac{\boldsymbol{D}\cdot\boldsymbol{E}}{2}+\frac{\boldsymbol{B}\cdot\boldsymbol{H}}{2}\right)\mathrm{d}V \qquad (7.4-3)$$

这就是电磁场能量守恒定律的表达式. 为了看清楚式中各项的物理意义，先考虑无限空间的情况. 由于在无限远处，$\boldsymbol{E}$、$\boldsymbol{H}$ 为零，故右边第一项为零，得到

$$\int_V (\boldsymbol{j}_f\cdot\boldsymbol{E})\mathrm{d}V = -\frac{\partial}{\partial t}\int_V \left(\frac{\boldsymbol{D}\cdot\boldsymbol{E}}{2}+\frac{\boldsymbol{B}\cdot\boldsymbol{H}}{2}\right)\mathrm{d}V \qquad (7.4-4)$$

根据功和能的关系，上式应解释为：电磁场对电流单位时间作的功等于电磁场总能量在单位时间内的减少. 式中 $\left(\frac{\boldsymbol{D}\cdot\boldsymbol{E}}{2}+\frac{\boldsymbol{B}\cdot\boldsymbol{H}}{2}\right)$ 是电磁场的能量密度，它由两部分组成，一为电场能量密度 $\frac{1}{2}\boldsymbol{D}\cdot\boldsymbol{E}$，另一为磁场能量密度 $\frac{1}{2}\boldsymbol{B}\cdot\boldsymbol{H}$. 由此可知，**电磁场本身具有能量，有电磁场的地方就有能量**. 这就证明了电磁场是一种特殊形态的物质.

对于有限空间的情况，由于包围体的表面上 $\boldsymbol{E}$ 和 $\boldsymbol{H}$ 不等于零，因此(7.4-3)式右边第一项不等于零，于是(7.4-3)式可解释为：电磁场对电流单位时间内作的功等于体积内电磁场能量在单位时间内的减少加上单位时间经过该体积的界面流入的能量. 可见 $\boldsymbol{E}\times\boldsymbol{H}$ 表示单位时间内通过垂直于传播方向的单位面积的能量，即电磁场的能流密度，也称坡印廷矢量，用 $\boldsymbol{S}$ 表示. 故

$$\boldsymbol{S} = \boldsymbol{E}\times\boldsymbol{H} \qquad (7.4-5)$$

坡印廷矢量 $\boldsymbol{S}$ 是电磁场传播的一个重要物理量.

例题 在充电过程中电容器的能流.

解 如图 7.4-1 所示. 电容器由两块直径为 $2a$ 的平行圆板构成，板间的距离为 d，设某一瞬时，电容器中的电场强度为 $\boldsymbol{E}$，则电容器中的总能量为

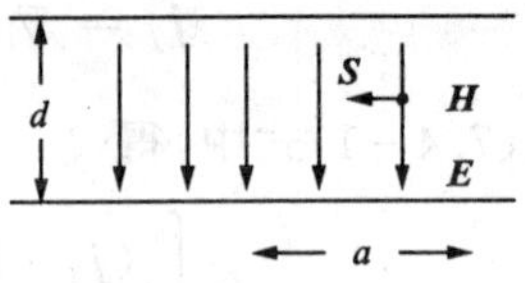

图 7.4-1

$$W = \frac{1}{2}\varepsilon_0 E^2 \pi a^2 d$$

如果电容器的充电是一个缓慢的过程，则电容器中的电场强度 $\boldsymbol{E}$ 随时间缓慢地增加，因此电容器中的能量也随时间不断地增加，其增加率为

$$\frac{\mathrm{d}W}{\mathrm{d}t} = \varepsilon_0 \pi a^2 d\boldsymbol{E}\,\frac{\partial \boldsymbol{E}}{\partial t}$$

然而能量是从哪里流进来，使电容器中的能量不断增加呢？一般总是认为能量是从导线中流进来，其实不然，能量不是从导线中流进来的，而是从电容器外面的空间中通过电容器侧面流进电容器的. 为了解决这个问题，我们来研究通过电容器的能流.

由麦克斯韦方程组第一式的积分形式

$$\oint_L \boldsymbol{H}\cdot\mathrm{d}\boldsymbol{l} = \int_\sigma \frac{\partial \varepsilon_0\cdot\boldsymbol{E}}{\partial t}\cdot\mathrm{d}\boldsymbol{\sigma}$$

可得电容器侧面上的磁场强度(选柱坐标系)为

$$\boldsymbol{H} = \frac{1}{2\pi a}\varepsilon_0\pi a^2\,\frac{\partial E}{\partial t}\boldsymbol{e}_\varphi = \frac{\varepsilon_0 a}{2}\,\frac{\partial E}{\partial t}\boldsymbol{e}_\varphi$$

所以坡印廷矢量为

$$\boldsymbol{S} = \boldsymbol{E}\times\boldsymbol{H} = \frac{\varepsilon_0 a}{2}E\,\frac{\partial E}{\partial t}(-\boldsymbol{e}_r)$$

它的方向指向电容器中心轴线. 故从侧面流入电容器的能流为

$$\int_{\sigma} \boldsymbol{S} \cdot \mathrm{d}\boldsymbol{\sigma} = \frac{\varepsilon_0 a}{2} E \frac{\partial E}{\partial t} \cdot 2\pi a d = \varepsilon_0 \pi a^2 d E \frac{\partial E}{\partial t}$$

这个结果正好等于电容器中能量的增加率. 这就证明了能量是从电容器侧面流进电容器的.

§7.5 似稳电磁场

上面讨论了一般电磁场的性质和规律,下面将讨论特殊电磁场的性质和规律. 电磁场由其是否随时间变化以及变化的快慢而分为稳定电磁场、似稳电磁场和迅变电磁场.

在稳定电磁场中,各量都不随时间变化,在麦克斯韦方程组中,$\partial \boldsymbol{D}/\partial t=0$, $\partial \boldsymbol{B}/\partial t=0$,所以麦克斯韦方程就变为稳定场方程

$$\left.\begin{aligned} &\nabla \times \boldsymbol{H} = \boldsymbol{j}_f, \quad && \nabla \times \boldsymbol{E} = 0 \\ &\nabla \cdot \boldsymbol{B} = 0, && \nabla \cdot \boldsymbol{D} = \rho_f \\ &\boldsymbol{B} = \mu \boldsymbol{H}, && \boldsymbol{D} = \varepsilon \boldsymbol{E} \\ &\boldsymbol{j}_f = \lambda(\boldsymbol{E} + \boldsymbol{E}_{外}) && \end{aligned}\right\}$$

如果场是随时间变化的,但是变化非常缓慢,则场的传播时间可以忽略,可认为场源和场之间具有瞬时关系,即每一时刻,场和源之间的关系类似于稳定场的场和源的关系,称为似稳场. 由于位移电流是电磁场以波的形式传播的先决条件,所以瞬时关系就是忽略位移电流,即似稳场的条件是忽略位移电流. 下面讨论似稳条件.

(1)在导电媒质内部,除位移电流外还有传导电流,其密度分别为

$$\boldsymbol{j}_D = \varepsilon \frac{\partial \boldsymbol{E}}{\partial t}, \quad \boldsymbol{j}_f = \lambda \boldsymbol{E}$$

如果是谐变场 $\boldsymbol{E}=\boldsymbol{E}_0 \mathrm{e}^{\mathrm{i}\omega t}$,则

$$\frac{\boldsymbol{j}_D}{\boldsymbol{j}_f} = \frac{-\mathrm{i}\omega \varepsilon \boldsymbol{E}}{\lambda \boldsymbol{E}}$$

它们的比值的绝对值为

$$\left|\frac{\boldsymbol{j}_D}{\boldsymbol{j}_f}\right| = \frac{\varepsilon \omega}{\lambda}$$

位移电流可以忽略的条件是 $|\boldsymbol{j}_D/\boldsymbol{j}_f| \ll 1$,即

$$\omega \ll \frac{\lambda}{\varepsilon}$$

这样,似稳电磁场的第一个条件是频率足够低,对于铜来说,$\lambda \approx 10^7\,\mathrm{s/m}$,$\varepsilon \approx \varepsilon_0 \approx 10^{-10}\,\mathrm{F/m}$,所以 $\omega \ll 10^{17}\,\mathrm{s}^{-1}$.

(2)忽略位移电流就意味着不考虑电磁场的传播时间,下面讨论这个问题. 设谐变场 $\boldsymbol{E}=\boldsymbol{E}_0 \mathrm{e}^{-\mathrm{i}\omega t}$,因为空间的场是由过去时刻的源激发的,因此与源相距 r 处的场

$$\boldsymbol{E} = \boldsymbol{E}_0 \mathrm{e}^{-\mathrm{i}\omega\left(t-\frac{r}{c}\right)}$$

将上式展开成级数

$$\boldsymbol{E} = \boldsymbol{E}_0 \mathrm{e}^{-\mathrm{i}\omega t}\left(1 - \frac{\mathrm{i}}{c}\omega r + \cdots\right)$$

略去传播时间,即

$$\frac{\omega}{c} r \ll 1$$

故 $$r \ll \frac{\lambda_{波}}{2\pi}$$

即观察点到源的距离 r 远小于波长 $\lambda_{波}$ 的区域中的场是似稳场. 例如,对于 800kHz 的频率,$\lambda_{波}=375\text{m}$,也就是说,到源的距离远小于 375m 的范围内的场可看成是似稳的.

1. 似稳场方程

在似稳场中,麦克斯韦方程组具有如下形式

$$\left.\begin{aligned} &\nabla\times\boldsymbol{H}=\boldsymbol{j}_f, \quad \nabla\times\boldsymbol{E}=-\frac{\partial\boldsymbol{B}}{\partial t} \\ &\nabla\cdot\boldsymbol{B}=0, \quad \nabla\cdot\boldsymbol{D}=\rho_f \\ &\boldsymbol{B}=\mu\boldsymbol{H}, \quad \boldsymbol{D}=\varepsilon\boldsymbol{E} \\ &\boldsymbol{j}_f=\lambda(\boldsymbol{E}+\boldsymbol{E}_{外}) \end{aligned}\right\}$$

现在从麦克斯韦方程组出发,分别研究似稳电场和似稳磁场.

将 $\boldsymbol{B}=\nabla\times\boldsymbol{A}$ 代入 $\nabla\times\boldsymbol{E}=-\frac{\partial\boldsymbol{B}}{\partial t}$ 中,得

$$\nabla\times\boldsymbol{E}=-\frac{\partial}{\partial t}(\nabla\times\boldsymbol{A})$$

写成 $$\nabla\times\left(\boldsymbol{E}+\frac{\partial\boldsymbol{A}}{\partial t}\right)=0$$

由于矢量的旋度为零,则此矢量可用一标量的负梯度来表示,即

$$\boldsymbol{E}+\frac{\partial\boldsymbol{A}}{\partial t}=-\nabla U$$

即 $$\boldsymbol{E}=-\nabla U-\frac{\partial\boldsymbol{A}}{\partial t} \tag{7.5-1}$$

由此可见,在似稳场范围内,电场由两部分组成,一是电荷的电场 $-\nabla U$,另一是变化磁场的电场 $-\frac{\partial\boldsymbol{A}}{\partial t}$,因此,似稳电场不是势场而是涡旋场.

似稳磁场则仍然是涡旋场,它仅由 $\boldsymbol{A}$ 的旋度确定,即

$$\boldsymbol{B}=\nabla\times\boldsymbol{A}$$

现在利用 $\boldsymbol{B}=\nabla\times\boldsymbol{A}$, $\boldsymbol{E}=-\nabla U-\frac{\partial\boldsymbol{A}}{\partial t}$ 和 $\nabla\cdot\boldsymbol{A}$ 来推导出 U 和 $\boldsymbol{A}$ 满足的微分方程.

(1)均匀媒质中似稳场方程.

先讨论标量势满足的微分方程.

由 $\nabla\cdot\boldsymbol{D}=\rho_f$ 和 $\boldsymbol{D}=\varepsilon\boldsymbol{E}$,得

$$\nabla\cdot\varepsilon\boldsymbol{E}=\rho_f$$

因为媒质是均匀的,介电常数 ε 是常量,所以上式可以写成

$$\varepsilon\nabla\cdot\boldsymbol{E}=\rho_f$$

把 $\boldsymbol{E}=-\nabla U-\frac{\partial\boldsymbol{A}}{\partial t}$ 代入上式中,得

$$\nabla\cdot\left(-\nabla U-\frac{\partial\boldsymbol{A}}{\partial t}\right)=\rho_f/\varepsilon$$

即 $$-\nabla^2 U-\frac{\partial}{\partial t}\nabla\cdot\boldsymbol{A}=\rho_f/\varepsilon$$

因为 $\nabla\cdot\boldsymbol{A}=0$,故得

$$\nabla^2 U = -\rho_f/\varepsilon \tag{7.5-2}$$

这就是似稳场的标量势满足的泊松方程.

现在来研究似稳场的矢势满足的微分方程.

将$\nabla \times \boldsymbol{H} = \boldsymbol{j}_f$两边乘以$\mu$,得

$$\nabla \times \boldsymbol{B} = \mu \boldsymbol{j}_f$$

把$\boldsymbol{B} = \nabla \times \boldsymbol{A}$代入上式,得

$$\nabla \times \nabla \times \boldsymbol{A} = \mu \boldsymbol{j}_f$$

根据矢量分析公式

$$\nabla \times \nabla \times \boldsymbol{A} = \nabla(\nabla \cdot \boldsymbol{A}) - \nabla^2 \boldsymbol{A}$$

由于$\nabla \cdot \boldsymbol{A} = 0$,故得

$$\nabla^2 \boldsymbol{A} = -\mu \boldsymbol{j}_f$$

这就是似稳场的矢势满足的泊松方程.

由此可见,在均匀介质中似稳场的标量势和矢量势均满足泊松方程,这和稳定场具有同样的形式,但它与稳定场是不同的,**稳定场中的 $\boldsymbol{A}$ 和 U 是与时间无关的,而似稳场中的 $\boldsymbol{A}$ 和 U 都是时间的函数**,并且 E 不仅由 U 来决定,还与 $\boldsymbol{A}$ 有关.

(2)均匀导电媒质中似稳场方程.

如果讨论的是导电媒质,则由于$\boldsymbol{j}_f$和ρ_f都受电场的影响而不是已知量,因此上述似稳场方程是不适用的. 现在来求均匀导电媒质中场强满足的微分方程.

先讨论磁场强度$\boldsymbol{H}$满足的微分方程.

把$\boldsymbol{j}_f = \lambda \boldsymbol{E}$代入$\nabla \times \boldsymbol{H} = \boldsymbol{j}_f$中,得

$$\nabla \times \boldsymbol{H} = \lambda \boldsymbol{E}$$

将上式两边取旋度,并用$\nabla \times \boldsymbol{E} = -\dfrac{\partial \boldsymbol{B}}{\partial t}$代入,得

$$\nabla \times \nabla \times \boldsymbol{H} = \lambda \nabla \times \boldsymbol{E} = -\mu\lambda \frac{\partial \boldsymbol{H}}{\partial t}$$

根据矢量分析公式

$$\nabla \times \nabla \times \boldsymbol{H} = \nabla(\nabla \cdot \boldsymbol{H}) - \nabla^2 \boldsymbol{H}$$

故
$$\nabla(\nabla \cdot \boldsymbol{H}) - \nabla^2 \boldsymbol{H} = -\mu\lambda \frac{\partial \boldsymbol{H}}{\partial t}$$

把$\nabla \cdot \boldsymbol{H} = 0$代入上式中,得

$$\frac{1}{\mu\lambda}\nabla^2 \boldsymbol{H} = \frac{\partial \boldsymbol{H}}{\partial t} \tag{7.5-3}$$

这就是均匀导电媒质中似稳磁场满足的微分方程,是熟知的扩散方程.

其次讨论电场强度$\boldsymbol{E}$满足的微分方程.

将$\nabla \times \boldsymbol{E} = -\dfrac{\partial \boldsymbol{B}}{\partial t}$两边取旋度,并用$\nabla \times \boldsymbol{H} = \lambda \boldsymbol{E}$代入,得

$$\nabla \times \nabla \times \boldsymbol{E} = -\frac{\partial}{\partial t}\nabla \times \boldsymbol{B} = -\mu\lambda \frac{\partial \boldsymbol{E}}{\partial t}$$

根据矢量分析公式

$$\nabla \times \nabla \times \boldsymbol{E} = \nabla(\nabla \cdot \boldsymbol{E}) - \nabla^2 \boldsymbol{E}$$

故
$$\nabla(\nabla \cdot \boldsymbol{E}) - \nabla^2 \boldsymbol{E} = -\mu\lambda \frac{\partial \boldsymbol{E}}{\partial t}$$

由于导电媒质中 $\rho_f=0$,故 $\nabla\cdot\boldsymbol{E}=0$,代入上式,得到

$$\frac{1}{\mu\lambda}\nabla^2\boldsymbol{E}=\frac{\partial\boldsymbol{E}}{\partial t} \tag{7.5-4}$$

这就是似稳电场满足的微分方程. 与(7.5-3)式一样均为扩散方程.

由此可见,均匀导电媒质中似稳场是扩散的,扩散的距离与电导率成反比,即媒质的电导率越大,扩散的距离越短.

2. 似稳场的几个典型问题

(1)线性导线中的电路方程.

似稳场中的一个典型问题就是线性导线中的电路问题. 电工学中一般所涉及的往往是似稳场.

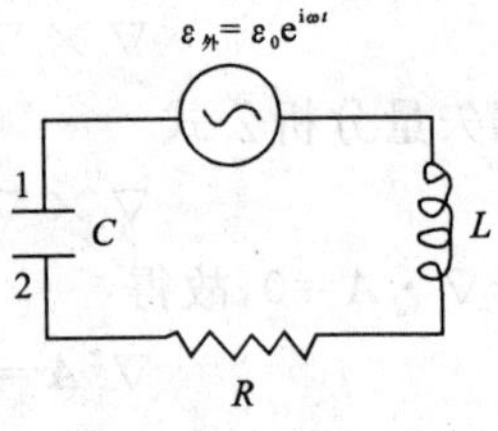

图 7.5-1

图 7.5-1 所示的电路中,R 是电路的电阻,L 是电路的电感,C 是电路的电容,$\varepsilon_{外}$是外电动势. 沿闭合电路对电场作线积分

$$\oint_L\boldsymbol{E}\cdot\mathrm{d}\boldsymbol{l}=\int_1^2\boldsymbol{E}\cdot\mathrm{d}\boldsymbol{l}+\int_2^1\boldsymbol{E}\cdot\mathrm{d}\boldsymbol{l} \tag{7.5-5}$$

上式右边第一项是从 1 经 $\varepsilon_{外}$、L、R 到 2,如果导线很细,电流密度可以认为是均匀的,并认为 $\boldsymbol{j}$ 与 $\mathrm{d}\boldsymbol{l}$ 方向相同,则由欧姆定律的微分形式 $\boldsymbol{j}=\lambda(\boldsymbol{E}+\boldsymbol{E}_{外})$得

$$\int_1^2\boldsymbol{E}\cdot\mathrm{d}\boldsymbol{l}=\int_1^2\frac{\boldsymbol{j}}{\lambda}\cdot\mathrm{d}\boldsymbol{l}-\int_1^2\boldsymbol{E}_{外}\cdot\mathrm{d}\boldsymbol{l}=\int_1^2\frac{I}{\lambda S}\mathrm{d}l-\varepsilon_{外}=IR-\varepsilon_{外}$$

(7.5-5)式右边第二项是在电容器内积分,则

$$\int_2^1\boldsymbol{E}\cdot\mathrm{d}\boldsymbol{l}=U_2-U_1$$

式中 U_2-U_1 表示电容器两端的电势差.

(7.5-5)式左边是沿闭合电路对电场的线积分,根据法拉第电磁感应定律

$$\oint_L\boldsymbol{E}\cdot\mathrm{d}\boldsymbol{l}=-\frac{\mathrm{d}}{\mathrm{d}t}\int_S\boldsymbol{B}\cdot\mathrm{d}\boldsymbol{S}=-\frac{\mathrm{d}\phi}{\mathrm{d}t}=-L\frac{\mathrm{d}I}{\mathrm{d}t}$$

(7.5-5)式可以写成

$$-L\frac{\mathrm{d}I}{\mathrm{d}t}=IR-\varepsilon_{外}+U_2-U_1$$

由于电容器两端的电势差 $U_2-U_1=\dfrac{Q}{C}$,故上式可以写成

$$IR+\frac{Q}{C}+L\frac{\mathrm{d}I}{\mathrm{d}t}=\varepsilon_{外}=\varepsilon_0\mathrm{e}^{\mathrm{i}\omega t}$$

将上式两边对时间求微分,得

$$L\frac{\mathrm{d}^2I}{\mathrm{d}t}+R\frac{\mathrm{d}I}{\mathrm{d}t}+\frac{I}{C}=\mathrm{i}\omega\varepsilon_0\mathrm{e}^{\mathrm{i}\omega t}$$

即为含有 R、L、C 的交流电路方程,它的解具有 $I=I_0\mathrm{e}^{\mathrm{i}(\omega i-\varphi)}$ 的形式,将其代入上式,得

$$\mathrm{i}\omega RI+\frac{I}{C}-\omega^2LI=\mathrm{i}\omega\varepsilon_0\mathrm{e}^{\mathrm{i}\omega t}$$

即
$$RI_0+\frac{I_0}{\mathrm{i}\omega C}-\frac{\omega L}{\mathrm{i}}I_0=\varepsilon_0\mathrm{e}^{\mathrm{i}\varphi}$$

或写成
$$RI_0-\frac{\mathrm{i}}{\omega C}I_0+\mathrm{i}\omega LI_0=\varepsilon_0\mathrm{e}^{\mathrm{i}\varphi}$$

用复数图解法(图 7.5－2)可以求出 I_0 和 φ 如下

$$I_0=\frac{\varepsilon_0}{\sqrt{R^2+\left(\omega L-\frac{1}{\omega C}\right)^2}} \tag{7.5-6}$$

$$\varphi=\tan^{-1}\frac{\omega L-\frac{1}{\omega C}}{R} \tag{7.5-7}$$

故

$$I=\frac{\varepsilon_0\cos(\omega t-\varphi)}{\sqrt{R^2+\left(\omega L-\frac{1}{\omega C}\right)^2}} \tag{7.5-8}$$

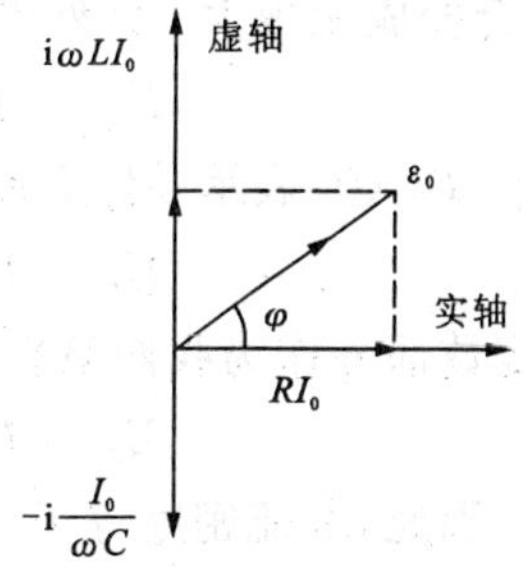

图 7.5－2

这就是交流电路的欧姆定律.

从上述结果可知,当 $\omega L>\frac{1}{\omega C}$时,则 $\varphi>0$,即电流落后于外电动势. 当 $\omega L<\frac{1}{\omega C}$时,则 $\varphi<0$,即电流超前于外电动势. 似稳场中的位相关系在交流电法中是一个重要的方面,因为矿体总是具有 R、L、C 的,故二次场总是比一次场落后或超前.

(2)趋肤效应.

在电磁学中已讲过趋肤效应的现象,就是变化的磁场在导体内感生涡流,与原来电流叠加的结果使导体边缘电流增大,同时使导体内部的电流减少,这种交流电流趋于导体表面的现象称为趋肤效应. 现在利用似稳场方程从量的方面讨论这个问题.

图 7.5－3 所示的半无限大均匀导体,占据 $z>0$ 的空间,电场平行于导体面,即电场强度仅有一个分量 E_x,E_x 是 z 的函数. 由于我们讨论的是似稳场,故满足均匀导电媒质中的似稳场方程为

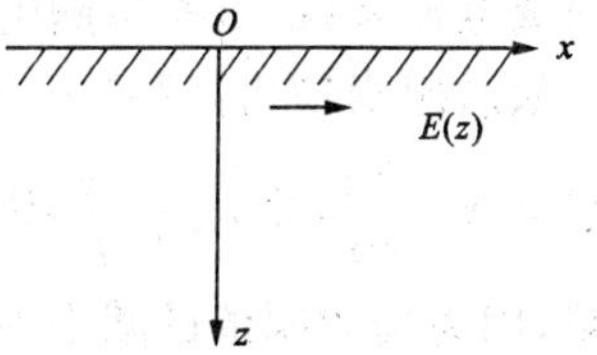

图 7.5－3

$$\nabla^2E_x=\lambda\mu\frac{\partial E_x}{\partial t}$$

设交变电场是谐变的,其圆频率为 ω,则方程中的 E_x 可表示为

$$E_x(z,t)=E_{0x}(z)\mathrm{e}^{\mathrm{i}\omega t}$$

式中,E_{0x}是电场强度的幅值.

将上式代入前式中,消去时间因子,就得到电场强度幅值的方程为

$$\nabla^2E_{0x}=\frac{\partial^2E_{0x}}{\partial z^2}=\mathrm{i}\omega\lambda\mu E_{0x}$$

令 $p^2=\frac{1}{2}\omega\lambda\mu$,则上式写成

$$\nabla^2E_{0x}=2\mathrm{i}p^2E_{0x}$$

这一线性方程的通解有下面的形式

$$E_{0x}=A\mathrm{e}^{kz}+B\mathrm{e}^{-kz}$$

式中,A 和 B 是积分常数;k 是方程式 $k^2=2\mathrm{i}p^2$ 的根,即

$$k^2=2\mathrm{i}p^2=p^2(1+2\mathrm{i}+\mathrm{i}^2)=p^2(1+\mathrm{i})^2$$

故得 $$k=p(1+\mathrm{i})$$

因此 $$E_{0x}=A\mathrm{e}^{pz}\mathrm{e}^{\mathrm{i}pz}+B\mathrm{e}^{-pz}\mathrm{e}^{-\mathrm{i}pz}$$

现在利用极限条件来确定常数 A 和 B. 因为当 $z\to+\infty$时,E_{0x}为有限值,所以 $A=0$,否则

E_{0x}会变成无限大. 另外当 $z\to 0$ 时,$E_{0x}=E_{0x}(0)$,所以 $B=E_{0x}(0)$. 故得

$$E_{0x}=E_{0x}(0)\mathrm{e}^{-pz}\mathrm{e}^{-\mathrm{i}pz}$$

式中,$E_{0x}(0)$表示导体表面上的电场强度的幅值. 于是电场强度 E_x 为

$$E_x=E_{0x}\mathrm{e}^{\mathrm{i}\omega t}=E_{0x}(0)\mathrm{e}^{-pz}\mathrm{e}^{\mathrm{i}(\omega t-pz)}$$

取实数部分作为我们最后的解答,得到

$$E_x=E_{0x}(0)\mathrm{e}^{-pz}\cos(\omega t-pz) \tag{7.5-9}$$

因此,电流密度等于

$$j_x=\lambda E_x=j_{0x}(0)\mathrm{e}^{-pz}\cos(\omega t-pz)$$

式中 $j_{0x}(0)=\lambda E_{0x}(0)$表示导体表面上电流密度的幅值.

由此可见,随着深入导体的内部,电场强度和电流密度的幅值随深度按指数减小,在 $z=\dfrac{1}{p}$的深度处,幅值减小到导体表面($z=0$)处的 1/e,我们称这个深度为透入深度 δ,它等于

$$\delta=\frac{1}{p}=\sqrt{2}/\sqrt{\omega\mu\lambda} \tag{7.5-10}$$

这个结果表明,频率越高或电导率越大,电流所集中的导体的表面层越薄. 例如对铜来说,$\lambda=5\times10^7\,\mathrm{A/V\cdot m}$,当频率为 50Hz 时,$\delta\approx0.9\mathrm{cm}$;当频率为 $10^8\,\mathrm{Hz}$ 时,$\delta\approx0.7\times10^{-3}\,\mathrm{cm}$. 由此可见,高频电流仅集中在导体表面很薄的一层内,这种现象就是趋肤效应.

交变电流由于趋肤效应,电流集中在导体表面上,引起导体电阻和自感的改变. 因此,对于交变电流来说,这些量随电流频率而改变.

最后应当指出,(7.5-9)式实际上是一个衰减波的表示式,其衰减系数 p 等于波数. 按波数定义 $p=\dfrac{2\pi}{\lambda_{波}}$,故 $\lambda_{波}=\dfrac{2\pi}{p}$,因此在透入深度等于一个波长 $\lambda_{波}$ 的距离上,实际上发生了完全的衰减,因为场的幅值已减小为

$$E_0\mathrm{e}^{-pz}=E_0\mathrm{e}^{p\lambda_{波}}=E_0\mathrm{e}^{-2\pi}$$

即约为表面电场强度 E_0 的 535 分之一. 这就是说,在金属中的电磁场完全没有空间的周期性,因为不到一个周期就完全衰减了,因此似稳场是没有波的特征的.

例题 1 无限长圆柱形导体中通过交变电流,求电流分布.

解 如图 7.5-4 所示. 半径为 a 的圆柱形导体,电导率为 λ,磁导率为 μ,电流沿 z 方向,选柱坐标系,则 $\boldsymbol{E}$ 仅有 z 分量,由于我们讨论的是似稳场,故满足均匀导电媒质的似稳场方程

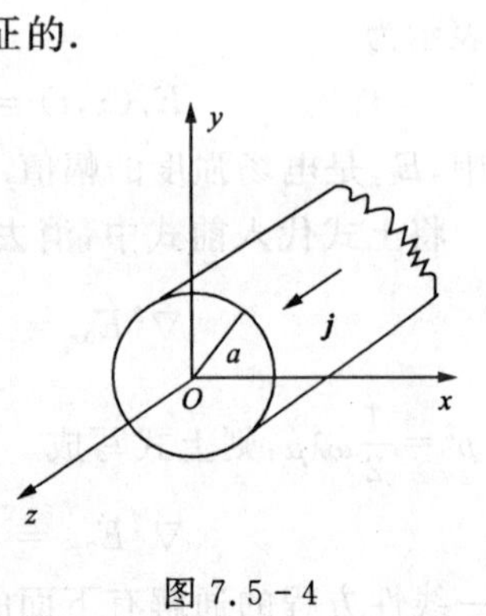

图 7.5-4

$$\nabla^2E_z=\lambda\mu\frac{\partial E_z}{\partial t}$$

设电场是谐变的,$E_z=E_{0z}\mathrm{e}^{-\mathrm{i}\omega t}$,将其代入上式中并消去时间因子,就得到电场强度的幅值方程

$$\nabla^2E_{0z}+\mathrm{i}\omega\mu\lambda E_{0z}=0$$

令 $k^2=\mathrm{i}\omega\mu\lambda$,并用圆柱坐标将上式写成

$$\frac{\mathrm{d}^2E_{0z}}{\mathrm{d}r^2}+\frac{1}{r}\frac{\mathrm{d}E_{0z}}{\mathrm{d}r}+k^2E_{0z}=0$$

这是一个零阶贝塞尔方程,它的通解为

$$E_{0z} = AJ_0(kr) + BN_0(kr)$$

当 $r \to 0$ 时，E_{0z} 为有限值. 由于 $r \to 0$ 时，零阶诺埃曼函数 $N_0(kr)$ 趋于无限大，因此 B 必为零，故我们所求的解必定是如下的形式

$$E_{0z} = AJ_0(kr) \tag{7.5-11}$$

于是柱体中电流密度的分布为

$$j_z = A\lambda J_0(kr)e^{-i\omega t}$$

常数 A 可由总电流幅值 $I_0 = \int_S j_{0z} dS$ 求出.

$$I_0 = 2\pi A\lambda \int_0^a rJ_0(kr)dr \tag{7.5-12}$$

由公式 $\frac{d}{dx}[x \cdot J_1(x)] = xJ_0(x)$，得

$$\int_0^a rJ_0(kr)dr = \frac{aJ_1(ka)}{k}$$

代入(7.5-12)式中，求得常数 A 为

$$A = \frac{kI_0}{2\pi\lambda a J_1(ka)}$$

故
$$j_z = \frac{kI_0 J_0(kr)}{2\pi a J_1(ka)}e^{-i\omega t}$$

例题 2 将一球形导电媒质放在低频交变磁场中，磁场是均匀的，求球内感应电流分布.

解 如图 7.5-5 所示. 半径为 a 的球形导电媒质，电导率为 λ，磁导率为 μ，球外是空气，磁导率为 μ_0，球心在球坐标系的原点，均匀交变磁场 $\boldsymbol{H} = \boldsymbol{H}_0 e^{-i\omega t}$ 沿 z 轴方向. 由于频率较低，满足 $\delta \gg a$，则趋肤效应可以忽略，球内的磁场与稳定场类似，因而可以用稳定场的方法去处理. 应用§6.4 例题 1 的结果，得到球内的磁场也是一均匀磁场，其磁感应强度为

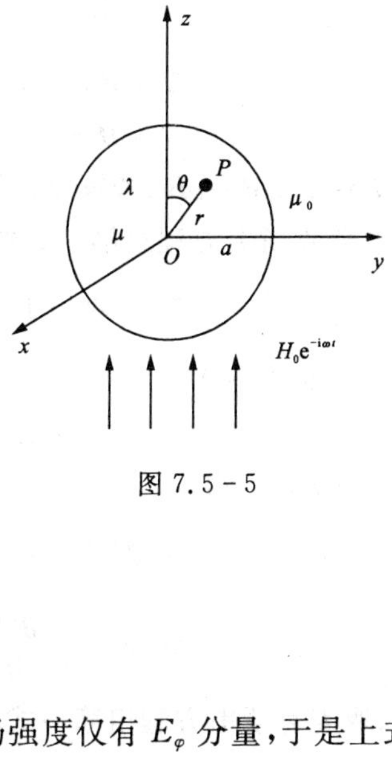

图 7.5-5

$$\boldsymbol{B} = \frac{3\mu\mu_0 \boldsymbol{H}_0}{\mu + 2\mu_0}e^{-i\omega t}$$

由法拉第电磁感应定律

$$\oint_L \boldsymbol{E} \cdot d\boldsymbol{l} = -\frac{d}{dt}\int_S \boldsymbol{B} \cdot d\boldsymbol{S}$$

因球内的磁场是均匀磁场，则球内任一点 $P(r,\theta,\varphi)$ 的电场强度仅有 E_φ 分量，于是上式可以写成

$$E_\varphi \cdot 2\pi r\sin\theta = -\frac{d}{dt}\left(\frac{3\mu\mu_0 H_0}{\mu + 2\mu_0}e^{-i\omega t} \cdot \pi r^2 \sin^2\theta\right)$$

故
$$E_\varphi = \frac{i\omega}{2}\frac{3\mu\mu_0 H_0 r\sin\theta}{\mu + 2\mu_0}e^{-i\omega t}$$

电流密度为 $j_\varphi = \lambda E_\varphi = \frac{i\omega\lambda}{2}\frac{3\mu\mu_0 H_0 r\sin\theta}{\mu + 2\mu_0}e^{i\omega t}$

由于 $i = e^{i\pi/2}$，故上式可写成

$$j_\varphi = \frac{\omega\lambda}{2}\frac{3\mu\mu_0 H_0 r\sin\theta}{\mu+2\mu_0}e^{-i(\omega t-\frac{\pi}{2})}$$

即电流密度 $\boldsymbol{j}$ 沿 φ 方向，幅值为

$$j_{0\varphi} = \frac{\omega\lambda}{2}\frac{3\mu\mu_0 H_0 r\sin\theta}{\mu+2\mu_0}$$

它的位相比磁场落后 $\pi/2$.

由此题的解题方法可知，若场的频率很低，满足 $\delta \gg a$ 这个条件，即透入深度远大于导体的线度时，就可以用稳定场的方法去处理似稳场. 这样给解似稳场问题带来很大的方便. 但是应当注意，一般似稳场问题不能用稳定场的结果来类比.

§7.6 电磁波在非导电媒质中的传播

1. 非导电媒质中电磁波传播的波动方程

上节讨论的是似稳电磁场，下面讨论迅变电磁场.

在无限大非导电媒质中，由于没有传导电流，即 $\boldsymbol{j}_f=0$；如果在不存在自由电荷的自由空间，则麦克斯韦方程组为

$$\left.\begin{aligned} \nabla\times\boldsymbol{H} &= \frac{\partial\boldsymbol{D}}{\partial t} \\ \nabla\times\boldsymbol{E} &= -\frac{\partial\boldsymbol{B}}{\partial t} \\ \nabla\cdot\boldsymbol{B} &= 0 \\ \nabla\cdot\boldsymbol{D} &= 0 \end{aligned}\right\}$$

其中 $\boldsymbol{D}=\varepsilon\boldsymbol{E}$，$\boldsymbol{B}=\mu\boldsymbol{H}$，若媒质是均匀的，则 ε 和 μ 是常数.

取麦克斯韦方程组第二式的旋度，并用第一式代入，得

$$\nabla\times\nabla\times\boldsymbol{E} = -\frac{\partial}{\partial t}(\nabla\times\boldsymbol{B}) = -\varepsilon\mu\frac{\partial^2\boldsymbol{E}}{\partial t^2}$$

根据矢量分析公式

$$\nabla\times\nabla\times\boldsymbol{E} = \nabla(\nabla\cdot\boldsymbol{E}) - \nabla^2\boldsymbol{E}$$

并由 $\nabla\cdot\boldsymbol{E}=0$，得

$$-\nabla^2\boldsymbol{E} = -\varepsilon\mu\frac{\partial^2\boldsymbol{E}}{\partial t^2}$$

即

$$\nabla^2\boldsymbol{E} - \varepsilon\mu\frac{\partial^2\boldsymbol{E}}{\partial t^2} = 0$$

同理，取麦克斯韦方程组第一式的旋度，并乘以 μ，然后用第二式代入，得

$$\nabla\times\nabla\times\boldsymbol{B} = \mu\frac{\partial}{\partial t}(\nabla\times\boldsymbol{D}) = -\varepsilon\mu\frac{\partial^2\boldsymbol{B}}{\partial t^2}$$

由 $\nabla\cdot\boldsymbol{B}=0$，得

$$-\nabla^2\boldsymbol{B} = -\varepsilon\mu\frac{\partial^2\boldsymbol{B}}{\partial t^2}$$

即

$$\nabla^2\boldsymbol{B} - \varepsilon\mu\frac{\partial^2\boldsymbol{B}}{\partial t^2} = 0$$

令 $v=\frac{1}{\sqrt{\varepsilon\mu}}$，则 $\boldsymbol{E}$ 和 $\boldsymbol{B}$ 的方程可以写为

$$\left.\begin{aligned}\nabla^2 \boldsymbol{E} - \frac{1}{v^2}\frac{\partial^2 \boldsymbol{E}}{\partial t^2} = 0 \\ \nabla^2 \boldsymbol{B} - \frac{1}{v^2}\frac{\partial^2 \boldsymbol{B}}{\partial t^2} = 0\end{aligned}\right\} \tag{7.6-1}$$

(7.6－1)式是场强的波动方程，这说明场强 $\boldsymbol{E}$ 和 $\boldsymbol{B}$ 是以波的形式传播的，传播速度是

$$v = \frac{1}{\sqrt{\varepsilon\mu}}$$

真空中由于 $\varepsilon=\varepsilon_0$，$\mu=\mu_0$，故电磁波在真空中的传播速度为

$$c = \frac{1}{\sqrt{\varepsilon_0\mu_0}} = 2.997\,8 \times 10^8\,\mathrm{m/s}$$

它与实验测得的真空中的光速相一致．这并不是一种巧合，它表明光与电磁波之间存在着本质的联系，实际上，光也是电磁波．

2．单色电磁波波动方程

上面得到的是电场强度 $\boldsymbol{E}$ 和磁感应强度 $\boldsymbol{B}$ 的波动方程，它的解包括各种频率和各种形式的电磁波．然而实际上，并不去求解波动方程的普遍形式，需要考虑的解往往比较特殊．因为在许多实际问题中，电磁波的源是以一定频率作正弦振荡的，因而传播的电磁波也是以一定频率作正弦振荡的，因此经常讨论的是一定频率的电磁波，这种电磁波也称单色电磁波．设

$$\boldsymbol{E}(\boldsymbol{r},t) = \boldsymbol{E}(\boldsymbol{r})\mathrm{e}^{\mathrm{i}\omega t}$$
$$\boldsymbol{B}(\boldsymbol{r},t) = \boldsymbol{B}(\boldsymbol{r})\mathrm{e}^{\mathrm{i}\omega t}$$

式中右边的 $\boldsymbol{E}(\boldsymbol{r})$ 和 $\boldsymbol{B}(\boldsymbol{r})$ 仅与 $\boldsymbol{r}$ 有关，也即抽出时间因子 $\mathrm{e}^{\mathrm{i}\omega t}$ 以后的电场和磁场．请不要与 $\boldsymbol{E}(\boldsymbol{r},t)$ 和 $\boldsymbol{B}(\boldsymbol{r},t)$ 混淆．将上面 $\boldsymbol{E}(\boldsymbol{r},t)$ 和 $\boldsymbol{B}(\boldsymbol{r},t)$ 代入波动方程(7.6－1)式中并消去时间因子，得

$$\left.\begin{aligned}\nabla^2 \boldsymbol{E}(\boldsymbol{r}) + k^2\boldsymbol{E}(\boldsymbol{r}) = 0 \\ \text{和} \qquad \nabla^2 \boldsymbol{B}(\boldsymbol{r}) + k^2\boldsymbol{B}(\boldsymbol{r}) = 0\end{aligned}\right\} \tag{7.6-2}$$

式中，$\boldsymbol{k}=\frac{\omega}{v}\boldsymbol{n}$ 称为波数矢量，其量值为 $\frac{\omega}{v}$，方向与传播方向 $\boldsymbol{n}$ 一致；$\boldsymbol{n}$ 表示沿传播方向的单位矢量．

(7.6－2)式称为赫姆霍兹方程．

3．平面单色电磁波

现在我们讨论(7.6－2)方程的一种最基本的解，就是平面单色波解，平面单色波是存在于无限空间中的平面单色电磁波．设电磁波沿 x 方向传播，其场强在与 x 轴正交的平面上的各点具有相同的值，即 $\boldsymbol{E}$ 和 $\boldsymbol{B}$ 仅与 x、t 有关，而与 y、z 无关．这种电磁波称为平面电磁波．在这种情况下，赫姆霍兹方程化为一维常微分方程

$$\nabla^2 \boldsymbol{E}(x) + k^2\boldsymbol{E}(x) = 0$$

它沿 x 正向传播的一个解为

$$\boldsymbol{E}(x) = \boldsymbol{E}_0\mathrm{e}^{-\mathrm{i}kx}$$

由于 $\boldsymbol{E}(x,t)=\boldsymbol{E}(x)\mathrm{e}^{\mathrm{i}\omega t}$，所以

$$\boldsymbol{E}(x,t) = \boldsymbol{E}_0\mathrm{e}^{\mathrm{i}(\omega t-kx)} \tag{7.6-3}$$

同样可得

$$\boldsymbol{B}(x,t) = \boldsymbol{B}_0\mathrm{e}^{\mathrm{i}(\omega t-kx)} \tag{7.6-4}$$

式中，$\boldsymbol{E}_0$ 是电场的幅值；$\boldsymbol{B}_0$ 是磁场的幅值．

取(7.6-3)式和(7.6-4)式的实数部分，得

$$\left.\begin{aligned}\boldsymbol{E}(x,t)&=\boldsymbol{E}_0\cos(\omega t-kx)\\\boldsymbol{B}(x,t)&=\boldsymbol{B}_0\cos(\omega t-kx)\end{aligned}\right\}\tag{7.6-5}$$

现在我们来讨论平面单色电磁波传播的一些性质.

(1)电磁波的横波性.

由$\nabla\cdot\boldsymbol{E}=0$和$\nabla\cdot\boldsymbol{B}=0$，得

$$\nabla\cdot\boldsymbol{E}=-\mathrm{i}\boldsymbol{k}\cdot\boldsymbol{E}=0,\ \nabla\cdot\boldsymbol{B}=-\mathrm{i}\boldsymbol{k}\cdot\boldsymbol{B}=0$$

故得$\boldsymbol{E}$和$\boldsymbol{B}$都垂直于波矢量$\boldsymbol{k}$，亦即垂直于波的传播方向$\boldsymbol{n}$，因而平面单色电磁波是横波.

(2)$\boldsymbol{E}$和$\boldsymbol{B}$彼此垂直，并且$\boldsymbol{k}$、$\boldsymbol{E}$和$\boldsymbol{B}$组成右手螺旋系统.

由 $$\nabla\times\boldsymbol{E}=-\frac{\partial\boldsymbol{B}}{\partial t}$$

得 $$-\mathrm{i}\boldsymbol{k}\times\boldsymbol{E}=-\mathrm{i}\omega\boldsymbol{B}$$

即 $$\boldsymbol{k}\times\boldsymbol{E}=\boldsymbol{B}\omega$$

由此可见，$\boldsymbol{k}$、$\boldsymbol{E}$和$\boldsymbol{B}$组成右手螺旋系统. 如图7.6-1所示.

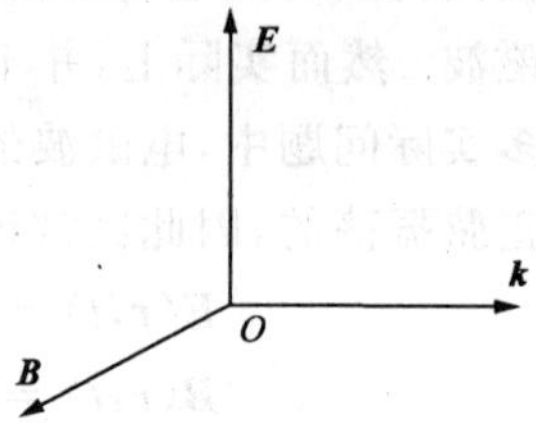

图7.6-1

(3)$\boldsymbol{E}$和$\boldsymbol{B}$同位相，幅值之比为电磁波传播的速度v.

由 $$\boldsymbol{k}\times\boldsymbol{E}=\omega\boldsymbol{B}$$

并因$\boldsymbol{k}$与$\boldsymbol{E}$相互垂直，故得

$$kE=\omega B$$

即 $$\frac{\omega}{v}E=\omega B$$

故得 $$E/B=v$$

或写成 $$|\boldsymbol{E}|/|\boldsymbol{B}|=v\tag{7.6-6}$$

由于$\boldsymbol{E}=\boldsymbol{E}_0\cos(\omega t-kx)$和$\boldsymbol{B}=\boldsymbol{B}_0\cos(\omega t-kx)$，故$\boldsymbol{E}$和$\boldsymbol{B}$的位相相同.

平面单色电磁波沿传播方向各点上的电场和磁场的瞬时值如图7.6-2所示. 随着时间的推移，整个波形向x轴方向以速度v移动.

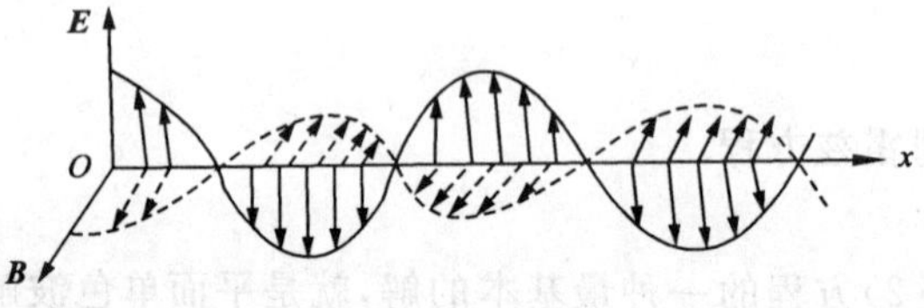

图7.6-2

(4)平面电磁波的能流密度.

在平面电磁波的情况下，由(7.6-6)式得

$$\varepsilon E^2=\frac{B^2}{\mu}$$

即平面电磁波中电场能量密度与磁场能量密度相等，故电磁场的能量密度

$$\omega=\frac{1}{2}\left(\varepsilon E^2+\frac{1}{\mu}B^2\right)=\varepsilon E^2=\frac{B^2}{\mu}$$

于是平面电磁波的能流密度为

$$\boldsymbol{S}=\omega v\boldsymbol{n}=\varepsilon E^2\frac{1}{\sqrt{\varepsilon\mu}}\boldsymbol{n}=\sqrt{\frac{\varepsilon}{\mu}}E^2\boldsymbol{n}$$

如果令$\sqrt{\frac{\mu}{\varepsilon}}=Z$,则上式可以写成

$$\boldsymbol{S}=\frac{E^2}{Z}\boldsymbol{n}$$

由此可知,平面电磁波在同样的电场强度下,Z 越大则能流密度越小,Z 越小则能流密度越大. 通常称 Z 为波阻抗. 在真空中由于 $\varepsilon=\varepsilon_0$, $\mu=\mu_0$,故真空中的波阻抗为

$$Z_0=\sqrt{\frac{\mu_0}{\varepsilon_0}}=\mu_0 c=377(\Omega)$$

此参数给某些问题的计算带来了方便.

§7.7 电磁波在导电媒质中的传播

1. 导电媒质中电磁波传播的波动方程

导电媒质的主要特点是存在自由电荷,电磁波在其中传播会引起传导电流,因而在均匀导电媒质中不容易有净自由电荷存在,所以导电媒质中的净自由电荷密度 $\rho_f=0$. 这样,麦克斯韦方程组便可写成

$$\left.\begin{aligned}&\nabla\times\boldsymbol{H}=\lambda\boldsymbol{E}+\frac{\partial\boldsymbol{D}}{\partial t}\\&\nabla\times\boldsymbol{E}=-\frac{\partial\boldsymbol{B}}{\partial t}\\&\nabla\cdot\boldsymbol{B}=0\\&\nabla\cdot\boldsymbol{D}=0\end{aligned}\right\}$$

其中 $\boldsymbol{D}=\varepsilon\boldsymbol{E}$, $\boldsymbol{B}=\mu\boldsymbol{H}$,若导电媒质是均匀的,则 ε、μ 和 λ 均为常数.

为了求得 $\boldsymbol{E}$ 满足的波动方程,将麦克斯韦方程组的第二式取旋度,有

$$\nabla\times\nabla\times\boldsymbol{E}=-\frac{\partial}{\partial t}(\nabla\times\boldsymbol{B})$$

由于$\nabla\times\nabla\times\boldsymbol{E}=\nabla(\nabla\cdot\boldsymbol{E})-\nabla^2\boldsymbol{E}$,并且$\nabla\cdot\boldsymbol{E}=0$,则得

$$-\nabla^2\boldsymbol{E}=-\frac{\partial}{\partial t}(\nabla\times\boldsymbol{B})$$

将麦克斯韦方程组第一式代入上式中,得

$$\nabla^2\boldsymbol{E}=\mu\lambda\frac{\partial\boldsymbol{E}}{\partial t}+\mu\varepsilon\frac{\partial^2\boldsymbol{E}}{\partial t^2}$$

或

$$\nabla^2\boldsymbol{E}-\mu\lambda\frac{\partial\boldsymbol{E}}{\partial t}-\mu\varepsilon\frac{\partial^2\boldsymbol{E}}{\partial t^2}=0$$

用同样的方法可得

$$\nabla^2\boldsymbol{B}-\mu\lambda\frac{\partial\boldsymbol{B}}{\partial t}-\mu\varepsilon\frac{\partial^2\boldsymbol{B}}{\partial t^2}=0$$

因为 $v=\frac{1}{\sqrt{\varepsilon\mu}}$,故上两式可写成

$$\left.\begin{aligned}&\nabla^2\boldsymbol{E}-\frac{1}{v^2}\frac{\partial^2\boldsymbol{E}}{\partial t^2}-\mu\lambda\frac{\partial\boldsymbol{E}}{\partial t}=0\\&\nabla^2\boldsymbol{B}-\frac{1}{v^2}\frac{\partial^2\boldsymbol{B}}{\partial t^2}-\mu\lambda\frac{\partial\boldsymbol{B}}{\partial t}=0\end{aligned}\right\}\qquad(7.7-1)$$

(7.7-1)式也称为波动方程.(7.7-1)式与(7.6-1)式相比,多了一个与时间一次导数有关的项,这一项与导电媒质的电导率 λ 有关,即为一消耗项,表示电磁波在导电媒质中传播时是衰减的.

2. 单色电磁波的波动方程

在许多实际问题中,电磁波的源是以一定频率作正弦振荡的,因而传播的电磁波也是以一定频率作正弦振荡的. 为此,我们讨论一定频率的电磁波(即单色电磁波)满足的波动方程. 设

$$\boldsymbol{E}(\boldsymbol{r},t) = \boldsymbol{E}(\boldsymbol{r})\mathrm{e}^{\mathrm{i}\omega t}$$
$$\boldsymbol{B}(\boldsymbol{r},t) = \boldsymbol{B}(\boldsymbol{r})\mathrm{e}^{\mathrm{i}\omega t}$$

式中右边的 $\boldsymbol{E}(\boldsymbol{r})$ 和 $\boldsymbol{B}(\boldsymbol{r})$ 仅与 $\boldsymbol{r}$ 有关,也即抽出时间因子 $\mathrm{e}^{\mathrm{i}\omega t}$ 以后的电场和磁场,请不要与 $\boldsymbol{E}(\boldsymbol{r},t)$ 和 $\boldsymbol{B}(\boldsymbol{r},t)$ 混淆,将上面 $\boldsymbol{E}(\boldsymbol{r},t)$ 和 $\boldsymbol{B}(\boldsymbol{r},t)$ 代入波动方程(7.7-1)式中并消去时间因子,得

$$\nabla^2\boldsymbol{E}(\boldsymbol{r}) + \left(\frac{\omega^2}{v^2} - \mathrm{i}\mu\lambda\omega\right)\boldsymbol{E}(\boldsymbol{r}) = 0$$

和

$$\nabla^2\boldsymbol{B}(\boldsymbol{r}) + \left(\frac{\omega^2}{v^2} - \mathrm{i}\mu\lambda\omega\right)\boldsymbol{B}(\boldsymbol{r}) = 0$$

令 $k'^2 = \dfrac{\omega^2}{v^2} - \mathrm{i}\lambda\mu\omega$,称之为复波数,则上面两式可以写成

$$\left.\begin{aligned}\nabla^2\boldsymbol{E}(\boldsymbol{r}) + k'^2\boldsymbol{E}(\boldsymbol{r}) = 0\\ \nabla^2\boldsymbol{B}(\boldsymbol{r}) + k'^2\boldsymbol{B}(\boldsymbol{r}) = 0\end{aligned}\right\} \qquad (7.7-2)$$

(7.7-2)式称为赫姆霍兹方程.

3. 平面单色电磁波解

现在我们讨论一种最基本的解——平面单色电磁波解. 设电磁波沿 x 正向传播,其场强在与 x 轴正交的平面上各点具有相同的值,即 $\boldsymbol{E}$ 和 $\boldsymbol{B}$ 仅与 x、t 有关,而与 y 和 z 无关. 在这种情况下,赫姆霍兹方程化为一维的常微分方程

$$\nabla^2\boldsymbol{E}(x) + k'^2\boldsymbol{E}(x) = 0$$

它沿 x 正向传播的一个解为

$$\boldsymbol{E}(x) = \boldsymbol{E}_0\,\mathrm{e}^{-\mathrm{i}k'x}$$

由于 $\boldsymbol{E}(x,t) = \boldsymbol{E}(x)\mathrm{e}^{\mathrm{i}\omega t}$,所以

$$\boldsymbol{E}(x,t) = \boldsymbol{E}_0\,\mathrm{e}^{\mathrm{i}(\omega t - k'x)} \qquad (7.7-3)$$

同理可得

$$\boldsymbol{B}(x,t) = \boldsymbol{B}_0\,\mathrm{e}^{\mathrm{i}(\omega t - k'x)} \qquad (7.7-4)$$

式中,k' 是复波数. 下面讨论具有复波数的单色平面电磁波的特性.

(1)复波数和复介电常数.

我们将 $k'^2 = \dfrac{\omega^2}{v^2} - \mathrm{i}\mu\lambda\omega$ 写成

$$k'^2 = \omega^2\varepsilon\mu - \mathrm{i}\mu\lambda\omega = \omega^2\mu\left(\varepsilon - \mathrm{i}\,\frac{\lambda}{\omega}\right)$$

令 $\varepsilon' = \varepsilon - \mathrm{i}\,\dfrac{\lambda}{\omega}$,称之为复介电常数,则上式写成

$$k'^2 = \omega^2\mu\,\varepsilon'$$

引入复介电常数以后，便把导电媒质中的问题与非导电媒质中的问题在形式上等同起来，因而就可以用处理非导电媒质中问题的方法去处理导电媒质中的问题.

由于 k' 是复数，可将 k' 分解为实数部分和虚数部分，即

$$k' = a - \mathrm{i}b$$

式中，a 和 b 都是实数. 则将上式代入(7.7-3)式中，便可以得到

$$\boldsymbol{E}(x,t) = \boldsymbol{E}_0 \mathrm{e}^{\mathrm{i}[\omega t-(ax-\mathrm{i}bx)]}$$

即

$$\boldsymbol{E}(x,t) = \boldsymbol{E}_0 \mathrm{e}^{-b}\mathrm{e}^{\mathrm{i}(\omega t-ax)} \tag{7.7-5}$$

从(7.7-5)式可知，平面电磁波在导电媒质中传播时，它的幅值为 $\boldsymbol{E}_0\mathrm{e}^{-bx}$，这里 e^{-bx} 是衰减因子，随着 x 的增加幅值减小，当 x 增加到 $1/b$ 时，幅值衰减为 $x=0$ 处的 $1/\mathrm{e}$，我们把距离 $1/b$ 称为透入深度. 因此可见，复波数的虚数部分表示电磁波在导电媒质中的衰减，b 实际上是衰减系数.

(2)a 和 b 的值.

将 $k'=a-\mathrm{i}b$ 两边平方，得

$$k'^2 = a^2 - b^2 - 2\mathrm{i}ab$$

与 $k'^2=\omega^2\mu\varepsilon-\mathrm{i}\mu\lambda\omega$ 对比，得

$$\left.\begin{aligned} a^2 - b^2 &= \omega^2\mu\varepsilon \\ 2ab &= \mu\lambda\omega \end{aligned}\right\}$$

解上面的联立方程，得

$$a = \omega\sqrt{\varepsilon\mu}\left\{\frac{1}{2}\left[\left(1+\frac{\lambda^2}{\omega^2\varepsilon^2}\right)^{\frac{1}{2}}+1\right]\right\}^{\frac{1}{2}} \tag{7.7-6}$$

$$b = \omega\sqrt{\varepsilon\mu}\left\{\frac{1}{2}\left[\left(1+\frac{\lambda^2}{\omega^2\varepsilon^2}\right)^{\frac{1}{2}}-1\right]\right\}^{\frac{1}{2}} \tag{7.7-7}$$

对于良导体，由于电导率 λ 很大，故 $\dfrac{\lambda}{\omega\varepsilon}\gg1$，则得

$$a = b \approx \sqrt{\frac{\lambda\mu\omega}{2}}$$

透入深度为

$$\delta = \frac{1}{b} = \sqrt{\frac{2}{\mu\lambda\omega}}$$

这个结果与§7.5的(7.5-10)式一致.

对于非导电媒质，由于电导率 $\lambda=0$，故 $\dfrac{\lambda}{\omega\varepsilon}=0$，则得

$$a = \omega\sqrt{\varepsilon\mu}; \quad b = 0$$

透入深度　　$\delta = \infty$

结果表明电磁波在非导电媒质中传播是不衰减的，因而透入深度无限大. 这与§7.6的结果一致.

若导电媒质是非良导体，即电导率很小，故 $\dfrac{\lambda}{\omega\varepsilon}\ll1$，则得

$$a = \omega\sqrt{\varepsilon\mu}, \quad b = \frac{\lambda}{2}\sqrt{\frac{\mu}{\varepsilon}}$$

两者的比值 $a/b=\dfrac{2\omega}{\lambda\varepsilon}\gg 1$

也就是 $a\gg b$，故对于非良导体，电磁波在其中传播时衰减是很小的.

(3)电磁场强度之间的关系.

由于 $\nabla\times\boldsymbol{E}=-\dfrac{\partial\boldsymbol{B}}{\partial t}$，又因为 $\nabla\times\boldsymbol{E}=-\mathrm{i}\boldsymbol{k}'\times\boldsymbol{E}$，$\dfrac{\partial\boldsymbol{B}}{\partial t}=\mathrm{i}\omega\boldsymbol{B}$，故

$$-\mathrm{i}\boldsymbol{k}'\times\boldsymbol{E}=-\mathrm{i}\omega\boldsymbol{B}$$

即 $$\boldsymbol{B}=\frac{1}{\omega}\boldsymbol{k}\times\boldsymbol{E}$$

由图 7.7-1 得 $$k'=a-\mathrm{i}b=\sqrt{a^2+b^2}\,\mathrm{e}^{-\mathrm{i}\varphi}$$

其中 $$\varphi=\tan^{-1}\left(\frac{b}{a}\right)$$

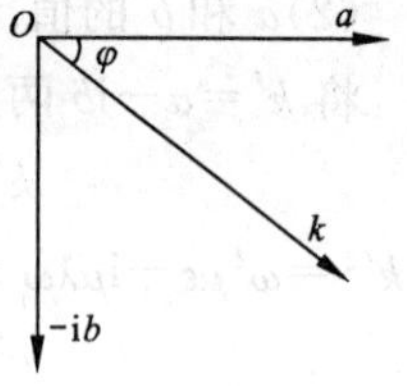

图 7.7-1

于是得到

$$\boldsymbol{B}=\frac{1}{\omega}\boldsymbol{k}'\times\boldsymbol{E}_0\,\mathrm{e}^{\mathrm{i}(\omega t-k'x)}$$

其量值为

$$B=\frac{1}{\omega}\sqrt{a^2+b^2}\,E_0\,\mathrm{e}^{-bx}\,\mathrm{e}^{\mathrm{i}[(\omega t-ax)-\varphi]} \qquad (7.7-8)$$

这就是电场和磁场之间的关系. 从这个关系式可知，**磁场的幅值是电场幅值的 $\dfrac{1}{\omega}\sqrt{a^2+b^2}$ 倍，并且磁场的位相落后于电场一个 φ 角，φ 角的大小决定于 $\tan^{-1}\left(\dfrac{b}{a}\right)$ 的值.** 现分别就几种情况讨论之.

(i)当电导率 λ 很小时，则

$$\frac{b}{a}\approx 0$$

所以 $$\varphi=0$$

$$|k'|=\sqrt{a^2+b^2}\approx\omega\sqrt{\varepsilon\mu}$$

于是(7.7-8)式写成

$$B=\sqrt{\varepsilon\mu}\,E_0\,\mathrm{e}^{-bx}\,\mathrm{e}^{\mathrm{i}(\omega t-ax)}$$

即在电导率 λ 很小的导电媒质中，$\boldsymbol{B}$ 和 $\boldsymbol{E}$ 具有相同的位相，两者幅值之比为 $\sqrt{\varepsilon\mu}$.

(ii)当电导率 λ 很大时，则

$$a=b\approx\sqrt{\frac{\lambda\mu\omega}{2}}$$

$$|k'|=\sqrt{a^2+b^2}=\sqrt{\lambda\mu\omega}$$

$$\varphi=\tan^{-1}1=\frac{\pi}{4}$$

于是(7.7-8)式写成

$$B=\sqrt{\frac{\lambda\mu}{\omega}}\,E_0\,\mathrm{e}^{-bx}\,\mathrm{e}^{\mathrm{i}[(\omega t-ax)-\frac{\pi}{4}]}$$

这表示在电导率很大的导电媒质中 $|\boldsymbol{B}_0|\gg|\boldsymbol{E}_0|$，$\boldsymbol{B}$ 的位相比 $\boldsymbol{E}$ 的位相落后 $\dfrac{\pi}{4}$，并且这时磁场能量总是大于电场能量.

(iii)当 $\omega=0$ 时，$\boldsymbol{E}$ 必然趋于零，这说明，此时电磁能量只能以磁能形式出现. 此与静电场结果一致. 导电媒质中电磁波传播特性如图 7.7－2 所示.

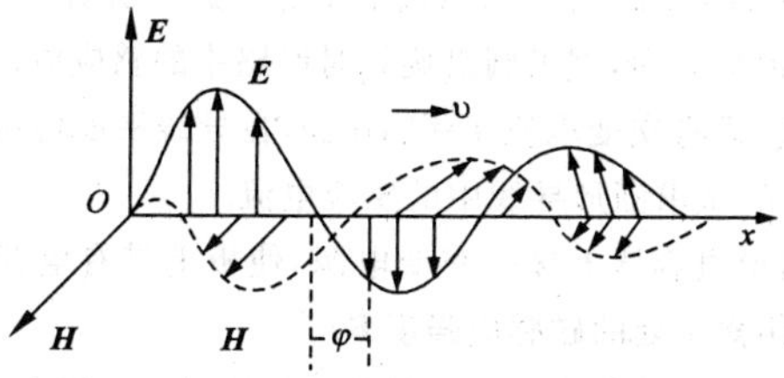

图 7.7－2

4. 相速度和波长

因为等相面的方程为

$$\omega t - ax = \text{常数}$$

所以位相传播的速度即相速度为

$$v = \frac{\mathrm{d}x}{\mathrm{d}t} = \frac{\omega}{a}$$

将(7.7－6)式代入上式中，得

$$v = \frac{1}{\sqrt{\varepsilon\mu}\left\{\frac{1}{2}\left[\left(1+\frac{\lambda^2}{\omega^2\varepsilon^2}\right)^{\frac{1}{2}}+1\right]\right\}^{\frac{1}{2}}}$$

此为电磁波在导电媒质中传播的相速度. 在非导电媒质中，由于电导率 $\lambda=0$，故得

$$v = \frac{1}{\sqrt{\varepsilon\mu}}$$

这和 § 7.6 中的结果一致.

对于良导体，由于 $a=\sqrt{\frac{\lambda\omega\mu}{2}}$，故

$$v = \sqrt{\frac{2\omega}{\lambda\mu}}$$

由此可知，在良导体中传播的电磁波，它的相速度与频率有关，这就是色散现象.

电磁波在导电媒质中的波长是

$$\lambda_{\text{波}} = \frac{v}{\nu} = \frac{\omega}{\nu a} = \frac{2\pi}{a}$$

式中，$\lambda_{\text{波}}$ 是波长；ν 是频率.

将(7.7－6)式代入上式中，便得

$$\lambda_{\text{波}} = \frac{2\pi}{a} = \frac{2\pi}{\omega\sqrt{\varepsilon\mu}\left\{\frac{1}{2}\left[\left(1+\frac{\lambda^2}{\omega^2\varepsilon^2}\right)^{\frac{1}{2}}+1\right]\right\}^{\frac{1}{2}}}$$

由此可见，电磁波在导电媒质中传播的相速度和波长都是由 a 来决定的，a 实际上就是波数.

习　　题

7.1　设有一磁矩为 $\boldsymbol{M}$ 的磁铁，在距水平面上 O 点高度 h 处的地方以速度 v 向 O 点运动，试求通过水平

面上一半径为 d，圆心在 O 点的圆内的磁感应通量及圆上的电场强度.

7.2 设在一均匀磁场 $\boldsymbol{B}$ 中，放一金属圆盘，以角速度 ω 绕平行于 $\boldsymbol{B}$ 的中心轴旋转，试求圆盘中心至边缘的电动势. 设圆盘的半径为 a.

如果磁场为一交变磁场 $B=B_0\cos\omega t$，并设法从圆盘中心和边缘引出两根导线，使在磁场中构成一长方形回路(边长为 l 和 a)，且垂直于磁场方向，试求圆盘旋转时回路中的感应电动势.

7.3 设有一无限长直导线，通有交变电流 $I=I_0\cos\omega t$，在导线平面内有一圆形导线，其半径为 a，电阻为 R，圆心至长导线之间的距离为 h，试求圆形导线中的感应电流.

7.4 在一半径为 a 的圆盘形电容器上接一交变电源，使板上带有电荷为 $q=q_0\sin\omega t$，若不计边缘影响，试求电容器中距圆盘中心轴的距离 r 处的磁感应强度 $\boldsymbol{B}$.

7.5 一半径为 a，电导率为 λ，磁导率为 μ 的无限长金属圆柱体放在低频交变磁场 $\boldsymbol{H}=\boldsymbol{H}_0\mathrm{e}^{-i\omega t}$ 中，磁场是均匀的，且垂直于柱轴，求柱内感应电流的分布.

7.6 试求均匀的交变外磁场中半径为 a 的各向同性导电球的磁矩.

7.7 设有一段柱状导线，其电阻为 R，电流强度为 I，试计算通过导线侧面的坡印廷矢量 $\boldsymbol{S}$，并证明总能流为 RI^2.

7.8 设地面的干燥浮土具有下列物性参数：$\mu_r=1$，$\varepsilon_r=4$，$\lambda=0.001(\Omega\cdot\mathrm{m})^{-1}$. 设有波长为 300m(真空中的波长)的电磁波进入浮土中. 试求：(1)波传播的速度 v；(2)波长 λ'_0；(3)透入深度 δ；(4)波衰减为 10^6 分之一的距离 z；(5)磁场强度与电场强度之比及位相差.

第八章　电磁场势

§8.1　电磁场的势

在第七章中，讨论了电磁场强度，建立了麦克斯韦方程，导出了电磁场强度的波动方程，并求出了波动方程的解答，得到了电磁波传播的规律．但是在较复杂的情况下求解麦克斯韦方程是有困难的．同时，在稳定电磁场的情况下，这个问题因引入标势和矢势而大为简化．现讨论在普遍的变化电磁场的情况下，对稳定场的势作适当修改，使之更具普遍性，并利用它来解麦克斯韦方程．

1．标势 U 和矢势 A

我们从麦克斯韦方程组

$$\left.\begin{aligned} \nabla\times\boldsymbol{H} &= \boldsymbol{j}_f+\frac{\partial \boldsymbol{D}}{\partial t} \\ \nabla\times\boldsymbol{E} &= -\frac{\partial \boldsymbol{B}}{\partial t} \\ \nabla\cdot\boldsymbol{B} &= 0 \\ \nabla\cdot\boldsymbol{D} &= \rho_f \end{aligned}\right\}$$

出发，讨论用势来描述电磁场的问题．在稳定场时，引入标势 U 和矢势 $\boldsymbol{A}$，主要是根据麦克斯韦方程组中的第二方程和第三方程．在稳定情况下第二方程和第三方程表示为 $\nabla\times\boldsymbol{E}=0$ 和 $\nabla\cdot\boldsymbol{B}=0$，即稳定电场是有源场而稳定磁场是无源场，因而稳定电场可以引入标势 U 来描述，而稳定磁场可以引入矢势 $\boldsymbol{A}$ 来描述．因此电场强度 $\boldsymbol{E}$ 可以写为 $\boldsymbol{E}=-\nabla U$，磁感应强度 $\boldsymbol{B}$ 可以写为 $\boldsymbol{B}=\nabla\times\boldsymbol{A}$．在变化电磁场的普遍情况下，仍根据麦克斯韦第二方程和第三方程，并由于磁场仍保持无源性，所以 $\boldsymbol{B}=\nabla\times\boldsymbol{A}$ 普遍成立．而电场则不同，$\boldsymbol{E}$ 的旋度不再为零，此时电场 $\boldsymbol{E}$ 一方面是由电荷激发的，另一方面是由变化磁场激发的，而变化磁场激发的电场是有旋的．因此，在普遍情况下，电场是有源和有旋场，它不能单独用一个标势来描述，由于电场和磁场发生联系，因而电场的表示式中必然包含矢势 $\boldsymbol{A}$ 在内．将 $\boldsymbol{B}=\nabla\times\boldsymbol{A}$ 代入麦克斯韦第二方程式 $\nabla\times\boldsymbol{E}=-\dfrac{\partial \boldsymbol{B}}{\partial t}$中，得

$$\nabla\times\left(\boldsymbol{E}+\frac{\partial \boldsymbol{A}}{\partial t}\right)=0$$

矢量 $\boldsymbol{E}+\dfrac{\partial \boldsymbol{A}}{\partial t}$的旋度为零，意味着它可以表示为某个标量函数的梯度，把它写为

$$\boldsymbol{E}+\frac{\partial \boldsymbol{A}}{\partial t}=-\nabla U$$

这里，仍用 U 来表示标量函数，并且右边采用负号以使 $\boldsymbol{A}$ 与时间无关时仍回到静电势．上式

可改写成

$$\boldsymbol{E}=-\nabla U-\frac{\partial \boldsymbol{A}}{\partial t} \tag{8.1-1}$$

连同

$$\boldsymbol{B}=\nabla\times\boldsymbol{A} \tag{8.1-2}$$

此为在变化电磁场的普遍情况下得到的结果. 它说明需用四个势函数 U、A_x、A_z、A_y 才能完全地描述电磁场. 因此,既可以直接用电磁场强度 $\boldsymbol{E}$ 和 $\boldsymbol{B}$ 来描写电磁场,也可以用标势 U 和矢势 $\boldsymbol{A}$ 一起描写电磁场,两种描述等价性的桥梁是(8.1-1)式和(8.1-2)式. 应当注意,在变化电磁场中,电场和磁场是相互作用着的整体,即必须把标势和矢势作为一个整体来描述电磁场.

2. 规范变换

由(8.1-1)式和(8.1-2)式可知,$\boldsymbol{E}$、$\boldsymbol{B}$ 和 $\boldsymbol{A}$、U 之间是微分方程的关系,它们之间的关系不是一一对应的. 即如果已知电场强度 $\boldsymbol{E}$ 和磁感应强度 $\boldsymbol{B}$,则确定出来的标势 U 和矢势 $\boldsymbol{A}$ 并不是唯一的. 现在来讨论场的势可以确定到什么程度.

如果对 $\boldsymbol{A}$、U 作如下的变换

$$\left.\begin{aligned}\boldsymbol{A}\rightarrow\boldsymbol{A}'&=\boldsymbol{A}+\nabla\phi\\ U\rightarrow U'&=U-\frac{\partial\phi}{\partial t}\end{aligned}\right\} \tag{8.1-3}$$

式中,ϕ 是任意标量函数. 将此变换分别代入(8.1-1)式和(8.1-2)式中,得

$$\boldsymbol{B}'=\nabla\times(\boldsymbol{A}+\nabla\phi)=\nabla\times\boldsymbol{A}=\boldsymbol{B}$$

$$\boldsymbol{E}'=-\nabla\left(U-\frac{\partial\phi}{\partial t}\right)-\frac{\partial}{\partial t}(\boldsymbol{A}+\nabla\phi)=-\nabla U-\frac{\partial\boldsymbol{A}}{\partial t}=\boldsymbol{E}$$

即通过变换(8.1-3)式引入的一组势$(\boldsymbol{A}',U')$和原来的一组势$(\boldsymbol{A},U)$描述同一个电磁场;换言之,对于同一个电磁场 $\boldsymbol{E}$ 和 $\boldsymbol{B}$,它的势$(\boldsymbol{A},U)$的选择并不是唯一的,通过变换(8.1-3)式可以找到许多组$(\boldsymbol{A},U)$来对应同一个电磁场. (8.1-3)式称为势的规范变换. 每一组$(\boldsymbol{A},U)$称为一种规范. 由于表示电磁场客观属性的可测物理量是 $\boldsymbol{E}$ 和 $\boldsymbol{B}$,而不同规范又对应着同一的 $\boldsymbol{E}$ 和 $\boldsymbol{B}$,因此,**如果用势来描述电磁场,其所涉及的电磁现象的物理规律都应当在规范变换下保持不变,这种不变性称为规范不变性**. 从(8.1-3)式可知,矢势仅仅确定到一任意标量函数的梯度;标势仅仅确定到同一任意标量函数的时间导数. **由于规范不变性,才有可能在一定的附加条件下挑选所需要的一组势来简化问题的计算**. 这些附加条件通常是势之间的关系,称为规范条件. 不同情况可以选择不同的规范条件. 例如,在稳定磁场中,曾经选择称为库仑规范条件的$\nabla\cdot\boldsymbol{A}=0$ 而使势的方程简化;在变化电磁场中,将会看到选择称为洛仑兹规范条件的 $\nabla\cdot\boldsymbol{A}+\varepsilon\mu\dfrac{\partial U}{\partial t}=0$ 可以使势的方程简化.

§8.2 均匀非导电媒质中电磁场势满足的微分方程 达朗伯方程

现在利用上节所述的规范变换来求矢势 $\boldsymbol{A}$ 和标势 U 在均匀非导电媒质中(即 $\lambda=0$,$\varepsilon=$常数,$\mu=$常数)所满足的方程. 为此,将(8.1-2)式代入麦克斯韦方程组的第一方程式中,得

$$\frac{1}{\mu}\nabla\times\nabla\times\boldsymbol{A}=\boldsymbol{j}_f-\varepsilon\frac{\partial^2\boldsymbol{A}}{\partial t^2}-\varepsilon\nabla\frac{\partial U}{\partial t}$$

根据矢量分析公式$\nabla\times\nabla\times\boldsymbol{A}=\nabla(\nabla\cdot\boldsymbol{A})-\nabla^2\boldsymbol{A}$,上式可化为

$$\nabla(\nabla\cdot\boldsymbol{A})-\nabla^2\boldsymbol{A}=\mu\boldsymbol{j}_f-\varepsilon\mu\frac{\partial^2\boldsymbol{A}}{\partial t^2}-\varepsilon\mu\nabla\frac{\partial U}{\partial t}$$

将上式整理,得

$$\nabla^2\boldsymbol{A}-\varepsilon\mu\frac{\partial^2\boldsymbol{A}}{\partial t^2}-\nabla\left(\nabla\cdot\boldsymbol{A}+\varepsilon\mu\frac{\partial U}{\partial t}\right)=-\mu\boldsymbol{j}_f \tag{8.2-1}$$

其次将(8.1-1)式代入麦克斯韦方程组的第四方程式中,得

$$\varepsilon\nabla\cdot\left(-\nabla U-\frac{\partial\boldsymbol{A}}{\partial t}\right)=\rho_f$$

即

$$\nabla^2 U+\nabla\cdot\frac{\partial\boldsymbol{A}}{\partial t}=-\frac{\rho_f}{\varepsilon} \tag{8.2-2}$$

(8.2-1)式和(8.2-2)式中既有 $\boldsymbol{A}$ 也有 U,并且两个方程的形式不对称. 但是可以利用规范变换来简化上面的方程. 即选择 $\boldsymbol{A}$ 和 U 使它满足一个附加条件

$$\nabla\cdot\boldsymbol{A}+\varepsilon\mu\frac{\partial U}{\partial t}=0$$

称为洛仑兹规范条件,则(8.2-1)式和(8.2-2)式化为

$$\nabla^2\boldsymbol{A}-\varepsilon\mu\frac{\partial^2\boldsymbol{A}}{\partial t^2}=-\mu\boldsymbol{j}_f \tag{8.2-3}$$

$$\nabla^2 U-\varepsilon\mu\frac{\partial^2 U}{\partial t^2}=-\frac{\rho_f}{\varepsilon} \tag{8.2-4}$$

这就是在洛仑兹规范下电磁场矢势 $\boldsymbol{A}$ 和标势 U 所满足的微分方程. 由此可见,$\boldsymbol{A}$ 所满足的方程和 U 所满足的方程具有相同的形式. 若已知自由电荷和传导电流的分布就能从上列两方程求得 $\boldsymbol{A}$ 和 U,再从(8.1-1)式和(8.1-2)式求电磁场强度 $\boldsymbol{E}$ 和 $\boldsymbol{B}$. (8.2-4)式只有一个未知标量函数 U. (8.2-3)式虽是 A_x、A_y、A_z 都满足的三个方程式,但每一个方程式也只有一个未知标量函数.

(8.2-3)式和(8.2-4)式的微分方程,称为波动方程. 当右边为零时,称为齐次波动方程;当右边不为零时,称为非齐次波动方程或达朗伯方程. 达朗伯方程有一个重要的特征,即尽管电流密度 $\boldsymbol{j}_f$ 与电荷密度 ρ_f 是相互联系的,但矢势 $\boldsymbol{A}$ 仅决定于 $\boldsymbol{j}_f$,标势 U 仅决定于 ρ_f.

§8.3 达朗伯方程的解 推迟势

现在讨论当 $\boldsymbol{j}_f$ 或 ρ_f 为已知时,无限大均匀非导电媒质中的矢势 $\boldsymbol{A}$ 和标势 U. 此为求解达朗伯方程的问题,由于 $\boldsymbol{A}$ 满足的达朗伯方程(8.2-3)与 U 满足的达朗伯方程(8.2-4)在形式上完全相似,故只讨论其中一个方程(8.2-4)的解,方程(8.2-3)的解可以用类比方法直接写出.

由于在线性、均匀、各向同性的非导电媒质中,达朗伯方程是线性微分方程. 如果场源分布在有限体积内,就可以把它分解成无限多个点源,解出点源的达朗伯方程后,任意有限体积分布的场源的解就是各点场源解的叠加.

(1)随时间变化的点电荷的达朗伯方程的解.

如图 8.3-1 所示. 设均匀非导电媒质中,在原点处放一随时间变化的点电荷 $Q(t)$,其电荷密度 $\rho(\boldsymbol{r},t)=Q(t)\delta(\boldsymbol{r})$,则此随时间变化的点电荷激发的标势 U 满足达朗伯方程

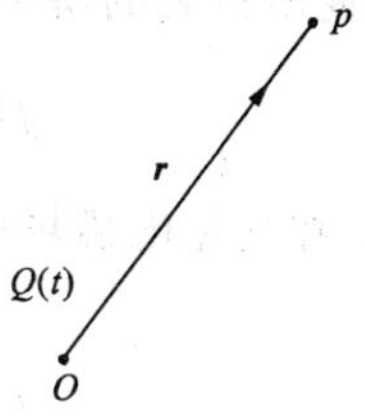

图 8.3-1

$$\nabla^2 U-\mu\varepsilon\frac{\partial^2 U}{\partial t^2}=-\frac{Q(t)\delta(\boldsymbol{r})}{\varepsilon}$$

式中，μ、ε 是媒质的磁导率和介电常数. 由于点电荷 $Q(t)$ 激发的场是球对称的，选择球坐标系，因 U 仅与 r、t 有关，则上式写成

$$\frac{1}{r^2}\frac{\partial}{\partial r}\left(r^2\frac{\partial U}{\partial r}\right)-\frac{1}{v^2}\frac{\partial^2 U}{\partial t^2}=-\frac{Q(t)\delta(\boldsymbol{r})}{\varepsilon} \tag{8.3-1}$$

式中 $v=\frac{1}{\sqrt{\varepsilon\mu}}$. 由于仅在原点有电荷，其余空间电荷为零，故除原点外，U 满足齐次波动方程

$$\frac{1}{r^2}\frac{\partial}{\partial r}\left(r^2\frac{\partial U}{\partial r}\right)-\frac{1}{v^2}\frac{\partial^2 U}{\partial t^2}=0 \tag{8.3-2}$$

上式两边乘以 r 可以得到

$$\frac{1}{r}\frac{\partial}{\partial r}\left(r^2\frac{\partial U}{\partial r}\right)-\frac{r}{v^2}\frac{\partial^2 U}{\partial t^2}=0$$

即
$$\frac{\partial^2(rU)}{\partial r^2}-\frac{1}{v^2}\frac{\partial^2(rU)}{\partial t^2}=0$$

这是一维齐次波动方程，它的通解为

$$rU=f_1\left(t-\frac{r}{v}\right)+f_2\left(t+\frac{r}{v}\right)$$

式中，f_1 和 f_2 是存在二阶偏导数的两个任意函数.

由此可知，方程的球面对称解为

$$U=\frac{f_1\left(t-\frac{r}{v}\right)}{r}+\frac{f_2\left(t+\frac{r}{v}\right)}{r}$$

容易看出，此解与平面波不同，多出一个因子，显然，U 随 r 增大而减小，这是一种球面波. 这个解的第一项是由场源点以速度 v 向外传播的球面波，第二项是以同样速度 v 从无限远处会聚在场源点上的球面波. 函数 f_1 和 f_2 的具体形式由物理条件确定. 当研究辐射问题时，电磁场是原点处的随时间变化的电荷发出的，它向外发射. 因此，在辐射问题中应取 $f_2=0$，即

$$U=\frac{f_1\left(t-\frac{r}{v}\right)}{r}$$

函数 f_1 的形式应由原点处的电荷随时间变化的形式确定. 当 $v\to\infty$ 时，(8.3-1)式和(8.3-2)式分别过渡到泊松方程和拉普拉斯方程，它们的解分别为

$$U=\frac{Q(t)}{4\pi\varepsilon r}$$

和
$$U=\frac{f_1(t)}{r}$$

为了使所得到的解一致，必须有

$$f_1(t)=\frac{Q(t)}{4\pi\varepsilon}$$

因此，在变化电磁场中应为

$$f_1\left(t-\frac{r}{v}\right)=\frac{Q\left(t-\frac{r}{v}\right)}{4\pi\varepsilon}$$

故所得到的解应取如下形式

$$U(r,t)=\frac{Q\left(t-\frac{r}{v}\right)}{4\pi\varepsilon r}$$

这意味着在 r 处、在 t 时刻的势，不是由 t 时刻的电荷 $Q(t)$ 所决定，而是由 $\left(t-\frac{r}{v}\right)$ 时刻的电荷 $Q\left(t-\frac{r}{v}\right)$ 所决定；即随时间变化的点电荷从原点发出的球面电磁波，以速度 v 传播，到达 r 处不是瞬时的，是推迟一段时间才到达的. 因此，称 r 处的势为推迟势.

(2)随时间变化的体分布场源的推迟势.

如果随时间变化的电荷分布在如图 8.3-2 所示的有限体积内，则可以将体积 V' 分成许多小体积，每一小体积看成是一个点源，每个点源上的电荷为 $\rho_f \mathrm{d}V'$，它在空间任意点 $P(x,y,z)$ 激发的电磁场标势为

$$\mathrm{d}U(x,y,z,t)=\frac{\rho_f\left(x',y',z',t-\frac{r}{v}\right)}{4\pi\varepsilon r}\mathrm{d}V'$$

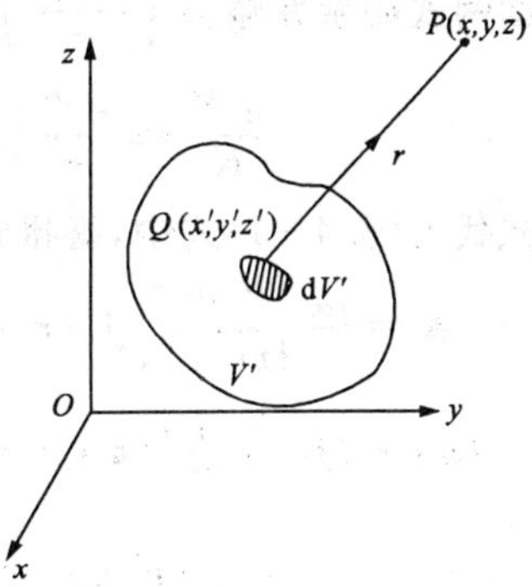

图 8.3-2

整个体分布电荷在观察点 $P(x,y,z)$ 所激发的电磁场标势就是上式在电荷分布区域 V' 内的体积分，即

$$U(x,y,z,t)=\int_{V'}\frac{\rho_f\left(x',y',z',t-\frac{r}{v}\right)}{4\pi\varepsilon r}\mathrm{d}V' \tag{8.3-3}$$

在体积 V' 内如果分布有随时间变化的电流时，则用同样的方法得出在观察点 $P(x,y,z)$ 激发的电磁场矢势为

$$A(x,y,z,t)=\int_{V'}\frac{\mu \boldsymbol{j}_f\left(x',y',z',t-\frac{r}{v}\right)}{4\pi r}\mathrm{d}V' \tag{8.3-4}$$

推迟势给出空间任一点在时刻 t 的势，它是由电荷、电流分布激发的，**对势有贡献的不是同一时刻的 ρ_f 和 $\boldsymbol{j}_f$ 值，而是在较早时刻 $\left(t-\frac{r}{v}\right)$ 的电荷密度 $\rho_f\left(t-\frac{r}{v}\right)$ 和电流密度 $\boldsymbol{j}_f\left(t-\frac{r}{v}\right)$ 的值**. 它的重要意义在于反映了电磁场的传播具有一定速度，不存在瞬时的超距作用，这正是相对论时空观的基础.

§8.4 推迟势的偶极展开

现在讨论电流、电荷分布于空间一很小区域内的辐射问题，这时可以将推迟势作偶极展开.

设场源电流是谐变的，此时 $\boldsymbol{j}_f=\boldsymbol{j}_0(\boldsymbol{r}')\mathrm{e}^{\mathrm{i}\omega t}$，故推迟矢势为

$$\boldsymbol{A}=\frac{\mu\mathrm{e}^{\mathrm{i}\omega t}}{4\pi}\int_{V'}\frac{\mathrm{e}^{-\mathrm{i}kR}\boldsymbol{j}_0(\boldsymbol{r}')\mathrm{d}V'}{R} \tag{8.4-1}$$

式中，k 是波数.

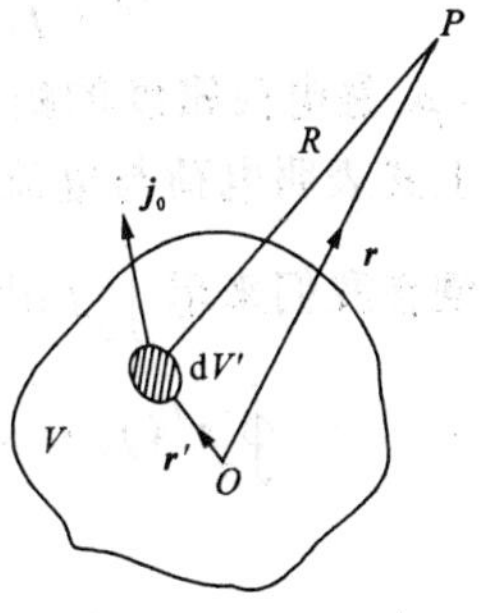

图 8.4-1

一般来说，上式的积分是很困难的，因此，我们利用 §5.5 多极展开的方法，将被积函数展成级数. 如图 8.4-1 所示. 在体积 V' 中任意选择坐标原点 O，$\boldsymbol{r}'$ 是体积元 $\mathrm{d}V'$ 的位置矢量，$\boldsymbol{r}$ 是观

察点 P 的位置矢量，则 $\boldsymbol{R}=\boldsymbol{r}-\boldsymbol{r}'$，在 r 远大于场源线度的情况下，其量值近似地写成

$$R=|\boldsymbol{r}-\boldsymbol{r}'|\approx r-\boldsymbol{n}\cdot\boldsymbol{r}'$$

$\boldsymbol{n}$ 为沿 $\boldsymbol{r}$ 方向的单位矢量. 故

$$\frac{1}{R}=\frac{1}{r}\left(1+\frac{\boldsymbol{n}\cdot\boldsymbol{r}'}{r}\right)$$

$$\mathrm{e}^{-\mathrm{i}kR}=\mathrm{e}^{-\mathrm{i}k(r-\boldsymbol{n}\cdot\boldsymbol{r}')}=\mathrm{e}^{-\mathrm{i}kr}\mathrm{e}^{\mathrm{i}kr\frac{\boldsymbol{n}\cdot\boldsymbol{r}'}{r}}=\mathrm{e}^{-\mathrm{i}kr}\left(1+\mathrm{i}kr\frac{\boldsymbol{n}\cdot\boldsymbol{r}'}{r}\right)$$

将上面两式相乘并略去 $\left(\frac{\boldsymbol{n}\cdot\boldsymbol{r}'}{r}\right)^2$ 项，得

$$\frac{\mathrm{e}^{-\mathrm{i}kR}}{R}\approx\frac{\mathrm{e}^{-\mathrm{i}kr}}{r}\left\{1+(1+\mathrm{i}kr)\left(\frac{\boldsymbol{n}\cdot\boldsymbol{r}'}{r}\right)\right\}$$

将上式代入(8.4-1)式中，得推迟矢势的展开式

$$\boldsymbol{A}=\frac{\mu\mathrm{e}^{-\mathrm{i}(kr-\omega t)}}{4\pi r}\int_{V'}\boldsymbol{j}_0(\boldsymbol{r}')\mathrm{d}V'+\frac{\mu(1+\mathrm{i}kr)\mathrm{e}^{-\mathrm{i}(kr-\omega t)}}{4\pi r^2}\int_{V'}(\boldsymbol{n}\cdot\boldsymbol{r}')\boldsymbol{j}_0(\boldsymbol{r}')\mathrm{d}V' \tag{8.4-2}$$

因为 $\quad(\boldsymbol{n}\cdot\boldsymbol{r}')\boldsymbol{j}_0=\frac{1}{2}[(\boldsymbol{n}\cdot\boldsymbol{r}')\boldsymbol{j}_0-(\boldsymbol{n}\cdot\boldsymbol{j}_0)\boldsymbol{r}']+\frac{1}{2}[(\boldsymbol{n}\cdot\boldsymbol{r}')\boldsymbol{j}_0+(\boldsymbol{n}\cdot\boldsymbol{j}_0)\boldsymbol{r}']$

$$=\frac{1}{2}(\boldsymbol{r}'\times\boldsymbol{j}_0)\times\boldsymbol{n}+\frac{1}{2}[(\boldsymbol{n}\cdot\boldsymbol{j}_0)\boldsymbol{r}'+(\boldsymbol{n}\cdot\boldsymbol{r}')\boldsymbol{j}_0]$$

代入(8.4-2)式中，得

$$\boldsymbol{A}=\boldsymbol{A}_{ed}+\boldsymbol{A}_{md}+\boldsymbol{A}_{eq}$$

这里 $\quad\boldsymbol{A}_{ed}=\frac{\mu\mathrm{e}^{\mathrm{i}(\omega t-kr)}}{4\pi r}\int_{V'}\boldsymbol{j}_0\mathrm{d}V'$

$$\boldsymbol{A}_{md}=\frac{\mu\mathrm{e}^{\mathrm{i}(\omega t-kr)}(1+\mathrm{i}kr)}{4\pi r^2}\int_{V'}\left[\frac{1}{2}(\boldsymbol{r}'\times\boldsymbol{j}_0)\times\boldsymbol{n}\right]\mathrm{d}V'$$

$$\boldsymbol{A}_{eq}=\frac{\mu\mathrm{e}^{\mathrm{i}(\omega t-kr)}(1+\mathrm{i}kr)}{4\pi r^2}\int_{V'}\frac{1}{2}[(\boldsymbol{n}\cdot\boldsymbol{r}')\boldsymbol{j}_0+(\boldsymbol{n}\cdot\boldsymbol{j}_0)\boldsymbol{r}']\mathrm{d}V'$$

由于我们感兴趣的是偶极辐射，故仅讨论前两项.

1. 电偶极项

现在讨论展开式的第一项

$$\boldsymbol{A}_{ed}=\frac{\mu\mathrm{e}^{\mathrm{i}(\omega t-kr)}}{4\pi r}\int_{V'}\boldsymbol{j}_0\mathrm{d}V'$$

从电荷守恒定律得

$$\nabla\cdot\boldsymbol{j}=-\frac{\partial\rho_f}{\partial t}=-\frac{\partial}{\partial t}(\rho_0\mathrm{e}^{\mathrm{i}\omega t})=-\mathrm{i}\omega\rho_f$$

故 $\quad\nabla\cdot\boldsymbol{j}_0=-\mathrm{i}\omega\rho_0$

式中，ρ_0 是电荷密度的幅值.

上式表明电荷与电流不是无关的.

现在我们来求 $\int_{V'}\boldsymbol{j}_0\mathrm{d}V'$ 与电偶矩幅值之间的关系. 由于

$$\oint_{S'}\boldsymbol{r}'(\boldsymbol{j}_0\cdot\mathrm{d}\boldsymbol{S}')=\int_{V'}[(\boldsymbol{j}_0\cdot\nabla)\boldsymbol{r}'+\boldsymbol{r}'(\nabla\cdot\boldsymbol{j}_0)]\mathrm{d}V'$$

$$=\int_{V'}[\boldsymbol{j}_0+\boldsymbol{r}'(\nabla\cdot\boldsymbol{j}_0)]\mathrm{d}V'=0$$

这是因为在边界面 S' 上电流密度 $\boldsymbol{j}_0$ 为零. 故

$$\int_{V'} \boldsymbol{j}_0 \mathrm{d}V' = -\int_{V'} \boldsymbol{r}'(\nabla \cdot \boldsymbol{j}_0)\mathrm{d}V' = \mathrm{i}\omega\int_{V'}\rho_0 \boldsymbol{r}'\mathrm{d}V' = \mathrm{i}\omega \boldsymbol{p}_0$$

这里 $\boldsymbol{p}_0$ 是体分布电荷的电偶矩的幅值. 将上式代入 $\boldsymbol{A}_{ed}$ 中,得

$$\boldsymbol{A}_{ed} = \frac{\mathrm{i}\omega\mu \boldsymbol{p}_0 \mathrm{e}^{\mathrm{i}(\omega t - kr)}}{4\pi r} \tag{8.4-3}$$

由此可见,(8.4-3)式表示的是随时间变化的电偶极矩激发的电磁场的推迟矢势.

2. 磁偶极项

展开式的第二项为

$$\boldsymbol{A}_{md} = \frac{\mu(1+\mathrm{i}kr)\mathrm{e}^{\mathrm{i}(\omega t - kr)}}{4\pi r^2}\int_{V'}\left[\frac{1}{2}(\boldsymbol{r}' \times \boldsymbol{j}_0) \times \boldsymbol{n}\right]\mathrm{d}V'$$

将上式中的积分写成

$$\int_{V'}\left[\frac{1}{2}(\boldsymbol{r}' \times \boldsymbol{j}_0) \times \boldsymbol{n}\right]\mathrm{d}V' = \left[\frac{1}{2}\int_{V'}\boldsymbol{r}' \times \boldsymbol{j}_0 \mathrm{d}V'\right] \times \boldsymbol{n}$$

式中方括号内所表示的是体分布电流磁偶极矩的幅值 $\boldsymbol{m}_0$,于是得

$$\boldsymbol{A}_{md} = \frac{\mu(1+\mathrm{i}kr)\mathrm{e}^{\mathrm{i}(\omega t - kr)}}{4\pi r^2}(\boldsymbol{m}_0 \times \boldsymbol{n}) \tag{8.4-4}$$

由此可见,(8.4-4)式表示的是随时间变化的磁偶极矩激发的电磁场的推迟矢势.

§8.5 电偶极辐射和磁偶极辐射

上面用推迟势偶极展开的方法得到电偶极矩和磁偶极矩激发的电磁场推迟矢势 $\boldsymbol{A}_{ed}$ 和 $\boldsymbol{A}_{md}$. 在这个基础上,我们来讨论电偶极辐射场强和磁偶极辐射场强.

1. 电偶极辐射

设谐变偶极子 $\boldsymbol{p} = \boldsymbol{p}_0 \mathrm{e}^{\mathrm{i}\omega t}$ 放在球坐标原点,如图 8.5-1 所示. 电偶极矩的方向沿极轴(z 轴),则 $\boldsymbol{p}_0 = p_0(\cos\theta\, \boldsymbol{e}_r - \sin\theta\, \boldsymbol{e}_\theta)$,故(8.4-3) 式可写成

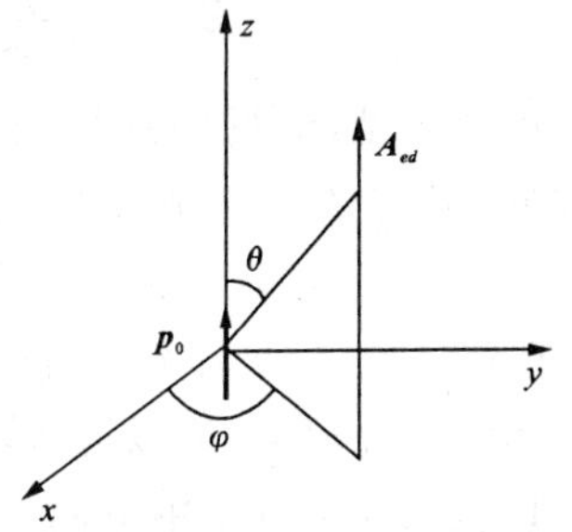

图 8.5-1

$$\boldsymbol{A}_{ed} = \frac{\mathrm{i}\mu\omega p_0 \mathrm{e}^{\mathrm{i}(\omega t - kr)}}{4\pi r}(\cos\theta \boldsymbol{e}_r - \sin\theta \boldsymbol{e}_\theta)$$

它表明 $\boldsymbol{A}_{ed}$ 仅与 r 和 θ 有关而与 φ 无关.

利用 $\boldsymbol{B} = \nabla \times \boldsymbol{A}$ 可以求出磁感应强度为

$$\boldsymbol{B} = \frac{\mu k^2 \omega p_0}{4\pi}\left[\frac{\mathrm{i}}{k^2 r^2} - \frac{1}{kr}\right]\sin\theta \mathrm{e}^{\mathrm{i}(\omega t - kr)} \boldsymbol{e}_\varphi \tag{8.5-1}$$

由于观察点处的传导电流 $j_f = 0$,因此麦克斯韦方程组的第一式可以写成

$$\nabla \times \boldsymbol{H} = \frac{\partial \boldsymbol{D}}{\partial t} = \mathrm{i}\omega\varepsilon \boldsymbol{E}$$

即

$$\boldsymbol{E} = \frac{1}{\mathrm{i}\omega\mu\varepsilon}\nabla \times \boldsymbol{B} \tag{8.5-2}$$

于是(8.5-2)式可以用来求电场强度 $\boldsymbol{E}$. 将 $\boldsymbol{B}$ 代入(8.5-2)式中,即可求得

$$\boldsymbol{E} = \frac{k^3 p_0}{4\pi\varepsilon}\left\{\left[\frac{2\mathrm{i}}{(kr)^2} + \frac{2}{(kr)^3}\right]\cos\theta\, \boldsymbol{e}_r + \left[\frac{-1}{kr} + \frac{\mathrm{i}}{(kr)^2} + \frac{1}{(kr)^3}\right]\sin\theta\, \boldsymbol{e}_\theta\right\}\mathrm{e}^{\mathrm{i}(\omega t - kr)} \tag{8.5-3}$$

由此可见,电偶极矩激发的电磁场是由几项组成的,它们与距离 r 有不同的关系. 因此可

以按照距离的远近将空间分成近区、中间区和远区.

(1)近区场.

对于 $r \ll \lambda_{波}$ ($kr \ll 1$) 的区域称近区. 在这个区域中,

$$\frac{1}{kr} \ll \frac{1}{(kr)^2} \ll \frac{1}{(kr)^3}$$

$$e^{-ikr} \approx 1$$

(8.5-1)式和(8.5-3)式可以近似写为

$$\boldsymbol{B} = \frac{i\mu\omega p_0 e^{i\omega t}}{4\pi r^2}\sin\theta\,\boldsymbol{e}_\varphi$$

$$\boldsymbol{E} = \frac{p_0 e^{i\omega t}}{4\pi\varepsilon r^3}(2\cos\theta\,\boldsymbol{e}_r + \sin\theta\,\boldsymbol{e}_\theta)$$

由此可见,在近区场中,电磁场的特性近似于静电场和稳定电流磁场. 电场和磁场之间有位相差,并且电场落后于磁场 $\pi/2$. 即在这一区域内电场和磁场交替变换,平均坡印廷矢量为零,但并不代表向外辐射的部分,所以这个区域的场又称为感应场.

(2)远区场.

对于 $r \gg \lambda_{波}$ ($kr \gg 1$) 的区域称为远区. 在这个区域中,

$$\frac{1}{kr} \gg \frac{1}{(kr)^2} \gg \frac{1}{(kr)^3}$$

保留(8.5-1)式和(8.5-3)式中的 $\frac{1}{kr}$ 项,则有

$$\boldsymbol{B} \approx -\frac{\mu k\omega p_0}{4\pi r}\sin\theta e^{i(\omega t - kr)}\,\boldsymbol{e}_\varphi$$

$$\boldsymbol{E} \approx -\frac{k^2 p_0}{4\pi\varepsilon r}\sin\theta e^{i(\omega t - kr)}\,\boldsymbol{e}_\theta$$

由此可见,电场和磁场相互垂直,并都垂直于波的传播方向,其幅值与 r 成反比,所以是一种球面横波,如图 8.5-2 所示. 电场与磁场的位相相同,即随时间同步变化. 在这区域中,坡印廷矢量的平均值不为零,方向不变,能量始终向外辐射,所以远区场是一种辐射场.

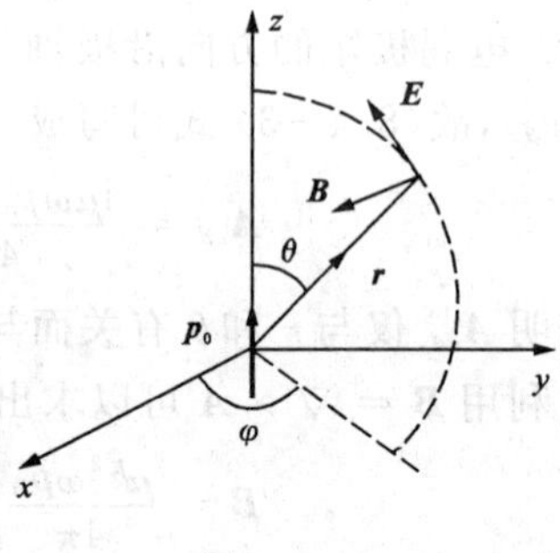

图 8.5-2

现在来计算真空中电偶极辐射场的平均能流密度

$$\overline{S} = \frac{1}{T}\int_0^T S\mathrm{d}t = \frac{1}{T}\int_0^T EH\,\mathrm{d}t$$

$$= \frac{\omega^4 p_0^2 \sin^2\theta}{16\pi^2\varepsilon_0 c^3 r^2}\left[\frac{1}{T}\int_0^T \cos^2(\omega t - kr)\,\mathrm{d}t\right]$$

$$= \frac{\omega^4 p_0^2 \sin^2\theta}{32\pi^2\varepsilon_0 c^3 r^2}$$

由上式可知,平均能流密度与 $\sin^2\theta$ 成正比,这表示电偶极辐射场在空间的分布是不均匀的,即电偶极辐射具有方向性. 在 $\theta = \pi/2$ 的平面上辐射最强,而沿电偶极矩轴线方向($\theta = 0$ 和 π) 没有辐射. 电偶极辐射角分布如图 8.5-3 所示.

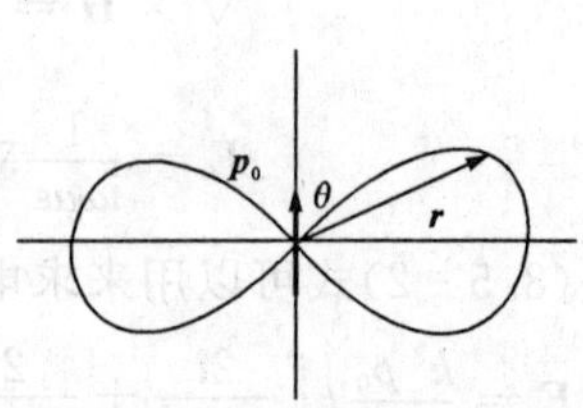

图 8.5-3

将 $\overline{S}$ 对球面积分即得总辐射功率 W

$$W=\int_0^{2\pi}\int_0^{\pi}\overline{S}\,r^2\sin\theta\mathrm{d}\theta\mathrm{d}\varphi=\frac{\omega^4 p_0^2}{12\pi c^3\varepsilon_0}$$

由此看出，辐射的总功率正比于频率的四次方，频率增大时，辐射的总功率迅速增大.

(3)中间区场.

近区与远区之间的区域称为中间区. 在这个区域内，由于 $r\approx\lambda_{波}$ 或 $kr\approx 1$，故不能略去电磁场强度中的任何一项. 实际上，每一项大致相等，即在这个区域内的感应场和辐射场的强度大致相等.

应该注意，不论近区场或远区场都同时存在有感应场和辐射场，二者相比，在近区内，感应场强，辐射场可以忽略；在远区内，辐射场强，感应场几乎减小到零. 因而近区主要显示感应场的性质，而远区主要显示辐射场的性质. 同时也应该着重指出，尽管在近区内的辐射场较感应场小，可是仍然比远区的辐射场大得多，否则会得出辐射场愈到远处愈强的错误结论. 实际上，辐射场是由近及远随距离成反比而逐渐衰减的.

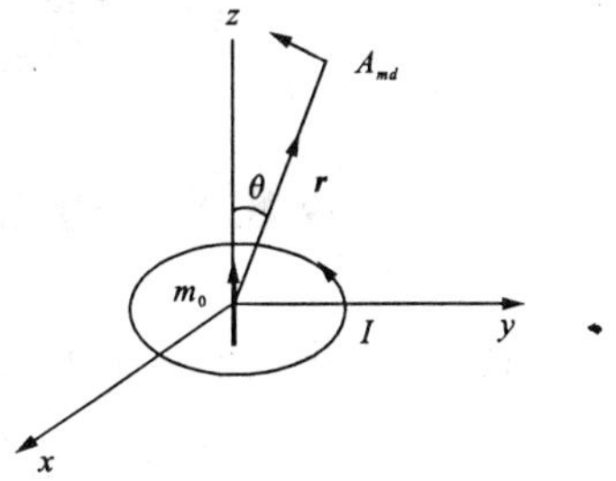

图 8.5-4

2. 磁偶极辐射

设一小圆环中通有交变电流(图 8.5-4)，它的磁矩为 $\boldsymbol{m}=\boldsymbol{m}_0\mathrm{e}^{\mathrm{i}\omega t}$，放在球坐标的原点，磁矩的方向沿极轴($z$ 轴)，(8.4-4) 式写成

$$\boldsymbol{A}_{md}=\frac{\mu m_0}{4\pi r^2}(1+\mathrm{i}kr)\mathrm{e}^{\mathrm{i}(\omega t-kr)}\sin\theta\,\boldsymbol{e}_{\varphi}$$

它表明 $\boldsymbol{A}_{md}$ 与 φ 无关，仅与 r、θ 有关.

利用 $\boldsymbol{B}=\nabla\times\boldsymbol{A}$ 可以求出磁感应强度为

$$\boldsymbol{B}=\frac{\mu m_0 k^3}{4\pi}\left\{\left[\frac{2}{(kr)^3}+\frac{2\mathrm{i}}{(kr)^2}\right]\cos\theta\,\boldsymbol{e}_r+\left[\frac{1}{(kr)^3}+\frac{\mathrm{i}}{(kr)^2}-\frac{1}{kr}\right]\sin\theta\,\boldsymbol{e}_{\theta}\right\}\mathrm{e}^{\mathrm{i}(\omega t-kr)}$$

由 $\boldsymbol{E}=\dfrac{1}{\mathrm{i}\omega\mu\varepsilon}\nabla\times\boldsymbol{B}$ 可以求出电场强度为

$$\boldsymbol{E}=-\frac{\mu m_0 k^2\omega}{4\pi}\left[\frac{\mathrm{i}}{(kr)^2}-\frac{1}{kr}\right]\sin\theta\mathrm{e}^{\mathrm{i}(\omega t-kr)}\,\boldsymbol{e}_{\varphi}$$

现在我们来讨论远区场的性质. 在远区中，由于 $kr\gg 1$，故

$$\frac{1}{kr}\gg\frac{1}{(kr)^2}\gg\frac{1}{(kr)^3}$$

略去 $\dfrac{1}{(kr)^2}$ 和 $\dfrac{1}{(kr)^3}$ 项，我们就得到磁偶极辐射场为

$$\boldsymbol{B}=-\frac{\mu m_0 k^2}{4\pi r}\sin\theta\mathrm{e}^{\mathrm{i}(\omega t-kr)}\,\boldsymbol{e}_{\theta}$$

$$\boldsymbol{E}=\frac{\mu m_0 k\omega}{4\pi r}\sin\theta\mathrm{e}^{\mathrm{i}(\omega t-kr)}\,\boldsymbol{e}_{\varphi}$$

这里 B_{θ} 是负值，表示沿 θ 减小的方向

由此可见，在远区内，电场和磁场相互垂直，并且都垂直于传播方向($\boldsymbol{r}$ 方向)，其幅值与 r 成反比，所以远区场是球面横波(图 8.5-5). 电场与磁场的位相相同. 在这区域中坡印廷矢量的平均值不为零，方向不变，能量始终向外辐射，所以

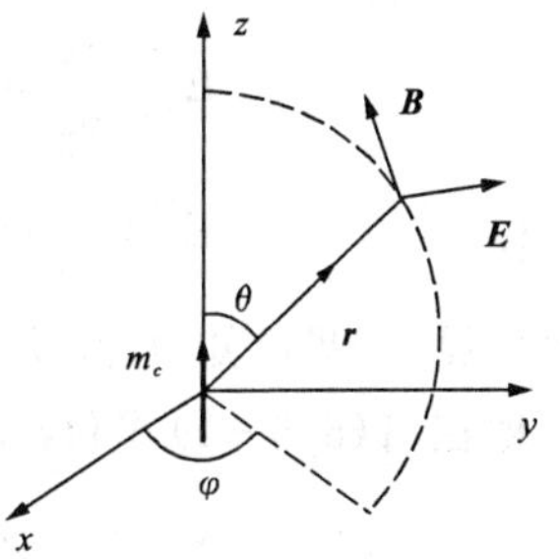

图 8.5-5

远区场是一种辐射场.

现在计算真空中磁偶极辐射场的平均能流密度

$$\bar{S}=\frac{1}{T}\int_0^T S\mathrm{d}t=\frac{1}{T}\int_0^T EH\,\mathrm{d}t=\frac{\mu_0 m_0^2\omega^4}{16\pi^2c^3r^2}\sin^2\theta\left[\frac{1}{T}\int_0^T\cos^2(\omega t-kr)\mathrm{d}t\right]$$

$$=\frac{\mu_0 m_0^2\omega^4}{32\pi^2c^3r^2}\sin^2\theta$$

此结果完全和电偶极辐射的情形相似,因而磁偶极辐射的角分布与电偶极辐射相同.

总辐射功率也与电偶极辐射的相似.

$$W=\frac{\mu_0\omega^4m_0^2}{12\pi c^3}$$

§8.6 均匀导电媒质中电磁场势满足的微分方程

在§8.2中我们讨论了均匀非导电媒质中电磁场势所满足的微分方程式

$$\nabla^2\boldsymbol{A}-\varepsilon\mu\frac{\partial^2\boldsymbol{A}}{\partial t^2}=-\mu\boldsymbol{j}_f$$

$$\nabla^2 U-\varepsilon\mu\frac{\partial^2 U}{\partial t^2}=-\frac{\rho_f}{\varepsilon}$$

在这些方程中,$\boldsymbol{j}_f$ 和 ρ_f 是已知量,但对于**导电媒质来说,由于 $\boldsymbol{j}_f$ 和 ρ_f 都受电场的影响,而不是已知量**,所以用洛仑兹规范条件得到的上述达朗伯方程,实际上是无用的. 因此在导电媒质中必须重新来讨论电磁场势满足的微分方程.

由于 $\boldsymbol{j}_f$ 是由导电媒质中电场本身作用所引起的,因此 $\boldsymbol{j}_f=\lambda\boldsymbol{E}$ 已不是已知量,**必须使得到的势所满足的微分方程中不出现 $\boldsymbol{j}_f$ 或 ρ_f 方可**. 为此,将 $\boldsymbol{j}_f=\lambda\boldsymbol{E}$ 代入麦克斯韦方程组的第一方程中,得

$$\nabla\times\boldsymbol{H}=\lambda\boldsymbol{E}+\varepsilon\frac{\partial\boldsymbol{E}}{\partial t}$$

现在从第三方程 $\nabla\cdot\boldsymbol{B}=0$ 出发,由于任一矢量旋度的散度为零,故可以引入一矢势$\boldsymbol{A}$,使

$$\boldsymbol{B}=\nabla\times\boldsymbol{A}\tag{8.6-1}$$

将(8.6-1)式代入麦克斯韦方程组的第二方程中,得到

$$\nabla\times\left(\boldsymbol{E}+\frac{\partial\boldsymbol{A}}{\partial t}\right)=0$$

由于梯度的旋度恒为零,因此,可以引入一标势,使

$$\boldsymbol{E}+\frac{\partial\boldsymbol{A}}{\partial t}=-\nabla U$$

于是得

$$\boldsymbol{E}=-\nabla U-\frac{\partial\boldsymbol{A}}{\partial t}\tag{8.6-2}$$

由此可见,如果已知 $\boldsymbol{A}$ 和 U,即可由(8.6-1)式和(8.6-2)式求得 $\boldsymbol{B}$ 和 $\boldsymbol{E}$.

现在将(8.6-1)式和(8.6-2)式代入麦克斯韦方程组的第一方程中,得到

$$\nabla\times\nabla\times\boldsymbol{A}=\mu\varepsilon\left(-\nabla\frac{\partial U}{\partial t}-\frac{\partial^2\boldsymbol{A}}{\partial t^2}\right)+\mu\lambda\left(-\nabla U-\frac{\partial\boldsymbol{A}}{\partial t}\right)$$

根据矢量分析公式 $\nabla\times\nabla\times\boldsymbol{A}=\nabla(\nabla\cdot\boldsymbol{A})-\nabla^2\boldsymbol{A}$,将它代入上式中,得

$$\nabla(\nabla\cdot\boldsymbol{A})-\nabla^2\boldsymbol{A}=-\mu\varepsilon\nabla\frac{\partial U}{\partial t}-\mu\varepsilon\frac{\partial^2\boldsymbol{A}}{\partial t^2}-\mu\lambda\nabla U-\mu\lambda\frac{\partial\boldsymbol{A}}{\partial t}$$

将上式写成

$$\nabla\left(\nabla\cdot\boldsymbol{A}+\mu\lambda U+\mu\varepsilon\frac{\partial U}{\partial t}\right)-\nabla^2\boldsymbol{A}=-\mu\lambda\frac{\partial\boldsymbol{A}}{\partial t}-\mu\varepsilon\frac{\partial^2\boldsymbol{A}}{\partial t^2}$$

由于上面引入的 $\boldsymbol{A}$ 和 U 不是单值的，所以对 $\boldsymbol{A}$ 和 U 的值可以有任意的选择性，为了使上式简化，可以选择 $\boldsymbol{A}$ 和 U，使之满足一个附加条件

$$\nabla\cdot\boldsymbol{A}+\mu\varepsilon\frac{\partial U}{\partial t}+\mu\lambda U=0 \tag{8.6-3}$$

也称为洛仑兹条件. 因此，得到矢势 $\boldsymbol{A}$ 满足的微分方程

$$\nabla^2\boldsymbol{A}-\varepsilon\mu\frac{\partial^2\boldsymbol{A}}{\partial t^2}-\lambda\mu\frac{\partial\boldsymbol{A}}{\partial t}=0 \tag{8.6-4}$$

称为矢势 $\boldsymbol{A}$ 的传播方程.

另外，将(8.6-2)式代入麦克斯韦方程组的第四方程中，得

$$\nabla\cdot\boldsymbol{E}=-\nabla\cdot\nabla U-\frac{\partial}{\partial t}\nabla\cdot\boldsymbol{A}=0$$

将(8.6-3)式代入上式中，则得标势 U 满足的微分方程

$$\nabla^2 U-\varepsilon\mu\frac{\partial^2 U}{\partial t^2}-\lambda\mu\frac{\partial U}{\partial t}=0 \tag{8.6-5}$$

称为标势 U 的传播方程.

如果从麦克斯韦方程组中的第四方程 $\nabla\cdot\boldsymbol{D}=0$ 出发，显然也可以引入一个矢势 $\boldsymbol{A}^*$，使

$$\boldsymbol{D}=\nabla\times\boldsymbol{A}^* \tag{8.6-6}$$

将它代入麦克斯韦方程组的第一方程中，便可以得到

$$\nabla\times\boldsymbol{H}=\frac{\lambda}{\varepsilon}\nabla\times\boldsymbol{A}^*+\frac{\partial}{\partial t}\nabla\times\boldsymbol{A}^*$$

或

$$\nabla\times\left(\boldsymbol{H}-\frac{\lambda}{\varepsilon}\boldsymbol{A}^*-\frac{\partial}{\partial t}\boldsymbol{A}^*\right)=0$$

由于梯度的旋度恒为零，因此，可以引入一标势 U^*，使

$$\boldsymbol{H}-\frac{\lambda}{\varepsilon}\boldsymbol{A}^*-\frac{\partial}{\partial t}\boldsymbol{A}^*=-\nabla U^*$$

即

$$\boldsymbol{H}=\frac{\lambda}{\varepsilon}\boldsymbol{A}^*+\frac{\partial\boldsymbol{A}^*}{\partial t}-\nabla U^* \tag{8.6-7}$$

将(8.6-6)式和(8.6-7)式代入麦克斯韦方程组的第二方程中，得到

$$\frac{\nabla\times\nabla\times\boldsymbol{A}^*}{\varepsilon}=-\mu\frac{\partial}{\partial t}\left(\frac{\lambda}{\varepsilon}\boldsymbol{A}^*+\frac{\partial\boldsymbol{A}^*}{\partial t}-\nabla U^*\right)$$

根据矢量分析公式 $\nabla\times\nabla\times\boldsymbol{A}^*=\nabla(\nabla\cdot\boldsymbol{A}^*)-\nabla^2\boldsymbol{A}^*$，将它代入上式中，得

$$\nabla(\nabla\cdot\boldsymbol{A}^*)-\nabla^2\boldsymbol{A}^*=-\mu\lambda\frac{\partial\boldsymbol{A}^*}{\partial t}-\mu\varepsilon\frac{\partial^2\boldsymbol{A}^*}{\partial t^2}+\varepsilon\mu\frac{\partial}{\partial t}\nabla U^*$$

将上式写成

$$\nabla\left(\nabla\cdot\boldsymbol{A}^*-\varepsilon\mu\frac{\partial U^*}{\partial t}\right)=\nabla^2\boldsymbol{A}^*-\lambda\mu\frac{\partial\boldsymbol{A}^*}{\partial t}-\varepsilon\mu\frac{\partial^2\boldsymbol{A}^*}{\partial t^2}$$

由于上面引入的 $\boldsymbol{A}^*$ 和 U^* 不是单值的，所以对 $\boldsymbol{A}^*$ 和 U^* 的值可以有任意的选择性，为了使上式简化，可以这样选择 $\boldsymbol{A}^*$ 和 U^*，使它满足一个附加条件

$$\nabla \cdot \boldsymbol{A}^{*} - \varepsilon\mu \frac{\partial U^{*}}{\partial t} = 0 \tag{8.6-8}$$

称为洛仑兹条件. 于是就得到矢势 $\boldsymbol{A}^{*}$ 满足的微分方程

$$\nabla^{2}\boldsymbol{A}^{*} - \varepsilon\mu \frac{\partial^{2}\boldsymbol{A}^{*}}{\partial \phi^{2}} - \lambda\mu \frac{\partial \boldsymbol{A}^{*}}{\partial t} = 0 \tag{8.6-9}$$

称为矢势 $\boldsymbol{A}^{*}$ 的传播方程.

另外,将(8.6-7)式两边取散度,得

$$\nabla \cdot \boldsymbol{H} = \frac{\lambda}{\varepsilon}\nabla \cdot \boldsymbol{A}^{*} + \frac{\partial}{\partial t}\nabla \cdot \boldsymbol{A}^{*} - \nabla \cdot \nabla U^{*} = 0$$

即
$$-\nabla^{2}U^{*} + \frac{\lambda}{\varepsilon}\nabla \cdot \boldsymbol{A}^{*} + \frac{\partial}{\partial t}\nabla \cdot \boldsymbol{A}^{*} = 0$$

将(8.6-8)式代入上式中,就得到标势 U^{*} 满足的微分方程

$$\nabla^{2}U^{*} - \varepsilon\mu \frac{\partial^{2}U^{*}}{\partial t^{2}} - \lambda\mu \frac{\partial U^{*}}{\partial t} = 0 \tag{8.6-10}$$

称为标势 U^{*} 的传播方程.

(8.6-4)式、(8.6-5)式和(8.6-9)式、(8.6-10)式是在均匀导电媒质中电磁场势的两组规范 $(\boldsymbol{A},U)$ 和 $(\boldsymbol{A}^{*},U^{*})$ 在洛仑兹规范条件下满足的微分方程,它的矢势与标势方程具有对称的形式,方程中与时间一次导数有关的项是与导电媒质的电导率 λ 有关的一消耗项,表示在导电媒质中势的传播是衰减的.

§8.7 均匀导电媒质中的赫兹矢量

由前已知,电磁场可以由场强 $\boldsymbol{B}$ 和 $\boldsymbol{E}$ 或由电磁场势 $\boldsymbol{A}$ 和 U 来描述. 赫兹证明**电磁场可以用单一的矢量函数 $\boldsymbol{\pi}$ 来描述**,称之为赫兹矢量势或简称赫兹矢量.

设标势

$$U = -\nabla \cdot \boldsymbol{\pi}$$

矢量 $\boldsymbol{\pi}$ 称为赫兹矢量,将其代入(8.6-3)式中,得到

$$\nabla \cdot \left(\boldsymbol{A} - \lambda\mu\boldsymbol{\pi} - \varepsilon\mu \frac{\partial \boldsymbol{\pi}}{\partial t}\right) = 0$$

此式最简单的解是

$$\boldsymbol{A} = \lambda\mu\boldsymbol{\pi} + \varepsilon\mu \frac{\partial \boldsymbol{\pi}}{\partial t}$$

将上式代入(8.6-4)式中,得到

$$\lambda\mu \nabla^{2}\boldsymbol{\pi} + \varepsilon\mu \frac{\partial}{\partial t}\nabla^{2}\boldsymbol{\pi} = \varepsilon\mu\left(\lambda\mu \frac{\partial^{2}\boldsymbol{\pi}}{\partial t^{2}} + \varepsilon\mu \frac{\partial^{3}\boldsymbol{\pi}}{\partial t^{3}}\right) + \lambda\mu\left(\lambda\mu \frac{\partial \boldsymbol{\pi}}{\partial t} + \varepsilon\mu \frac{\partial^{2}\boldsymbol{\pi}}{\partial t^{2}}\right)$$

或
$$\lambda\left(\nabla^{2}\boldsymbol{\pi} - \varepsilon\mu \frac{\partial^{2}\boldsymbol{\pi}}{\partial t^{2}} - \lambda\mu \frac{\partial \boldsymbol{\pi}}{\partial t}\right) + \varepsilon \frac{\partial}{\partial t}\left(\nabla^{2}\boldsymbol{\pi} - \varepsilon\mu \frac{\partial^{2}\boldsymbol{\pi}}{\partial t^{2}} - \lambda\mu \frac{\partial \boldsymbol{\pi}}{\partial t}\right) = 0$$

假设
$$\nabla^{2}\boldsymbol{\pi} - \varepsilon\mu \frac{\partial^{2}\boldsymbol{\pi}}{\partial t^{2}} - \lambda\mu \frac{\partial \boldsymbol{\pi}}{\partial t} = \phi$$

则
$$\varepsilon \frac{\partial \phi}{\partial t} = -\lambda\phi$$

解得
$$\phi = Ce^{-\frac{\lambda}{\varepsilon}t}$$

式中 C 是常数.

由此可知,当 $t\to\infty$ 时,$\phi\to 0$,所以对于一个建立已久的交变电磁场来说,可以假设 $\phi=0$,即有

$$\nabla^2\boldsymbol{\pi}-\varepsilon\mu\frac{\partial^2\boldsymbol{\pi}}{\partial t^2}-\lambda\mu\frac{\partial\boldsymbol{\pi}}{\partial t}=0 \qquad (8.7-1)$$

这就是赫兹矢量满足的微分方程,称之为赫兹矢量 $\boldsymbol{\pi}$ 的传播方程.

另外,也可以假设

$$U^*=-\nabla\cdot\boldsymbol{\pi}^*$$

这个矢量 $\boldsymbol{\pi}^*$ 也称为赫兹矢量,将上式代入(8.6-8)式中,得到

$$\nabla\cdot\boldsymbol{A}^*+\varepsilon\mu\frac{\partial}{\partial t}\nabla\cdot\boldsymbol{\pi}^*=0$$

这个式子最简单的解是

$$\boldsymbol{A}^*=-\varepsilon\mu\frac{\partial\boldsymbol{\pi}^*}{\partial t}$$

将其代入(8.6-9)式中,便得到

$$\frac{\partial}{\partial t}\left(\nabla^2\boldsymbol{\pi}^*-\varepsilon\mu\frac{\partial^2\boldsymbol{\pi}^*}{\partial t^2}-\lambda\mu\frac{\partial\boldsymbol{\pi}^*}{\partial t}\right)=0$$

故得
$$\nabla^2\boldsymbol{\pi}^*-\varepsilon\mu\frac{\partial^2\boldsymbol{\pi}^*}{\partial t^2}-\lambda\mu\frac{\partial\boldsymbol{\pi}^*}{\partial t}=\text{常数}$$

设此常数为零,则得到 $\boldsymbol{\pi}^*$ 满足的微分方程为

$$\nabla^2\boldsymbol{\pi}^*-\varepsilon\mu\frac{\partial^2\boldsymbol{\pi}^*}{\partial t^2}-\lambda\mu\frac{\partial\boldsymbol{\pi}^*}{\partial t}=0 \qquad (8.7-2)$$

称之为赫兹矢量 $\boldsymbol{\pi}^*$ 的传播方程.

§8.8 谐变电磁场势的赫姆霍兹方程

1. 势的赫姆霍兹方程

在实际问题中,遇到的交变电磁场往往是谐变场,即是按正弦或余弦规律变化的场,假设

$$\boldsymbol{E}=\boldsymbol{E}_0\mathrm{e}^{-\mathrm{i}(\omega t-kr)},\quad \boldsymbol{B}=\boldsymbol{B}_0\mathrm{e}^{-\mathrm{i}(\omega t-kr)}$$

这里 $\mathrm{e}^{-\mathrm{i}\omega t}$ 与前面的 $\mathrm{e}^{\mathrm{i}\omega t}$ 没有本质上的差异. 现在来研究谐变场中势的微分方程. 由于电磁场是谐变的,故得到

$$\frac{\partial}{\partial t}=-\mathrm{i}\omega,\quad \frac{\partial^2}{\partial t^2}=-\omega^2$$

利用上面的算符可以将(8.6-4)式写成

$$\nabla^2\boldsymbol{A}-\varepsilon\mu\frac{\partial^2\boldsymbol{A}}{\partial t^2}-\lambda\mu\frac{\partial\boldsymbol{A}}{\partial t}=\nabla^2\boldsymbol{A}+\varepsilon\mu\omega^2\boldsymbol{A}+\mathrm{i}\lambda\mu\omega\boldsymbol{A}=0$$

即
$$\nabla^2\boldsymbol{A}+\varepsilon\mu\omega^2\left(1+\mathrm{i}\frac{\lambda}{\varepsilon\omega}\right)\boldsymbol{A}=0$$

或
$$\nabla^2\boldsymbol{A}+\varepsilon'\mu\omega^2\boldsymbol{A}=0$$

式中,$\varepsilon'=\left(1+\mathrm{i}\frac{\lambda}{\varepsilon\omega}\right)$;$\varepsilon$ 是复介电常数,故 $\dot{k}'^2=\varepsilon'\mu\omega^2$,称之为复波数.

于是上式可以写成

$$\nabla^2 \boldsymbol{A} + k'^2 \boldsymbol{A} = 0$$

称之为矢势 **A** 满足的赫姆霍兹方程.

同样可得
$$\nabla^2 U + k'^2 U = 0$$
$$\nabla \boldsymbol{A}^* + k'^2 \boldsymbol{A}^* = 0$$
$$\nabla^2 U^* + k'^2 U^* = 0$$
$$\nabla^2 \boldsymbol{\pi} + k'^2 \boldsymbol{\pi} = 0$$
$$\nabla^2 \boldsymbol{\pi}^* + k'^2 \boldsymbol{\pi}^* = 0$$

2. 矢势与场强的关系

由于矢势 $\boldsymbol{A}$、$\boldsymbol{A}^*$、$\boldsymbol{\pi}$ 和 $\boldsymbol{\pi}^*$ 均满足赫姆霍兹方程，因此可在一定的边界条件下求解赫姆霍兹方程，从而得到 $\boldsymbol{A}$、$\boldsymbol{A}^*$、$\boldsymbol{\pi}$ 和 $\boldsymbol{\pi}^*$. 但是我们需要的往往是场强 $\boldsymbol{E}$ 和 $\boldsymbol{B}$，即要从解出的矢势来求场强 $\boldsymbol{E}$ 和 $\boldsymbol{B}$. 现在分别讨论之.

(1)已知 $\boldsymbol{A}$，求 $\boldsymbol{B}$ 和 $\boldsymbol{E}$.

$$\boldsymbol{B} = \nabla \times \boldsymbol{A} \tag{8.8-1}$$

$$\boldsymbol{E} = -\nabla U - \frac{\partial \boldsymbol{A}}{\partial t} = -\nabla U + \mathrm{i}\omega \boldsymbol{A}$$

由洛仑兹规范条件(8.6-3)式可知

$$\nabla \cdot \boldsymbol{A} + \varepsilon\mu \frac{\partial U}{\partial t} + \lambda\mu U = 0$$

即
$$\nabla \cdot \boldsymbol{A} - \mathrm{i}\varepsilon\mu\omega U + \lambda\mu U = 0$$

故
$$U = \frac{\nabla \cdot \boldsymbol{A}}{(\mathrm{i}\varepsilon\mu\omega - \lambda\mu)} = -\frac{\mathrm{i}\omega \nabla \cdot \boldsymbol{A}}{k'^2}$$

于是得到
$$\boldsymbol{E} = \frac{\mathrm{i}\omega}{k'^2} \nabla(\nabla \cdot \boldsymbol{A}) + \mathrm{i}\omega \boldsymbol{A}$$

即
$$\boldsymbol{E} = \mathrm{i}\omega \left[\frac{1}{k'^2} \nabla(\nabla \cdot \boldsymbol{A}) + \boldsymbol{A} \right] \tag{8.8-2}$$

由于 $\nabla \times \nabla \times \boldsymbol{A} = \nabla(\nabla \cdot \boldsymbol{A}) - \nabla^2 \boldsymbol{A}$，并且 $\nabla^2 \boldsymbol{A} = -k'^2 \boldsymbol{A}$，代入上式中，得

$$\boldsymbol{E} = \frac{\mathrm{i}\omega}{k'^2} \nabla \times \nabla \times \boldsymbol{A}$$

(2)已知 $\boldsymbol{A}^*$，求 $\boldsymbol{B}$ 和 $\boldsymbol{E}$.

$$\boldsymbol{D} = \nabla \times \boldsymbol{A}^*$$

即
$$\boldsymbol{E} = \frac{1}{\varepsilon} \nabla \times \boldsymbol{A}^* \tag{8.8-3}$$

$$\boldsymbol{H} = \frac{\lambda}{\varepsilon} \boldsymbol{A}^* + \frac{\partial \boldsymbol{A}^*}{\partial t} - \nabla U^* \tag{8.8-4}$$

由洛仑兹规范条件(8.6-8)式可知

$$\nabla \cdot \boldsymbol{A}^* - \varepsilon\mu \frac{\partial U^*}{\partial t} = \nabla \cdot \boldsymbol{A}^* + \mathrm{i}\omega\varepsilon\mu U^* = 0$$

故
$$U^* = \frac{\mathrm{i}\nabla \cdot \boldsymbol{A}^*}{\omega\varepsilon\mu}$$

代入(8.6-7)式中，得

$$\boldsymbol{H} = \frac{\lambda}{\varepsilon} \boldsymbol{A}^* - \mathrm{i}\omega \boldsymbol{A}^* + \nabla \frac{\nabla \cdot \boldsymbol{A}^*}{\mathrm{i}\omega\varepsilon\mu} = \left(\frac{\lambda}{\varepsilon} - \mathrm{i}\omega \right) \boldsymbol{A}^* + \frac{1}{\mathrm{i}\omega\varepsilon\mu} \nabla(\nabla \cdot \boldsymbol{A}^*)$$

$$= \frac{k'^2 \boldsymbol{A}^* + \nabla(\nabla \cdot \boldsymbol{A}^*)}{\mathrm{i}\omega \varepsilon \mu}$$

故得
$$\boldsymbol{H} = -\mathrm{i}\omega\left(1 + \frac{\mathrm{i}\lambda}{\omega\varepsilon}\right)\left[\boldsymbol{A}^* + \frac{1}{k'^2}\nabla(\nabla \cdot \boldsymbol{A}^*)\right]$$

由于 $\nabla \times \nabla \times \boldsymbol{A}^* = \nabla(\nabla \cdot \boldsymbol{A}^*) - \nabla^2 \boldsymbol{A}^*$，并且 $\nabla^2 \boldsymbol{A}^* = -k'^2 \boldsymbol{A}^*$，代入上式中，得

$$\boldsymbol{B} = -\frac{\mathrm{i}\omega\mu}{k'^2}\left(1 + \frac{\mathrm{i}\lambda}{\omega\varepsilon}\right)\nabla \times \nabla \times \boldsymbol{A}^* \tag{8.8-5}$$

(3)已知 $\boldsymbol{\pi}$，求 $\boldsymbol{B}$ 和 $\boldsymbol{E}$.

由于
$$\boldsymbol{A} = \lambda\mu\boldsymbol{\pi} + \varepsilon\mu \frac{\partial \boldsymbol{\pi}}{\partial t} = -\mathrm{i}\omega\mu\varepsilon\left(1 + \mathrm{i}\frac{\lambda}{\omega\varepsilon}\right)\boldsymbol{\pi}$$

即
$$\boldsymbol{A} = -\mathrm{i}\omega\mu\varepsilon'\boldsymbol{\pi} = -\frac{\mathrm{i}}{\omega}k'^2\boldsymbol{\pi}$$

故得
$$\boldsymbol{B} = \nabla \times \boldsymbol{A} = -\frac{\mathrm{i}}{\omega}k'^2 \nabla \times \boldsymbol{\pi} = -\mathrm{i}\omega\mu\varepsilon' \nabla \times \boldsymbol{\pi} \tag{8.8-6}$$

又因
$$\boldsymbol{E} = -\frac{\partial \boldsymbol{A}}{\partial t} - \nabla U$$

而将 $U = -\nabla \cdot \boldsymbol{\pi}$ 代入上式，得

$$\boldsymbol{E} = k'^2 \boldsymbol{\pi} + \nabla(\nabla \cdot \boldsymbol{\pi}) \tag{8.8-7}$$

(4)已知 $\boldsymbol{\pi}^*$，求 $\boldsymbol{B}$ 和 $\boldsymbol{E}$.

由于
$$\boldsymbol{A}^* = -\varepsilon\mu\frac{\partial \boldsymbol{\pi}^*}{\partial t} = \mathrm{i}\omega\mu\varepsilon\boldsymbol{\pi}^*$$

故得
$$\boldsymbol{E} = \frac{1}{\varepsilon}\nabla \times \boldsymbol{A}^* = \mathrm{i}\omega\mu \nabla \times \boldsymbol{\pi}^* \tag{8.8-8}$$

因为
$$\boldsymbol{H} = \lambda \boldsymbol{A}^* + \varepsilon\frac{\partial \boldsymbol{A}^*}{\partial t} - \nabla U^*$$

即
$$\boldsymbol{H} = \mathrm{i}\omega\mu\lambda\varepsilon\boldsymbol{\pi}^* + \omega^2\mu\varepsilon\boldsymbol{\pi}^* + \nabla(\nabla \cdot \boldsymbol{\pi}^*) = \omega^2\mu\varepsilon\left(1 + \mathrm{i}\frac{\lambda}{\varepsilon\omega}\right)\boldsymbol{\pi}^* + \nabla(\nabla \cdot \boldsymbol{\pi}^*)$$

利用 $k'^2 = \omega^2\mu\varepsilon\left(1 + \mathrm{i}\frac{\lambda}{\varepsilon\omega}\right)$，代入得

$$\boldsymbol{B} = \mu k'^2 \boldsymbol{\pi}^* + \mu\nabla(\nabla \cdot \boldsymbol{\pi}^*) \tag{8.8-9}$$

由此可见，求解 $\boldsymbol{E}$ 和 $\boldsymbol{B}$（或 $\boldsymbol{H}$）的问题可以归结为求解下列包含 $\boldsymbol{A}$、$\boldsymbol{A}^*$、$\boldsymbol{\pi}$、$\boldsymbol{\pi}^*$ 的任何一组方程

$$\left.\begin{aligned}
&\nabla^2 \boldsymbol{A} + k'^2 \boldsymbol{A} = 0 \\
&\boldsymbol{H} = \frac{1}{\mu}\nabla \times \boldsymbol{A} \\
&\boldsymbol{E} = \mathrm{i}\omega\left[\frac{1}{k'^2}\nabla(\nabla \cdot \boldsymbol{A}) + \boldsymbol{A}\right] = \frac{\mathrm{i}\omega}{k'^2}\nabla \times \nabla \times \boldsymbol{A}
\end{aligned}\right\} \tag{8.8-10}$$

$$\left.\begin{aligned}
&\nabla^2 \boldsymbol{A}^* + k'^2 \boldsymbol{A}^* = 0 \\
&\boldsymbol{E} = \frac{1}{\varepsilon}\nabla \times \boldsymbol{A}^* \\
&\boldsymbol{H} = -\mathrm{i}\omega\frac{\varepsilon'}{\varepsilon}\left[\frac{1}{k'^2}\nabla(\nabla \cdot \boldsymbol{A}^*) + \boldsymbol{A}^*\right] = -\frac{\mathrm{i}\omega\varepsilon'}{k'^2\varepsilon}\nabla \times \nabla \times \boldsymbol{A}^*
\end{aligned}\right\} \tag{8.8-11}$$

$$\left.\begin{aligned}
&\nabla^2 \boldsymbol{\pi} + k'^2 \boldsymbol{\pi} = 0 \\
&\boldsymbol{H} = -\mathrm{i}\omega\varepsilon' \nabla \times \boldsymbol{\pi} \\
&\boldsymbol{E} = k'^2 \boldsymbol{\pi} + \nabla(\nabla \cdot \boldsymbol{\pi}) = \nabla \times \nabla \times \boldsymbol{\pi}
\end{aligned}\right\} \tag{8.8-12}$$

$$\left.\begin{aligned}&\nabla^2\boldsymbol{\pi}^* + k'^2\boldsymbol{\pi}^* = 0\\&\boldsymbol{E} = \mathrm{i}\omega\mu\nabla\times\boldsymbol{\pi}^*\\&\boldsymbol{H} = k'^2\boldsymbol{\pi}^* + \nabla(\nabla\cdot\boldsymbol{\pi}^*) = \nabla\times\nabla\times\boldsymbol{\pi}^*\end{aligned}\right\}\tag{8.8-13}$$

3. 矢势的边界条件

在分区均匀的导电媒质中，求解赫姆霍兹方程时，必须满足特定的边界条件，才能够得到唯一正确的解答．因此，我们需要知道不同媒质交界处的边界条件，由于导电媒质的界面上不能积聚自由电荷和传导面电流，因此不同媒质交界处 $\boldsymbol{E}$、$\boldsymbol{D}$、$\boldsymbol{H}$、$\boldsymbol{B}$ 的边界条件为

$$\left.\begin{aligned}&\boldsymbol{n}\times(\boldsymbol{E}_2-\boldsymbol{E}_1)=0\\&\boldsymbol{n}\cdot(\boldsymbol{D}_2-\boldsymbol{D}_1)=0\\&\boldsymbol{n}\times(\boldsymbol{H}_2-\boldsymbol{H}_1)=0\\&\boldsymbol{n}\cdot(\boldsymbol{B}_2-\boldsymbol{B}_1)=0\end{aligned}\right\}\tag{8.8-14}$$

式中，$\boldsymbol{n}$ 为从 1 到 2 的法线方向的单位矢量．

在(8.8-14)式中的四个式子仅有两个是独立的，因为从第一式可以推出第四式，从第三式可以推出第二式．由于已知矢势与 $\boldsymbol{E}$ 和 $\boldsymbol{B}$ 的关系，因此，利用(8.8-10)式、(8.8-11)式、(8.8-12)式和(8.8-13)式就可以求得矢势 $\boldsymbol{A}$、$\boldsymbol{A}^*$、$\boldsymbol{\pi}$、$\boldsymbol{\pi}^*$ 的边界条件．

(1)矢势 $\boldsymbol{A}$ 的边界条件．

(8.8-14)式第一式和(8.8-14)式第三式可写成

$$E_{1t} = E_{2t}, \quad H_{1t} = H_{2t}$$

将(8.8-10)式代入其中，就可以得到 $\boldsymbol{A}$ 满足的边界条件为

$$\left[\frac{1}{k_1'^2}\nabla(\nabla\cdot\boldsymbol{A}_1)+\boldsymbol{A}_1\right]_t=\left[\frac{1}{k_2'^2}\nabla(\nabla\cdot\boldsymbol{A}_2)+\boldsymbol{A}_2\right]_t\tag{8.8-15}$$

$$\left(\frac{1}{\mu_1}\nabla\times\boldsymbol{A}_1\right)_t=\left(\frac{1}{\mu_2}\nabla\times\boldsymbol{A}_2\right)_t\tag{8.8-16}$$

(2)矢势 $\boldsymbol{A}^*$ 的边界条件．

将(8.8-11)式代入 $E_{1t} = E_{2t}$ 和 $H_{1t} = H_{2t}$ 中，就可以得到 $\boldsymbol{A}^*$ 满足的边界条件为

$$\left(\frac{1}{\varepsilon_1}\nabla\times\boldsymbol{A}_1^*\right)_t=\left(\frac{1}{\varepsilon_2}\nabla\times\boldsymbol{A}_2^*\right)_t\tag{8.8-17}$$

$$\frac{\varepsilon_1'}{\varepsilon_1}\left[\frac{1}{k_1'^2}\nabla(\nabla\cdot\boldsymbol{A}_1^*)+A_1^*\right]_t=\frac{\varepsilon_2'}{\varepsilon_2}\left[\frac{1}{k_2'^2}\nabla(\nabla\cdot\boldsymbol{A}_2^*)+A_2^*\right]_t\tag{8.8-18}$$

(3)赫兹矢量 $\boldsymbol{\pi}$ 的边界条件．

将(8.8-12)式代入 $E_{1t} = E_{2t}$ 和 $H_{1t} = H_{2t}$ 中，就可以得到 $\boldsymbol{\pi}$ 满足的边界条件为

$$\varepsilon_1'(\nabla\times\boldsymbol{\pi}_1)_t=\varepsilon_2'(\nabla\times\boldsymbol{\pi}_2)_t\tag{8.8-19}$$

$$[k_1'^2\boldsymbol{\pi}_1+\nabla(\nabla\cdot\boldsymbol{\pi}_1)]_t=[k_2'^2\boldsymbol{\pi}_2+\nabla(\nabla\cdot\boldsymbol{\pi}_2)]_t\tag{8.8-20}$$

(4)赫兹矢量 $\boldsymbol{\pi}^*$ 的边界条件．

将(8.8-13)式代入 $E_{1t} = E_{2t}$ 和 $H_{1t} = H_{2t}$ 中，就可以得到 $\boldsymbol{\pi}^*$ 满足的边界条件为

$$(\mu_1\nabla\times\boldsymbol{\pi}_1^*)_t=(\mu_2\nabla\times\boldsymbol{\pi}_2^*)_t\tag{8.8-21}$$

$$[k_1'^2\boldsymbol{\pi}_1^*+\nabla(\nabla\cdot\boldsymbol{\pi}_1^*)]_t=[k_2'^2\boldsymbol{\pi}_2^*+\nabla(\nabla\cdot\boldsymbol{\pi}_2^*)]_t\tag{8.8-22}$$

当然，我们也可以利用(8.8-14)式中的第二式和第四式得到相应的边界条件．这里不详述．

习　题

8.1　利用电荷守恒定律，验证电磁场推迟势满足洛仑兹条件.

8.2　如果电磁场的标势 U 和矢势 $\boldsymbol{A}$ 用赫兹矢量 $\boldsymbol{\pi}$ 表示为下式

$$U = -\nabla \cdot \boldsymbol{\pi}; \quad \boldsymbol{A} = \varepsilon\mu \frac{\partial \boldsymbol{\pi}}{\partial t}$$

试证明洛仑兹条件仍然满足.

8.3　利用库仑规范 $\nabla \cdot \boldsymbol{A} = 0$ 代替洛仑兹条件，试求电磁场势 $\boldsymbol{A}$ 和 U 满足的微分方程.

8.4　半径为 R_0 的均匀永磁体，磁化强度为 $\boldsymbol{M}_0$，球以恒定角速度 ω 绕通过球心而垂直于 $\boldsymbol{M}_0$ 的轴旋转，设 $R_0\omega \ll c$，求辐射场和能流.

8.5　设有一电偶极矩振幅为 $\boldsymbol{p}_0$，频率为 ω 的电偶极子位于距理想导体平面为 $a/2$ 处，$\boldsymbol{p}_0$ 平行于导体平面. 设 $a \ll \lambda_{波}$，求在 $R \gg \lambda$ 处的辐射场.

8.6　设有线偏振平面波 $\boldsymbol{E} = \boldsymbol{E}_0 \mathrm{e}^{\mathrm{i}(kx-\omega t)}$ 照射到一个绝缘介质球上（$\boldsymbol{E}_0$ 在 z 方向），引起介质球极化. 极化矢量 $\boldsymbol{p}$ 是随时间变化的，因而产生辐射. 设平面波的波长 $2\pi/k$ 远大于球半径 R，求介质球所产生的辐射场.

第九章　交变电磁场问题的解法及典型例题

§9.1　直角坐标系中赫姆霍兹方程的解

由第八章可知，无论用 $\boldsymbol{A}$ 或 $\boldsymbol{\pi}$ 求解电磁场问题时都免不了要解赫姆霍兹方程. 因此，有必要讨论赫姆霍兹方程在各种坐标系中的解. 先讨论直角坐标系中赫姆霍兹方程的解.

$\boldsymbol{A}$ 所满足的赫姆霍兹方程

$$\nabla^2\boldsymbol{A}+k^2\boldsymbol{A}=0$$

它在直角坐标系中表示为

$$\frac{\partial^2\boldsymbol{A}}{\partial x^2}+\frac{\partial^2\boldsymbol{A}}{\partial y^2}+\frac{\partial^2\boldsymbol{A}}{\partial z^2}+k^2\boldsymbol{A}=0$$

在直角坐标系中，单位矢量 $\boldsymbol{e}_x$、$\boldsymbol{e}_y$、$\boldsymbol{e}_z$ 在空间各点有相同的方向，因此 $\boldsymbol{A}$ 的任一直角分量都满足赫姆霍兹方程. 设 $U(x,y,z)$ 为 $\boldsymbol{A}$ 的任一直角分量，则有

$$\nabla^2 U+k^2 U=0$$

用分离变量法求解，可令 $U(x,y,z)=X(x)Y(x)Z(z)$，将其代入上式中并除以 XYZ，就可将其分离成三个常微分方程

$$\frac{\mathrm{d}^2X}{\mathrm{d}x^2}+k^2X=0$$

$$\frac{\mathrm{d}^2Y}{\mathrm{d}y^2}+k^2Y=0$$

$$\frac{\mathrm{d}^2Z}{\mathrm{d}z^2}+k^2Z=0$$

它的解分别是

$$X=C_1\cos kx+D_1\sin kx$$

$$Y=C_2\cos ky+D_2\sin ky$$

$$Z=C_3\cos kz+D_3\sin kz$$

于是得到 $U(x,y,z)$ 的通解为

$$U(x,y,z)=(C_1\cos kx+D_1\sin kx)(C_2\cos ky+D_2\sin ky)(C_3\cos kz+D_3\sin kz) \tag{9.1-1}$$

例题　矩形波导中的电磁波.

解　如图 9.1-1 所示. 一矩形波导，其中两个面在 $x=0$ 和 $x=a$ 处，另两个面在 $y=0$ 和 $y=b$ 处，z 轴沿电磁波传播方向. 在一定频率下，管内电磁波的电场强度满足赫姆霍兹方程，即

$$\nabla^2\boldsymbol{E}+k^2\boldsymbol{E}=0 \tag{9.1-2}$$

并满足边界条件

① $E_y = E_z = 0, \dfrac{\partial E}{\partial x} = 0 \quad (x = 0, a)$

② $E_x = E_z = 0, \dfrac{\partial E}{\partial y} = 0 \quad (y = 0, b)$

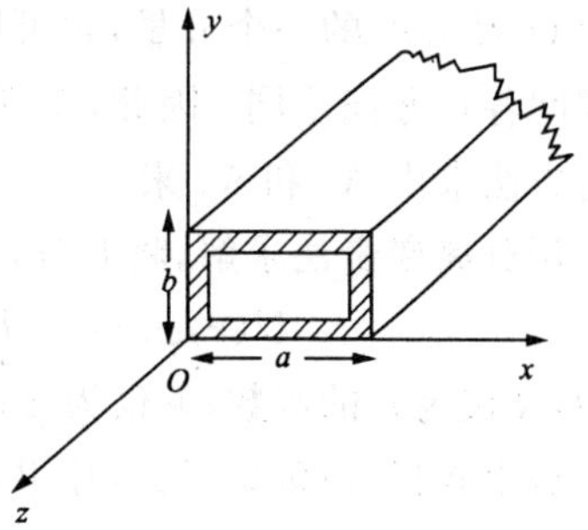

图 9.1－1

由于电磁波沿 z 轴方向传播，$\boldsymbol{E}$ 可写成

$$\boldsymbol{E}(x,y,z) = \boldsymbol{E}(x,y)\mathrm{e}^{\mathrm{i}k_z z}$$

将它代入(9.1－2)式中，得

$$\frac{\partial^2 \boldsymbol{E}}{\partial x^2} + \frac{\partial^2 \boldsymbol{E}}{\partial y^2} + (k^2 - k_z^2)\boldsymbol{E} = 0 \tag{9.1-3}$$

用分离变量法，设 E_z 为电磁场的 z 分量，它满足方程(9.1－3)中的 z 分量方程，并可写成

$$E_z(x,y,z) = E_z(x,y)\mathrm{e}^{\mathrm{i}k_z z} \tag{9.1-4}$$

设 $E_z(x,y)=X(x)Y(y)$，将其代入(9.1－3)式的 z 分量方程中，并分离成两个常微分方程

$$\frac{\mathrm{d}^2 X}{\mathrm{d}x^2} + k_x^2 X = 0$$

$$\frac{\mathrm{d}^2 Y}{\mathrm{d}y^2} + k_y^2 Y = 0$$

解得 X、Y 并代入(9.1－4)式中，得 $E_z(x,y,z)$ 的通解为

$$E_z(x,y,z) = (C_1\cos k_x x + D_1 \sin k_x x)\cdot(C_2 \cos k_y y + D_2 \sin k_y y)\mathrm{e}^{\mathrm{i}k_z z}$$

式中 C_1、D_1、C_2 和 D_2 是待定常数，由边界条件来确定.

由 $x=0$ 和 $y=0$ 面上的边界条件，可得

$$E_z = A_3 \sin k_x x \sin k_y y \mathrm{e}^{\mathrm{i}k_z z}$$

同样可得

$$E_x = A_1 \cos k_x x \sin k_y y \mathrm{e}^{\mathrm{i}k_z z}$$

$$E_y = A_2 \sin k_x x \cos k_y y \mathrm{e}^{\mathrm{i}k_z z}$$

由 $x=a$ 和 $y=b$ 面上的边界条件，得 $k_x a$ 和 $k_y b$ 必须为 π 的整数倍，即

$$k_x = \frac{m\pi}{a}, \quad k_y = \frac{n\pi}{b} \quad (m、n = 0,1,2,3,\cdots)$$

式中，m 和 n 分别表示沿波导横截面 a 边和 b 边驻波的半波数.

此外，由 $\nabla\cdot\boldsymbol{E}=0$，可得

$$k_x A_1 + k_y A_2 - \mathrm{i}k_z A_3 = 0$$

因此，在 A_1、A_2 和 A_3 中只有两个是独立的. 对于每一(m,n)值，有两种独立波型.

得到 $\boldsymbol{E}$ 的解后，磁场 $\boldsymbol{H}$ 就可以完全确定.

§9.2 柱坐标系中赫姆霍兹方程的解

现在来讨论柱坐标系中赫姆霍兹方程的解. 矢势 $\boldsymbol{A}$ 的赫姆霍兹方程

$$\nabla^2 \boldsymbol{A} + k^2 \boldsymbol{A} = 0$$

在柱坐标系中写成

$$\frac{1}{r}\frac{\partial}{\partial r}\left(r\frac{\partial U}{\partial r}\right) + \frac{1}{r^2}\frac{\partial^2 U}{\partial \varphi^2} + \frac{\partial^2 U}{\partial z^2} + k^2 U = 0 \tag{9.2-1}$$

式中 U 表示 $\boldsymbol{A}$ 的一个分量，它可以是 A_x、A_y、A_z，而不可以是 A_r 和 A_φ，因为单位矢量 $\boldsymbol{e}_r$ 和 $\boldsymbol{e}_\varphi$ 在空间各点方向不同. 因此，A_r 和 A_φ 是不满足赫姆霍兹方程的. 但是可以根据 A_x、A_y 按投影的方法求出 A_r 和 A_φ 来.

用分离变量法求解，将 $U(r,\varphi,z)$ 写成三个函数的积

$$U(r,\varphi,z) = R(r)\Phi(\varphi)Z(z)$$

式中，R 仅为 r 的函数；Φ 仅为 φ 的函数；Z 仅为 z 的函数.

将上式代入(9.2-1)式中并除以 $R\Phi Z$，便得到

$$\left[k^2 + \frac{1}{Rr}\frac{\mathrm{d}}{\mathrm{d}r}\left(r\frac{\mathrm{d}R}{\mathrm{d}r}\right)\right] + \frac{1}{\Phi r^2}\frac{\mathrm{d}^2\Phi}{\mathrm{d}\varphi^2} + \frac{1}{Z}\frac{\mathrm{d}^2 Z}{\mathrm{d}z^2} = 0$$

由于此式前两项仅与 r、φ 有关，而第三项仅与 z 有关，故可以假设

$$\left.\begin{aligned} &\frac{1}{Z}\frac{\mathrm{d}^2 Z}{\mathrm{d}z^2} = -h^2 \\ &\left[k^2 + \frac{1}{Rr}\frac{\mathrm{d}}{\mathrm{d}r}\left(r\frac{\mathrm{d}R}{\mathrm{d}r}\right)\right] + \frac{1}{\Phi r^2}\frac{\mathrm{d}^2\Phi}{\mathrm{d}\varphi^2} = h^2 \end{aligned}\right\}$$

式中 h 是任意分离常数. 由上列方程的第一式立即可以求得函数 $Z(z)$ 的解，即

$$Z(z) = a\mathrm{e}^{\mathrm{i}hz} + b\mathrm{e}^{-\mathrm{i}hz}$$

用 r^2 乘上面方程组的第二式，得到

$$\frac{r}{R}\frac{\mathrm{d}}{\mathrm{d}r}\left(r\frac{\mathrm{d}R}{\mathrm{d}r}\right) + (k^2 - h^2)r^2 + \frac{1}{\Phi}\frac{\mathrm{d}^2\Phi}{\mathrm{d}\varphi^2} = 0$$

由于这个方程式的前两项仅与 r 有关，而第三项仅与 φ 有关，所以假设

$$\left.\begin{aligned} &\frac{1}{\Phi}\frac{\mathrm{d}^2\Phi}{\mathrm{d}\varphi^2} = -n^2 \\ &\frac{r}{R}\frac{\mathrm{d}}{\mathrm{d}r}\left(r\frac{\mathrm{d}R}{\mathrm{d}r}\right) + (k^2 - h^2)r^2 = n^2 \end{aligned}\right\}$$

式中 n 是任意分离常数. 则方程的第一式的解为

$$\Phi(\varphi) = C\cos n\varphi + D\sin n\varphi \qquad (n = 0,1,2,\cdots)$$

方程的第二式可以写成下面的形式

$$r\frac{\mathrm{d}}{\mathrm{d}r}\left(r\frac{\mathrm{d}R}{\mathrm{d}r}\right) + [(k^2 - h^2)r^2 - n^2]R = 0$$

这就是贝塞尔方程，它的解为第一类贝塞尔函数 $J_n(\sqrt{k^2-h^2}\,r)$ 与第二类贝塞尔函数 $Y_n(\sqrt{k^2-h^2}\,r)$ 之和. 即

$$R(r) = FJ_n(\sqrt{k^2-h^2}\,r) + GY_n(\sqrt{k^2-h^2}\,r)$$

由于 U 是有限而且连续的函数，而 $Y_n(\sqrt{k^2-h^2}\,r)$ 随着 $r\to 0$ 变为无限大，故在这种情况下，U 不可能包含有 $Y_n(\sqrt{k^2-h^2}\,r)$ 项. 因此，(9.2-1)式的解可写成

$$U(r,\varphi,z) = (A\mathrm{e}^{\mathrm{i}hz} + D\mathrm{e}^{-\mathrm{i}hz})\cdot(C\cos n\varphi + D\sin n\varphi)J_n(\sqrt{k^2-h^2}\,r)$$

如果 h 为一固定常数，并要求 U 是 φ 的单值函数，这时 n 只能取整数值，于是在 $r=0$ 时仍为有限的通解为

$$U(r,\varphi,z) = \sum_{n=0}^{\infty}\{(A\mathrm{e}^{\mathrm{i}hz} + B\mathrm{e}^{-\mathrm{i}hz})\cos n\varphi + (C\mathrm{e}^{\mathrm{i}hz} + D\mathrm{e}^{-\mathrm{i}hz})\sin n\varphi\}J_n(\sqrt{k^2-h^2}\,r) \qquad (9.2-2)$$

一般 h 不是固定常数，则遍及 h 积分即可求得方程的通解.

有些问题，特别是它的解与 z 有关，习惯上往往用 m 代换 $\sqrt{k^2-h^2}$ 和用 $\mathrm{i}\sqrt{m^2-k^2}$ 代换 h，则(9.2-2)式可以写成如下形式

$$U(r,\varphi,z)=\sum_{n=0}^{\infty}\{(A\mathrm{e}^{\sqrt{m^2-k^2}z}+B\mathrm{e}^{-\sqrt{m^2-k^2}z})\cos n\varphi+(C\mathrm{e}^{\sqrt{m^2-k^2}z}+D\mathrm{e}^{-\sqrt{m^2-k^2}z})\sin n\varphi\}J_n(mr)$$

根据叠加原理，并把 m 看成连续变量，可以取从 0 到∞的所有值，由积分可得出

$$U(r,\varphi,z)=\int_0^{\infty}\sum_{n=0}^{\infty}\{(A\mathrm{e}^{\sqrt{m^2-k^2}z}+B\mathrm{e}^{-\sqrt{m^2-k^2}z})\cos n\varphi+(C\mathrm{e}^{\sqrt{m^2-k^2}z}+D\mathrm{e}^{-\sqrt{m^2-k^2}z})\sin n\varphi\}J_n(mr)\mathrm{d}m \qquad (9.2-3)$$

式中 A、B、C、D 都是与 r、φ、z 无关的常数，但可能是 m 和 n 的函数，这些函数是由问题的边界条件来决定的.

例题 1 电磁波在金属圆柱表面上的散射.

如图 9.2-1 所示. 平面电磁波垂直入射到一个无限长的金属圆柱体表面上，电场强度 $\boldsymbol{E}_1$ 与柱轴平行，求被圆柱体散射的电磁波的电场强度 $\boldsymbol{E}_2$.

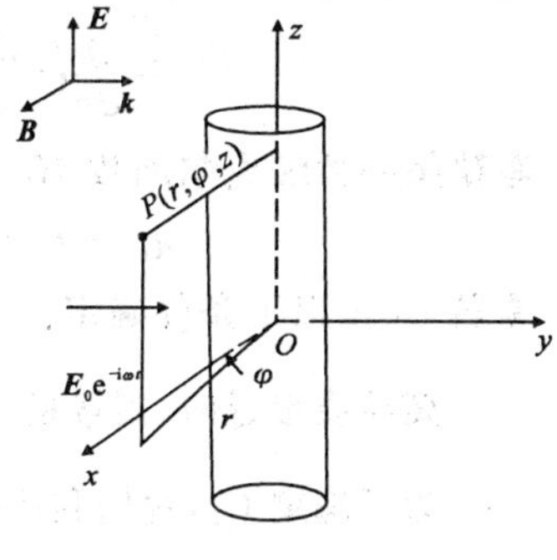

图 9.2-1

解 由于入射波的电场强度平行柱轴，在导体表面上感生的电流是轴向的，故散射波的电场强度也是轴向的. 取轴向为 z 轴，则电场强度仅有 z 分量 E_z.

设入射电磁波的电场强度 $\boldsymbol{E}_1=\boldsymbol{E}_0\mathrm{e}^{-\mathrm{i}\omega t}$，则散射波的电场强度 z 分量 E_{2z} 满足赫姆霍兹方程

$$\nabla^2E_{2z}+k^2E_{2z}=0 \qquad (9.2-4)$$

由于柱体是理想导体，电场强度在表面上的切线分量 E_z 应等于零，即 $E_z|_{r=a}=0$，因而 E_{2z} 在柱体表面上满足的边界条件为

$$E_{2z}|_{r=a}=-E_0\mathrm{e}^{\mathrm{i}ka\cos\varphi} \qquad (9.2-5)$$

于是，问题化为在满足边界条件(9.2-5)式下求赫姆霍兹方程(9.2-4)式的解.

选柱坐标系，由于 E_{2z} 仅与 r 和 φ 有关，与 z 无关，方程(9.2-4)式的通解为

$$E_{2z}=\sum_{n=0}^{\infty}(A_n\cos n\varphi+B_n\sin n\varphi)H_n^{(1)}(kr)$$

由于

$$\mathrm{e}^{\mathrm{i}kr\cos\varphi}=J_0(kr)+2\sum_{n=1}^{\infty}\mathrm{i}^nJ_n(kr)\cos n\varphi$$

故边界条件(9.2-5)式可写成

$$E_{2z}|_{r=a}=-E_0\mathrm{e}^{\mathrm{i}ka\cos\varphi}=-E_0J_0(ka)-2E_0\sum_{n=1}^{\infty}\mathrm{i}^nJ_n(ka)\cos n\varphi$$

$$=\sum_{n=0}^{\infty}(A_n\cos n\varphi+B_n\sin n\varphi)H_n^{(1)}(ka)$$

比较上面等式两边 $\cos n\varphi$ 和 $\sin n\varphi$ 的系数，即得

$$B_n=0,\quad A_0=-\frac{E_0J_0(ka)}{H_0^{(1)}(ka)}$$

$$A_n=-\frac{2E_0\mathrm{i}^nJ_n(ka)}{H_n^{(1)}(ka)} \qquad (n\geqslant 1)$$

因此，

$$E_{2z}=-\left[\frac{E_0 J_0(ka)}{H_0^{(1)}(ka)}H_0^{(1)}(kr)+2E_0\sum_{n=1}^{\infty}\frac{\mathrm{i}^n J_n(ka)}{H_n^{(1)}(ka)}\cos n\varphi\right]$$

乘上时间因子 $\mathrm{e}^{-\mathrm{i}\omega t}$ 就得到散射波电场强度

$$E_{2z}=-\left[\frac{E_0 J_0(ka)}{H_0^{(1)}(ka)}H_0^{(1)}(kr)+2E_0\sum_{n=1}^{\infty}\frac{\mathrm{i}^n J_n(ka)}{H_n^{(1)}(ka)}\cos n\varphi\right]\mathrm{e}^{-\mathrm{i}\omega t}$$

例题 2 均匀导电媒质中一无限长直导线，通过交变电流 $I_0\mathrm{e}^{-\mathrm{i}\omega t}$ 并与周围媒质绝缘，求电磁场分布.

解 设绝缘导线与 Oz 轴重合，通以谐变电流 $I_0\mathrm{e}^{-\mathrm{i}\omega t}$，其幅值和位相在整个长度上是恒定的，这样，场仅与 r 有关，并由赫兹矢量的一个分量 π_z 来确定. π_z 满足赫姆霍兹方程

$$\nabla^2\pi_z+k^2\pi_z=0$$

选取柱坐标系，由于 π_z 仅与 r 有关，与 φ、z 无关，故上面的赫姆霍兹方程可以写成

$$\frac{1}{r}\frac{\partial}{\partial r}\left(r\frac{\partial\pi_z}{\partial r}\right)+k^2\pi_z=0$$

零阶第一类汉克尔函数 $H_0^{(1)}(kr)$ 是方程的解

$$\pi_z=C_1 H_0^{(1)}(kr)$$

常数 C_1 由以下条件确定：

离导线很近时，磁场的幅值应该等于 $\mu\dfrac{\mu_0 I_0}{2\pi r}$，其中 I_0 是电流的幅值.

为了确定 C_1，我们利用(8.8-6)式计算磁场，并考虑到在导线附近 $H_0^{(1)}(kr)$ 的性质，求得

$$B_\varphi=\mathrm{i}\frac{k^2}{\omega}\frac{\partial\pi_z}{\partial r}=\frac{\mathrm{i}k^2}{\omega}C_1\left.\frac{\partial H_0^{(1)}(kr)}{\partial r}\right|_{r\to0}=-\frac{2k^2}{\omega\pi r}C_1$$

它应该等于 $\mu\dfrac{\mu_0 I_0}{2\pi r}$，故

$$-\frac{2k^2}{\omega\pi r}C_1=\mu\frac{\mu_0 I_0}{2\pi r}$$

由此得到 $$C_1=-\frac{\mu\mu_0 I_0\omega}{4k^2}$$

于是 π_z 写成

$$\pi_z=-\frac{\mu\mu_0 I_0\omega}{4k^2}H_0^{(1)}(kr)$$

因为 $\boldsymbol{\pi}$ 平行于导线，则其散度为零，故得电磁场的电场强度和磁感应强度为

$$E_z=k^2\pi_z=-\frac{\mu\mu_0 I_0\omega}{4}H_0^{(1)}(kr)$$

$$B_\varphi=\mathrm{i}\frac{k^2}{\omega}\frac{\partial\pi_z}{\partial r}=-\mathrm{i}k\frac{\mu\mu_0 I_0}{4}\frac{\partial H_0^{(1)}(kr)}{\partial r}$$

$$=\mathrm{i}k\frac{\mu\mu_0 I}{4}H_1^{(1)}(kr)$$

式中，$H_1^{(1)}(kr)$ 是一阶第一类汉克尔函数.

例题 3 无限长直导线电流的电磁场中的长圆柱体.

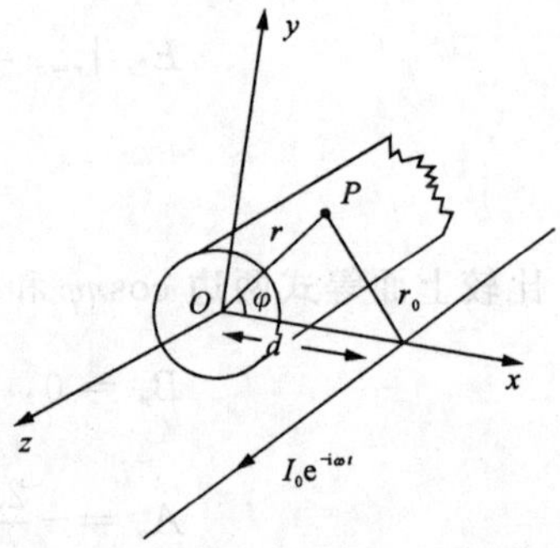

图 9.2-2

解 如图 9.2-2 所示. 无限长直导线通以交变电流 $I_0\mathrm{e}^{\mathrm{i}\omega t}$，在距离该导线 d 处置一圆柱体. 柱轴与 Oz 轴重合，并平行于导线. 从本节例题 2 可知，无限长直导线电流的场仅与 r 有关，它

的赫兹矢量为

$$\pi_{0z}=-\frac{\mu\mu_0 I_0\omega}{4k^2}H_0^{(1)}(kr_0)$$

式中，r_0 是导线到观察点 P 的距离.

在这样场中的圆柱体产生二次场，因此圆柱体外的场是一次场 π_{0z} 和二次场 π_z' 之和，体内无需这样分，故

$$\pi_{1z}=\pi_{0z}+\pi_z' \qquad (r\geqslant a)$$

$$\pi_{2z}=\pi_{2z} \qquad (r\leqslant a)$$

为了求得 π_z' 和 π_{2z}，要解柱坐标系中的赫姆霍兹方程

$$\frac{1}{r}\frac{\partial}{\partial r}\left(r\frac{\partial\pi_z}{\partial r}\right)+\frac{1}{r^2}\frac{\partial^2\pi_z}{\partial\varphi^2}+k^2\pi_z=0$$

它的通解为

$$\pi_z=\sum_{n=0}^{\infty}[A_nJ_n(kr)+B_nH_n^{(1)}(kr)]\cdot(C_n\cos n\varphi+D_n\sin n\varphi)$$

当 $r\to 0$ 时，π_{2z} 有限，故 B_n 项为零，又 $\pi_{2z}(-\varphi)=\pi_{2z}(+\varphi)$，故 D_n 项为零，于是

$$\pi_{2z}=\sum_{n=0}^{\infty}C_nJ_n(kr)\cos n\varphi \tag{9.2-6}$$

当 $r\to\infty$ 时，π_{1z} 有限，故 A_n 项为零，又 $\pi_{1z}(-\varphi)=\pi_{1z}(+\varphi)$，故 D_n 项为零，于是

$$\pi_{1z}=-\frac{\mu\mu_0 I_0\omega}{4k_1^2}H_0^{(1)}(k_1r_0)+\sum_{n=0}^{\infty}C_n'H_n^{(1)}(k_1r)\cos n\varphi \tag{9.2-7}$$

为了计算方便，将(9.2-6)式和(9.2-7)式写成

$$\pi_{2z}=-\frac{\mu\mu_0 I_0\omega}{4k_1^2}\sum_{n=0}^{\infty}C_{2n}J_n(k_2r)\cos n\varphi \tag{9.2-8}$$

$$\pi_{1z}=-\frac{\mu\mu_0 I_0\omega}{4k_1^2}H_0^{(1)}(k_1r_0)-\frac{\mu\mu_0 I_0\omega}{4k_1^2}\sum_{n=0}^{\infty}C_{1n}H_n^{(1)}(k_1r)\cos n\varphi \tag{9.2-9}$$

为了确定系数 C_{1n} 和 C_{2n}，利用在柱面上电场和磁场切向分量的连续性的边值关系(8.8-19)式和(8.8-20)式写出

$$\varepsilon_1'\frac{\partial\pi_{1z}}{\partial r}=\varepsilon_2'\frac{\partial\pi_{2z}}{\partial r}$$

$$\mu_1\varepsilon_1'\pi_{1z}=\mu_2\varepsilon_2'\pi_{2z}$$

为了利用上面的边值关系求待定常数 C_{1n} 和 C_{2n}，将零阶第一类汉克尔函数展成

$$H_0^{(1)}(k_1r_0)=H_0^{(1)}(k_1\sqrt{r^2+d^2-2rd\cos\varphi})$$

$$=\begin{cases}\sum\limits_{n=0}^{\infty}\delta_nJ_n(k_1r)H_n^{(1)}(k_1d)\cos n\varphi & (r<d)\\ \sum\limits_{n=0}^{\infty}\delta_nJ_n(k_1d)H_n^{(1)}(k_1r)\cos n\varphi & (r>d)\end{cases}$$

式中 $\delta_n=2(n\neq 0)$，$\delta_0=1$，根据这一关系式，就可由边值关系写出下列方程

$$\varepsilon'_1k_1[\delta_nJ_n'(k_1a)H_n^{(1)}(k_1d)+C_{1n}H_n^{(1)\prime}(k_1a)]=\varepsilon_2'k_2C_{2n}J_n'(k_2a)$$

$$\mu_1\varepsilon_1'[\delta_nJ_n(k_1a)H_n^{(1)}(k_1d)+C_{1n}H_n^{(1)}(k_1a)]=\mu_2\varepsilon_2'C_{2n}J_n(k_2a)$$

联立求解，得 C_{1n} 和 C_{2n} 为

$$C_{1n}=-\delta_n H_n^{(1)}(k_1 d)\frac{k_1\mu_2 J_n'(k_1 a)J_n(k_2 a)-k_2\mu_1 J_n(k_1 a)J_n'(k_2 a)}{k_1\mu_2 H_n^{(1)\prime}(k_1 a)J_n(k_2 a)-k_2\mu_1 J_n'(k_2 a)H_n^{(1)}(k_1 a)}$$

$$C_{2n}=-\delta_n H_n(k_1 d)\frac{\varepsilon_1' k_1\mu_1[J_n'(k_1 a)H_n^{(1)}(k_1 a)-J_n(k_1 a)H_n^{(1)\prime}(k_1 a)]}{\varepsilon_2'[k_1\mu_2 H_n^{(1)}(k_1 a)J_n(k_2 a)-k_2\mu_1 H_n^{(1)}(k_1 a)J_n'(k_2 a)]}$$

将 C_{1n} 和 C_{2n} 代入(9.2-8)式和(9.2-9)式中，就可以得到 π_{1z} 和 π_{2z}，从而就可以得到电场和磁场.

§9.3 球坐标系中赫姆霍兹方程的解

现在来讨论球坐标系中赫姆霍兹方程的解. 矢势 $\mathbf{A}$ 的赫姆霍兹方程

$$\nabla^2\mathbf{A}+k^2\mathbf{A}=0$$

在球坐标系中写成

$$\frac{1}{r^2}\frac{\partial}{\partial r}\left(r^2\frac{\partial U}{\partial r}\right)+\frac{1}{r^2\sin\theta}\frac{\partial}{\partial\theta}\left(\sin\theta\frac{\partial U}{\partial\theta}\right)+\frac{1}{r^2\sin^2\theta}\frac{\partial^2 U}{\partial\varphi^2}+k^2U=0 \qquad (9.3-1)$$

式中 U 表示 $\mathbf{A}$ 的一个直角分量，它可以是 A_x、A_y 和 A_z，而不可以是 A_r、A_θ 和 A_φ，因为单位矢量 $\mathbf{e}_r$、$\mathbf{e}_\theta$ 和 $\mathbf{e}_\varphi$ 在空间各点方向不同. 因此，A_r、A_θ 和 A_φ 是不满足赫姆霍兹方程的. 但是，可利用从 A_x、A_y 和 A_z 投影的方法求出 A_r、A_θ 和 A_φ 来.

我们用分离变量法求解，将 $U(r,\theta,\varphi)$ 写成三个函数的积

$$U(r,\theta,\varphi)=R(r)\Theta(\theta)\Phi(\varphi)$$

式中，R 仅为 r 的函数；Θ 仅为 θ 的函数；Φ 仅为 φ 的函数.

将此式代入(9.3-1)式中并除以 $R\Theta\Phi$，便得到

$$\frac{\sin^2\theta}{R}\frac{\mathrm{d}}{\mathrm{d}r}\left(r^2\frac{\mathrm{d}R}{\mathrm{d}r}\right)+k^2r^2\sin^2\theta+\frac{\sin\theta}{\Theta}\frac{\mathrm{d}}{\mathrm{d}\theta}\left(\sin\frac{\mathrm{d}\Theta}{\mathrm{d}\theta}\right)=-\frac{1\mathrm{d}^2\Phi}{\Phi\mathrm{d}\varphi^2}$$

由于上式等号的左边仅与 r、θ 有关，而等号右边仅与 φ 有关，所以我们可以假设

$$\left.\begin{aligned}&\frac{1}{\Phi}\frac{\mathrm{d}^2\Phi}{\mathrm{d}\varphi^2}=-m^2\\&\frac{\sin^2\theta}{R}\frac{\mathrm{d}}{\mathrm{d}r}\left(r^2\frac{\mathrm{d}R}{\mathrm{d}r}\right)+\frac{\sin\theta}{\Theta}\frac{\mathrm{d}}{\mathrm{d}\theta}\left(\sin\theta\frac{\mathrm{d}\Theta}{\mathrm{d}\theta}\right)+k^2r^2\sin^2\theta=m^2\end{aligned}\right\}$$

式中 m 是任意分离常数. 由上述方程组的第一式立即可以求得函数 $\Phi(\varphi)$ 的解为

$$\Phi(\varphi)=A\cos m\varphi+B\sin m\varphi$$

用 $\sin^2\theta$ 除以上列方程的第二式，得到

$$\frac{1}{R}\frac{\mathrm{d}}{\mathrm{d}r}\left(r^2\frac{\mathrm{d}R}{\mathrm{d}r}\right)+k^2r^2+\frac{1}{\Theta\sin\theta}\frac{\mathrm{d}}{\mathrm{d}\theta}\left(\sin\theta\frac{\mathrm{d}\Theta}{\mathrm{d}\theta}\right)-\frac{m^2}{\sin^2\theta}=0$$

由于这个方程式的前两项仅与 r 有关，而后两项仅与 θ 有关，所以我们可以假设

$$\left.\begin{aligned}&\frac{1}{R}\frac{\mathrm{d}}{\mathrm{d}r}\left(r^2\frac{\mathrm{d}R}{\mathrm{d}r}\right)+k^2r^2=\beta\\&\frac{1}{\Theta\sin\theta}\frac{\mathrm{d}}{\mathrm{d}\theta}\left(\sin\theta\frac{\mathrm{d}\Theta}{\mathrm{d}\theta}\right)-\frac{m^2}{\sin^2\theta}=-\beta\end{aligned}\right\}$$

式中 β 是任意分离常数. 上面方程的第二方程式是缔合勒让德方程，它的解为

$$\Theta(\theta)=CP_n^m(\cos\theta)+DQ_n^m(\cos\theta)$$

式中，C 和 D 是任意常数；$\beta=n(n+1)$，$n=0,1,2,\cdots$；而 $m=0,1,2,\cdots,n$.

方程的第一式可以写成下列形式

$$\frac{\mathrm{d}^2R}{\mathrm{d}r^2}+\frac{2}{r}\frac{\mathrm{d}R}{\mathrm{d}r}+\left[k^2-\frac{n(n+1)}{r^2}\right]R=0$$

这是球贝塞尔方程,它的解为

$$R(r)=\frac{1}{\sqrt{kr}}[A_nJ_{n+\frac{1}{2}}(kr)+B_nH^{(1)}_{n+\frac{1}{2}}(kr)]$$

式中,$J_{n+\frac{1}{2}}(kr)$和 $H^{(1)}_{n+\frac{1}{2}}(kr)$是半奇整数阶第一类贝塞尔函数和第一类汉克尔函数.

球坐标系中赫姆霍兹方程(9.3-1)式的通解为

$$U(r,\theta,\varphi)=\sum_{n=0}^{\infty}\sum_{m}^{n}\frac{1}{\sqrt{kr}}[A_nJ_{n+\frac{1}{2}}(kr)+B_nH^{(1)}_{n+\frac{1}{2}}(kr)](A\cos m\varphi+B\sin m\varphi)\cdot[CP_n^m(\cos\theta)+DQ_n^m(\cos\theta)] \quad (9.3-2)$$

例题 均匀交变磁场中的球体.

解 如图 9.3-1 所示. 沿 z 轴方向的均匀交变磁场 $H_0\mathrm{e}^{-\mathrm{i}\omega t}$ 中有一导电导磁球体,球的半径为 a,电导率为 λ_1,磁导率为 μ_1,球体周围媒质的电导率为 λ_2,磁导率为 μ_2,球内外的磁场可通过解赫姆霍兹方程来求得. 选用球坐标系,以球心为原点. 因为激发源是纯磁性的,用赫兹矢量 $\boldsymbol{\pi}^*$ 来计算磁场比较方便,这是因为

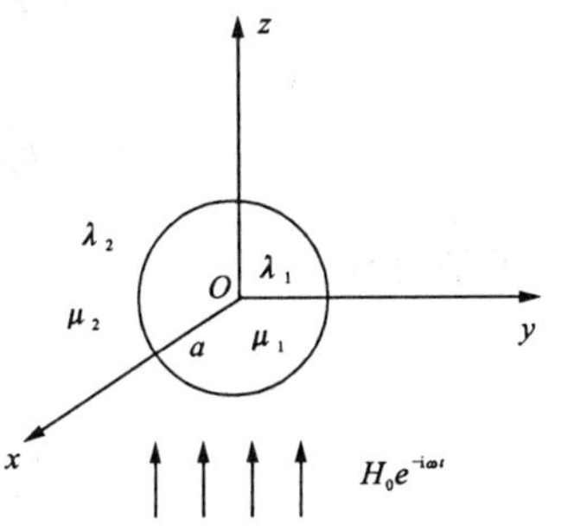

图 9.3-1

$$\boldsymbol{H}=k'^2\boldsymbol{\pi}^*+\nabla\nabla\cdot\boldsymbol{\pi}^*$$

由于外磁场是均匀的,它的赫兹矢量 $\boldsymbol{\pi}^*$ 的散度为零,故用赫兹矢量 $\boldsymbol{\pi}_0^*$ 可简单地将外磁场表示为

$$\boldsymbol{H}_0=k'^2\boldsymbol{\pi}_0^*$$

即

$$\boldsymbol{\pi}_0^*=\frac{\boldsymbol{H}_0}{k_2'^2}$$

由此可见,外磁场的赫兹矢量 $\boldsymbol{\pi}_0^*$ 只有 z 分量,因而 $\boldsymbol{\pi}^*$ 也只有 z 分量 π_z^*. 这样,π_z^* 满足赫姆霍兹方程

$$\nabla^2\pi_z^*+k'^2\pi_z^*=0$$

π_z^* 对 z 轴是旋转对称的,与 φ 无关,在球坐标系中 π_z^* 满足的赫姆霍兹方程写为

$$\frac{1}{r^2}\frac{\partial}{\partial r}\left(r^2\frac{\partial\pi_z^*}{\partial r}\right)+\frac{1}{r^2\sin\theta}\frac{\partial}{\partial\theta}\left(\sin\theta\frac{\partial\pi_z^*}{\partial\theta}\right)+k'^2\pi_z^*=0$$

它的通解为

$$\pi_z^*=\sum_{n=0}^{\infty}\frac{1}{\sqrt{k'r}}[A_nJ_{n+\frac{1}{2}}(k'r)+B_nH^{(1)}_{n+\frac{1}{2}}(k'r)]P_n(\cos\theta)$$

这里 $J_{n+\frac{1}{2}}(kr)$ 是半奇整数阶第一类贝塞尔函数,$H^{(1)}_{n+\frac{1}{2}}(kr)$ 是半奇整数阶第一类汉克尔函数.

在球内,由于 $r\to 0$ 时,π_{z1}^* 为有限,而 $r\to 0$ 时,$H^{(1)}_{n+\frac{1}{2}}(kr)\to\infty$,所以系数 B_n 必为零,因而球内的通解应为

$$\pi_{z1}^*=\sum_{n=0}^{\infty}\frac{A_n}{\sqrt{k_1'r}}J_{n+\frac{1}{2}}(k_1'r)P_n(\cos\theta) \quad (9.3-3)$$

在球外,由于 $r\to\infty$ 时,π_{z2}^* 为有限,而 $r\to\infty$ 时,$J_{n+\frac{1}{2}}(kr)\to\infty$,所以系数 A_n 必为零,因而球外的通解应为

$$\pi_{z2}^*=\sum_{n=0}^{\infty}\frac{B_n}{\sqrt{k_2'r}}H^{(1)}_{n+\frac{1}{2}}(k_2'r)P_n(\cos\theta)+\frac{H_0}{k_2'^2} \quad (9.3-4)$$

现在我们利用磁场的边值关系 $H_{1t}=H_{2t}$ 和 $B_{1n}=B_{2n}$ 来确定系数 A_n 和 B_n.

由于 $\frac{H_0}{k'^2_2}$ 项只有零级的勒让德多项式 $P_0(\cos\theta)=1$,因此,如果要满足边值关系,(9.3-3)式和(9.3-4)式中所有的 n 都必须限制在零级,即要求 $n>0$ 时,$A_n=B_n=0$. 这样,球内外的赫兹矢量为

$$\pi^*_{z1}=\frac{A_0}{\sqrt{k'_1 r}}J_{\frac{1}{2}}(k'_1 r)$$

$$\pi^*_{z2}=\frac{B_0}{\sqrt{k'_2 r}}H^{(1)}_{\frac{1}{2}}(k'_2 r)+\frac{H_0}{k'^2_2}$$

由于

$$J_{\frac{1}{2}}(k'_1 r)=\sqrt{\frac{2}{\pi}}\frac{\sin(k'_1 r)}{\sqrt{k'_1 r}}$$

$$H^{(1)}_{\frac{1}{2}}(k'_2 r)=-\mathrm{i}\sqrt{\frac{2}{\pi}}\frac{\mathrm{e}^{\mathrm{i}k'_2 r}}{\sqrt{k'_2 r}}$$

于是得到

$$\pi^*_{z1}=A_0\frac{\sin(k'_1 r)}{r} \tag{9.3-5}$$

$$\pi^*_{z2}=B_0\frac{\mathrm{e}^{\mathrm{i}k'_2 r}}{r}+\frac{H_0}{k'^2_2} \tag{9.3-6}$$

这里 k'_1 和 k'_2 分别合并在系数 A_0 和 B_0 中.

现在由边值关系来确定 A_0 和 B_0. 根据 $\boldsymbol{H}=k'^2\boldsymbol{\pi}^*+\nabla\nabla\cdot\boldsymbol{\pi}^*$,将边值关系 $H_{1t}=H_{2t}$ 和 $B_{1n}=B_{2n}$ 写成

$$(k'^2_1\boldsymbol{\pi}^*_1+\nabla\nabla\cdot\boldsymbol{\pi}^*_1)_t=(k'^2_2\boldsymbol{\pi}^*_2+\nabla\nabla\cdot\boldsymbol{\pi}^*_2)_t$$

和

$$\mu_1(k'^2_1\boldsymbol{\pi}^*_1+\nabla\nabla\cdot\boldsymbol{\pi}^*_1)_n=\mu_2(k'^2_2\boldsymbol{\pi}^*_2+\nabla\nabla\cdot\boldsymbol{\pi}^*_2)_n$$

在球坐标中

$$\nabla_r\nabla\cdot\boldsymbol{\pi}^*=\frac{\partial^2\boldsymbol{\pi}^*_z}{\partial r^2}\cos\theta$$

$$\nabla_\theta\nabla\cdot\boldsymbol{\pi}^*=-\frac{\sin\theta}{\partial}\frac{\partial\boldsymbol{\pi}^*_z}{\partial r}$$

$$\nabla_\varphi\nabla\cdot\boldsymbol{\pi}^*=0$$

代入边值关系式中,得

$$\left(\frac{1}{r}\frac{\partial\pi^*_{z1}}{\partial r}+k'^2_1\pi^*_{z1}\right)\bigg|_{r=a}=\left(\frac{1}{r}\frac{\partial\pi^*_{z2}}{\partial r}+k'^2_2\pi^*_{z2}\right)\bigg|_{r=a} \tag{9.3-7}$$

$$\mu_1\left(\frac{\partial^2\pi^*_{z1}}{\partial r^2}+k'^2_1\pi^*_{z1}\right)\bigg|_{r=a}=\mu_2\left(\frac{\partial^2\pi^*_{z2}}{\partial r^2}+k'^2_2\pi^*_{z2}\right)\bigg|_{r=a} \tag{9.3-8}$$

由于 $\pi^*_{z1}=A_0\frac{\sin(k'_1 r)}{r}$,故

$$\frac{\partial\pi^*_{z1}}{\partial r}=\frac{A_0 k'_1\cos(k'_1 r)}{r}-\frac{A_0\sin(k'_1 r)}{r^2}$$

$$\frac{\partial^2\pi^*_{z1}}{\partial r^2}=-\frac{A_0 k'^2_1\sin(k'_1 r)}{r}-2\frac{A_0 k'_1\cos(k'_1 r)}{r^2}+2\frac{A_0\sin(k'_1 r)}{r^3}$$

$$\mu_1\left(\frac{\partial^2\pi_{z1}^*}{\partial r^2}+k'^2_1\pi_{z1}^*\right)=\frac{2A_0\mu_1[\sin(k_1'r)-k_1'r\cos(k_1'r)]}{r^3}$$

同样，由于 $\pi_{z2}^*=B_0\dfrac{e^{ik_2'r}}{r}+\dfrac{H_0}{k'^2_2}$，故

$$\frac{\partial\pi_{z2}^*}{\partial r}=\frac{B_0 ik_2' e^{ik_2'r}}{r}-\frac{B_0 e^{ik_2'r}}{r^2}$$

$$\frac{\partial^2\pi_{z2}^*}{\partial r^2}=\frac{-B_0k_2'^2e^{ik_2'r}}{r}-\frac{B_0ik'^2_2e^{ik_2'r}}{r^2}+\frac{B_0ik'^2_2e^{ik_2'r}}{r^2}+\frac{2B_0e^{ik_2'r}}{r^3}$$

$$\mu_2\left(\frac{\partial^2\pi_{z2}^*}{\partial r^2}+k'^2_2\pi_{z2}^*\right)=\frac{-\mu_2B_0k'^2_2e^{ik_2'r}}{r}-\frac{2\mu_2B_0ik_2'e^{ik_2'r}}{r^2}+\frac{2\mu_2B_0e^{ik_2'r}}{r^3}+\frac{\mu_2k'^2_2B_0e^{ik_2'r}}{r}+\mu_2H_0$$

如果球周围的媒质导电性很差，则 $k_2'a\ll1$，这样就可以把上式简化为

$$\mu_2\left(\frac{\partial^2\pi_{z2}^*}{\partial r^2}+k_2'^2\pi_{z2}^*\right)\bigg|_{r=a}=\frac{2\mu_2B_0}{a^3}+\mu_2H_0$$

将以上各式代入边值关系(9.3-7)式、(9.3-8)式中，得

$$\frac{A_0k_1'\cos(k_1'a)}{a^2}-\frac{A_0\sin(k_1'a)}{a^3}+k_1'^2\frac{A_0\sin(k_1'a)}{a}$$

$$=\frac{B_0ik_2'e^{ik_2'a}}{a^2}-\frac{B_0e^{ik_2'a}}{a^3}+\frac{B_0k_2'^2e^{ik'_2a}}{a}+H_0$$

由于 $k_2'a\ll1$，则上式可以简化为

$$A_0[k_1'a\cos(k_1'a)-\sin(k_1'a)+k_1'^2a^2\sin(k_1'a)]=-B_0+H_0a^3$$

和

$$2\mu_1A_0[\sin(k_1'a)-k_1'a\cos(k_1'a)]=2\mu_2B_0+\mu_2H_0a^3$$

两方程联立求解，得

$$B_0=H_0a^3\,\frac{2\mu_1[\sin(k_1'a)-k_1'a\cos(k_1'a)]}{2\mu_1[\sin(k_1'a)-k_1'a\cos(k_1'a)]}$$

$$\cdot\frac{-\mu_2[k_1'a\cos(k_1'a)-\sin(k_1'a)+k'^2_1a^2\sin(k_1'a)]}{-2\mu_2[k_1'a\cos(k_1'a)-\sin(k_1'a)+k'^2_1a^2\sin(k_1'a)]}$$

$$A_0=\frac{2\mu_2B_0+\mu_2H_0a^3}{2\mu_1[\sin(k_1'a)-k_1'a\cos(k_1'a)]}$$

将 A_0、B_0 代入(9.3-5)式、(9.3-6)式中，便得到 π_{z1}^* 和 π_{z2}^*，因而球内外的磁场就可以求得.

§9.4 推迟势的直接积分法

在第八章中，讨论了推迟势，并且利用推迟势的表达式来计算辐射电磁场. 计算了辐射源的线度远比波长小的情况，在这种情况下，电流可认为是均匀分布的，然而在实际问题中，往往会遇到辐射源的线度比波长大的情况，此时电流不能认为是均匀分布的，因此必须考虑电流分布的不均匀性. 如图 9.4-1 所示. 沿 z 轴长为 $2l$ 的导线通以交变电流，如果 P 点在足够远处，则仅需考虑辐射场. 由于电流分布不均匀，取一电流元 $I'dz'$，则在此小段电流范围内电流可看作均匀分布，写出它在 P 点的推迟势，并对整个电流积分，即可得到整个电流在 P 点的推迟势

$$\boldsymbol{A}=\frac{\mu_0}{4\pi}\int_{-l}^{+l}\frac{I'(z')e^{i(kr'-\omega t)}}{r'}dz'$$

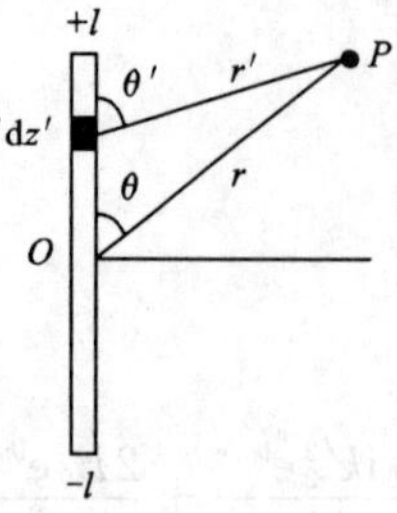

图 9.4-1

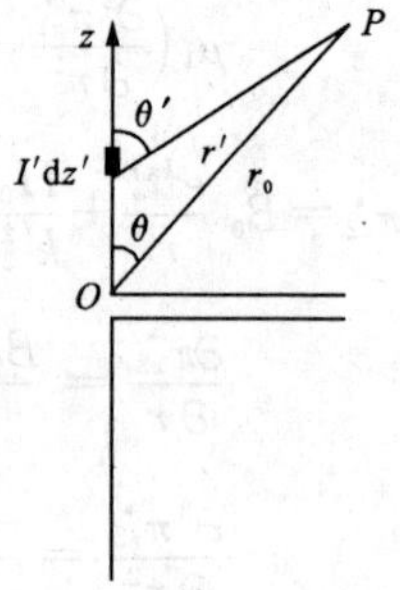

图 9.4-2

式中，$I'(z')$是z'的函数，它由问题中电流的具体分布所确定.

例题 半波天线辐射的电磁场.

解 如图 9.4-2 所示. 长 $l=\dfrac{\lambda}{2}$ 的天线置于 z 轴方向，坐标原点在天线的中点，设天线上的电波为驻波形式，两端为波节，则电流分布为

$$I'(z') = I_0 \cos kz' \quad , |z| \leqslant \lambda/4$$

式中 $k=2\pi/\lambda$，称为波数.

天线在 P 点的推迟势为

$$A_z = \frac{\mu_0 I_0 e^{-i\omega t}}{4\pi}\int_{-\frac{\lambda}{4}}^{\frac{\lambda}{4}} \frac{e^{ikr'}}{r'}\cos kz' dz' \tag{9.4-1}$$

现在来计算这个积分. 由于 P 点在足够远处，积分中的 $1/r'$ 可近似等于 $1/r_0$；但 $e^{ikr'}$ 中的 r' 不能用 r_0 来代替，这是因为原点 O 处的位相与 dz' 处的位相不同，但可近似认为

$$r' = r_0 - z'\cos\theta$$

于是积分中的 $e^{ikr'}$ 可以写成

$$e^{ikr'} = e^{ikr_0} e^{-ikz'\cos\theta}$$

代入(9.4-1)式中，得到

$$A_z = \frac{\mu_0 I_0 e^{i(kr_0-\omega t)}}{4\pi r_0}\int_{-\frac{\lambda}{4}}^{\frac{\lambda}{4}} \cos kz' e^{-ikz'\cos\theta} dz'$$

$$= \frac{\mu_0 I_0 e^{i(kr_0-\omega t)}}{4\pi r_0}\int_{-\frac{\lambda}{4}}^{\frac{\lambda}{4}} \cos kz' [\cos(kz'\cos\theta) - i\sin(kz'\cos\theta)] dz'$$

式中虚数部分为 z' 的奇函数，积分为零，故

$$A_z = \frac{\mu_0 I_0 e^{i(kr_0-\omega t)}}{4\pi r_0}\int_{-\frac{\lambda}{4}}^{\frac{\lambda}{4}} \cos kz' \cos(kz'\cos\theta) dz' = \frac{\mu_0 I_0 e^{i(kr_0-\omega t)}}{4\pi r_0}\left[\frac{2\cos\left(\frac{\pi}{2}\cos\theta\right)}{k\sin^2\theta}\right]$$

$$= \frac{\mu_0 I_0 e^{i(kr_0-\omega t)}}{2\pi k r_0}\frac{\cos\left(\frac{\pi}{2}\cos\theta\right)}{\sin^2\theta}$$

利用 $\boldsymbol{B}=\nabla\times\boldsymbol{A}$ 可以求出 P 点的磁感应强度为

$$\boldsymbol{B} = -i\frac{\mu_0 I_0 e^{i(kr_0-\omega t)}}{2\pi r_0}\frac{\cos\left(\frac{\pi}{2}\cos\theta\right)}{\sin\theta}\boldsymbol{e}_\varphi$$

由 $\boldsymbol{E}=\dfrac{1}{i\omega\varepsilon_0\mu_0}\nabla\times\boldsymbol{B}$ 可以求出 P 点的电场强度为

$$\boldsymbol{E}=-\mathrm{i}\frac{\mu_0 c I_0 \mathrm{e}^{\mathrm{i}(kr_0-\omega t)}}{2\pi r_0}\frac{\cos\left(\frac{\pi}{2}\cos\theta\right)}{\sin\theta}\boldsymbol{e}_\theta$$

习　题

9.1　一对无限大的平行理想导体板，相距为 b，电磁波沿着平行板面的 z 方向传播，求其中可能传播的波型场分布．

9.2　无限长的矩形波导，在 $z=0$ 处被一垂直插入的理想导体板完全封闭，求在 $z=-\infty$ 到 $z=0$ 这段管内的可能波型的场分布．

9.3　平面电磁波入射到一半径为 a 的理想导电球上，求远离球某点散射波的场矢量．

9.4　平面电磁波垂直无限长理想导电圆柱体的轴入射，圆柱体的半径为 a，求远离圆柱体某点散射波的场矢量．

附 录

一、矢量分析中的重要公式

1. 三个矢量之积

$$\boldsymbol{A}\cdot(\boldsymbol{B}\times\boldsymbol{C})=\boldsymbol{B}\cdot(\boldsymbol{C}\times\boldsymbol{A})=\boldsymbol{C}\cdot(\boldsymbol{A}\times\boldsymbol{B})$$

$$\boldsymbol{A}\times(\boldsymbol{B}\times\boldsymbol{C})=\boldsymbol{B}(\boldsymbol{A}\cdot\boldsymbol{C})-\boldsymbol{C}(\boldsymbol{A}\cdot\boldsymbol{B})=-(\boldsymbol{B}\times\boldsymbol{C})\times\boldsymbol{A}$$

2. 矢量的微分运算

$$\nabla\cdot(\nabla U)=\nabla^2 U$$

$$\nabla\times\nabla U=0$$

$$\nabla\cdot(\nabla\times\boldsymbol{A})=0$$

$$\nabla\times(\nabla\times\boldsymbol{A})=\nabla(\nabla\cdot\boldsymbol{A})-\nabla^2\boldsymbol{A}$$

$$\nabla\cdot(U\boldsymbol{A})=\nabla U\cdot\boldsymbol{A}+U\nabla\cdot\boldsymbol{A}$$

$$\nabla\times(U\boldsymbol{A})=\nabla U\times\boldsymbol{A}+U\nabla\times\boldsymbol{A}$$

$$\nabla\cdot(\boldsymbol{A}\times\boldsymbol{B})=\boldsymbol{B}\cdot(\nabla\times\boldsymbol{A})-\boldsymbol{A}\cdot(\nabla\times\boldsymbol{B})$$

$$\nabla(\boldsymbol{A}\cdot\boldsymbol{B})=(\boldsymbol{A}\cdot\nabla)\boldsymbol{B}+(\boldsymbol{B}\cdot\nabla)\boldsymbol{A}+\boldsymbol{A}\times(\nabla\times\boldsymbol{B})+\boldsymbol{B}\times(\nabla\times\boldsymbol{A})$$

$$\nabla\times(\boldsymbol{A}\times\boldsymbol{B})=\boldsymbol{A}(\nabla\cdot\boldsymbol{B})-\boldsymbol{B}(\nabla\cdot\boldsymbol{A})+(\boldsymbol{B}\cdot\nabla)\boldsymbol{A}-(\boldsymbol{A}\cdot\nabla)\boldsymbol{B}$$

3. 矢量的积分变换定理

$$\oint_S\boldsymbol{A}\cdot\boldsymbol{n}\mathrm{d}S=\int_V\nabla\cdot\boldsymbol{A}\mathrm{d}\tau \qquad \text{(高斯定理)}$$

$$\oint_L\boldsymbol{A}\cdot\mathrm{d}\boldsymbol{l}=\int_S(\nabla\times\boldsymbol{A})\cdot\boldsymbol{n}\mathrm{d}S \qquad \text{(斯托克斯定理)}$$

$$\oint_L U\mathrm{d}\boldsymbol{l}=\int_S\boldsymbol{n}\times\nabla U\mathrm{d}S$$

$$\int_V(\nabla\times\boldsymbol{A})\mathrm{d}\tau=\oint_S\boldsymbol{n}\times\boldsymbol{A}\mathrm{d}S$$

$$\int_V(u\nabla^2 v+\nabla u\cdot\nabla v)\mathrm{d}\tau=\oint_S u\frac{\partial v}{\partial n}\mathrm{d}S$$

$$\int_V(u\nabla^2 v-v\nabla^2 u)\mathrm{d}\tau=\oint_S\left(u\frac{\partial u}{\partial n}-v\frac{\partial u}{\partial n}\right)\mathrm{d}S$$

二、曲线坐标中的矢量微分公式

1. 柱坐标(r,φ,z)

$$\nabla U=\frac{\partial U}{\partial r}\boldsymbol{e}_r+\frac{1}{r}\frac{\partial U}{\partial\varphi}\boldsymbol{e}_\varphi+\frac{\partial U}{\partial z}\boldsymbol{e}_z$$

$$\nabla\cdot\boldsymbol{A}=\frac{1}{r}\frac{\partial}{\partial r}(rA_r)+\frac{1}{r}\frac{\partial A_\varphi}{\partial\varphi}+\frac{\partial A_z}{\partial z}$$

$$\nabla\times\boldsymbol{A}=\left(\frac{1}{r}\frac{\partial A_z}{\partial\varphi}-\frac{\partial A_\varphi}{\partial z}\right)\boldsymbol{e}_r+\left(\frac{\partial A_r}{\partial z}-\frac{\partial A_z}{\partial r}\right)\boldsymbol{e}_\varphi+\frac{1}{r}\left[\frac{\partial}{\partial r}(rA_\varphi)-\frac{\partial A_r}{\partial\varphi}\right]\boldsymbol{e}_z$$

$$\nabla^2U=\frac{1}{r}\frac{\partial}{\partial r}\left(r\frac{\partial U}{\partial r}\right)+\frac{1}{r^2}\frac{\partial^2U}{\partial\varphi^2}+\frac{\partial^2U}{\partial z^2}$$

$$(\nabla^2\boldsymbol{A})_r=\nabla^2A_r-\frac{1}{r^2}A_r-\frac{2}{r^2}\frac{\partial A_\varphi}{\partial\varphi}$$

$$(\nabla^2\boldsymbol{A})_\varphi=\nabla^2A_\varphi-\frac{1}{r^2}A_\varphi+\frac{2}{r^2}\frac{\partial A_r}{\partial\varphi}$$

$$(\nabla^2\boldsymbol{A})_z=\nabla^2A_z$$

2. 球坐标(r,θ,φ)

$$\nabla U=\frac{\partial U}{\partial r}\boldsymbol{e}_r+\frac{1}{r}\frac{\partial U}{\partial\theta}\boldsymbol{e}_\theta+\frac{1}{r\sin\theta}\frac{\partial U}{\partial\varphi}\boldsymbol{e}_\varphi$$

$$\nabla\cdot\boldsymbol{A}=\frac{1}{r^2}\frac{\partial}{\partial r}(r^2A_r)+\frac{1}{r\sin\theta}\frac{\partial}{\partial\theta}(\sin\theta A_\theta)+\frac{1}{r\sin\theta}\frac{\partial A_\varphi}{\partial\varphi}$$

$$\nabla\times\boldsymbol{A}=\frac{1}{r\sin\theta}\left[\frac{\partial}{\partial\theta}(\sin\theta A_\varphi)-\frac{\partial A_\theta}{\partial\varphi}\right]\boldsymbol{e}_r+\frac{1}{r}\left[\frac{1}{\sin\theta}\frac{\partial A_r}{\partial\varphi}-\frac{\partial}{\partial r}(rA_\varphi)\right]\boldsymbol{e}_\theta$$
$$+\frac{1}{r}\left[\frac{\partial}{\partial r}(rA_\theta)-\frac{\partial A_r}{\partial\theta}\right]\boldsymbol{e}_\varphi$$

$$\nabla^2U=\frac{1}{r^2}\frac{\partial}{\partial r}\left(r^2\frac{\partial U}{\partial r}\right)+\frac{1}{r^2\sin\theta}\frac{\partial}{\partial\theta}\left(\sin\theta\frac{\partial U}{\partial\theta}\right)+\frac{1}{r^2\sin^2\theta}\frac{\partial^2U}{\partial\varphi^2}$$

$$(\nabla^2\boldsymbol{A})_r=\nabla^2A_r-\frac{2}{r^2}\left[A_r+\frac{1}{\sin\theta}\frac{\partial}{\partial\theta}(\sin\theta A_\theta)+\frac{1}{\sin\theta}\frac{\partial A_\varphi}{\partial\varphi}\right]$$

$$(\nabla^2\boldsymbol{A})_\theta=\nabla^2A_\theta+\frac{2}{r^2}\left[\frac{\partial A_r}{\partial\theta}-\frac{A_\theta}{2\sin^2\theta}-\frac{\cos\theta}{\sin^2\theta}\frac{\partial A_\varphi}{\partial\varphi}\right]$$

$$(\nabla^2\boldsymbol{A})_\varphi=\nabla^2A_\varphi+\frac{2}{r^2\sin\theta}\left[\frac{\partial A_r}{\partial\varphi}+\frac{\cos\theta}{\sin\theta}\frac{\partial A_\theta}{\partial\varphi}-\frac{A_\varphi}{2\sin\theta}\right]$$

习题答案

第一章

1.1 $\sigma=\int_0^{\Delta h}\rho\mathrm{d}x=\frac{C_1}{2}(\Delta h)^2+C_2(\Delta h)$

1.2 $\Delta g=k\lambda\left[\frac{1}{(x^2+y^2+h_1^2)^{1/2}}-\frac{1}{(x^2+y^2+h_2^2)^{1/2}}\right]$

1.3 $\Delta g=2k\sigma\left[\tan^{-1}\frac{(x+l)}{h}-\tan^{-1}\frac{(x-l)}{h}\right]$

1.4 略

1.5 $\Delta g=k\rho'\left\{x\ln\frac{x^2+h_2^2}{x^2+h_1^2}+2[h_2(\frac{\pi}{2}+\tan^{-1}\frac{x}{h_2})-h_1(\frac{\pi}{2}+\tan^{-1}\frac{x}{h_1})]\right\}$,讨论略

1.6 略

1.7 $F_1=-2\pi\rho r$；$F_2=-2\pi k\rho a^2/r$；其他略

1.8 略

1.9 $\boldsymbol{F}=-\frac{2Mk}{a^2h}[h+d_2-d_1]\boldsymbol{e}_z$；其他略

1.10 前者是正确的,后者是错误的

1.11、1.12 略

第二章

2.1 (i) $\sigma_{11}=\sigma_{22}=(\sigma_1+\sigma_2)/2$；$\sigma_{12}=-\sigma_{21}=(\sigma_1-\sigma_2)/2$

(ii)充介质后,自由电荷分布不变.

在介质中,$\boldsymbol{E}=\frac{1}{2\varepsilon}(\sigma_2-\sigma_1)\boldsymbol{e}_z$；$u=-E_z$；$\boldsymbol{p}=(\varepsilon-\varepsilon_0)\boldsymbol{E}$；$\sigma'=P_n=\pm(\varepsilon-\varepsilon_0)E$

2.2 当 $\theta=\cos^{-1}\left(\frac{\pm1}{\sqrt{3}}\right)$ 时,$E_z=0$；当 $\theta=\begin{cases}0\\ \pi/2\\ \pi\end{cases}$ 时,$E=E_z$

2.3 $u=\frac{\tau}{2\varepsilon_0}\left\{\frac{\frac{h}{2}-z}{[a^2+(\frac{h}{2}-z)^2]^{1/2}}+\frac{\frac{h}{2}+z}{[a^2+(\frac{h}{2}+z)^2]^{1/2}}\right\}$

$$\boldsymbol{E}=\frac{\tau a^2}{2\varepsilon_0}\left\{\frac{1}{[a^2+(\frac{h}{2}-z)^2]^{3/2}}-\frac{1}{[a^2+(\frac{h}{2}+z)^2]^{3/2}}\right\}\boldsymbol{e}_z$$

2.4 $\varepsilon_r=5/3$； $\sigma'=-2\varepsilon_0$

2.5 介质区中:$\boldsymbol{E}_1=\frac{6}{\pi(\varepsilon+11\varepsilon_0)}\frac{\boldsymbol{r}}{r^2}$；$\boldsymbol{D}_1=\frac{6\varepsilon}{\pi(\varepsilon+11\varepsilon_0)}\frac{\boldsymbol{r}}{r^2}$；$\boldsymbol{p}_1=(\varepsilon-\varepsilon_0)\boldsymbol{E}_1=\frac{6(\varepsilon-\varepsilon_0)}{\pi(\varepsilon+11\varepsilon_0)}\frac{\boldsymbol{r}}{r^2}$

介质外区中:$\boldsymbol{E}_2=\frac{6}{\pi(\varepsilon+11\varepsilon_0)}\frac{\boldsymbol{r}}{r^2}$；$\boldsymbol{D}_2=\frac{6\varepsilon_0}{\pi(\varepsilon+11\varepsilon_0)}\frac{\boldsymbol{r}}{r^2}$；$\boldsymbol{p}_2=0$

束缚电荷线密度为 $\lambda'=-\frac{\varepsilon_r-1}{\varepsilon_r+11}\lambda$

2.6 左端 $q'_{左}=-Cab$；右端 $q'_{右}=-Ca(l+b)$. $\rho'=C$；$q'_{体}=-Cal$；$u'=\frac{Ca}{4\pi\varepsilon_0}\ln(1+\frac{l}{b})$

2.7 $\boldsymbol{E}_1=\frac{1}{2\pi(\varepsilon+\varepsilon_0)}\frac{q\boldsymbol{r}}{r^3}$；$\boldsymbol{E}_2=\frac{1}{2\pi(\varepsilon+\varepsilon_0)}\frac{q\boldsymbol{r}}{r^3}$

$u_1=\frac{q}{2\pi(\varepsilon+\varepsilon_0)}(\frac{1}{r}-\frac{1}{b})$；$u_2=\frac{q}{2\pi(\varepsilon+\varepsilon_0)}(\frac{1}{r}-\frac{1}{b})$

$$D_1 = \frac{\varepsilon}{2\pi(\varepsilon+\varepsilon_0)}\frac{q\boldsymbol{r}}{r^3}；\boldsymbol{D}_2 = \frac{\varepsilon_0}{2\pi(\varepsilon+\varepsilon_0)}\frac{q\boldsymbol{r}}{r^3}$$

2.8、2.9 略

2.10 (i) $\boldsymbol{E} = \frac{\tau'}{2\pi\varepsilon_0 R^2}(\cos\theta\,\boldsymbol{e}_r + \sin\theta\,\boldsymbol{e}_\theta)$

(ii)力线方程为：$R = A\sin\theta$，A 为常数

第三章

3.1 (i) $j = \frac{I}{S}$，j 方向向上 (ii) $E_1 = j/\lambda_1$；$E_2 = j/\lambda_2$

(iii) $\sigma_{中} = \frac{\varepsilon_0 I}{S}(\frac{1}{\lambda_1} - \frac{1}{\lambda_2})$；$\sigma_{上} = -\varepsilon_0 I/S\lambda_1$；$\sigma_{下} = +\varepsilon_0 I/S\lambda_2$

3.2 (i) 电阻：$R = \frac{1}{4\pi\lambda_0}[(\frac{1}{a} - \frac{1}{b}) + C\ln\frac{b}{a}]$

(ii) 电荷密度：在 $r\to a$ 的界面上，$\sigma_a = \frac{\varepsilon_0 V_0(1+Ca)}{a^2[(\frac{1}{a}-\frac{1}{b})+C\ln\frac{b}{a}]}$

在 $r\to b$ 的界面上，$\sigma_b = \frac{\varepsilon V_0(1+Cb)}{b^2[(\frac{1}{a}-\frac{1}{b}+C\ln\frac{b}{a}]}$

体电荷密度 $\rho = \frac{\varepsilon_0 CV_0}{r^2[(\frac{1}{a}-\frac{1}{b})+C\ln\frac{b}{a}]}$

3.3 $u_1 = \frac{V_0}{d}y$；$u_2 = \frac{V_0}{d}y$；$I = \frac{V_0}{d}(\lambda_1 S_1 + \lambda_2 S_2)$

3.4 $u = \frac{V}{\pi}\varphi$；$\boldsymbol{j} = \frac{\lambda V}{\pi r}\boldsymbol{e}_\varphi$

3.5 (i) 只有球面上有电荷，面密度为 $\sigma = \frac{I\varepsilon_0}{2\pi a^2(\lambda+\lambda_0)}$

(ii) 电阻 $R = \frac{1}{2\pi a(\lambda+\lambda_0)}$

3.6 $u = \frac{Ilx}{4\pi\lambda}\left\{\frac{1}{[x^2+y^2+(z-h)^2]^{3/2}} + \frac{1}{[x^2+y^2+(z+h)^2]^{3/2}}\right\}$

x 轴上点的电流密度 $\boldsymbol{j} = \frac{Il}{2\pi}\frac{2x^2-h^2}{(x^2+h^2)^{5/2}}\boldsymbol{e}_x$

3.7 $u_P = \frac{I}{2\pi\lambda}[\frac{1}{a-b} + \frac{2}{(a^2+b^2+ab)^{1/2}}]$

$\boldsymbol{E}_P = \frac{I}{2\pi\lambda}[\frac{1}{(a-b)^2} - \frac{2b+a}{(a^2+b^2+ab)^{3/2}}]\boldsymbol{e}_x$

3.8 $u' = \frac{I}{\pi\lambda}\sum_{n=1}^{\infty}\frac{1}{[x^2+y^2+(2nd)^2]^{1/2}}$

第四章

4.1 $u = -\frac{U_0}{a}x$；$\boldsymbol{j} = \frac{U_0\lambda}{a}\boldsymbol{e}_x$

4.2 略

4.3 $\boldsymbol{E}_1 = \frac{3}{2}\rho j_0\boldsymbol{e}_z$；$\boldsymbol{j}_1 = 0$ $(r < a)$

$E_{2r} = \rho j_0[1-\left(\frac{a}{r}\right)^3]\cos\theta$； $E_{2\theta} = \rho j_0[1+\frac{1}{2}\left(\frac{a}{r}\right)^3]\sin\theta$

$j_{2r} = j_0[1-\left(\frac{a}{r}\right)^3]\cos\theta$； $j_{2\theta} = j_0[1+\frac{1}{2}\left(\frac{a}{r}\right)^3]\sin\theta$ $(r>a)$

洞内有电场无电流；电荷分布在界面上；电流线连续；电力线不连续．图略

4.4 (i) $E_{2r}=E_0\cos\theta+\frac{1}{4\pi\varepsilon_0}\frac{q}{r^2}+\frac{2E_0a^3}{r^3}\cos\theta$

(ii) 球面电荷密度为：$\sigma=3\varepsilon_0E_0\cos\theta+\frac{q}{4\pi a^2}$

4.5 (i) 腔内极化强度 $\boldsymbol{P}_1=0$；腔外极化强度：$P_{2r}=(1+\frac{\varepsilon_0-\varepsilon}{\varepsilon_0+\varepsilon}\frac{a^2}{r^2})P_{0r}$，$P_{2\varphi}=-(1-\frac{\varepsilon_0-\varepsilon}{\varepsilon_0+\varepsilon}\frac{a^2}{r^2})P_{0\varphi}$，可见挖腔后，各处的极化强度都变化了，不同于原极化强度 $\boldsymbol{P}_0$，但是当 $r\gg a$ 时，腔外的极化强度 $\boldsymbol{P}$ 近似等于原极化强度 $\boldsymbol{P}_0$

(ii) 面束缚电荷密度 $\sigma'=P_{2n}=-P_{2r}=-(1+\frac{\varepsilon_0-\varepsilon}{\varepsilon_0+\varepsilon}\frac{a^2}{r^2})P_0\cos\varphi$

(iii) $\boldsymbol{E}$ 线、$\boldsymbol{P}$ 线不连续，$\boldsymbol{D}$ 线连续．　图略

4.6 $u=\frac{q}{4\pi\varepsilon_0}[\frac{1}{(r^2+d^2-2rd\cos\theta)^{1/2}}-\frac{a/d}{(r^2+\frac{a^4}{d^2}-2\frac{ra^2}{d}\cos\theta)^{1/2}}]$，式中 $d<a$

4.7～4.12 略

第五章

5.1 $\boldsymbol{B}=\frac{\mu_0I}{4a}\boldsymbol{e}_z$

5.2 $\boldsymbol{B}=\frac{\mu_0i}{2}\boldsymbol{e}_x$

5.3 $\boldsymbol{B}_1=\mu_0i\,\boldsymbol{e}_x$；$\boldsymbol{B}_2=0$

5.4 $\boldsymbol{B}=\frac{\mu_0I}{4a}\boldsymbol{e}_x+\frac{\mu_0I}{4a}\boldsymbol{e}_z$

5.5 略

5.6 $\boldsymbol{B}=\frac{\mu_0\sigma\omega}{2}\left[\frac{a^2+2z^2}{(a^2+z^2)^{1/2}}-2z\right]\boldsymbol{e}_z$

5.7 $\boldsymbol{B}=\frac{4\pi}{3}\mu_0\rho a^2\omega\,\boldsymbol{e}_z$

5.8 $B_p=\frac{2\mu_0I}{4\pi r}\frac{k}{k+z}[1-\frac{z}{(r^2+z^2)^{1/2}}]-\frac{\mu_0I}{4\pi r}[1-\frac{z}{(r^2+z^2)^{1/2}}]$

5.9 $B_p=\frac{\mu_0I}{2\pi r}\{1-\frac{h+z}{[(h+z)^2+r^2]^{1/2}}\}$

5.10 (i) $\boldsymbol{B}=\frac{\mu_0Ir}{2\pi a^2}\boldsymbol{e}_\varphi$；(ii) $\boldsymbol{B}=\frac{\mu_0I}{2\pi r}\boldsymbol{e}_\varphi$；(iii) $\boldsymbol{B}=\frac{\mu_0I}{2\pi}(1-\frac{r^2-b^2}{d^2-b^2})\boldsymbol{e}_\varphi$；(iv) $\boldsymbol{B}=0$

5.11 $\boldsymbol{B}_1=\frac{\mu_0j_0r^2}{3}\boldsymbol{e}_\varphi$；$\boldsymbol{B}_2=\frac{\mu_0j_0a^3}{3r}\boldsymbol{e}_\varphi$

5.12 $\boldsymbol{j}=2a\boldsymbol{e}_z$

5.13 $\boldsymbol{j}=\frac{I}{2\pi r^2}\boldsymbol{e}_r$

5.14 直角坐标系：设磁场沿 z 轴，得 $A_x=-\frac{1}{2}yB$；$A_y=\frac{1}{2}xB$；$A_z=0$

球坐标系：设磁场沿极轴，得 $A_r=0$；$A_\theta=0$；$A_\varphi=\frac{1}{2}Br\sin\theta$

圆柱坐标系：设磁场沿 z 轴，得 $A_r=0$；$A_\varphi=\frac{1}{2}Br$；$A_z=0$

5.15 $A_z=\frac{\mu_0I}{4\pi}\ln\frac{x^2+\left(\frac{d}{2}+y\right)^2}{x^2+\left(\frac{d}{2}-y\right)^2}$；$B_x=\frac{\mu_0I}{2\pi}\left[\frac{\frac{d}{2}+y}{a_2^2}+\frac{\frac{d}{2}-y}{a_1^2}\right]$；$B_y=-\frac{\mu_0I}{2\pi}\left(\frac{x}{a_2^2}-\frac{x}{a_1^2}\right)$；$B_z=0$

5.16　略

5.17　$\boldsymbol{A}=\dfrac{\mu_0\boldsymbol{P}_m\times\boldsymbol{r}}{4\pi r^3}$. 式中 $\boldsymbol{P}_m = Iab\boldsymbol{e}_z$ 为载流线圈的磁矩

5.18　$A_z=\mu a I_0\ln a+\dfrac{\mu a}{2}\sum\limits_{n=1}^{\infty}\dfrac{1}{n}(\dfrac{r}{a})^n I_n\cos n\varphi$

第六章

6.1　$\boldsymbol{j}_m=0$；$\boldsymbol{i}_m=(Aa^2\cos^2\theta+B)\sin\theta\,\boldsymbol{e}_\varphi$

6.2　$\boldsymbol{j}_m=0$；$\boldsymbol{i}_m=0$

6.3　$\boldsymbol{j}_m=0$；$\boldsymbol{i}_m=0$

6.4　柱内：$B_1=\mu_0 M_0(\dfrac{r}{a})^2$；柱外：$B_2=\mu_0 M_0(\dfrac{a}{r})$

6.5　$\boldsymbol{A}_1=\dfrac{\mu_0}{4\pi}(\dfrac{Qa^2\omega}{3})\dfrac{r}{a^3}\sin\theta\,\boldsymbol{e}_\varphi$；$\boldsymbol{A}_2=\dfrac{\mu_0}{4\pi}(\dfrac{Qa^2\omega}{3})\dfrac{\sin\theta}{r^2}\boldsymbol{e}_\varphi$. $\boldsymbol{B}_1=\dfrac{\mu_0}{4\pi}\dfrac{2\boldsymbol{m}}{a^2}$；$\boldsymbol{B}_2=\dfrac{\mu_0}{4\pi}\left[\dfrac{3\boldsymbol{r}(\boldsymbol{m}\cdot\boldsymbol{r})}{r^5}-\dfrac{\boldsymbol{m}}{r^3}\right]$，

式中 $\boldsymbol{m}=\dfrac{Qa^2\omega}{3}\boldsymbol{e}_z$ 是球的磁矩

6.6　$A_1=-\dfrac{\mu j}{4}r^2+\dfrac{2B_0\mu}{\mu+\mu_0}r\sin\varphi$

$A_2=\dfrac{\mu_0 a^2 j}{2}\ln\dfrac{a}{r}-\dfrac{\mu a^2 j}{4}+B_0 r\sin\varphi(1+\dfrac{a^2}{r^2}\dfrac{\mu-\mu_0}{\mu+\mu_0})$

$\boldsymbol{B}_1=(\dfrac{2B_0\mu}{\mu+\mu_0}\cos\varphi)\boldsymbol{e}_r+(\dfrac{\mu j}{2}r-\dfrac{2B_0\mu}{\mu+\mu_0}\sin\varphi)\boldsymbol{e}_\varphi$

$\boldsymbol{B}_2=(1+\dfrac{a^2}{r^2}\dfrac{\mu-\mu_0}{\mu+\mu_0})B_0\cos\varphi\boldsymbol{e}_r+(\dfrac{\mu_0 a^2}{2r}-B_0\sin\varphi+B_0\dfrac{a^2}{r^2}\dfrac{\mu-\mu_0}{\mu+\mu_0}\sin\varphi)\boldsymbol{e}_\varphi$

6.7　$\boldsymbol{A}_1=jd(-\mu_0 z-2\mu d+\mu_0 d)\boldsymbol{e}_y$；$\boldsymbol{A}_2=-\dfrac{\mu}{2}jz^2\boldsymbol{e}_y$；$\boldsymbol{A}_3=jd(\mu_0 z-2\mu d+\mu_0 d)\boldsymbol{e}_y$

$\boldsymbol{B}_1=\mu_0 jd\boldsymbol{e}_x$；$\boldsymbol{B}_2=\mu jz\boldsymbol{e}_x$；$\boldsymbol{B}_3=-\mu jd\boldsymbol{e}_x$

6.8　$\boldsymbol{H}_1=-\dfrac{\mu_0\boldsymbol{M}_r}{2\mu+\mu'}$；$\boldsymbol{B}_1=\dfrac{2\mu_0\mu\boldsymbol{M}_r}{2\mu+\mu'}$

$\boldsymbol{H}_2=\dfrac{\mu_0 a^3}{2\mu+\mu'}[\dfrac{3(\boldsymbol{M}_r\cdot\boldsymbol{r})\boldsymbol{r}}{r^5}-\dfrac{\boldsymbol{M}_r}{r^3}]$；$\boldsymbol{B}_2=\dfrac{\mu_0\mu a^3}{2\mu+\mu'}[\dfrac{3(\boldsymbol{M}_r\cdot\boldsymbol{r})\boldsymbol{r}}{r^5}-\dfrac{\boldsymbol{M}_r}{r^3}]$

6.9　提示：利用边值关系　$H_{1t}=H_{2t}$ 和 $B_{1n}=B_{2n}$ 即可证明

6.10　(1)$\boldsymbol{H}=\dfrac{\boldsymbol{M}}{2}$；$\boldsymbol{B}=\dfrac{\mu_0\boldsymbol{M}}{2}$

(2)$\boldsymbol{H}=-\dfrac{\boldsymbol{M}}{2}$；$\boldsymbol{B}=\dfrac{\mu_0\boldsymbol{M}}{2}$

(3)$\boldsymbol{H}=0$；$\boldsymbol{B}=\mu_0\boldsymbol{M}$　图略

6.11　$H_{1\varphi}=\dfrac{\mu_0 I}{(1+\mu)\pi r}$；$H_{2\varphi}=\dfrac{\mu_0 I}{(1+\mu)\pi r}$. $B_{1\varphi}=\dfrac{\mu\mu_0 I}{(1+\mu)\pi r}$；$B_{2\varphi}=\dfrac{\mu\mu_0 I}{(1+\mu)\pi r}$

6.12、6.13　略

第七章

7.1　$\boldsymbol{E}=\dfrac{3\mu_0 Mdhv}{4\pi(h^2+d^2)^{5/2}}\boldsymbol{e}_\varphi$，其他略

7.2　$\varepsilon=\dfrac{B_0\omega a}{2}\sqrt{a^2+4l^2}\sin(\omega t+\varphi)$，式中 $\varphi=\tan^{-1}\dfrac{a}{2l}$

7.3　$I'=\dfrac{\mu_0 I_0\omega}{R}(h-\sqrt{h^2-a^2})\sin\omega t$

7.4　$\boldsymbol{B}=\dfrac{\mu q_0\omega r}{2\pi a^2}\cos\omega t\boldsymbol{e}_\varphi$

7.5 $j_z = \dfrac{\omega\lambda\mu\mu_0 H_0 r\sin\varphi}{\mu+\mu_0} e^{-i(\omega t-\frac{\pi}{2})}$

7.6 $\boldsymbol{M} = \dfrac{2}{5}\dfrac{\omega\lambda\mu\mu_0 H_0 a^5}{\mu+2\mu_0} e^{-i(\omega t-\frac{\pi}{2})}\boldsymbol{e}_z$

7.7 $\boldsymbol{S} = -\dfrac{j^2 r}{2\lambda}\boldsymbol{n}$，式中 $j = \dfrac{I}{\pi a^2}$；证明略

7.8 (1) 8.97×10^7 m/s；(2) 8.97m；(3) 17.8m；(4) 248m；(5) 1.43×10^{-8}，38°42′

第八章

8.1～8.3 略

8.4 $\boldsymbol{B} = \dfrac{\mu_0\omega^2 R_0^3 M_0}{3c^2 R}(\cos\theta\,\boldsymbol{e}_\theta + i\boldsymbol{e}_\varphi)e^{i(kR-\omega t+\varphi)}$；$\boldsymbol{E} = \dfrac{\mu_0\omega^2 R_0^3 M_0}{3cR}(i\boldsymbol{e}_\theta - \cos\theta\,\boldsymbol{e}_\varphi)e^{i(kR-\omega t+\varphi)}$；

$\boldsymbol{S} = \dfrac{\mu_0\omega^4 R_0^5 M_0^2}{18c^3 R^2}(1+\cos^2\theta)\boldsymbol{e}_R$

8.5 $\boldsymbol{E} = \dfrac{\mu_0\omega^3 p_0 a}{8\pi cR}(\cos2\theta\cos\varphi\,\boldsymbol{e}_\theta + \cos\theta\sin\varphi\,\boldsymbol{e}_\varphi)e^{i(kR-\omega t)}$；$\boldsymbol{B} = \dfrac{\mu_0\omega^3 p_0 a}{8\pi c^2 R}(-\cos\theta\sin\varphi\,\boldsymbol{e}_\theta + \cos2\theta\cos\varphi\,\boldsymbol{e}_\varphi)e^{i(kR-\omega t)}$；

$\boldsymbol{S} = \dfrac{\mu_0 p_0^2 a^2\omega^6}{128\pi^2 c^4 R^2}(\cos^2 2\theta\cos^2\varphi + \cos^2\theta\sin^2\varphi)\boldsymbol{e}_R$

8.6 $\boldsymbol{B}' = \dfrac{\varepsilon-\varepsilon_0}{\varepsilon+2\varepsilon_0}\dfrac{1}{c^3 r}a^3\omega^2 E e^{-i\boldsymbol{k}\cdot\boldsymbol{r}}\sin\theta\,\boldsymbol{e}_\varphi$；　$\boldsymbol{E}' = \dfrac{\varepsilon-\varepsilon_0}{\varepsilon+2\varepsilon_0}\dfrac{1}{c^2 r}a^3\omega^2 E e^{-i\boldsymbol{k}\cdot\boldsymbol{r}}\sin\theta\,\boldsymbol{e}_\theta$

第九章

9.1 $E_x = A_1\sin(\dfrac{n\pi}{b}y)e^{i(k_z z-\omega t)}$

$E_y = A_2\cos(\dfrac{n\pi}{b}y)e^{i(k_z z-\omega t)}$

$E_z = A_3\sin(\dfrac{n\pi}{b}y)e^{i(k_z z-\omega t)}$

$k_z^2 = \dfrac{\omega^2}{c^2} - (\dfrac{n\pi}{b})^2$；$A_2 = ik_z A_3$；$A_1$ 独立

截止频率　$\omega_c = \dfrac{n\pi c}{b}$

9.2 $E_x = A_1\cos\dfrac{m\pi x}{a}\sin\dfrac{n\pi y}{b}\sin k_z z$

$E_y = A_2\sin\dfrac{m\pi x}{a}\cos\dfrac{n\pi y}{b}\sin k_z z$

$E_z = A_3\sin\dfrac{m\pi x}{a}\sin\dfrac{n\pi y}{b}\cos k_z z$

$k_z = \sqrt{\dfrac{\omega^2}{c^2} - (\dfrac{m\pi}{a})^2 - (\dfrac{n\pi}{b})^2}$，$A_1\dfrac{m\pi}{a} + A_2\dfrac{n\pi}{b} + k_z A_3 = 0$

9.3、9.4 略

主要参考文献

郭硕鸿. 电动力学. 北京：人民教育出版社，1979

薛琴舫. 场论. 北京：地质出版社，1978

Stratton J. A. Electromagnetic Theory. New York: John Wiley, 2007

Tralli N. Classical Electromagnetic Theory. New York: Mc Graw - Hill, 1963

АЛЬПИН Л. М. ТЕОРИЯ ПОЛЯ. МОСКВА: НЕДРА, 1966